피터 갤리슨은 근대의 우리가 알고 있는 시간의 근원에 대해 독특하고 통찰력 있는 견해를 제시한다. 실제 일어난 중대한 변화들에 대해 갤리슨처럼 다층적인 역사적 설명을 하는 경우는 매우 보기 드문 일이다. 『아인슈타인의 시계, 푸앵카레의 지도』는 특별한 선물이다. 이 책은 도발적인 철학적 사상과 재미있는 역사적 연관성으로 가득 차 있어서 오랫동안 두고 곱씹을 만하다. 과학자, 역사학자, 과학철학자, 그리고 전문가가 아닌 누구에게라도 이 책은 깨달음과 즐거움을 줄 것이다.

_장하석(케임브리지대학교 과학철학 석좌교수)

피터 갤리슨의 천재성과 독창성이 돋보이는 책이다. 그의 놀라운 통찰력 덕분에 난해한 중력방정식을 칠판에 적고 있는 이론물리학자 아인슈타인은 벤처 사업가의 아들이자 베른의 특허국 직원으로 본래의 모습을 되찾았고, 천재 수학자 푸앵카레는 에콜폴리테크니크의 엔지니어 전통을 계승한 파리의 경도국장으로 우리 앞에 자신의 정체를 드러냈다.

_임경순(POSTECH 인문사회학부 교수)

가장 주목받는 과학사학자 피터 갤리슨의 『아인슈타인의 시계, 푸앵카레의 지도』는 더없이 추상적인 시간이라는 개념이 19세기 후반 이후의 철도와 전신의 팽창, 무선 통신의 확산, 제국주의의 관료제라는 물질문명의 요소들과 촘촘히 얽혀 있으며, 이 그물망 속에서 아인슈타인의 상대성이론과 푸앵카레의 시간의 동기화 개념이 등장했음을 흥미롭고 설득력 있게 보여준다. 과학이 하늘에서 떨어진 것이 아니라 땅에서 만들어진 것임을 보여주는 과학사 연구의 새로운 패러다임을 제시했다.

_홍성욱(서울대학교 생명과학부 교수, 과학기술사)

저명한 하버드대 과학사학자 피터 갤리슨의 이 책은 그야말로 경이롭다! 아인슈타인의 상대성이론은 시간과 공간에 대한 우리의 생각을 송두리째 바꾸어놓았다고 평가된다. 하지만 이 혁신적 이론이 아인슈타인이 심사했던 시계 특허나 제국 경영에 필수적이었던 지도 제작과 깊은 관련이 있다는 사실을 아는 사람은 몇이나 될까? 벌써부터 이 책에 대한 우리 독자들의 반응이 기대된다. _이상욱(한양대학교 철학과 교수)

이 책은 20세기 과학이 실제로 어떻게 시작되었는지 보여준다. 20세기 과학은 추상적인 관념에서만이 아니라 기계에서 시작된 것이었고, 아인슈타인의 두뇌에서뿐 아니라 광산과 기차역에서 시작된 것이기도 했다. 피터 갤리슨의 이 책은 흥미진진하고 독창적이며 완벽하게 훌륭하다. _제임스 글릭(『카오스』, 『인포메이션』 저자)

피터 갤리슨은 20세기 초반에 일어났던 시간에 대한 이해라는 혁명을 완벽하고도 흥미롭게 설명해준다. 또한 아인슈타인과 푸앵카레를 물리학과 철학과 기술의 교차로에 놓는다. 그 교차로에서는 서로 떨어진 곳에 있는 시계를 동기화하는 문제가 새로운 물리학과 새로운 기술 모두에 결정적인 역할을 했다.

_데이비드 그로스(캘리포니아대학교 이론물리연구소 소장)

과학의 역사를 넘어 새로운 지평으로 안내하다!　　　　　　　　　　　_《뉴욕타임스》

갤리슨은 꼼꼼하고 구체적인 재구성을 통해 아인슈타인과 푸앵카레의 차이점에 대한 만족스럽고도 충분한 설명을 제시한다. 이 책은 아마도 대중과학 역사에서 시도되었던 것 중에 가장 정교한 과학사 책일 것이다. 근대 세계의 핵심적인 측면을 형성하는 데 있어 진정 중요했던 사안에 대한 놀라울 만큼 지적이고 사려 깊은 초상이다.　　　_《더 가디언》

쉽게 읽히면서도 통찰력이 넘치는 책인 『아인슈타인의 시계, 푸앵카레의 지도』는 시간의 이야기에 생명을 불어넣어 전선과 철도, 정확한 지도, 제국의 야망, 그리고 물리학과 철학의 이야기를 펼쳐내고 있다.　　　　　　　　　　　　　　_《사이언스》

물리학과 기술과 철학의 여러 층위들을 쉽고도 권위 있는 목소리로 가로지른다. 눈부시다.　　　　　　　　　　　　　　　　　　　_《보스턴 선데이 글로브》

피터 갤리슨은 시계에만 골몰했던 위대한 인간 아인슈타인에 대한 이런저런 말들을 걸러내고 새롭고도 독특한 시각으로 그를 바라본다. 『아인슈타인의 시계, 푸앵카레의 지도』에서 무엇보다 놀라운 점은, 시간을 알고자 하는 인간의 단순한 욕망이 과학과 정치를 변화시켰던, 이제는 잊어버린 옛 세상을 갤리슨이 다채롭게 재창조하는 방식이다.　　　　　　　　　　　　　　　　　　　　　　　　_《뉴스데이》

학교와 공공도서관의 과학철학 장서에 중요한 추가 목록이 될 『아인슈타인의 시계, 푸앵카레의 지도』는 재미있고 흥미로우며 열정적으로 추천할 만한 책이다.　　　　　　　　　　　　　　　　　　　　　　　　_《라이브러리 북워치》

갤리슨은 상대성이론과 시간 측정과 지도 만들기의 새로운 발전에 공헌한 과학과 기술과 사회적 필요의 교차점에 대해 지극히 매력적이고도 예리하게 설명한다. 이 뛰어난 과학사 책은 물리학, 공학, 철학, 식민지주의, 상업이 서로 부딪히는 이야기를 드러낸다. 강력 추천한다.　　　　　　　　　　　　　　　　　　　　_《초이스》

새로운 시각을 주는 책. 이 흥미로운 책은 근대물리학의 근본적인 질문에 대해 우리가 다시 생각할 수 있도록 자극한다.　　　　_《타임스 리터러리 서플리먼트》

만약 당신이 과학의 최고 수준에서 무슨 일이 벌어지고 있는지 알고 싶다면 이 책이 엄청난 자극이 될 것이다.　　　　　　　　　　_economicprincipals.com

아인슈타인과 푸앵카레의 업적을 이보다 더 쉽고 매혹적으로 설명해주는 책은 없다.　　　　　　　　　　　　　　　　　　　　　　　　_《북리스트》

아인슈타인의 시계,
푸앵카레의 지도

Einstein's Clocks, Poincaré's Maps

EINSTEIN'S CLOCKS, POINCARÉ'S MAPS

아인슈타인의 시계, 푸앵카레의 지도

초판 1쇄 펴낸날 2017년 7월 5일
초판 4쇄 펴낸날 2024년 11월 29일
지은이 피터 갤리슨
옮긴이 김재영·이희은
펴낸이 한성봉
책임편집 조서영
편집 최창문·이종석·오시경·권지연·이동현·김선형
디자인 최세정
본문디자인 유지연
본문 조판 윤수진
마케팅 박신용·오주형·박민지·이예지
경영지원 국지연·송인경
펴낸곳 도서출판 동아시아
등록 1998년 3월 5일 제1998—000243호
주소 서울시 중구 필동로8길 73 [예장동 1—42] 동아시아빌딩
페이스북 www.facebook.com/dongasiabooks
전자우편 dongasiabook@naver.com
블로그 blog.naver.com/dongasiabook
인스타그램 www.instagram.com/dongasiabook
전화 02) 757-9724, 5
팩스 02) 757-9726

ISBN 978-89-6262-187-7 93400

이 도서의 국립중앙도서관 출판예정도서목록(CIP)은
서지정보유통지원시스템 홈페이지(http://seoji.nl.go.kr)와
국가자료공동목록시스템(http://www.nl.go.kr/kolisnet)에서
이용하실 수 있습니다.(CIP제어번호: CIP2017014557)

잘못된 책은 구입하신 서점에서 바꿔드립니다.

아인슈타인의 시계, 푸앵카레의 지도

Einstein's Clocks, Poincaré's Maps

시간의 제국들
Empires of Time

피터 갤리슨Peter Galison 지음
김재영·이희은 옮김

동아시아

나에게 시간의 올바른 사용을 가르쳐주신 샘과 사라에게

한국어판 서문

꽤 오랫동안 일반적으로는 물리학을 그리고 특히 아인슈타인을, 우리를 둘러싼 세계와는 무관한 추상적이고 난해한 것의 대표적인 예로 여겨왔다. 상대성이론, 특히 일반상대성이론은 극소수의 과학자들만이 이해할 수 있는 이론으로 간주되었다. (적어도 신화가 말해주는 바에 따르면) 1919년 11월 아서 에딩턴이 별빛이 태양 때문에 휘어짐을 보여주는 널리 알려진 새로운 일식 원정 결과가 아인슈타인의 예측과 같다는 것을 발표하고 있을 때, 어느 물리학자가 다가와 물었다. 그 질문자는 에딩턴에게 그 이론을 이해하는 사람이 세상에 세 명뿐이라는 게 진짜냐고 물었는데, 에딩턴은 장난스럽게 대답했다. "그 세 번째 사람이 누구죠?" 이해할 수 없고 지나치게 수학적이며 세계의 힘과 물질과 동떨어진 것, 이런 것이 모두 그 새로운 이론에 적대적인 이들이나 순진하게 열광하는 이들이 너무나 자주 되풀이해서 언급했던 특징이었다.

이러한 이론의 특징과 한데 얽혀 아인슈타인이라는 사람도 특히 제2차 세계대전 이후로는 별종이며 약간 미쳐 있으며 구름 위 세계에 사는 사색가로 여겨졌다. 그는 정치적으로 현실과는 맞닿아 있지 않고, 그의 시간과 공간의 이론은 보통의 땅에 매어 있는 물질과 힘 같은 '진짜 물리학'은 거의 건드리지 않는다고 간주되었다. 아마 천재이긴 하겠지만 그의 지식은 공장 생산으로 이어지기는커녕 실험실에 이르지도 못할 것으로 여겨졌다. 위대한 프랑스의 수학자-물리학자-철학자 앙리 푸앵카레도 실질적으로 같은 정도로 올림퍼스 산상처럼 초연한 사람으로 여겨졌다. 그는 과학 지식의 많은 부분이 단순하게 그리고 명료하게 우리에게 주어진 것이 아니라 일종의 약속으로 규정되어야 한다고 주장했다. 즉, 과학 지식은 언제나 인간이 우리 자신에게 편리한 방식으로 세계를 표상할 필요성에 냉혹하게 매어 있다고 푸앵카레는 믿었다. 푸앵카레는 세계를 객관적으로 이해할 수 있으리라고 믿긴 했지만, 이론들을 구성하다 보면 불가피하게 과학적 '선택'을 해야 한다고 말했다. 의심의 여지없이 이론과 가설과 대칭성에 대한 푸앵카레의 투명한 논의는 1905년 젊은 아인슈타인의 지침이었다.

추상적인 과학을 다루는 추상화된 과학자의 이미지는 나를 줄곧 괴롭혀왔다. 15년쯤 전에 나는 이런 관점을 바꾸기 위해 이 책을 썼다. 이 책의 목표는 우리가 너무 자주 만나곤 하는 알베르트 아인슈타인과 앙리 푸앵카레와는 전혀 다른 모습을 되찾는 것이었다. 1900년 무렵 유럽은 천년 역사에 가장 비상한 기술적 변혁의 한가운데에 있었다. 자동차, 전신, 화학적 생산, 전기, 전구, 라디오, 인공 비행의 발전과 더불어 세계는 해마다 달마다 시민들의 눈앞에서 바뀌고 있었다. 이러한 발전을 당연히 간과할 리 없었던 아인슈타인과 푸앵카레가 바로 그 변화의 중심에 있었다. 아인슈타인은 특허국에 있었고, 심지어 자기 자신의 특허를 출원하기도 했다. 실상 인생 전체에 걸쳐 아인슈타인은 항해를 위한 자이로컴퍼스, 새로운 원리로 작동하는 냉장고, 정교한 전자공학 장치 같은 것을 탐구했다. 파리의 경도국을 책임지고 있던 푸앵카레는 수천 킬로미터의 해저케이블을 통해 시간 신호를 보내서 정교한 세계지도를 창조한다는 전 세계에 걸친 프로젝트의 중심에서 세계를 바라보고 있었다.

아인슈타인은 철도와 시계에 관해 썼고, 푸앵카레는 경도를 찾는 전신전문가에 관해 썼다. 이런 것은 진짜 기술이었으며, 그 두 사람 모두 기술을 철두철미하게 알고 있었다. 이 책의 페이지마다 그들이 나아갔던 여행을 따라갈 것이다. 그것은 물질적-기술적이며, 과학적인 원리들과 철학적 탐구 사이를 왔다 갔다 하면서 나아가는 여행이다.

『아인슈타인의 시계, 푸앵카레의 지도』의 한국어판이 세상에 나오게 되어 매우 기쁘다. 여러 면에서 한국은 여기에서 다룬 쟁점들을 풀어가기에 완벽한 횃대이다. 실상 한국은 놀라운 방식으로 수십 년 동안 그 자체의 기술적 변혁 속에 있으며, 지난 수십 년 동안 자동차 생산과 같은 더 고전적인 산업을 세웠다. 동시에 스마트 시티를 둘러싼 물리계와의 연결과 그 밖의 네트워크 디자인의 응용과 더불어 혁신적인 소프트웨어, 고급 전자공학이라는 고도기술 영역으로 깊이 뛰어들고 있다. 한국을 돌아보면 특히 극적인 과학−기술의 재결합을 마주하고 있는 사회가 보이며, 이는 아인슈타인과 푸앵카레가 상대성이론을 구축하면서 맞닥뜨렸던 것과 같은 종류의 환경이다.

이 책을 쓸 때 내가 가졌던 더 큰 야심은, 이 책이 시간과 공간에 관한 가장 엄청난 주장들이 물질 속에서 얼마나 뿌리내리고 있는지 보여줄 수 있으리라는 것이다. 어쩌면 지금의 한국에서 이 주장이 독자 대중들과 함께 만나 이 중심 메시지, 즉 추상과 물질성은 각각 함께 맞물린다는 메시지에 가락을 맞출지도 모르겠다.

피터 갤리슨

감사의 글

나는 많은 학생들과 동료들과의 토론에서 매우 큰 도움을 받았다. 특히 데이비드 블루어David Bloor, 그레이엄 버넷Graham Burnett, 히메나 카날레스Jimena Canales, 데비 코엔Debbie Coen, 올리비에 다리골Olivier Darrigol, 로레인 대스턴Lorraine Daston, 아널드 데이비드슨Arnold Davidson, 제임스 글릭 James Gleick, 마이클 고딘Michael Gordin, 대니얼 고로프Daniel Goroff, 제럴드 홀턴Gerald Holton, 미카엘 얀센Michael Janssen, 브뤼노 라투르Bruno Latour, 로버트 프록터Robert Proctor, 힐러리 퍼트넘Hilary Putnam, 위르겐 렌Juergen Renn, 사이먼 섀퍼Simon Schaffer, 마르가 비체도Marga Vicedo, 스콧 월터Scott Walter, 그리고 특별히 캐럴라인 존스Caroline Jones가 전해준 수많은 통찰력 있는 논평에 감사할 수 있어서 영광이다. 여러 해 동안 아인슈타인 학자인 마르틴 클라인Martin Klein, 아서 밀러Arthur Miller, 존 스테이철John Stachel과 많은 토론을 통해 배운 것은 늘 즐거운 일이었다. 페이지상으로는 짧지만 초고와 그림을 준비하는 과정은 오래 걸렸고 연구조교인 더그 캠벨Doug Campbell, 에비 샨츠Evi Chantz, 로버트 맥두걸Robert Macdougall, 주자네 피커트Susanne Pickert, 샘 리포프Sam Lipoff, 카티아 스키포Katia Scifo, 한나 셸 Hanna Shell, 크리스틴 주츠Christine Zutz의 도움이 없었다면 불가능했을 것이다. 특히 노턴 출판사의 편집자인 앙겔라 폰더리페Angela von der Lippe와 내 에이전트 카틴카 맷슨Katinka Matson의 아이디어와 격려에 특별히 감사한다. 에이미 존슨Amy Johnson과 캐럴 로즈Carol Rose는 편집상의 개선에 큰 도움을 주었다. 끝으로 내 연구를 친절하게 도와준 많은 문서기록원들, 특히 파리 천문대, 프랑스의 국립문서기록원, 파리시 문서기록원, 뉴욕 공공도서관, 미국 국립문서기록원, 캐나다 국립문서기록원, 베른 시립도서관, 베른 시립문서기록원에 큰 빚을 졌다.

차례

일러두기

■ 본문의 각주는 모두 옮긴이가 쓴 글이다.
■ 본문 중 고딕체는 원서에서 강조한 부분이다.
■ 책은 『 』, 논문집, 잡지, 신문은 《 》, 논문, 기사는 「 」, 영화는 〈 〉로 구분했다.

1장

시간의
동기화

뉴턴은 참된 시간을 단순히 시계만으로 나타낼 수는 결코 없을 거라고 확신했다. 시계 제작의 대가가 만든 가장 정교한 시계라 할지라도, 우리 인간 세계가 아니라 '신의 감각'에 속하는 고결한 절대시간을 아주 어슴푸레하게 반영할 수 있을 뿐이다. 뉴턴은 조수潮水와 행성과 달처럼 움직이거나 변화하는 우주의 모든 것들이, 한쪽으로 끊임없이 흘러가는 단 하나뿐인 우주적인 시간의 강물을 배경으로 절대시간을 반영할 뿐이라고 믿었다. 아인슈타인의 전기공학적인 세계에는 우리가 시간이라 부르는 '어디에서나 들을 수 있는 똑딱 소리'가 들리는 장소가 없기 때문에, 유의미하게 시간을 정의하려면 연결되어 있는 확실한 시계장치들을 참조하는 방법밖에 없다. 하나의 시계장치를 움직이는 시간의 흐름은 다른 장치에서는 다른 속도로 흘러간다. 시계 관찰자가 정지한 상태에서 두 가지 사건을 동시에 관찰했다고 하더라도, 그 관찰자가 움직이는 상태라면 동시에 관찰할 수 없다. '여러 시간들times'은 하나의 '시간time'을 대치한다. 아인슈타인의 이 이론으로 인해 그때까지 공고하게 다져왔던 뉴턴 물리학의 근본에 균열이 일어났다. 아인슈타인도 이러한 사실을 이미 알고 있었다. 말년에 자서전을 쓰던 아인슈타인은, 마치 자신과 뉴턴 사이에 놓인 한 세기라는 시간이 사라져버리기라도 한 것처럼 아이작 경Sir Isaac이라고 직접 언급하며 강한 친밀감을 표현했다. 아인슈타인은 자신의 상대성이론으로 인해 산산조각 나버린 절대공간과 절대시간 이론을 회고하면서 이런 글을 썼다. "뉴턴이여, 나를 용서하소서Newton, verzeih' mir. 당신은 그 시대에 수준 높은 생각과 창의력을 가진 인간만이 알아낼 수 있었던 유일한 방법을 찾아냈습니다."

시간의 개념을 두고 벌어진 이러한 일대 변혁의 핵심은, 오늘날까지도 계속해서 물리학과 철학과 기술의 무게중심에 놓일 만큼 중요한 내용을 담고 있는 이 이론이 아주 쉽게 써졌다는 점이다. 시간에 대해, 그리고 원거리 동시성에 대해 이야기하려면 먼저 시계를 동기화同期化하는 과정이 필요하다. 그리고 만일 두 개의 시계를 동기화하려면, 하나의 시계에서 다른 시계를 향해 신호를 쏘아 보낸 후에, 신호가 그 시계에 도달하는 데 걸린 시간을 조정해야 한다. 이보다 더 간단하게 설명할 수 있을까? 시간에 대한 이 절차상의 정의 덕분에 상대성이론 퍼즐의 마지막 조각이 맞춰졌고, 그 이후 물리학은 완전히 새롭게 변화한다.

이 책은 바로 이렇게 시계를 좌표화하는 절차에 관한 내용을 담고 있다. 시계 좌표화라는 주제는 더할 나위 없이 단순해 보이지만 동시에 가장 높은 수준의 추상화와 산업적 구체성을 필요로 한다. 동시성이 구체적으로 확립되어가던 20세기로의 전환기는 지금과는 전혀 다른 세상이었다. 열차 시간표를 맞추고 지도를 완성하기 위해 지구 전체를 시간케이블로 뒤덮으려는 근대를 향한 강렬한 야망이 컸던 덕분에, 최고 수준의 이론물리학이 확립되었던 그런 세계였다. 또한 엔지니어와 철학자와 물리학자가 서로 각축하던 세계이기도 했다. 즉, 뉴욕시 시장이 시간 규약성에 대해 담론을 펼치고, 브라질의 황제가 유럽 시간을 알려주는 전신을 받기 위해 바닷가에서 기다렸으며, 당대 최고의 두 과학자인 알베르트 아인슈타인Albert Einstein과 앙리 푸앵카레 Henri Poincaré가 물리학과 철학과 기술이 만나는 곳에 동시성을 두었던 바로 그런 세계였던 것이다.

아인슈타인의 시간

아인슈타인이 1905년에 특수상대성이론에 관해 썼던 「움직이는 물체의 전기동역학에 관하여」는 그 불후의 영향력으로 인해 20세기를 통틀어 가장 널리 알려진 물리학 논문이 되었는데, 그 논문의 가장 뛰어난 업적은 절대시간에 대한 관념을 뒤흔든 것이었다. 흔히 아인슈타인의 주장은 그 이전의 고전역학에서의 '현실' 세계와는 본질적으로 다른 것으로 이해되었기 때문에, 그의 논문은 혁명적인 사고의 모델이 되었고 세상을 물질적이고 직관적으로 이해하는 것과는 근본적으로 거리가 먼 것으로 여겨졌다. 철학적으로나 물리학적으로, 동시성에 대한 아인슈타인의 재해석은 시간과 공간에 관한 그 이전의 모든 생각들과 근대물리학 사이를 돌이킬 수 없는 전혀 다른 세계로 만들어놓았다.

아인슈타인은 당시에 유력했던 전기동역학의 해석방식에 비대칭이 존재하며, 자연 현상에서는 이러한 비대칭이 발견되지 않는다는 주장으로 상대성이론에 관한 그의 논문을 시작했다. 1905년 무렵 대부분의 물리학자들은 물결이나 음파와 마찬가지로 빛의 파동 역시 어떤 물질 안에서 진동해야 한다고 생각했다. 빛의 파동(혹은 빛을 구성하는 전기장이나 자기장의 진동)의 경우, 그 어떤 물질이란 어디에나 존재하는 에테르를 의미했다. 19세기 후반 대부분의 물리학자들은 에테르야말로 그 시대 최고의 아이디어 중 하나라고 생각했으며, 일단 제대로 이해하고 통찰하고 수학식으로 나타낼 수만 있다면 에테르가 열과 빛에서부터 자기장과 전기에 이르기까지 모든 현상들을 하나의 그림으로 통합하여 과학을 진전시킬 수 있으리라 믿었다. 그러나 바로 이 에테르는 아인슈타인이 받아들이지 않았던 비대칭의 원인이었다.[2]

아인슈타인은 물리학자들의 일반적인 해석에 따르면, 에테르에서 정지해 있는 코일에 움직이는 자석을 가까이 가져갈 때 생겨나는 전류와 에테르에서 정지해 있는 자석에 움직이는 코일을 가까이 가져갈 때 생겨나는 전류를 서로 구별할 수 없다고 기록했다. 에테르 그 자체는 관찰할 수 없기 때문에 아인슈타인이 보기에는, 코일과 자석을 서로 가까이 가져가면 코일 안에 전류가 생겨나는 현상(램프에 불이 켜지는 것으로 증명된다) 하나만 관찰할 수 있다는 것이다. 그러나 당시에는 하나의 전기동역학(이 이론에는 전기장과 자기장의 움직임을 설명하는 맥스웰의 방정식, 그리고 전하를 띤 입자가 전기장과 자기장에서 어떻게 움직이는지를 예측하는 운동법칙 등이 포함된다) 현상을 두 가지 방식으로 해석하는 것이 유행했다. 코일이나 자석이 에테르에 대해 움직이는가, 아니면 그렇지 않은가에 따라 설명은 달라졌다. 코일이 움직이고 자석이 에테르 안에 정지해 있다면 맥스웰의 방정식에 따라 전기력을 지니게 된 코일 안의 전기가 자기장을 가로지른다. 코일 주위의 전기를 작동하게 하는 힘이 램프의 불을 밝힌다. 만일 자석이 움직이고 코일이 정지해 있다면, 설명은 달라진다. 자석이 코일에 가까이 가면 코일 주위의 자기장은 점차 강해진다. 맥스웰의 방정식에 따르면 이렇게 변화하는 자기장은 정지해 있는 코일 주위에 전기를 띠게 하는 전기장을 만들어내고 램프에 불을 밝힌다. 일반적으로는 자석의 측면에서 보느냐 아니면 코일의 측면에서 보느냐에 따라 두 가지 방식으로 설명한다.

아인슈타인은 이 문제를 재해석하면서, 코일과 자석을 서로 가까이 하면 램프에 불이 켜지는 단 하나만의 현상이 있음을 밝혔다. 아인슈타인은 하나의 현상만 관찰할 수 있다면 설명도 하나만 있어야 한다고 생각했다. 아인슈타인의 목표는 에테르를 전혀 언급하지 않으면서도 하나의 현상을 더 이상 두 측면으로 설명하지 않는 것, 즉 코일의 움직임과 자석의 움직임이라는 두 가지 기준좌표계를 모두 나타낼 수 있는 유일한 설명방식을 찾아내는 것이었다. 아인슈타인에게는 물리학의 근본적인 원리, 즉 상대성이 중요한 문제였다.

300여 년 전, 갈릴레오도 기준좌표계에 대해 비슷한 질문을 갖고 있었다. 갈릴레오는 바다 위를 부드럽게 항해하는 밀폐된 배의 선실 안에 있는 관찰자를 가정한 뒤, 갑판 아래에서 어떠한 기계 실험을 하더라도 배의 움직임을 느낄 수 없음을 논리적으로 보여주었다. 물고기는 어항이 땅에 놓여 있는 것처럼 헤엄치고, 물방울은 전혀 흐트러짐 없이 배의 바닥으로 떨어졌다. 그 어떠한 역학적인 방법으로도 선실이 '정말로' 정지해 있는지 아니면 '정말로' 움직이는지에 대해 알 수 없었다. 갈릴레오는 이것이 그가 만들어내려고 했던 낙체 역학의 기본적인 특징이라고 설명했다.

이처럼 역학에서 전통적으로 사용되어왔던 상대성원리를 토대로 집필한 1905년 논문에서, 아인슈타인은 상대성을 일종의 원리 수준으로 끌어올리면서, 물리적 과정들은 그것이 일어나고 있는 곳인 균일하게 움직이는 기준좌표계와 무관해야 한다고 주장했다. 아인슈타인은 상대성원리가 물방울이 떨어지거나 공이 튀어 오르거나 용수철이 반동하는 역학뿐 아니라 전기와 자기와 빛의 여러 가지 효과를 모두 설명할 수 있는 원리가 되기를 원했다.

이러한 상대성의 가설("가속되지 않는 기준좌표계를 '정말로' 정지한 상태라고 할 수 있는지 증명할 수 있는 방법은 없다")은 더욱 놀라운 또 다른 가정으로 이어졌다. 아인슈타인은 빛이 초속 30만 킬로미터 이외의 다른 속력으로 움직인다는 것을 입증한 실험은 없었다고 설명했다. 그리고 이것을 항상 그런 것으로 전제하자고 제안했다. 아인슈타인은 광원이 얼마나 빠르게 움직이는가에 상관없이, 우리가 볼 때 빛은 항상 초속 30만 킬로미터의 속력으로 움직인다고 설명했다. 물론 일상의 모든 물체들이 이렇게 움직이는 것은 아니다. 역을 향해 달리는 기차에 탄 기관사가 우편물이 든 보따리를 역 쪽으로 던진다고 하자. 역의 승강장에 서 있는 사람의 입장에서는, 틀림없이 열차의 속력에 기관사가 일반적으로 우편물을 던지는 속력이 더해진 상태로 우편물 보따리가 떨어지는 것처럼 보일 것이다. 아인슈타인은 빛의 경우는 이와 다르다고 주장했다. 나로부터 일정한 거리만큼 떨어져 있는 누군가 일어서서 손전등을 들어 올리면, 나는 빛이 초속 30만 킬로미터의 속력으로 지나가는 것을 보게 된다. 내 쪽으로 맹렬하게 달려오는 기차가 설사 초속 15만 킬로미터(빛의 속력의 절반)의 속력으로 움직인다 해도, 나는 여전히 손전등의 빛이 초속 30만 킬로미터의 속도로 지나가는 것으로 본다. 아인슈타인의 두 번째 가설에 따르면, 빛의 속력은 광원의 속력과는 무관하다.

이 두 가지 가설 모두 아인슈타인이 살았던 시대의 사람들에게는 부분적으로나마 그럴듯하게 보였을 것이다. 역학에서는 상대성원리가 갈릴레오 이후로 계속 연구되어왔을 뿐 아니라 그들 중 푸앵카레 역시 오랫동안 상대성원리의 문제들과 전기동역학의 가능성에 대해 분석해왔다.[3] 게다가 빛이 단단하면서도 널리 퍼져 있는 에테르 안에서 일어나는 파동일 뿐이라면, 에테르가 정지해 있다는 기준좌표계 안에서 빛의 속력이 광원의 속력에 따라 달라지지 않는다는 가정은 그럴듯한 것이었다. 결국 음원의 속력이 적당하다면, 소리의 속력은 음원의 속도에 따라 달라지지 않는다. 일단 소리 파동이 움직이기 시작하면 공기 중에서 일정한 속력으로 움직인다.

그러면 아인슈타인의 두 가설은 어떻게 조화될 수 있을까? 에테르의 정지 프레임 안에서 빛이 빛난다고 가정해보자. 에테르에 대해 움직이는 관찰자는 그가 빛을 향해 다가가는지 또는 빛으로부터 물러서는지에 따라, 빛이 정상 속도보다는 더 빠르거나 느리게 진행하는 것처럼 보이지 않을까? 그리고 만일 빛의 속도 차이를 관찰할 수 있다면, 이는 관찰자가 정말로 에테르와 관련하여 움직이고 있는지 아닌지를 암시해주는 것이므로 상대성원리에 어긋나는 것이 아닐까? 그러나 그러한 차이는 측정될 수 없었다. 정밀한 광학 실험에서조차 에테르를 통과하는 아주 미약한 움직임의 흔적을 감지하지 못했다.

이에 대해 아인슈타인은, 물리학의 가장 근본적인 개념에 대해 이제까지 "충분한 숙고가 부족했다"라고 진단했다. 그는 만일 이러한 기본적인 개념들을 제대로 이해할 수 있었다면, 상대성원리와 빛의 원리 사이에 명백히 드러나는 모순은 사라졌을 것이라고 주장했다. 따라서 아인슈타인은 물리학적 추론의 가장 기본이 되는 물음으로부터 시작할 것을 제안했다. 길이란 무엇인가? 시간이란 무엇인가? 그리고 특히 동시성이란 무엇인가? 전자기학과 광학의 물리학이 시간과 길이와 동시성의 측정을 해내는 데 달려 있다는 것은 누구나 알고 있었지만, 아인슈타인이 생각하기에는 이러한 근본적인 양을 결정하는 기본 절차에 대해 물리학자들이 충분히 비판적인 주의를 기울이지 않았다. 어떻게 자나 시계가 세계의 현상에 딱 들어맞는 명백한 공간과 시간을 생산해낼 수 있겠는가? 물리학자들 사이에서는 물질을 묶어주는 복잡한 힘에 대해 우선적인 관심을 가져야 한다는 견해가 지배적이었지만, 아인슈타인은 오히려 그 반대가 되어야 한다고 판단했다. 운동학kinematics, 즉 힘이 작용하지 않는 등속운동에서 시계와 자가 어떻게 거동하는가의 문제가 우선되어야 한다고 보았다. 그리고 나서야 동역학dynamics의 문제(예를 들어 전기력과 자기력이 존재할 때 전자가 어떻게 움직이는가의 문제)가 제대로 설명될 수 있다는 것이었다.

아인슈타인은 공간과 시간의 측정을 체계적으로 정리해두어야만 비로소 물리학자들이 일관성을 가질 수 있을 것이라고 믿었다. 공간을 측정하기 위해서는 좌표계가 필요한데, 아인슈타인의 빛에서는 평범한 측정 막대기가 그 역할을 했다. 예컨대 이 지점은 x축으로 2미터,

y축으로 3미터, z축으로 14미터인 곳이다. 여기까지는 간단하다. 이에 뒤이어 시간의 재측정이라는 놀라운 부분이 등장하는데, 아인슈타인과 같은 시대를 살았던 수학자이자 수리물리학자인 헤르만 민코프스키Hermann Minkowski는 이를 아인슈타인 주장의 핵심이라고 보았다.[4] 아인슈타인은 이를 이렇게 설명한다. "시간과 관련된 판단을 할 때 우리는 언제나 동시에 일어나는 사건에 대한 판단인지 고려해야 한다. 예를 들어 만일 내가 '그 기차는 여기에 7시에 도착한다'라고 말한다면, 이는 '내 시계의 작은 시곗바늘이 숫자 7을 가리키는 것과 기차가 도착하는 것은 동시에 발생하는 사건이다'라는 뜻이다."[5] 한 지점이라면 동시성은 아무 문제가 없다. 만일 작은 시곗바늘이 숫자 7에 도달하려는 순간 내 시계 바로 옆에서 어떠한 사건(예컨대 기차가 바로 내 옆을 스치며 정지한다거나)이 일어난다면, 이 두 개의 사건은 분명히 동시적이다. 아인슈타인의 주장에 따르면, 서로 떨어져 있는 공간에서 일어난 두 사건을 연결시켜야 할 때 어려운 문제가 발생한다. 멀리 떨어진 채 발생하는 서로 다른 두 사건이 동시에 발생했다는 것은 어떠한 의미인가? 내가 여기에서 손목시계의 시간을 보는 순간과 기차가 7시 정각에 저기에 있는 다른 역에 도착하는 일을 어떻게 서로 비교할 것인가?

뉴턴에게 시간이라는 문제는 절대적인 요소였다. 그에게 시간은 단순히 '일반적인' 시계에 대한 문제가 아니었고 그럴 수도 없는 문제였다. 아인슈타인은 '동시성'이라는 개념의 의미를 규정하기 위한 절차가 필요하다고 주장하던 바로 그 순간, 절대시간이라는 원칙에서 벗어났다. 아인슈타인은 오랫동안 실험실이나 산업의 역할과는 거리가 먼 것으로 인식되었던 철학적인 사고실험을 통해 이처럼 분명한 정의 절차를 확립했다. 아인슈타인은 우리가 어떤 방식으로 먼 거리에 있는 두 개의 시계를 동기화할 수 있는지 의문을 제기했다. "시계를 들고 있는 관찰자가 좌표계의 원점에 있다고 하고, 두 사건에서 생긴 빛 신호가 도착하는 시간을 시곗바늘로 측정한다고 생각하면, 사건들의 시간 측정에 원칙적으로 만족할 수 있을지 모른다."[6] 그러나 아인슈타인은 이에 대한 문제점을 지적했다. 빛은 유한한 속도로 움직이기 때문에, 이러한 측정 절차는 중심 시계의 위치에 따라 달라질 수밖에 없다. 내가 A 옆에 있고 B와는 멀리 떨어진 곳에 서 있다고 가정해보자. 그리고 당신은 A와 B 사이의 정확히 중간 지점에 서 있다고 가정해보자.

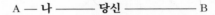

A — 나 ——— 당신 ————— B

A와 B가 모두 내게 빛을 보내는 경우, 그 두 빛은 동시에 내 눈앞에 도착한다. 그 두 빛이 같은 시간에 나를 향해 출발했다고 결론지을 수 있을까? 물론 아니다. B가 보낸 신호가 A가 보낸 신호보다 훨씬 더 먼 거리를 여행했음이 분명하지만, 그럼에도 불구하고 두 신호는 동시에 도착했다. 따라서 B의 신호는 A의 신호가 출발하기 전에 출발했어야 한다. 만일 내가 고집을 부려 A와 B가 동시에 빛을 보냈음이 틀림없을 것이라 주장한다고 가정해보자. 여하간 나는 두 신호를 같은 순간에 받았다. 만일 당신이 정확히 A와 B의 중간 지점에 서서 B가 보낸 신호를 A가 보낸 신호보다 먼저 받았다고 증언한다면, 나는 그 순간 문제에 봉착한다. 모호함을 피하기 위해서는 'A가 빛을 보냄'과 'B가 빛을 보냄'이라는 두 사건의 동시성이 빛을 받는 사람이 서 있는 위치에 따라 달라진다고 말하면 안 된다는 점을 아인슈타인은 알아챘다. 동시성의 절차를 "내가 신호를 동시에 받음"으로 규정하는 것은 실패작이며, 일관된 이야기를 하지 못하는 인식론적 허수아비일 뿐이다.

젊은 아인슈타인은 이러한 허수아비 같은 설계에서 잘못된 부분을

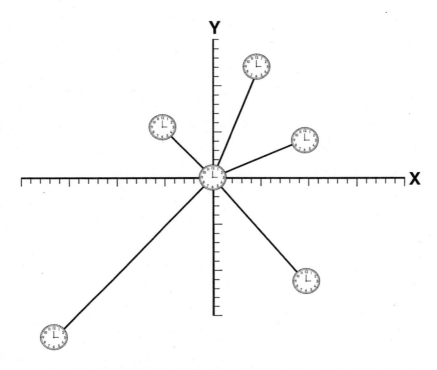

그림 1.1 중심 시계 좌표화 아인슈타인은 특수상대성이론에 관한 1905년 논문에서 시계 좌표화의 방식 하나를 도입했다가 폐기하는데, 이 시계 좌표화 설계에서는 중심 시계가 다른 모든 시계들에 신호를 보내고, 2차 시계들은 그 신호가 도달할 때 시간을 맞춘다. 가령 중심 시계가 오후 3시 정각에 시간 신호를 보낸다면 각각의 2차 시계들은 신호가 도달하는 순간 그 시곗바늘을 오후 3시 정각으로 동기화한다. 아인슈타인이 이 방식에 반대한 이유는 다음과 같다. 2차 시계들과 중심 시계 사이의 거리가 모두 다르기 때문에 가까운 시계들은 멀리 떨어진 시계들에 신호가 도달하기 전에 더 먼저 맞춰질 것이다. 그렇게 되면 두 시계의 동시성이 시간을 설정하는 '중심' 시계가 마침 어디에 있는가 하는 임의적인 상황에 따라 달라진다. 아인슈타인은 이것을 받아들일 수 없었다.

제거하여 더 나은 시스템을 제안했다. A 지점의 어떤 관찰자가 그의 시계가 가령 12시 정각을 가리킬 때 A로부터 d만큼 떨어진 거리에 있는 B에게 빛 신호를 보내고, 그 빛 신호는 B에게서 반사되어 다시 A에게로 돌아온다고 가정해보자. 아인슈타인은 B의 시계를 12시에다 그

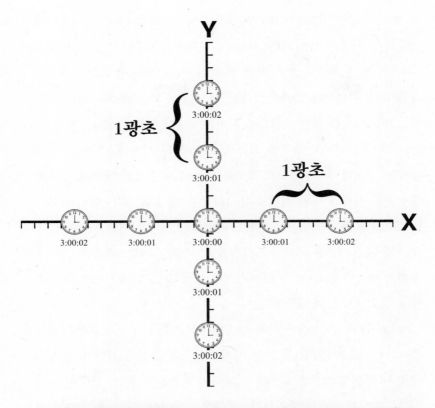

그림 1.2 아인슈타인의 시계 좌표화 아인슈타인은 동시성 문제를 개선하여 임의적이지 않은 해결책으로 다음과 같은 설계를 제시했다. 시계를 맞출 때 신호가 송출된 시간으로 맞추지 않고, 대신 처음 시계의 시간에다 신호가 처음 시계로부터 지금 동기화하고 있는 시계까지의 거리를 이동하는 데 걸린 시간을 더한다. 즉, 아인슈타인의 주장은 처음 시계로부터 멀리 떨어져 있는 시계로 신호를 보냈다가 되돌아오게 하고 그런 뒤에 멀리 떨어져 있는 시계의 시간을 처음 시계의 시간에 왕복시간의 절반을 더해 맞추자는 것이다. 이 방식에서는 '중심' 시계의 위치가 아무런 차이도 만들어내지 않는다. 누구나 아무 지점에서든 이 절차를 시작할 수 있으며 모호함 없이 동시성을 고정할 수 있을 것이다.

빛의 왕복시간의 반만큼을 더하여 맞춘다. 가령 왕복시간이 2초라 하면 아인슈타인은 B가 신호를 받을 때 '그의 시계'를 12시 더하기 1초로 맞춘다. 아인슈타인은 빛이 한쪽 방향으로 가는 것과 같은 빠르기로 반대 방향에서도 진행할 것이라 예상하고, B의 시계를 12시에다가 A와 B 두 시계 사이의 거리를 빛의 속력으로 나눈 시간만큼 더해 맞춘 것이다. 빛의 속력은 초속 30만 킬로미터이다. 따라서 만일 B가 A로부터 60만 킬로미터 떨어져 있다면, 빛 신호를 받을 때 B는 12:00:02, 즉 12시에 2초를 더한 시각으로 시계를 맞춘다. 만일 B가 A로부터 90만 킬로미터 떨어져 있다면, B는 빛을 받을 때 시계를 12:00:03초에 맞추는 것이다. 이런 식으로 계속하면, A와 B 그리고 이 좌표 실험에 참여하는 사람 모두가 시계를 동기화할 수 있을 것이다. 다시 좌표의 원점으로 돌아가도 마찬가지이다. 시계들은 모두 시계의 위치까지 빛이 이동하는 시간을 고려하여 맞춰진다. 아인슈타인은 이러한 시계 좌표화가 마음에 들었다. 특별한 '마스터 시계'도 없고, 동시성에 대한 정의도 모호하지 않기 때문이다.

아인슈타인은 이러한 시계 좌표화 프로토콜을 가지고 그의 문제들을 하나씩 해결해나갔다. 그는 시계 좌표화의 간단한 절차와 두 가지 출발 원리를 엄격하게 적용하여, 하나의 기준좌표계에서 동시에 일어난 두 개의 사건이 다른 기준좌표계에서는 동시에 일어나지 않다는 것을 보여줄 수 있었다. 다음의 예를 생각해보자. 움직이는 물체의 길이를 측정하는 일은 언제나 서로 다른 두 지점의 위치를 동시에 측정할 수 있느냐의 여부에 달려 있다(만일 움직이고 있는 버스의 길이를 측정하고자 한다면, 그 버스의 제일 앞과 제일 뒤의 위치를 동시에 측정해야 한다). 길이를 재기 위해서는 이처럼 앞과 뒤를 동시에 측정해야 하기 때문에, 동시성의 상대성은 길이의 상대성 문제로 이어진다. 내 기준좌표계에서는 내 곁을 스쳐 지나가는 1미터짜리 막대기가 1미터보다 짧게 측정된다.

시간과 길이의 상대성은 그 자체로도 놀랍지만 또 다른 결과들로도 이어졌는데, 그중 일부 결과는 조금 더 즉각적으로 드러났다. 속력은 일정한 시간 동안 움직인 거리로 정의되기 때문에, 아인슈타인의 이론에서는 물체들의 움직임을 결합하는 일이 재검토되어야 했다. 광속의 4분의 3으로 빠르게 달리는 기차 안에서 광속의 2분의 1로(기차와 같은 방향으로) 뛰고 있는 사람이 있을 때, 뉴턴의 물리학에서는 이 사람이 지표면에 대해 광속의 4분의 5배로 움직인다고 설명할 것이다. 그러나 아인슈타인은 시간과 동시성의 정의를 엄밀히 따라 실제 두 속력의 합은 그보다 적음을 입증했다. 사실은 기차나 그 안에서 달리는 사람이 얼마나 빠른 속력으로 달리는가의 여부와는 무관하게 항상 빛의 속력보다 느리다는 것이다. 이것이 다가 아니었다. 아인슈타인은 이전까지 혼란스러웠던 광학 실험 문제를 설명할 수 있었고, 전자의 움직임에 관한 새로운 예측도 해낼 수 있었다. 마침내 빛의 속력과 상대성에 관한 아인슈타인의 초기 가정은 그의 시계 좌표화 설계와 짝을 이루어, 코일과 자석과 램프에 대해서 서로 다른 두 가지 설명이 있는 것이 아니라 하나만의 설명이 있을 뿐임을 보여주었다. 즉, 한 좌표계에서의 자기장이지만 다른 좌표계에서는 전기장인 것이다. 다만 서로 다른 기준 좌표계에서 다른 방식으로 보았기 때문에 접근하는 관점에 차이가 있을 뿐이었다. 그리고 이 모든 설명은 에테르에 대한 흔적조차 없이 이루어졌다. 그로부터 얼마 후, 아인슈타인은 이 상대성의 설명을 가지고 과학에서 가장 유명한 방정식인 $E=mc^2$을 만들어낸다. 그 결과 처음에는 겨우 실현 가능한 불안정한 실험에 불과해 보였던 것이 40년 후에는 군사정치적인 영역으로까지 발전하였고, 아인슈타인은 질량과 에너지가 서로 교환 가능하다는 것을 발견했다.

아인슈타인의 상대성에는 시계 좌표화 이외에도 많은 것이 담겨 있다. 전기와 자기를 함께 통달한 것이야말로 19세기 물리과학이 이루어낸 가장 위대한 성취라는 말은 과장이 아니다. 이론의 측면에서 볼 때, 케임브리지의 물리학자인 제임스 클러크 맥스웰James Clerk Maxwell은 빛이란 다름 아닌 전기 파동이라는 이론을 밝혀내어 전기동역학과 광학을 통합시켰다. 실질적인 측면에서는, 발전기가 도시에 전깃불을 밝혔고, 전차가 도시의 풍경을 바꾸어놓았으며, 전신은 시장과 뉴스와 전쟁을 변모시켰다. 19세기 말 물리학자들은 정확한 빛 측정기를 만들고 있었는데, 이는 검출이 거의 불가능할 만큼 포착하기 어려운 에테르를 탐지하기 위한 경이로울 만큼 정확한 시도였다. 물리학자들은 또한 새롭게 인정된 전자의 움직임을 분석하기 위해 전기와 자기 분야의 연구를 다듬고 있었다. 이 모든 일들을 이끌어낸 선도적인 물리학자들(아인슈타인과 푸앵카레뿐 아니라)은 움직이는 물체의 전기동역학이야말로 과학 의제 중에서 가장 어렵고 근본적이며 민감한 문제임을 인식하고 있었다.[7]

아인슈타인이 직접 말한 것처럼, 시계를 동기화하기 위해 동시성을 정의할 필요가 있다는 것을 인식함으로써 그의 오랜 탐구는 결론을 맺게 되는데, 이 책의 주제가 바로 그 시간 좌표화이다. 실제로 아인슈타인은 상대성이론에서 시간의 변경이 가장 눈에 띄는 특성이라고 판단했다. 그러나 아인슈타인을 지지한다고 자청하는 사람들조차도 아인슈타인의 판단이 옳았음을 즉시 알아챘던 것은 아니다. 일부 학자들은 전자의 진행 경로가 휘어지는 실험으로 아인슈타인의 이론이 입증된 이후에야 상대성이론을 받아들였다. 물리학자들과 수학자들이 시간의 상대성을 강조하기보다는 조금 더 친숙한 용어로 순화하고 난 이후에 이 이론을 사용한 사람도 있었다. 여러 차례의 팽팽한 만남을 가지고 편지와 논문과 답신들이 오간 후, 1910년 무렵이 되자 아인슈타인의 동료 중에 상대성이론이 시간이라는 개념을 수정했다는 점에 주목하는 사람들이 많아졌다. 그 이후로 철학자와 물리학자들 모두 시계 동기화를 양쪽 학문 분야의 승리이자 근대 사상의 횃불로 열렬히 받아들이면서 시계 동기화는 표준적인 교과서가 되었다.

1920년대에 이르러 베르너 하이젠베르크Werner Heisenberg 등 젊은 물리학자들은 아인슈타인이 엄격하게 고수했던 입장, 즉 관찰할 수 없는 개념(예를 들어 절대시간)에 반대하는 입장에서 새로운 양자물리학을 만들기 시작했다. 특히 하이젠베르크는 동시성이란 분명하면서도 관찰이 가능한 절차에 따라 맞추어진 시계만을 지칭한다는 아인슈타인의 주장에 감탄했다. 하이젠베르크와 그의 동료들은 관찰 가능성에 관한 주장을 강하게 펴나갔다. 만일 전자의 위치에 대해 말하고 싶다면, 그 위치를 관찰할 수 있는 절차를 입증하라. 전자의 운동량에 대해 무언가 말하고 싶다면, 그 운동량을 측정할 수 있는 실험을 직접 해 보여라. 단적으로 말해서, 만일 원칙적으로 위치와 운동량을 동시에 측정할 수 없다면, 그 위치와 운동량은 동시에 존재하지 않는 것이다. 잘 알려져 있다시피 아인슈타인은 그 결론에 대해 함구緘口했는데, 그의 양자역학 동료들은 아인슈타인이 시간과 동시성에 대해 예리하게 비판한 것을 그들이 단지 원자에까지 확장한 것임을 인정해달라고 아인슈타인에게 간청하기도 했다. 상대성이라는 마법사 지니를 마법의 호리병 속에 다시 불러 넣기에는 이미 너무 늦었기에, 아인슈타인은 새로운 물리학이 관찰 가능한 절차에 대한 자신의 주장의 정신을 지나치게 확대해석하는 것을, 그리고 보이는 것을 확립하는 데 이론이 미치는 영향을 과소평가하는 것을 우려했다. 아인슈타인이 꼬집어 말했듯이, "재미난 농담은 너무 자주 되풀이하면 안 된다".[8]

그 재미난 농담은 퍼져나갔다. 심리학자인 장 피아제Jean Piaget는 주요 연구 영역으로 어린아이들의 '직관적인' 시간 개념을 조사했다. 아인슈타인의 시간 좌표화는 새로운 과학철학의 시대를 위한 하나의 모델이 되기 시작하더니 이내 유일한 모델이 되었다. 새로운 반형이상학 철학을 발견하기 위해 오스트리아의 수도 빈에 모인 빈 학파Vienna Circle 의 물리학자와 사회학자와 철학자들은 동기화된 시계의 동시성을 고유의 패러다임, 즉 논증 가능한 과학적 개념으로 환영하며 받아들였다. 한편 유럽과 미국에서는 물리학자들은 물론 자의식 강한 근대 철학자들도 신호 교환의 동시성을 적절한 근거가 있는 지식의 사례로 적극 받아들이는 데 동참했는데, 헛된 형이상학적 숙고와는 달리 근거가 있다는 점 때문이었다.[9] 20세기 가장 영향력 있는 미국의 철학자 중한 명인 윌러드 밴 오먼 콰인Willard Van Orman Quine에 따르면 모든 지식은 궁극적으로 수정 가능하다(그는 심지어 논리학도 언젠가는 결국 개정되어야 할지도 모른다는 입장을 취했다). 그러나 콰인은 모든 과학적 해석들을 검토하고 나서, 아인슈타인이 시계와 빛 신호를 써서 동시성을 정의한 것을 가장 탄탄한 논리로 선택했다. 그는 아인슈타인의 시간 개념이야말로 "훗날 과학을 … 수정해야만 할 때가 온다 하더라도 끝까지 보존하기 위해서 최대한의 노력을 기울여야 할" 개념이라고 판단했다.[10] 영원한 절대불변의 진실에 대해 적대적인 분위기였으며 지식 전반에 거대한 변화가 일어났던 철학의 세기에, 이보다 더한 찬사는 없었다.

물론 모든 사람이 시간의 상대성에 감탄한 것은 아니었다. 어떤 이들은 비아냥거렸고, 또 어떤 이들은 상대성이론에 빠진 물리학을 구하려 애썼다. 그러나 대략 1920년대쯤이 되자, 물리학자와 철학자 모두가 "시간은 무엇인가"라는 아인슈타인의 질문을 과학적 개념의 표준으로 인식했는데, 이 개념은 뉴턴의 형이상학적이고 절대적인 시간 개념에 비해 한결 더 정교하면서도 훨씬 더 인간의 경험으로 접근할 수 있는 무엇인가를 요구했다. 아인슈타인이 스스로 언급한 바에 따르면, 그는 절대시간에 대항할 효율적인 철학적 칼날을 18세기 데이비드 흄

David Hume이 이룩했던 중요 연구에서 끌어냈다고 한다. 흄은 "A가 B의 원인이다"라는 진술이, A 그리고 B라는 통상적인 순서 이상의 의미는 없다고 강하게 주장했다. 마찬가지로 빈 학파의 일원이었으며 물리학 자이자 철학자이자 심리학자인 에른스트 마흐Ernst Mach의 연구, 즉 인식으로부터 완전히 떨어져 나온 개념은 아인슈타인에게 있어 핵심적인 것이었다. 마흐가 (때로는 과하다 싶게) 근거 없는 관념이라고 일축한 것 중에서, 절대공간과 절대시간이라는 뉴턴의 "중세적" 관념은 가장 무례하게 취급되었다. 아인슈타인 역시 다른 과학자들의 연구를 현미경처럼 들여다보는 방식으로 시간을 연구했는데, 그렇게 참조했던 과학자로는 헨드릭 안톤 로런츠Hendrik A. Lorentz와 푸앵카레가 있다. 이들의 철학적 추론과 뒤에서 언급하게 될 학자들의 추론이, 시간과 시간조각에 대한 이 책의 이야기를 구성한다. 그러나 순수한 지성사로만 접근하여 아인슈타인을 뉴턴의 절대시간이라는 모호한 도그마에 대항하여 사고실험을 뒤흔든 철학자 겸 과학자로 묘사하는 것은 그를 추상적인 구름 위에 떠 있게 할 뿐이다. 동시대 과학기술의 기초를 뒤흔들었던 아인슈타인은 시간과 동시성에 대한 기본적인 질문을 할 만큼 매우 정교하고 복합적인 사람이었다. 그러나 이러한 지적인 측면을 설명하는 것만으로 충분할까?

임계점의 유백색

아인슈타인과 푸앵카레는 종종 자신들의 연구가 마치 전적으로 물질세계 바깥에서 시작하기라도 한 것처럼 회고했던 것 같다. 이러한 측면에서 아인슈타인이 1933년 10월 초에 망명하거나 추방된 과학자들을 돕기 위해 조직된 대규모의 집회에서 했던 연설을 회고해보는 것은 유용한 일이다. 과학자와 정치인과 일반 대중들이 런던의 로열 앨버트 홀Royal Albert Hall에 가득 들어찼다. 반대하는 시위대들은 일을 망쳐놓겠다고 협박했고, 1,000여 명의 학생들은 보호 "대원"의 역할을 자청하며 몰려들었다. 아인슈타인은 전쟁의 긴박함, 그리고 유럽을 뒤덮고 있는 증오와 폭력에 대해 경고했다. 그는 노예제도와 탄압이 확산되는 세상에 저항해야 한다고 역설했으며, 각국 정부에게는 곧 닥칠지도 모를 경제 붕괴를 막아달라고 호소했다. 그런데 갑자기 아인슈타인 연설의 정치적인 발언은 거기에서 툭 끊겼다. 마치 현재 사건들의 참화가 그의 한계를 넘어서기라도 한 것처럼, 그는 갑자기 세계의 위기 문제로부터 한발 물러섰다. 달라진 말투로 그는 고독과 창조와 고요에 대해, 그리고 그가 추상적인 사고에 빠진 채 지방의 풍요롭고 단조로운 삶에 둘러싸여 보냈던 순간들에 대해 회고하기 시작했다. "심지어 이러한 근대 사회에서조차도, 육체적이거나 지적인 노력을 그다지 많이 들이지 않고서 고립되어 살아가는 그런 직업들이 있습니다. 등대지기나 등대선에서의 일 같은 직업이 머리에 떠오릅니다."[1]

철학과 수학 문제에 푹 빠진 젊은 과학자에게 고독은 완벽한 조건이라고 아인슈타인은 역설했다. 우리가 이제부터 알아보려 하는 그의 젊은 시절은 다음과 같이 생각할 수 있을 것이다. 그가 생계를 잇기 위해 일했던 베른의 특허국 사무실은 그에겐 그저 해안에서 멀리 떨어진 등대선과 같았다고. 세계를 초월한 명상으로 가득 찬 아인슈타인의 정원에 부합하도록 우리는 아인슈타인을 신성화하여, 그를 이론의 기초를 생각하거나 뉴턴의 절대공간과 절대시간의 개념을 무너뜨리기 위해서라면 특허국의 잡일이나 복도에서의 일상적인 대화도 무시하는 그런 철학자이자 과학자로 만들어버렸다. 뉴턴에서 아인슈타인으로 이어지는 물리학의 변화는, 기계와 발명과 특허의 세계 위를 떠다니던 이론들이 서로 만나는 것이라 표현할 수 있다. 아인슈타인 스스로 이러한 이미지에 기여했고, 상대성을 생각해내는 데에 있어 순수한 사고의 역할이 얼마나 중요한지 여러 차례 강조했다. "나와 같은 인간형에게 극히 중요한 것은 무엇을 하고 무엇을 견디느냐가 아니라 바로 무엇을 생각하고 어떻게 생각하느냐입니다."[12]

우리는 종종 다른 세상에 사는 사람처럼 보이고 신령스러우며 물리학의 정신과 소통하는 것처럼 보이는 아인슈타인의 사진을 접하곤 한다. 천지를 창조한 신의 자유에 관해 말하는 아인슈타인, 자연철학 연구에 몰두하느라 바쁜 와중에 특허신청서를 솎아내는 아인슈타인, 상상의 시계와 멋진 기차가 등장하는 순수한 사고실험의 이야기를 설파하는 아인슈타인 등등. 롤랑 바르트Roland Barthes는 「아인슈타인의 뇌」라는 글에서 이러한 상상의 인물을 탐구했는데, 그 글에서 과학자는 다름 아닌 사고 그 자체를 상징하는 그의 뇌이자, 동시에 마법사이고, 몸과 마음과 사회적 존재가 없는 기계로 표현된다.[13]

이처럼 바르트가 물질세계 위를 떠다니는 것으로 상상한 과학자는, 프랑스의 탁월한 수학자이자 철학자이며 아인슈타인과는 독립적으로 상대성원리를 통합하는 상세한 수리물리학을 만들어낸 물리학자이기도 했던 앙리 푸앵카레였다. 푸앵카레는 기품 있는 언어로 쓴 에세이에서 자신의 연구 결과를 좀 더 넓은 일상 세계에 적용하여, 근대물리학과 고전물리학의 한계를 탐사하는 동시에 성취를 이루어냈다. 아인슈타인과 마찬가지로 푸앵카레 역시 스스로를 자유로운 영혼으로 여겼다. 과학자가 직접 쓴 창작물 중에서 가장 유명한 작품을 쓰기도 한 푸앵카레는 수학의 여러 영역에서 중요한 새로운 함수 이론을 향해 한 발짝 나아갔다.

15일 동안 나는 내가 생각하고 있는 것과 같은 함수는 없다는 것을 입증하기 위해 애썼다. 당시 나는 매우 무지했었다. 매일같이 책상머리에서 한두 시간씩 보내면서 무수한 수를 조합해보았으나 결론을 얻을 수 없었다. 어느 날 저녁, 평소의 습관과는 달리 블랙커피를 한 잔 마신 나는 잠을 이룰 수 없었다. 아이디어는 무수한 시행착오 속에서 솟아났다. 서로 맞물리게 될 때까지 수많은 수들이 충돌하는 것처럼 느끼던 나는, 마침내 소위 안정된 조합을 이루는 딱 맞는 한 쌍을 찾아내었다. … 그 결과를 적는 데에는 불과 몇 시간밖에 걸리지 않았다.[14]

이처럼 새로 만들어낸 함수에 대한 설명뿐만 아니라 놀라울 만큼 철학적이면서도 대중적인 그의 다른 글들을 통해, 푸앵카레는 물리학과 철학이 지금 여기라는 현실에서 벗어난 은유의 세계에 있는 것처럼 분석했고 이상적인 대안 세계에 사는 상상의 과학자를 사용하여 긴박감을 더했다. "어느 날 갑자기 지구에 한 사람이 떨어졌는데, 하늘에 커튼 같은 두터운 구름이 늘 덮여 있어서 다른 별들은 전혀 보이지 않는다고 생각해보자. 그 지구에서 그 사람은 마치 우주 공간에서 떨어져 나오기라도 한 듯 살아갈 것이다. 하지만 그는 … 지구가 돌고 있음을 느낄 것이다."[15] 푸앵카레가 말한 우주 여행자는 지구가 적도를 중심으로 불룩 솟아 있음을 보여준다거나 혹은 자유 진동을 하는 추가 점차 원을 그리며 도는 것을 보여줌으로써 지구의 자전을 입증할 수 있을 것이다. 늘 그랬듯이 푸앵카레는 여기에서 실제 철학적이고 물리학적인 문제를 밝혀내기 위해 가상의 세계를 이용했다.

이런 점에서 아인슈타인과 푸앵카레를 관념 철학자로 볼 수 있으며, 심지어 그렇게 이해하는 편이 더 생산적이다. 관념 철학자의 목표는 상상의 은유로 가득한 가상 세계를 만들어서 철학적 차이를 역설하는 것이다. 푸앵카레는 물체가 위아래로 움직임에 따라 길이가 크게 달라지는 것을 설명하기 위해 위아래의 온도 차이가 극심한 상황에 대해 이야기할 때, 그러한 가상 세계를 염두에 두었다(그렇다고 볼 수 있다). 상상의 기차와 환상적인 시계와 추상적인 전신과 같은 은유적인 표현을 사용하여 뉴턴의 절대적인 동시성을 공격했던 푸앵카레와 아인슈타인의 연구도 그러한 사례의 하나라고 생각할 수 있다.

아인슈타인 연구 주제의 핵심으로 돌아가 보자. 아인슈타인은 기발하고 은유적인 사고실험을 적용하여, 열차가 7시에 기차역에 도착한다는 것이 어떤 의미인지를 밝히고자 했다. 나는 이제껏 이러한 아인슈타인의 특징을 (그가 스스로도 언급했듯이) 보통 사람들이 '아주 어렸을 때에만' 물어볼 수 있는 성격의 질문을 '다 자라고 난' 후에도 여전히 물어본다고 해석했다.[16] 이것은 외톨이로 지내던 천재의 유치한 질문일 뿐이었을까? 이렇게 생각하면, 시간과 공간에 대한 수수께끼들이 전문 과학자들이라면 미처 의식하지도 못할 정도로 너무나 초보적인 수준의 것처럼 보인다. 그러나 동시성에 대한 질문은 실제로 성숙한 사고의 영역 바깥에 놓여 있는 것일까? 이곳에 있는 한 관찰자가, 멀리 떨어져 있는 관찰자가 7시 정각에 도착하는 열차를 바라보고 있다고 이야기하는 것이 무엇을 의미하는지 질문한 사람이 1904~1905년에는 실제로 한 명도 없었을까? 전기 신호 교환으로 원거리의 동시성을 정의하려는 생각은 20세기로 접어들고 있는 시대와는 동떨어진 순전히 철학적인 생각일 뿐이었을까?

얼마 전 내가 북유럽의 기차역에 서서 승강장에 걸려 있는 멋진 시계들을 무심코 바라볼 때만 해도, 나는 상대성이론에 대해 전혀 생각하지 않았다. 그 시계들은 모두 분 단위까지 일치하고 있었다. 신기하군. 좋은 시계야. 당시 내가 보기에는 그 시계들의 초침이 스타카토로 움직이는 모습까지도 모두 일치하고 있는 것 같았다. 이 시계들은 그냥 잘 맞는 것이 아니라 잘 좌표화되어 있는 것이로군, 나는 그렇게 생각했다. 아인슈타인 역시 1905년의 논문과 씨름하고 있는 동안 이렇게 좌표화된 시계를 보았을 것이고 원거리의 동시성이 어떤 의미인지를 파악하려 애썼음에 틀림없다. 실제로 그가 일했던 베른 특허국 사무실 바로 길 건너편에는 오래된 기차역이 있었는데, 역 안의 선로를 따라 그리고 건물 정면에 위풍당당하게 걸려 있던 시계들은 모두 좌표화되어 있었다.

기술 발전의 역사가 대개 그러하듯, 시계 좌표화가 어디서부터 유래했는지는 불분명하다. 시계를 동기화하는 기술 시스템의 여러 부분 중에서 어떤 한 부분을 결정적인 특징으로 꼽을 수 있을까? 전기의 사용? 시계 여러 개를 사용하는 것? 멀리 떨어져 있는 시계를 계속 조율하는 것? 어떤 것을 선택하든지 간에, 이미 1830년대와 1840년대에는 영국의 찰스 휘트스톤Charles Wheatstone과 알렉산더 베인Alexander Bain, 곧 이어 스위스의 마테우스 힙Matthäus Hipp*과 수많은 유럽과 미국의 발명가들이 서로 떨어져 있는 여러 개의 시계들을 하나의 중심 시계에 맞추는 전기 분배 시스템을 고안해냈다. 이 중심 시계는 나라에 따라 '모시계horloge-mère', '주요표준시계Primäre Normaluhr', '마스터 시계master clock' 등으로 불렸다.[17] 독일에서 제일 먼저 전기로 시간을 분배하는 시스템을 사용한 도시는 라이프치히였으며, 1859년에 프랑크푸르트가 그 뒤를 이었다. 스위스에서는 당시 전신 연구회의 의장이었던 힙이 1890년 베른의

---

* 마테우스 힙(1815~1893)은 독일의 시계제작자이자 발명가로서 스위스에서 주로 활동했다. 전기 베틀, 신호등, 힙 크로노그래프, 괘종시계의 발명으로 유명하다.

그림 1.3 베른 기차역(1860~1865년경) 새로 좌표화된 시계를 갖춘 베른의 초기 건물 중 하나. 기차역의 열린 쪽에 있는 달걀 모양의 아치 바로 위에 시계 두 개가 어렴풋하게 보인다.

연방 궁전에 있는 100여 개의 시계를 하나로 맞추려고 처음 시도했다. 이러한 시계 좌표화는 철도가 놓인 지역을 따라 제네바, 바젤, 뇌샤텔, 취리히로 빠르게 퍼져나갔다.[18]

따라서 아인슈타인은 시계 좌표화 기술에 둘러싸여 있었을 뿐만 아니라, 한창 꽃피고 있던 그 기술의 발명과 생산과 특허의 가장 중심에 있었던 셈이다. 전자기의 기본 물리법칙과 철학적인 시간의 성격에 관심을 갖고 있으면서도 시계 동기화와 관련된 이처럼 광범위한 노력의 한복판에 놓여 있던 주요 과학자가 또 있었을까? 적어도 한 명은 더 있었다.

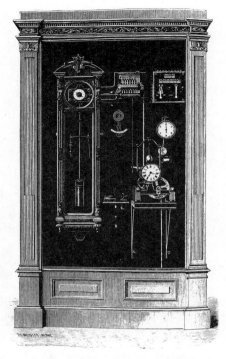

그림 1.4 뇌샤텔의 마스터 시계 아름답게 장식된 마스터 시계들은 엄청나게 비쌌으며 시민의 자랑이었다. 스위스의 시계 제작 지역 중심에 있던 이 시계는 천문대로부터 시간을 받아 맞추어졌고, 그 뒤에는 전신선을 따라 그 신호를 송출했다.

1905년 26세의 특허국 직원이었던 아인슈타인이 상대성에 관한 논문에서 동시성을 재정의하기 7년여 전, 앙리 푸앵카레 역시 놀라우리만치 비슷한 아이디어를 발전시키고 있었다. 교양 있는 지식인이었던 푸앵카레는 위상수학의 주요 부분과 천체역학을 고안했고, 움직이는 물체의 전기동역학을 고안하는 데 크게 기여하여 19세기의 가장 위대한 수학자 중 한 명으로 널리 칭송받고 있었다. 엔지니어들은 무선전신에 관한 그의 글을 찬미했다. 그가 쓴 규약주의 철학에 관한 책, 과학과 가치에 대한 책, 그리고 '과학을 위한 과학'을 옹호하는 책들은 베

그림 1.5 베를린의 마스터 시계 베를린의 슐레지셔 반호프 역에 있던 시계로, 역에서 출발하는 여러 노선을 따라 시간을 보냈다.

스트셀러가 되어 점점 더 많은 대중들이 그의 책을 탐독했다.

이 책의 내용과 관련하여 볼 때, 푸앵카레의 글 중에서 가장 놀라운 것은 1898년 1월에 《형이상학과 도덕 비평Revue de Metaphysique et de Morale》 이라는 철학 학술지에 실린 「시간의 척도La Mesure du Temps」*라는 논문이 다. 이 글에서 푸앵카레는 프랑스의 영향력 있는 철학자인 앙리 베르 그송Henri Bergson이 신봉하고 있던 대중적인 견해, 즉 우리는 시간과 동

---

* 이 논문의 제목은 "시간의 측정"으로 옮길 수 있다. 프랑스어 mesure는 '측정'과 '척도'의 두 가지 의미를 모두 지니며, 본문 속에서 문맥에 따라 다르게 번역된다. 영어 번역에서도 measurement가 아니라 measure로 써서 두 가지 의미를 모두 지닌다. 독일어 번역에서는 messung이 아니라 maß로서 '척도' 또는 '양'의 의미에 더 가깝다.

시성과 지속 시간을 직관적으로 이해한다는 의견에 맹공을 퍼부었다. 푸앵카레는 오히려 동시성이 사람들 사이의 동의로 형성된 단순한 규약일 뿐이라고 주장하면서, 그것이 필연적으로 진실이기 때문이 아니라 인간에게 가장 편리하다는 이유에서 약속으로 채택된 것이라고 주장했다. 따라서 동시성은 전자기 신호(전신이나 불빛)의 교환을 통해 시계를 맞추어 읽는 것으로 정의되어야 한다는 것이다. 1905년의 아인슈타인과 마찬가지로, 1898년의 푸앵카레 역시 동시성을 만드는 것은 절차의 개념이고, 전신으로 교류되는 시간 신호에 전송 시간이 고려되어야 한다고 주장했다.

아인슈타인이 1905년 논문을 쓰기 전에, 푸앵카레가 1898년에 썼던 논문이나 그 후속작인 1900년 논문을 읽었을까? 아마도 그랬을 것이다. 그랬다는 결정적인 증거는 없지만, 그럼에도 불구하고 이 문제는 더욱 자세히 그리고 더 넓은 맥락에서 탐구해볼 만한 가치가 있다. 이 책의 뒤에서 더 이야기하겠지만, 아인슈타인이 푸앵카레의 논문에서 바로 그 해당 부분을 읽었으리라는 법은 없다. 시계 좌표화는 철학 학술지에 자주 실리는 주제였으며 심지어 물리학 학술지에도 종종 실리곤 했다. 사실 전자기 시계 좌표화는 19세기 후반의 대중들에게 너무나도 매력적인 이야기였으며, 아인슈타인이 가장 좋아했던 어린이 과학책에서도 이 주제를 상세히 다루고 있다.[19] 1904년에서 1905년 사이, 시계를 좌표화하기 위한 두꺼운 케이블이 땅 위와 바다 아래에 깔렸다. 모든 곳의 시계들이 동기화되었다.

아인슈타인의 기차와 신호와 동시성에 대한 이야기를 은유로 풀어내서 문학적이고 철학적인 사고실험으로 해석해주는 사람이 점점 늘어났던 것처럼, 푸앵카레의 관찰을 은유로 읽어내려 시도했던 사람도 있었다. 이 부분에서 철학적인 추측이 개입된 것으로 여겨지는데, 논리적이고 혁명적인 결론을 밀어붙일 지적인 용기가 부족했던 작가는 아인슈타인의 특수상대성이론을 예측하는 내용을 덧붙인다. 그렇게 해서 나온 이야기는 빤하게도 시간 좌표화에 대한 푸앵카레의 통찰력이 세상과 완전히 동떨어진 철학적인 직감인 것처럼 다루었다. 그러나 푸앵카레도 아인슈타인도 외부와 단절되어 있는 진공 속의 시간을 이야기한 것은 아니었다.

과학자들이 동시성을 판단하게 되는 기준은 무엇일까, 하고 푸앵카레는 질문을 던진다. 동시성이란 무엇일까? 그가 마지막으로 제시한 가장 강력한 사례는 경도의 결정에 관한 것이다. 푸앵카레는 항해사나 지리학자가 경도를 결정할 때, 자신의 논문에서 다루는 바로 그 동시성의 핵심 문제를, 즉 파리에 가지 않고도 파리의 시간을 계산하는 문제를 정확히 풀어내야 한다고 말한다.

위도를 찾는 것은 간단하다. 북극성이 바로 머리 위에 있으면 북극이다. 그 별이 수평선으로부터 절반쯤에 걸쳐 있으면, 그곳은 보르도의 위도와 같다. 수평선에 별이 걸려 있는 것을 보는 사람은 적도에 있는 에콰도르의 위도와 같은 곳에 있는 것이다. 어떤 위치에서건 북극성의 각도는 항상 똑같기 때문에 몇 시에 위도를 측정하는가의 문제는 아무런 상관이 없다. 두 지점 사이의 경도 차이를 발견하는 것은 알다시피 훨씬 더 어려운 문제이다. 이를 위해서는 그 두 위치에서 동시에 천문학적인 측정을 할 두 명의 관찰자가 필요하다. 만일 지구가 자전하지 않는다면 문제가 없을 것이다. 두 명의 사람이 똑같이 하늘을 바라보고 (예컨대) 북극성 바로 아래에는 어떤 별이 있는지를 확인하면 된다. 별의 지도를 확인함으로써 상대적인 경도를 쉽게 찾아낼 수 있다. 그러나 당연히 지구는 돌고 있기 때문에, 경도 차이를 정확히 고정하기 위해서는 머리 위의 별(혹은 태양이나 행성들)을 동시에 측정할 수 있어야 한다. 예를 들어 북미에 있는 지도 만드는 팀이 파리의 시간을 알고 있고, 그 팀이 있는 곳에서는 파리보다 정확히 6시간 더 늦게 해가 뜨는 것을 보았다고 가정해보자. 지구가 자전하는 데에는 24시간이 걸리므로, 그 지도 만드는 팀은 파리로부터 서쪽으로 경도선의 24분의 6(4분의 1 혹은 90도에 해당하는)만큼 떨어진 곳에 위치해 있음을 알 것이다. 하지만 그 탐험가들이 파리가 지금 몇 시인지를 어떻게 알 수 있을 것인가?

푸앵카레가 「시간의 척도」라는 논문에서 말했다시피, 이곳저곳을 돌아다니는 지도제작자는 탐험에 필요한 정밀한 시간 측정기구(크로노미터)를 파리 시간으로 맞추어놓는 것만으로도 파리의 시간을 알 수 있다. 그러나 크로노미터를 운반하는 것은 이론적으로나 실질적으로나 문제를 일으킨다. 탐험가와 파리에 있는 그의 동료는 서로 다른 위치에서 순간적인 천체 현상(목성 위로 목성의 달이 떠오르는 모습 등)을 관찰하고 그 관찰이 동시에 일어난 것이라고 선언할 수도 있다. 그러나 아주 간단해 보이는 이 과정이 실은 그렇지 않다. 목성의 식蝕을 사용하는 데에는 실질적인 문제가 있었다. 푸앵카레가 언급했듯이, 원칙적으로도 목성으로부터 온 빛이 두 관찰자의 위치에 도달하는 것에는 차이가 있기 때문에 그에 맞게 시간이 수정되어야 한다. 혹은 푸앵카레가 시도했던 방법처럼 관찰자가 파리와 시간 신호를 주고받기 위해 전기 전신을 이용할 수도 있다.

우선 분명한 것은 예를 들어 파리에서 전신 신호를 보낸 시간
보다 그 신호를 베를린에서 받는 시간이 더 나중이라는 것이
다. 이는 인과관계의 법칙이다. … 그러나 얼마나 더 나중일까?
일반적으로 그 빛의 전송에 걸린 시간은 무시되어 두 사건은

동시에 일어난 것으로 여겨진다. 엄밀히 따지자면 복잡한 계산을 거쳐 약간 수정해야 한다. 그러나 실제로는 이렇게 수정하지는 않는데 왜냐하면 그 차이가 관찰의 오차 범위 안에 들기 때문이다. 그럼에도 불구하고 우리의 관점에서 볼 때 이론적으로는 엄밀한 정의가 필요하다.[20]

푸앵카레는 시간에 대한 직접적인 직관만으로는 동시성의 문제를 해결하기에 역부족이라고 결론지었다. 그렇게 믿는 것은 환상에 빠지는 것이다. 직관은 측정의 규칙으로 뒷받침되어야만 한다. "일반적인 규칙이 없으면 엄밀한 규칙도 없다. 수없이 많은 작은 규칙들이 각각의 사례에 적용된다. 이 규칙들에 우리가 강요받을 것이 아니라, 다른 규칙들을 발견하면서 우리 스스로가 즐거워야 한다. 하지만 그 규칙들을 버린다면 물리학과 역학과 천문학의 법칙들이 매우 복잡해질 수도 있다. 따라서 우리가 그 규칙들을 선택하는 것은 진리이기 때문이 아니라 가장 편리하기 때문이다."[21] 동시성, 시간 순서, 동일한 지속 시간 등 이 모든 개념들은 최대한 가장 간단하게 자연의 법칙을 표현하는 방식으로 정의된다. "다시 말하면, 이 모든 규칙들과 정의들은 무의식적인 편의주의의 열매에 지나지 않는다."[22] 푸앵카레에 따르면, 시간은 절대적인 진실이 아니라 규약이다.

지도를 만드는 사람들은 파리가 정오일 때 베를린이 몇 시라고 할까? 기차가 베른에 도착하는 시간은 언제가 될까? 푸앵카레와 아인슈타인이 이러한 질문을 던졌을 때, 그 질문들은 얼핏 극히 간단한 것처럼 보인다. 그 대답도 간단해 보인다. 잘 맞추어진 두 지점의 시계가 같은 시각을 가리킨다면, 즉 파리가 정오일 때 베를린도 정오라면 서로 멀리 떨어진 두 개의 사건은 동시에 일어나는 것이다. 그러한 판단은 필연적으로 절차와 규칙의 규약이다. 동시성에 대해 물어보는 것은 시계를 어떻게 좌표화할 것인가를 물어보는 것과 같다. 그들은 하나의 시계에서 다른 시계로 전자기 신호를 보내어 그 신호가 도착할 때까지의 시간을 계산하라고(대략 빛의 속도로 계산한다) 제안했다. 이 간단한 아이디어가 공간과 시간의 개념에, 새로운 상대성이론에, 근대물리학에, 규약주의 철학에, 세계를 뒤덮은 전자항법 네트워크에, 그리고 안전한 과학적 지식의 모델에 획기적인 결과를 가져왔다.

내 질문은 이렇다. 막 20세기로 접어들던 그 시기에 동시성은 실제로 어떻게 생산되었을까? 어떻게 푸앵카레와 아인슈타인 모두 동시성이 전자기 신호로 맞춘 시계를 사용하여 규약 절차에 따라 정의해야 한다고 생각하게 되었을까? 이러한 질문은 평전과 같은 접근에서 다루기에는 너무나 광범위하다. 그러나 아인슈타인의 평전은 많은 반면 푸앵카레의 평전은 그다지 많지 않다는 것도 분명한 사실이다. 마찬가지로 이 책은 시간의 철학에 대한 역사를 다루는 책도 아니다. 그러려면 아리스토텔레스 이전까지 거슬러 올라가야 한다. 이 책은 전기시계를 포함한 시계의 복잡한 발전 과정을 폭넓게 서술하는 책이 아니다. 또한 푸앵카레와 아인슈타인이 각자 움직이는 물체의 전기동역학을 힘들게 재구성하여 적용했던, 19세기에 널리 알려져 있던 전기동역학의 개념을 꼼꼼히 훑어보는 역사서도 아니다.

오히려 이 책은 물리학과 기술과 철학의 여러 층위를 가로지르는 하나의 조각으로서, 대양의 배선과 프로이센 군대 행진 사이를 오가면서 동기화된 시계에 대해 자세히 탐구한다. 이 책은 규약주의의 철학을 지나 상대주의의 물리학을 통과한 뒤, 물리학의 심장부에 도착한다. 19세기 후반 전신 시스템 전선의 한쪽 끝을 잡아서 당기기 시작하면, 그 전선의 끝은 북대서양을 가로질러 뉴펀들랜드의 조약돌 해안까지 거슬러 올라가고, 유럽에서부터 태평양 그리고 다시 하이퐁만까지 올라가며, 서아프리카의 긴 해변을 부드럽게 훑어간다. 땅에 깔린 전선과 철케이블과 구리케이블을 따라가면, 그 끝에는 안데스가 있고 세네갈의 오지가 기다리며, 매사추세츠에서부터 샌프란시스코에 이르기까지 북아메리카를 가로지르게 된다. 케이블은 철로를 따라 달리고 바다 아래에 놓이며, 제국주의 탐험가들의 해변 오두막과 멋진 천문대의 날카로운 돌 사이에도 놓여 있다.

그러나 시간의 전선은 저절로 놓인 것이 아니었다. 그 전선은 국가적인 야망, 전쟁, 산업, 과학, 정복과 함께 왔다. 국가들 사이에 길이와 시간과 전기적인 측정의 규약을 좌표화하려는 징조가 눈에 띄게 감지되었다. 19세기와 20세기에 시계를 맞추는 것은 단순히 신호를 교환하는 절차의 문제가 아니었다. 푸앵카레는 세계 전기 시간 네트워크의 행정관이었고, 아인슈타인은 새로운 전기기술을 위한 스위스 중앙 정보센터의 전문가였다. 푸앵카레와 아인슈타인 모두 움직이는 물체의 전기동역학에 집중했고 공간과 시간에 대한 철학적 생각에 사로잡혔다. 세계를 뒤덮었던 이러한 동기화를 이해함으로써, 근대물리학의 근대적인 요소는 과연 무엇인지, 그리고 아인슈타인과 푸앵카레가 각자 어떻게 근대성의 교차점에 서 있었는지를 이해할 수 있게 될 것이다.

물론 우리는 그 옛날 17세기에 뉴턴이 생각했던 시간에 대한 개념과 20세기로 접어들 무렵 아인슈타인과 푸앵카레가 생각했던 시간에 대한 개념 사이에 엄청나게 큰 차이가 존재한다는 것을 안다. 그 두 개념은 마치 초기 근대와 근대 사이의 충돌을 보여주는 기념비와 같다. 한편에서는 공간과 시간을 신의 감각의 변형이라고 보았고, 다른 한편에서는 공간과 시간이 자와 시계에 의해 정해진다고 보았다. 그러나 1700년과 1900년 사이의 거리가 현재의 문제를 가려서는 안 된다. 내가 관심을 가지고 있는 바로 그 현재의 문제에, 즉 1900년대 세계에서는 시간과 규약과 기술공학과 물리학을 하나의 조각으로 보는 것이 푸앵카레와 아인슈타인에게뿐만 아니라 누구에게나 일반적이었다. 그 시기에는 기계와 형이상학을 섞는 것은 너무나도 당연한 일이었다. 1세기가 지나면서 사물과 사고 사이의 근접성은 실질적으로나 이론적으로나 사라져버린 듯하다.

과학과 기술을 한데 묶어 생각하기가 그토록 어려운 이유 중의 하나는 아마도 역사를 별도의 단위로 나누는 것이 습관처럼 되어버렸기 때문일 것이다. 사상사는 세계적이고 보편적인 것을 대상으로 하고, 그보다 국지적인 계급과 집단과 기관에 대한 것은 사회 역사가 다루며, 개인이나 그들의 주위 환경은 전기나 미시 역사에서 다룬다. 순수 학문과 응용학문 사이의 관계로 말하자면, 추상적인 생각들이 실험실을 통해 기계를 조립하는 작업현장이나 일상으로 내려온다. 그 반대의 경우도 마찬가지여서, 일상의 기술적인 일들은 서서히 그 물질성을 던져버리고 추상의 사다리를 올라가 이론에 도달한다. 작업현장에서 실험실을 거쳐 칠판까지, 그리고 마침내 불가해한 철학에 이르는 것이다. 실제로 과학이 이런 식으로 작동하는 경우가 많다. 에테르 수증기의 순도에서 시작한 아이디어는 일상적인 물질로 응축되고, 반대로 숭고한 아이디어는 단단한 일상의 세계로부터 시작하여 공기 중으로 나아간다.

그러나 이 두 그림만으로는 불충분하다. 철학적이고 물리학적인 성찰이 열차 시간 좌표화나 전신 시간을 확산시킨 원인이 되었던 것은 아니다. 기술은 추상적인 생각에서 파생된 것이 아니었다. 마찬가지로 19세기 말에 전기적으로 좌표화된 광범위한 시계 네트워크가 철학자들과 물리학자들로 하여금 새로운 동시성의 규약을 채택하는 데 원인을 제공했다거나 이를 강요한 것은 아니었다. 아니, 시간 좌표화에 대한 현재의 이야기는 점진적인 발산과 점진적인 응축 그 어느 은유에도 들어맞지 않는다. 이를 설명하려면 다른 이미지가 필요하다.

수증기가 가득한 대기로 뒤덮인 바다를 상상해보자. 이 권역이 충분히 뜨거워지면 바닷물은 증발한다. 수증기가 식으면 다시 비로 응축되어 바다에 내린다. 그러나 물이 팽창하면서 수증기가 응축될 만큼 압력과 열이 작용하면, 결과적으로는 액체와 기체의 밀도가 거의 비슷하게 된다. 그 임계점에 다가가면서, 아주 특별한 현상이 벌어진다. 물과 수증기는 더 이상 안정적인 상태로 남아 있지 못하고, 권역 전반적으로 액체 덩어리와 수증기가 두 단계, 즉 수증기에서 액체로, 액체에서 수증기로, 작은 분자들의 집합만 한 크기에서 지구만 한 덩어리 크기까지의 사이를 오가며 반짝인다. 이 임계점에서 파장이 다른 빛들이 방울 크기에 따라 다르게 반사된다. 작은 방울에서는 보라색이, 더 큰 방울에서는 빨간색이 반사된다. 얼마 지나지 않아 빛은 모든 가능한 파장으로 튕겨 나온다. 눈으로 볼 수 있는 모든 가능한 색의 스펙트럼이 마치 진주층의 빛처럼 반짝인다. 그렇게 격렬하게 파동하는 단계는 임계점의 유백색critical opalescence이라고도 불리는 반사된 빛을 변화시킨다.

이것이 우리가 시간 좌표화를 이야기할 때 필요한 은유이다. 아주 가끔씩은 기술과 과학과 철학의 영역을 깔끔하게 떼어놓고 생각할 수 없는 과학기술적 변화들이 벌어진다. 1860년 이후 반세기 동안 벌어진 시간 좌표화가 단순히 기술적인 영역으로부터 시작하여 과학과 철학이라는 조금 더 숭고한 영역으로 꾸준히 승화한 것은 아니다. 마찬가지로 시간 동기화라는 아이디어가 순전히 사고의 영역에서 출발한 이후에 기계와 공장의 물체와 행위로 응축된 것 역시 아니다. 추상과 구체 사이에서 오락가락 변화를 겪으면서, 또한 이런저런 복잡한 단위로 측정되면서, 시간 좌표화는 임계점의 유백색이 변덕스럽게 변화하는 과정에서 등장했다.

19세기 후반의 유럽과 북미, 그리고 이 두 지역 외에도 거의 대부분의 마을의 기록을 파헤치다 보면 시간 좌표화를 위해 얼마나 애썼는지 잘 드러난다. 열차 관리인, 항해사, 보석상은 물론이고 과학자, 천문학자, 엔지니어, 그리고 기업가에 이르기까지 빛바랜 자료들이 가득하다. 시간 좌표화는 교실 시계에서부터 교장실의 배선에 이르기까지 각 학교 건물별로 실행되어야 하는 개인적인 문제이기도 했지만, 열차 선로의 경우처럼 도시 전체의 문제이기도 했고, 또한 공공 시계 시스템으로 통합하거나 어떻게 통합할지의 문제에 대해 있는 힘껏 싸울 때에는 국가적인 문제가 되기도 했다. 무정부주의자, 민주주의자, 국제주의자, 일반론자 등이 싸우는 중앙 정부의 자료보관 문제로 되돌아오면 그 성격은 더 커지고 더 복잡해진다.

이렇듯 여러 목소리가 만들어내는 불협화음 속에서, 이 책은 어떻게 시계 동기화가 절차를 맞추는 문제는 물론 과학과 기술의 언어를 맞추는 문제가 되었는지를 보여주고자 한다. 1900년 즈음의 시간 좌표화는 더 정확한 시계를 향해 나아가는 행진에 관한 이야기일 뿐만 아니라 물리학과 기술공학과 철학과 제국주의와 상업이 충돌하는 이야기이기도 하다. 매 순간마다 시계 동기화는 실용적이면서도 이상적이었다. 철을 입힌 구리선 그리고 우주의 시간이 아니라 구타페르카 절연체가 채택된 시간이었다. 널리 알려진 이야기에 따르면, 독일에서는 시간의 규제가 국가통합의 대리전 역할을 했던 반면, 비슷한 시기에 프랑스에서는 시간의 규제가 제3공화국이 혁명을 이성적으로 제도화하는 형식으로 구체화되었다.

내 목표는 이러한 임계점의 유백색을 통해 시간 좌표화를 알아보려는 것이며, 특히 그 혼란스러운 상황 속에서 앙리 푸앵카레와 알베르트 아인슈타인이 혁신한 동시성의 개념을 생각해보는 것이다. 우리는 시간을 생산하는 현장과 시간을 배분하는 길목에 들어섬으로써 시계를 통합하는 데 결정적이었던 두 장소, 즉 아인슈타인과 푸앵카레가 시계와 지도에 대해 사용했던 초월적 은유들이 문자 그대로 한데 만난 장소, 바로 파리 경도국the Paris Bureau of Longitude과 베른 특허국the Bern Patent Office을 계속 맞닥뜨리게 될 것이다. 푸앵카레와 아인슈타인은 그 교류의 한가운데 서 있던 좌표화된 시간의 증인이고 대변인이며, 경쟁자이자 협력자였다.

논증의 순서

시간 좌표화의 운명을 알아보기 위해 열차 관리인, 발명가, 과학자들로 이루어진 핵심그룹의 이야기를 모두 거슬러 살펴볼 수는 없기 때문에, 이 책은 전체적인 것과 부분적인 것 사이를 오가며 크고 작은 이야기를 번갈아 살펴보는 방식을 택했다. 2장 '석탄, 혼돈, 규약'*에서는 약간은 일반적이지 않은 방식으로 푸앵카레를 소개하려 한다. 1902년에 베스트셀러인 『과학과 가설La Science et l'Hypothèse』을 쓴 푸앵카레가, 광산 엔지니어로 훈련을 받고 나서 동부 프랑스의 위험하고 열악한 상황의 광산에서 검사관으로 일했었다는 사실을 누가 알아챌 수 있을까? 또한 수십 년 동안 그가 파리 경도국을 운영하는 데 일조했으며, 1899년에는 (이후 1909년과 1910년에도) 경도국장까지 역임했다는 사실도 누

---

* 원문은 'Coal, Chaos, and Convention'으로 모두 C로 시작하는 단어를 선택했다.

가 상상할 수 있을까? 푸앵카레는 전기기술에 관한 주요 학술지를 공동 편집하여 펴내기도 했는데, 그 학술지가 심해케이블과 도시의 전기 시설에 관한 논문 옆에 전기동역학에 대한 근본적인 문제를 다룬 추상적인 논문도 함께 싣고 있다는 사실은 어떠한가?

시간의 변화, 즉 시간이 급속도로 신비의 굴레를 벗어나게 된 과정을 이해하기 위해서는 푸앵카레를 재조명할 필요가 있는데, 그를 순전히 수학자 겸 철학자mathematician-philosopher였다거나 수리물리학자mathematical physicist였다고만 본다면(물론 그는 그 둘 다였지만), 그가 규약화한 동시성을 두 가지 차원으로 단순화할 수 있다. 기술공학에 대해 단순히 부차적으로 관심을 가지고 있었다는 것 이외에도 더 많은 것이 필요하다. 여기서 푸앵카레가 특정한 문제들을 풀기 위해 철학과 수학과 물리학에서 이런저런 '자료'를 낚아채오는 자유로운 영혼의 유목민 같은 성향을 지녔다고 이야기하려는 것이 아니다. 오히려 이 책을 통해 나는 푸앵카레를 몇몇 결정적인 교차점에, 물리학 혹은 철학이나 기술공학 내부의 일관된 행동방식을 만들어주었던 강력한 움직임의 한가운데에 놓고 살펴보고자 한다. 아직 미숙했던 푸앵카레가 모교인 에콜폴리테크니크École Polytéchnique에서 배운 절차의 세부 사항들을 단순히 우려먹은 것이 아니라, 그 역시 에콜폴리테크니크의 영향을 받아 배출된 인재였다. 푸앵카레도 말했듯이, 그와 그의 동료들은 에콜폴리테크니크의 '등록 상표factory stamp'*나 마찬가지인 특징을 자랑스레 지니고 있었다. 2장은 바로 이 등록 상표에 대한 것으로, 에콜폴리테크니크의 영향을 받았던 푸앵카레가 태양계의 안정성이나 운명을 예측하거나 추

---

* 등록 상표는 '학교 인증' 정도로 생각할 수 있다. 에콜폴리테크니크 출신이라면 대체로 가지고 있었던 특징들을 가리키는 말로 공장에서 물건을 찍어내는 것 같은 이미지를 준다.

상수학을 만들어내는 방식으로 광산 사고를 살펴보았던 것은 당연한 일이었다. 이를 통해 우리는 물질과 추상 사이의 광범위한 고리를 파악하려 했던 푸앵카레에게 한 걸음 더 다가간다. 그리고 그 관계는 2장 이후에 이어질 장들을 이해하는 데에도 중요한 역할을 한다. 이어지는 장에서는 서로 다르지만 겹치기도 하는 물리학과 철학과 기술 아래에서 동시성의 개념을 살펴보아야 한다고 주장했던 푸앵카레의 여러 가지 방식들을 다루고 있다.

그러나 시간 좌표화의 보편화가 이루어진 영역을 푸앵카레가 '공장factory'과도 같았던 에콜폴리테크니크에서 교육을 받고, 그 후 광산에서, 그리고 수학자로서 보냈던 것만으로 설명하기에는 충분치 않다. 더 큰 영역으로 확장하면 프랑스를 넘어, 강대국들이 무서운 속도로 건설하던 전선 네트워크와 철도 네트워크가 서로 충돌했던 것에 이른다. 전선 네트워크와 철도 네트워크와 같은 시스템을 당시의 논란거리이던 국경 문제와 조율하는 일은 규약과 합의만으로 성취 가능한 일이었지만, 1870년대와 1880년대에는 양립할 수 없는 길이와 시간의 기준들이 서로 충돌하는 것을 조율하는 일이 쉽지 않았다. 따라서 3장에서는 2장에서 밀접하게 다가가 설명했던 방식에서 한 발짝 물러나 포괄적으로 접근하려고 한다.

3장 '전기적 세계지도'에서는 지구를 넓게 뒤덮은 전기 네트워크의 시간 풍경이 제국의 시간과 충돌한 이후의 모습을 그린다. 19세기 후반의 수십 년 동안, 세계지도를 그리는 문제만큼 세계적으로 통일된 규약을 필요로 하는 영역은 없었다. 이 기간 동안 급속도로 증가한 무역량에 직면한 항해사들은, 서로 다르고 때로는 믿을 수조차 없는 지도의 경도선에 대해 점점 더 불만을 갖게 되었다. 새로운 땅을 정복하고 자원을 탈취하고 철로를 건설하기 위해 진격하는 제국주의 관료들도 불만스럽기는 마찬가지였다. 모두가 정확하고 일관성 있는 측지학을 원했다. 이러한 다양한 요구 사항들은 1884년 미 국무부 회의에서 중요 안건으로 등장하였고, 22개국이 본초자오선, 즉 경도 영점을 차지하기 위해 싸운 끝에 영국의 그리니치로 결정되었다. 영국 제국의 중심부가 지구의 기준이 되는 영점을 차지하게 된 횡포에 불만을 가지고 격분한 프랑스의 대표는 십진법 시간을 표준으로 삼도록 로비했고, 이를 통해 시계와 지도라는 새로운 세계 질서에 이성적인 계몽이라는 프랑스의 흔적을 남기고자 했다.

4장 '푸앵카레의 지도'에서는 1890년대 프랑스에서 푸앵카레가 결정적인 역할을 했던 시간 합리화 캠페인이 한창일 때의 상황을, 멀지도 가깝지도 않은 관점으로 바라본다. 당시 푸앵카레와 그의 임시내각 위원회는 시간을 십진화하고자 했던 프랑스혁명의 오래된 제안을 평가하고 그에 따라 시계의 원을 나누는 임무를 부여받았는데, 먼저 시간의 측정을 어떻게 규약으로 만들 것인가에 대한 여러 제안들을 직접 검토했다. 이때는 실제로 푸앵카레가 프랑스 경도국의 원로회원으로 참여하고 있던 시기로, 당시 경도국은 가장 정확한 지도를 만들기 위해 세계의 시계를 좌표화하라는 임무를 부여받는다. 유럽과 아프리카, 아시아, 아메리카, 그리고 세계를 정확하게 동기화한 시간과 측지법 지도를 통해, 마침내 1898년 푸앵카레는 동시성을 규약으로 만들자는 내용의 철학적 논문을 내놓는다. 만일 동시성이 시계를 어떤 식으로 동기화할까에 대한 합의만으로 정해진다면, 이미 전신기사와 경도탐색자들이 해냈던 것과 똑같은 방식으로 선례에 따라 적절하게 시계를 좌표화하면 될 것이다. 최신의 지도 제작과 시간의 형이상학을 동시에 다루는 이러한 움직임은 매우 중요하다. 뉴턴의 절대적이고 신학적인 시간이 차지할 자리는 없었다. 그 대신 절차가 자리했다. 공통 시간common time

의 설계가 한때 신의 절대적인 시간이 있던 자리를 대치했다.

1898년 푸앵카레는 시간의 규약화 중 그 어디에도 전기동역학이나 상대성원리를 직접적으로 언급하지 않았다. 전기동역학이나 상대성원리와의 관계가 드러난 것은 1900년 12월 푸앵카레가 네덜란드의 물리학자 헨드릭 안톤 로런츠의 초기 연구들을 재검토할 때가 되어서였다. 1895년, 로런츠는 다음과 같은 아주 멋진 아이디어들을 통합하는 전자 이론을 발전시켰다. 전기장과 자기장을 관할하는 방정식(맥스웰의 방정식)이 잘 들어맞는 에테르의 정지 좌표계에서, 로런츠는 '참된 시간true time', 즉 $t_{참}$에 대해 말했다. 철 조각 같은 물체가 이러한 에테르 정지 좌표계 안에서 움직이고 있으며(에테르를 통과해서 이동한다), 맥스웰의 방정식이 그 철 내부와 주변의 전기장과 자기장을 구체적으로 설명해준다고 가정해보자. 물리학은 왜 철 조각과 함께 움직이는 좌표계에서부터 설명되어야만 하는가? 움직이는 좌표계가 에테르를 빠르게 통과하고 있다는 사실을 설명하려는 순간, 마치 물리학은 갑자기 훨씬 더 복잡하게 되어버리는 것 같다. 그러나 로런츠는 만일 장과 시간이라는 변수들을 다시 정의한다면, 그 방정식을 에테르 정지 좌표계에서만큼이나 간단하게 만들 수 있음을 알아냈다. 로런츠는 사건이 어디에서 일어났는가에 따라 사건의 시간을 다시 정의했었기 때문에, 일상생활에서 경도에 따라 레이던 시간, 암스테르담 시간, 또는 자카르타 시간이라고 부르는 것처럼 $t_{국소}$, 즉 '국소 시간(local time 또는 독일어로는 Ortszeit)'이라고 불렀다. 여기서 결정적인 것은 로런츠의 국소 시간이 방정식을 단순화하기 위해 사용된 순수하게 수학적인 창조물이라는 점이다.

푸앵카레는 1898년 1월 철학 학술지에 처음으로 시간에 관한 논문을 게재했다. 그의 목표는 전기 전신 교환으로 좌표화한 시계가 동시성 규약을 정의하는 데 기본이 된다는 점을 보여주는 것이었다. 이는 기술적이고 철학적이지만 움직이는 물체의 물리학과는 아무런 관련이 없었다. 이와는 대조적으로 푸앵카레는 1900년에 두 번째 논저에서 로런츠의 $t_{국소}$를 실제로(수학적이 아니라) 움직이는 기준좌표계의 물리학까지 극적으로 확장시켰다. 사실상 푸앵카레는 자신의 '겉보기' 국소 시간과 로런츠의 수학적인 국소 시간 사이의 차이가 주의를 끌지 않도록 하기 위해 모든 노력을 했다. 그럼에도 불구하고 개념은 진전했다. 푸앵카레가 움직이는 좌표계의 관찰자가 신호 교환을 통해 에테르의 바람에 부딪치거나 어울릴 수 있다는 사실을 바로잡음으로써, 가상으로 여겨졌던 국소 시간은 직접 시계를 가지고 보여줄 수 있는 그런 시간이 되었다.

푸앵카레가 1900년에 내놓았던 국소 시간에 대한 해석으로 인해, 느닷없이 물리학과 철학과 측지학이라는 세 영역이 전기로 좌표화한 시계라는 지점에서 함께 마주치게 되었다. 또다시 로런츠의 연구를 재검토하면서, 푸앵카레는 1905~1906년에 세 번째로 시계 동기화를 시도했다. 1904년 로런츠는 '참된' 에테르 정지 좌표계와 훨씬 더 비슷한 가상의 움직이는 좌표계에서 전기동역학의 방정식을 만들기 위해 그의 국소 시간, 즉 $t_{국소}$를 수정했다. 푸앵카레는 로런츠의 결과 중에서, 가상의 움직이는 좌표계와 참된 정지 좌표계 사이를 수학적으로 정확하게 일치시키기 위해 특히 국소 시간의 정의를 재조정했다. 그러나 푸앵카레가 한 결정적인 일은 그가 로런츠의 이론을 부분적으로 수정했다는 것이 아니다. 푸앵카레는 에테르를 통과하여 움직이는 좌표화된 시계가 로런츠의 새로운 국소 시간을 정확히 나타내고 실제 관찰자들 역시 그 좌표계 안에서 움직인다는 사실을 입증함으로써 결정적인 기여를 했다. 푸앵카레가 계속해서 '겉보기 시간'에 반대하고 '참된 시간'을 채택하는 동안에도, 상대성원리는 유효한 것으로 받아들여졌다. 1906년 즈음, 푸앵카레는 근대 지식의 근본적인 세 가지 프로젝트, 즉 기술, 철학, 물리학의 가장 핵심적인 위치에 빛으로 좌표화한 시계를 가져다 놓았다.

프랑스의 박식가인 푸앵카레는 측지학의 시간을 연구하기 시작했고, 형이상학에 반대하는 규약적인 시간으로 관심의 축을 옮겨갔으며, 그 이후엔 국소 시간과 상대성의 물리학 쪽으로 거침없이 나아갔다. 푸앵카레는 물리학을 연구하는 내내, 그리고 철학과 기술과 정치학을 연구하는 내내 그가 살고 있는 세계가 합리적이고 직관적인 발명을 통해 향상될 수 있다고 보았다. 그는 문제를 '위기'까지 몰아넣은 후에 해결하기를 즐겼다. 이러한 그의 방식은 자신이 다루는 건물의 중요 기둥과 케이블을 뽑아내었다가 다시 조립하면서도, '우리의 선조들'이 만들어놓은 세상은 존중받고 통합되고 개선되어야 한다고 주장하는 진취적인 엔지니어의 낙관주의를 닮아 있었다.

5장에서는 다시 '아인슈타인의 시계'로 돌아간다. 예언자이고 세계적 유명세를 얻었으며 수학에 경도되어 있었던 1933년이나 1953년의 아인슈타인이 아니라, 크람가세 거리에 있는 자신의 집에 가정공작용 도구를 가득 채워놓고 신나하던 만물수리공 아인슈타인, 그리고 기계 디자인과 특허 분석에 사로잡혀 있던 아인슈타인으로 돌아간다. 이는 제1차 세계대전 이후 베를린에서 갑자기 유명해졌던 아인슈타인이나 멍하니 정신을 뺏긴 채 수행자와 같던 삶을 살던 프린스턴 시절의 늙은 아인슈타인이 아니라, 온전히 연구에만 몰두하던 1905년 베른의 청년 아인슈타인을 의미하는 것이다. 기술 하부구조의 발전은 꽤 늦게 찾아왔을지라도, 스위스가 철도와 전신과 시계 네트워크와 시간의 동기화에 처음 착수한 것은 매우 공식적인 사건이었으며 그 중심에 베른

이 놓여 있었다. 전기 시간은 베른에서부터 바깥으로 퍼져나갔는데, 쥐라 지역의 시계 산업에, 도시의 공공장소에 걸린 시계에, 철도에, 그리고 물론 동기화된 시계의 특허에까지 영향을 주었다. 아인슈타인은 바로 그 복잡한 상황의 한가운데에 있었다.

그러나 아인슈타인이 시계를 좌표화하는 방식은 푸앵카레와 매우 달랐다. 아인슈타인은 개선에는 관심을 덜 보였다. 아인슈타인은 이단자이자 아웃사이더의 입장에서 조상들의 물리학을 면밀하게 연구했는데, 이는 존중하거나 개선하기 위해서가 아니라 다른 것으로 바꾸어버리기 위해서였다. 아인슈타인은 시간 좌표화와 조금 더 넓게는 자신의 물리학과 철학까지도 그 학문 분야의 초기 가정과 마찬가지로 날카롭게 재검토해야 할 대상이라고 여겼다. 아인슈타인은 시간 좌표화 방법을 한쪽 측면에서 다른 측면으로 바꾸지 않았다. 그가 상대성이론에 접근하기 위한 요소들 대부분은 시간의 문제를 건드리기도 전에 이미 제자리를 잡고 있었다. 예를 들어 1901년 즈음에 아인슈타인은 푸앵카레가 지키기 위해서 그렇게도 애썼던 에테르를 폐기했다. 아인슈타인은 물리학과 철학의 영역에서 그때까지 오랫동안 받아들여지던 것들을 비판하는 일에 관여하고 있었고, 특허국 사무실에서 그는 동료 심사관들과 함께 3년 동안 시간 기계를 분석해왔다. 따라서 1905년 5월에 아인슈타인이 전기로 좌표화한 시계를 가지고 동시성을 정의하기 시작한 것은 푸앵카레가 가상에 가까운 에테르를 가지고 '겉보기' 시간과 '참된' 시간을 구별하려 했던 것과는 달랐다. 아인슈타인에게 있어 시계 좌표화는 그가 10여 년 동안 조립하려 했던 이론 기계를 비로소 움직이게 할 수 있는 열쇠를 찾은 것과 마찬가지였다. 에테르는 없다. 다만 실제 장과 미립자가 있을 뿐이며, 시계에 따른 실제 시간이 있을 뿐이다.

마지막 장 '시간의 장소'에서는 아인슈타인과 푸앵카레의 연구가 얼마나 놀라울 만큼 가까우면서도 멀리 떨어져 있는지 살펴볼 것이다. 사실 서로 상반된 방식으로 시계를 좌표화하다 보니 이 둘은 서로 불편한 관계에 놓이게 되었고, 두 사람은 자연에 보수적으로 접근하는 것에 반대하며 진보적으로 접근하는 쪽에 서 있던 것이 아니라 근대물리학을 근대적인 것으로 만드는 현저하게 다른 두 견해로 자리하게 되었다. 즉, 숙련된 에콜폴리테크니크 출신의 희망에 찬 개혁과 근본에 대항하는 아웃사이더의 저항 간의 대립이 된 것이다. 그러나 이러한 차이에도 불구하고, 아인슈타인과 푸앵카레는 모두 놀라운 통찰력을 가지고 전기로 좌표화한 시간과 씨름했으며, 그렇게 함으로써 두 사람 모두 두 가지의 위대한 움직임의 교차점에 우뚝 서게 되었다. 한 축에는 시계와 지도의 기호 아래 합류한 열차와 배와 전신이라는 광범위한 근대 기술의 하부구조가 놓여 있다. 다른 축에는, 지식의 임무에 대한 새로운 의미가 생겨났는데, 시간을 영원한 진리이자 신학적인 강제로 보는 것이 아니라 실용주의와 규약성에 의해 정의된 것으로 보게 된 것이다. 기술적인 시간과 형이상학적인 시간과 철학적인 시간은 아인슈타인과 푸앵카레가 전기로 동기화한 시계에서 만났다. 시간 좌표화는 지식과 권력이 만나는 근대의 교차점에 우뚝 서게 되었다.

2장

석탄, 혼돈,
규약

1902년 푸앵카레는 철학과 과학 논문을 모아 『과학과 가설』을 펴냈고, 그 책의 극적인 성공 덕분에 그는 프랑스 지식인 사회에서 그 누구도 따라올 수 없는 지위를 누리게 되었다. 수학과 물리학과 철학의 정점에 선 푸앵카레는 주요 과학적 발견을 보고했고, 경도국의 국장으로 복무했다. 그는 성공한 에콜폴리테크니크 출신의 상징이었으며, 젊을 때 수학으로 명성을 얻고 난 뒤에는 광산 엔지니어링의 핵심으로 진출했다. 바로 여기에 이 책의 중심 주제라고 할 수 있는 추상과 구체가 서로 얽혀 있는 모습이 있다. 푸앵카레나 그와 동시대를 살았던 사람들은 이후의 학자들이나 엔지니어들이 생각하는 것보다 추상과 구체에 훨씬 더 밀접하게 연관되어 있었다. 에콜폴리테크니크 졸업생들이 푸앵카레에게 '19세기 과학적 업적에 나타난 에콜폴리테크니크'를 회고하는 연례 연설을 부탁한 것은 놀라운 일이 아니다. 1903년 1월 25일의 강연을 준비하면서, 푸앵카레는 최근 수상자들의 발표 내용을 언급했다. 그는 동창들에게 이렇게 말했다. "우리 선배 중에는 참모총장과 수많은 장관들이 있으며 과학기술자와 대기업의 책임자들도 있습니다. 그들은 나라 바깥으로는 우리의 제국을 건설하고 조직하였으며, 3년 전 이 땅 위인 마르스 광장Champ de Mars에서 열린 국제 박람회에서 며칠간 밝은 별을 빛나게 했습니다." 이어서 푸앵카레는 이런 물음을 던졌다. 어떻게 하나의 교육기관이 그렇게 많은 과학자와 군인과 기술 상공인을 배출할 수 있었겠습니까?[1]

과학 분야에도 노동의 분업이 침투해 있던 시기에, 에콜폴리테크니크가 여러 전문 영역을 어떻게 하나로 통합해왔는지에 대해서 푸앵카레는 소리 높여 질문했다. 푸앵카레는 경쟁률 높은 시험을 거치면서 다양한 재능을 가진 우수한 학생들이 선발되기 때문이라고 인정하면서도, 에콜폴리테크니크의 전통적인 '기품'이 영감으로 작용하는 것 또한 사실이라고 설명했다. ("나라를 위해 싸우는 사람이 있듯이, 진리를 위해 전투를 벌이는 사람도 있습니다. …") 그러나 그렇게 산발적인 노력들이 모여 하나의 세계관을 이룩하기 위해서는 더 많은 노력이 필요했다. 아마도 서로 어울렸다는 것, 즉 화학자와 물리학자와 광물학자가 모두 학교생활을 통해 높은 수준의 수학적 문화의 혜택을 입었다는 점이 그 이유일 것이다. 그는 심지어 에콜폴리테크니크에서 가장 추상적인 수학자들이 "응용에 대해 끊임없이 고민하는 것을 볼 수 있었다"라고 언급했다. 이는 명백한 응용 전문가이면서 에콜폴리테크니크 역사상 가장 위대한 수학자 중 하나인 오귀스탱 루이 코시Augustin Louis Cauchy처럼 학교가 배출해낸 가장 학문적인 사람들의 경우에도 마찬가지였다. 코시는 잘 알려져 있다시피 사회문제에 수학이 개입하는 것을 반대했음에도 불구하고 역학에 강하게 끌렸다. 그리고 푸앵카레는 자신의 스승인 마리 알프레드 코르뉘Marie Alfred Cornu를 직접 언급하면서, 그가 역학이 에콜폴리테크니크 학생들의 다양한 영혼을 한데 묶어주는 접착제라는 점을 누누이 강조했다고 밝혔다. 푸앵카레는 이렇게 말을 맺었다. "그것이 바로 내가 찾던 등록 상표입니다. 에콜폴리테크니크의 물리학자와 수학자는 모두 조금씩은 기계공이기도 합니다."[2]

만일 푸앵카레는 물론 에콜폴리테크니크 학생 전체가 역학이라는 '등록 상표'를 훈련받아 그들의 인생관에 새겨 넣게 된다면, 일반 대학에서 교육받은 과학자들과는 큰 차이를 보이게 될 것이다. 그러나 푸앵카레가 볼 때 그것이 전부가 아니었다. 다른 대학교수들은 과학의 통합에 대해 안달복달했다. 한편 에콜폴리테크니크 교수들은 서로 다른 관심을 갖고 있다가도 행동을 통해 한데 모였다. 푸앵카레도 이 행동을 중요하게 여겼는데, 이 때문에 에콜폴리테크니크 졸업생들이 우울함에 강한 면역력을 기를 수 있었던 반면, 뜻했던 과학 분야에서 실패한 많은 일반 대학생들에게는 이러한 우울함이 엄습했다고 주장했다. 이렇듯 추상과 구체 사이의 유대는 그 '학교'의 가장 독특한 특징이었다. 과학은 변화했고, 세계 역시 변화했다. 푸앵카레는 교육의 진화를 위해 충분한 준비가 되어 있었다. "인간이 그러하듯 에콜폴리테크니크 역시 조금씩 변해나가야 하지만, 그 영혼의 근본 원인만큼은 건드리지 말아야 합니다. 이론과 실제의 결합은 결코 깨어져서는 안 됩니다. 그 결합은 절단되어서는 안 됩니다. 그 결합이 없다면 그저 공허한 이름만 남아 있게 될 것이기 때문입니다."[3]

1873년 푸앵카레가 에콜폴리테크니크로 복귀했을 때, 프랑스에서는 이용 가능한 응용 지식과 순수 지식의 균형을 맞추는 문제가 그 어느 때보다 더 중요하게 대두되고 있었다. 바로 2년 전에 독일은 프랑스를 치욕스러운 패배로 몰아넣었고, 새로운 땅을 차지하고 떠난 독일은 자아도취에 빠진 통일된 국가로서 그 승리를 소리 높여 외치기 위해 과학기관과 기념물을 건설했다.[4] 이제 알자스로렌 지방을 잃어버린 프랑스는 그 엄청난 패배의 원인을 알아내기 위해 필사적으로 매달렸다. 프랑스의 기술적인 하부구조가 문제로 제기되었다. 이 나라의 형편없는 철도와 새로운 싸움의 시대에 대한 준비가 전혀 되어 있지 않은 점을 애도하는 책들이 줄을 이었다. 그러나 비평가들은 다른 그 어떤 기술보다도 기술 교육기관을 샅샅이 해부하였고, 그 기관들은 빠른 시일 내에 재건될 필요가 있어 보였다. 그랑제콜*의 에콜폴리테크니크보다 더 무게 있는 교육기관은 없었고, 푸앵카레가 이에 참여했다.

1794년에 설립된 에콜폴리테크니크와 비슷한 교육기관이 미국이나 영국이나 독일에는 없었다. 에콜폴리테크니크는 계몽 과학을 이용

---

* 최고의 인재 양성을 위한 프랑스 고유의 엘리트 고등 교육기관.

하여 단순한 군사력을 근대적인 병력으로 만들어낼 수 있는 엘리트 엔지니어 군단을 훈련시킬 목적으로 설립되었으며, 수학과 물리학과 화학이 다른 무엇보다도 수학과 함께 발달할 수 있도록 하는 과학 교육기관이었다. 경쟁률이 높기로 유명한 **콩쿠르** 시험을 통해 학생을 선발하는 에콜폴리테크니크는 수학의 기초를 기반으로 하는 기술공학을 가르치기 위해 엄격한 학생모임을 만들었다. 여러 세대를 이어오는 동안 이 학교를 졸업한 학생들은 프랑스의 행정부 최상층에 진출하여, 초기에는 새로운 나라를 감독하고 훗날 19세기에는 제국을 감독했다. 영국의 옥스브리지와 샌드허스트를 섞어놓은 것이라고 해야 할까? 미국의 매사추세츠공과대학MIT과 웨스트포인트를 합해놓은 것이라고 해야 할까?* 그러한 비교는 불가능하다. 에콜폴리테크니크 졸업생들은 고전학에 기반을 두고 교육을 받은 영국의 학생들보다 훨씬 더 과학적이고, 자라나는 미국의 엔지니어들보다 훨씬 더 수학적이며, 독일의 엘리트 물리학자들에 비해 정밀한 실험실 연구에 덜 치우쳐 있다. 에콜폴리테크니크는 독특한 교육기관이었고 여전히 그러하며, 1870년 즈음에는 프랑스에서 신화적인 위치를 차지했다.

에콜폴리테크니크 설립 초기에 혁신적인 엔지니어이자 수학자인 가스파르 몽주Gaspard Monge**는 기하학을 이용하여 실용적 공학과 고급 수학 사이에 상충하는 부분을 성공적으로 감싸 안았다. 그는 사영기하

---

* 옥스브리지는 옥스퍼드대학과 케임브리지대학을 함께 일컫는 말이며, 샌드허스트는 영국의 육군사관학교이고, 웨스트포인트는 미국의 육군사관학교이다. 에콜폴리테크니크 출신이 정치인, 학자, 군인이 된 것에 견주어 두 가지 성격이 결합되어 있다고 할 수 있다.
** 프랑스의 수학자 몽주(1746~1818)는 화법기하학의 창시자로 널리 알려져 있다. 1792년 혁명 정부의 해군장관이 되었고, 그의 제안으로 1794년 에콜폴리테크니크가 창설되자 그곳의 중심 멤버로 활동하여 많은 인재를 양성하였다. 나폴레옹의 신임과 우대를 받아 이탈리아와 이집트 원정에 참가했으며, 이집트 학회를 창립하였다.

학이 정신을 단련시키고 과학적인 진실을 밝히며 돌과 나무와 요새를 만들어준다고 믿었다. 그러나 19세기 초 몇십 년에 걸쳐, 몽주의 프로그램은 쇠퇴하기 시작했다. 보수적인 코시로부터 상당한 지지를 받던 수학은, 정신세계에 동참하려는 자기 확신에 가득 찬 야망을 드러내기 시작했다. 과학은 떠올랐고 응용은 물러섰는데, 이러한 경향은 더욱 전문적인 기술공학에 치중하는 학교가 새로 설립된 것에 고무된 흐름이었다.[5]

　　파리가 프로이센에 함락되었을 때, 프랑스의 교육기관들은 잇따라 비난을 받았다. 파스퇴르는 독일의 승리를 프랑스 과학의 실패로 보는 프랑스 전국의 수많은 사람들과 목소리를 함께했다. 과학적 기술공학의 중심이자 학생들이 이미 교복을 입고 있었던 에콜폴리테크니크에서도 이러한 비난의 목소리가 커졌다. 이 학교의 졸업생으로서 물리학계의 떠오르는 스타가 되어 학교에 다시 돌아온 알프레드 코르뉘는 이러한 참사 이후에 학교가 취해야 할 입장을 과학과 사회 참여의 섬세한 균형 측면에서 설명했다. 그는 특히 순수과학에서 응용과학으로 조용히 이동해나가면서, 소위 새로운 제3공화국 에콜폴리테크니크 출신들의 이상형이 되었다. 훗날 푸앵카레가 존경의 마음으로 언급했듯이, 코르뉘의 이러한 업적은 다양한 입장들을 모두 포용하면서 물리학뿐 아니라 천문학과 기상학과 심지어 시계공학에도 새로운 도구와 기술을 도입하게 되었다. 코르뉘는 거대한 추가 달린 놀라울 만큼 정확한 천문학 시계를 설계해서 니스에 건설했고, 그 시계에 완벽을 기하기 위해 매년 니스에 갔다. 게다가 코르뉘는 전기 신호를 교환하여 시계를 맞추는 정교한 수학적 이론을 고안했다.[6] 코르뉘가 순수학문과 응용학문에 모두 참여한 것이나 전기 시간 좌표화에 특별히 관심을 가졌던 것은 푸앵카레의 경우에도 마찬가지였다.

코르뉘는 수업 시간에 특별한 실험실 현상을 멋지게 보여주었다. 비록 학생들이 직접 손으로 조작하도록 훈련하지는 않았지만, 코르뉘에게 실험은 과학에서 절대 필요한 요소였다. 그에게 실험은 오메가가 아니라면 알파였다.* 코르뉘 혼자만 이러한 입장을 취한 것은 아니었다. 그와 그의 동료들은 1870년대에 에콜폴리테크니크에서 배출한 젊은 과학자들이 (기기나 복잡한 측정이나 데이터 분석의 조작 같은 것에는 서툴긴 했지만) 실험에 대해서만큼은 깊은 경외감을 가질 수 있도록 하기 위해 노력했다. 그 대신에 데이터를 과학적 연구의 최종점으로 받아들이도록 학생들에게 위대한 수학적 구조를 가르쳤다. 원자론이나 전기장에 대한 어떤 가정들이 보여주는 엄밀한 진실에 대해서도 너무 신뢰하지 말라고 가르쳤다. 에콜폴리테크니크의 화학 교수 자리를 뽑을 때, 교수진들이 무엇보다도 원자를 믿는 사람과 믿지 않는 사람들 사이의 균형을 유지하려 했다는 점은 의미심장하다.[7]

이것이 1873년 11월에 푸앵카레가 만났던 세상이다. 경쟁심이 강하고 빈틈이 없고 적극적이었던 푸앵카레는 자신의 동료 학생들을 매처럼 날카롭게 관찰한 후에, 집에 보내는 편지에 그의 라이벌의 성적을 썼고, 때로는 학생들의 신고식이나 예수회 수사들이 정치적인 음모를 짜는 일에 골몰한 것에 대해서도 적었다. 푸앵카레는 역학에 매료되었고, 매우 중요한 이 과목의 성적은 20점 만점에 19점이나 20점을 향해 급속히 상승했다. 그는 매우 자랑스러운 마음으로, 수업 시간에 교수가 보여준 것보다 훨씬 더 간단한 방식을 찾았노라고 집에 편지를 썼다. 또한 기술 설계와 자유 회화繪畫의 실력이 모두 나아지고 있다고 썼다. 그를 비롯한 에콜폴리테크니크 학생이 단체로 그 지역의 크리스

---

* 오메가는 끝을, 알파는 시작을 뜻하는데, 즉 실험을 중요시 여겼다는 의미이다.

털 공장을 견학했을 때, 푸앵카레는 노동자들의 숙련된 솜씨와 지멘스 오븐의 기술에 매료되었다고 말해서 노동자들을 놀라게 했다.[8] 학생일 때에도 푸앵카레는 에콜폴리테크니크의 '등록 상표'를 알고 있었다. 그러나 그가 어머니에게 한 말을 보면, 학교에서 배우는 일이 즐겁기만 했던 것은 아니었다.

마치 거대한 기계 속에 들어가서 그 기계가 움직이는 대로 힘들게 따라가야만 하는 것 같아요. 우리보다 먼저 X(폴리테크니크)를 거쳐 간 20세대가 했던 일, 그리고 우리 뒤에 끌려 들어올 2n+1세대가 해야 할 일을 우리는 해야만 해요. 여기에서 사용할 수 있는 지적인 능력은 두 가지입니다. 기억력과 연설 능력이지요. 수업 과목을 이해한다는 것은 조금만 공부하면 누구나 할 수 있는 일이어서, 친구들은 필요할 때 저에게 물어보며 당일치기를 합니다. … 그래서 저는 어쩔 수 없이 이렇게 선택했어요. 개인적인 공부를 포기하거나 아니면 그냥 여기에 머물러 있기로요. 이 방식으로 겨우 2년을 버텼는데, 내가 한 선택에 대해 의심은 없어요. 이 자리에서 얻게 될 이득이란 무엇과도 바꿀 수 없는 것이기 때문이지요. 하지만 이를 지켜내야 하는 것, 그것이 바로 문제입니다.[9]

코르뉘가 죽었을 때, 푸앵카레는 그가 개인적으로 코르뉘를 친구이자 지도교수이자 대스승으로 얼마나 깊이 애도하는지에 대해 말했다. 그리고 푸앵카레의 일생은 여러 면에서 코르뉘와 비슷한 길을 따른다. 푸앵카레와 코르뉘 모두 에콜폴리테크니크에서 유명한 스타 학생이었고, 광산전문학교인 에콜드민느École des Mines를 거쳐 갔으며, 훗날 에콜폴리테크니크의 강의 요청을 수락했고, 국가 기술행정 부서에서 일했다. 그들이 이루어놓은 교훈은 깊었다. 푸앵카레와 코르뉘 그리고 그들과 동시대를 살았던 에콜폴리테크니크 출신들은 추상적인 지식과 구체적인 지식 사이를 연결하는 데에 일생을 바쳤다. 이는 이들이 받은 교육의 결과로, 모두 경도국에서 일했으며 전기기술 학술지를 발간하는 데 힘을 보태고 과학 위원회에 위원으로 참여하는 등 동료 에콜폴리테크니크 출신들과 함께 과학적으로 진보적인 프로젝트를 무수히 많이 진행했다.

물론 순수과학과 참여기술 사이의 관계가 에콜폴리테크니크에서만 영원히 존재하고 다른 곳에서는 없었던 것은 아니다. 마치 거대하게 서서히 물결치는 바다처럼, 가끔은 올림피아의 과학이 기술의 파도 꼭대기로 높이 솟아오르기도 했고, 또 어떨 때는 승리에 도취한 군사기술과 산업기술의 물결이 순수 지식에 대한 주장을 뒤덮기도 했다. 1871년 대패배 이후 아주 잠시 동안, 코르뉘와 그에 협력하는 사람들은 적어도 에콜폴리테크니크 주변에서는 대략 비슷한 주장을 하며 이 험한 물결을 가라앉히고 평화롭고 잔잔한 바다로 만들었다. 기술과 수리물리학이 비슷한 힘으로 소용돌이치는 이 '거대한 기계' 안에서 푸앵카레는 비로소 푸앵카레가 되었다.

석탄

시계 이야기를 하기 전에 푸앵카레의 인생 초반에 있었던 두 가지 순간을 탐구해보는 일은 의미가 있다. 그 두 순간은 푸앵카레가 어떠한 사람인지, 그가 무슨 생각을 했는지, 기술과 과학의 험난한 물결 속

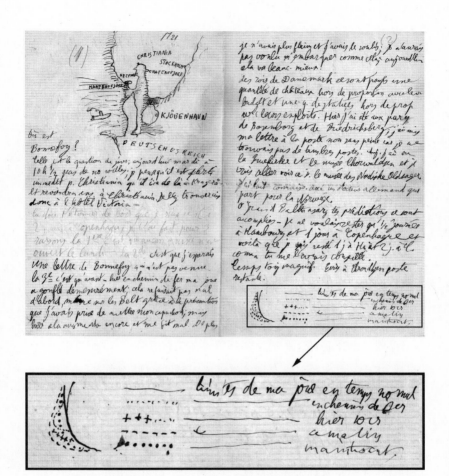

그림 2.1 푸앵카레의 행복 곡선(상세도 포함) 이 편지는 1879년 여름에 푸앵카레가 모친에게 보낸 것이다. 이 편지에는 푸앵카레가 지질여행을 하면서 손으로 그린 지도와 '행복의 한계'를 보여주는 기하학적 곡선이 들어 있다. 그 곡선에는 '평상시', '어제', '열차 안에서', '바로 지금'이 적혀 있다.

에서 그가 어떤 위치에 서 있었는지에 대해 상당 부분 말해주기 때문이다. 간단히 말해서, 우리는 이 두 개의 에피소드를 석탄의 순간과 혼돈의 순간이라 생각할 수 있다. 그의 초기 연구 기간에 속하는 1870년대 후반부터 1890년 사이, 푸앵카레는 새로 발견된 무척이나 불안정한 태양계의 역학 문제와 씨름하고 있었을 뿐 아니라 19세기 말 프랑스의 더럽고 위험한 광산 환경 문제로도 골머리를 앓고 있었다.

푸앵카레는 1875년에 졸업을 하고 나서 다른 두 명의 우등 졸업생과 함께 전통에 따라 에콜드민느로 진학했다. 거기에서 푸앵카레와 보느푸와Bonnefoy와 프티디디에Petitdidier, 이렇게 셋은 10월부터 공부를 시작했다.[10] 푸앵카레의 스승이었던 수학자 오시앙 보네Ossian Bonnet는 푸앵카레에게 수학 연구를 할 시간을 주기 위해 교과목 과제 부담을 줄여주려 했지만, 에콜드민느는 이를 전혀 받아들이지 않았다. 그래서 푸앵카레는 환기구멍으로 바람이 드나드는 것을 배우면서 수학 논문을 완성했다. 한편 1877년에는 지리학 현장을 탐사하기 위해 오스트리아와 헝가리로 떠나기도 했다.

푸앵카레의 문화생활 범주도 점차 확장되어갔다. 그의 사랑하는 여동생 알리느Aline Poincaré는 푸앵카레에게 철학자 에밀 부트루Emile Boutroux를 소개해주었는데, 훗날 알리느는 부트루와 결혼한다. 부트루와 푸앵카레는 만나자마자 철학에 대해 토론하기 시작했다. 부트루는 보불전쟁 때까지 하이델베르크에서 공부하면서 인문학과 과학에 대한 독일의 철학적 참여정신을 습득했다. 부지런하고 열정적이며 종교에 심취해 있던 부트루는 (그가 하이델베르크에서 받아들인 칸트주의를 따라) 과학의 상당 부분은 '저 바깥'이 아니라 마음에 있다고 주장했다. 푸앵카레는 부트루를 통해 다른 철학자들과도 만났는데, 그중에는 철학에 깊은 관심을 가진 수학자 쥘 타네리Jules Tannery도 있었다. 이들 모두가 부트루의 신앙심을 공유하지는 않았지만(타네리는 열렬하고 세속적인 공화주의자였다) 단순한 관찰로서의 과학과 정신적인 창조로서의 과학 사이의 중간 지점을 추구했다는 점에서는 이들에게 공통점이 있었다. 푸앵카레는 그 견해에 공감한 듯했다. 몇 년 동안 그 역시 과학은 귀납과 연역의 혼합을 필요로 한다고 주장했다. 1877년 즈음에 푸앵카레가 알리느에게 쓴 편지에서도 드러나듯이, 푸앵카레는 관찰과 귀납을 '조건부로' 다루어야 한다고 생각했다. 그는 편지에서 이어나갔다. "넌 귀납은 관찰 자체와 같은 성격의 지식만을 줄 수 있다고 말하겠지. 그리고 관찰은 실체에 대해서는 아무것도 가르쳐주지 않으며 ⋯ 오직 현상만을 보여줄 뿐이라고. 심지어는 현상 그 자체를 보여주는 것도 아니고, 그 현상이 우리에게 남기는 감각만을 보여줄 뿐이라고 말이야." 푸앵카레는 여동생에게 지식의 일반성을 모두 파악하는 일이 경험만으로는 절대 충분하지 않다면서 다음과 같이 말했다. "내가 그 일에 관해 무엇을 하면 좋겠니? 언제나 우리에게 속하는 것을 택하자꾸나. 그리고 그 밖의 것이라면 단념해야 해: 그것이 영원히 그러나 죽은 글자로 우리에게 남아 있을 것임을 받아들여야 해."[11]

역시 푸앵카레와 함께 에콜폴리테크니크 출신이고 철학자이며 과학자인 오귀스트 칼리농Auguste Calinon*은 '우리의 것이 아닌' 지식에 대해 푸앵카레와 비슷하게 조심스러운 견해를 취했다. 1885년에 칼리농은 역학과 기하학의 기초에 관한 논문을 출간했다. 그와 푸앵카레는 좋은 관계를 유지했던 것으로 보인다. 1886년 8월 초에 그들이 만났을 때, 칼리농은 그의 최신 연구인 『역학의 비판적 연구Étude Critique sur la Mécanique』를 훑어보고 있었다. 이 논문은 시간과 공간의 절대성에 관한 아주 조심스러운 언급으로 시작한다.

---

* 오귀스트 칼리농(1850~1900)은 에콜폴리테크니크 출신으로 역학, 기하학, 철학에서 중요한 저작을 남겼다. 기하학에서 일반적인 이론의 가능성과 같은 철학적, 인식론적 문제를 연구했다.

철학에서처럼 여러 수학자들은 절대적인 운동의 개념을 제일원리idée première로 받아들인다. 이러한 의견은 논쟁을 불러일으켜 왔다. … 이론역학의 관점에서 볼 때, 이 문제가 중요하지 않다는 점을 주목할 만하다. 고립된 곳에 있는 한 점의 운동은 순전히 형이상학적인 개념이다. 왜냐하면 그러한 운동을 상상할 수 있다 하더라도 그것을 입증하거나 그 궤적의 형태와 같은 기하학적 조건을 정의하는 것이 불가능하기 때문이다.[12]

절대적인 것에는 접근할 수 없기 때문에 칼리농은 상대적인 운동에 대해서만 말하곤 했다. 마찬가지로, 그는 동시성 역시 접근 가능한 것이어야 한다고 주장했다. 특정 위치에 있는 두 천체가 같은 시간에 움직인다고 말할 수 있으려면 그 두 천체를 '동시에' 볼 수 있어야 할 것이다. 칼리농은 어떤 사건에 대한 인간의 기록을 너무나 중요한 것으로 생각했기 때문에 뇌가 그 사건을 감지하는 데 걸리는 시간까지도 고려하려 했다. "따라서 시간이라는 바로 그 아이디어는 우리 뇌의 기능에 따른 선천적인 양식이며, 우리 인간의 정신 외에는 시간을 감각할 수 없다."[13] 이는 의심할 바 없이 칸트주의에 따른 해석이지만, 독일어권을 지배하고 있던 것보다는 훨씬 더 뚜렷하게 심리학적(혹은 정신생리학적)인 생각이었다. 푸앵카레가 요점을 하나하나 짚어가는 답장을 즉각 썼던 것은 분명한 사실이다. 푸앵카레의 편지는 사라져버렸지만 칼리농의 답장은 남아 있는데, 그 편지에서 푸앵카레가 최초로 '동시에'라는 개념을 언급했음이 분명하다. 푸앵카레는 "우리가 동시성이나 연속성을 판단하는 것은 감각일 뿐이다"라는 데에 동의한 것으로 보인다.[14]
과학 지식의 한계, 관찰의 제한성, 과학을 만드는 데 생각이 분명 중요한 역할을 한다는 것 등 푸앵카레의 철학적인 추론은 그가 평생 갖고 있던 연구 주제였다. 그러나 이러한 형이상학적인 고민이 그의 수학 연구(그는 1878년에 수학 학위논문을 제출했다)나 광산에 대한 연구에 방해가 된 것은 전혀 아니었다. 1879년 3월, 푸앵카레는 에콜드민느에서 '일상 엔지니어'*의 직위를 받았고, 4월 3일에는 그가 새롭게 일하게 될 베술에 도착하여 바로 다음 날부터 감독을 시작해서 그다음 달까지 집중적으로 감독했다. 1879년 6월 4일, 그는 생샤를의 "광맥이 미약하고 불규칙하다"라면서 갱도가 거의 고갈되어가고 있다고 보고했다. 9월 25일에 그는 생폴리느의 채석장에서 환기와 가스 제거와 물 공급에 집중했다. 이는 에콜드민느가 강조했던 바로 그러한 형태의 기술공학 임무였다. 한 달이 지난 10월 27일, 푸앵카레는 생조제프의 갱도에 도착하여 제련소를 감독했다. 그가 마지막으로 광산을 방문한 것은 1879년 11월 29일이었다.

그러나 여행 도중 잠시 들렀던 마니는 이러한 일상과는 거리가 멀었다. 1879년 8월 31일 저녁 6시, 22명의 남자들이 일을 교대하기 위해 석탄 갱도로 내려갔다. 새벽 3시 45분경, 거대한 폭발음이 광산을 뒤흔들었고, 순식간에 광부들의 램프가 꺼져버렸다. 좁은 갱도 안에 있던 광부 두 명은 심하게 흔들렸고, 다른 두 명은 갱도 바닥에 있는 물웅덩이에 처박혔다. 다행히도 그 웅덩이는 1.5미터 정도 아래에 판자가 덮여 있었다. 이 네 명의 생존자들은 비틀거리며 땅 표면으로 올라왔다. 비번이어서 갱도 근처에 있던 광부장 주이프Juif는 즉시 사람들

---

* 프랑스어로는 'ingénieur ordinaire'이다. 프랑스에서는 18세기 말부터 일상생활과 관련이 깊은 국가의 공공사업을 지칭하는 데 'ordinaire'라는 형용사가 사용되었다. 이와 관련된 기술전문가를 'ingénieurs ordinaire'라고 불렀는데, 여기에는 광산ingénieurs des mines, 교량 및 도로ingénieurs des ponts et chaussées, 상하수도ingénieursles des eaux et forêts 등이 포함되었다.

을 이끌고 광산으로 들어갔지만, 그곳에서 연기만 올라오는 불쏘시개 조각처럼 불꽃 없이 타고 있는 한 무더기의 옷만을 발견했을 뿐이었다. 주이프는 곧장 가서 옷의 불을 껐는데, 나무로 된 구조물과 석탄에 불이 옮겨붙거나 자칫 또 다른 끔찍한 가스 폭발로 이어지는 일을 방지하기 위해서였다. 남은 사람을 찾으려 외쳐댔고 그들은 다음 날 상처를 입고 숨겨 있는 16세의 외젠 장르와Eugène Jeanroy를 발견했다. 구조대가 찾아낸 광부들은 이미 모두 죽어 있었고, 몇몇은 끔찍하게 탄 상태였다.

푸앵카레는 두 번째 연쇄 폭발의 위험이 있음에도 불구하고 폭발이 일어난 직후 한창 구조 작업이 진행 중이던 광산에 들어갔다. 담당 광산 엔지니어로서 이러한 참극의 원인이 무엇인지 밝혀내는 것이 그의 임무였다. 무엇이 첫 번째 불꽃을 일으킨 원인이었던가를 찾던 중에 그는 우선 램프에 주목했다. 1815년 험프리 데이비Humphrey Davy*가 설계한 이 '안전 램프'는 촘촘히 얽어진 철사망이 타오르는 불꽃을 둘러싸고 있는데, 그 철사망은 빛과 공기는 들여보내면서도 불꽃은 나오지 않도록 막아주는 역할을 한다. 메탄이 가득한 광산에서 이러한 구멍 뚫린 램프는 비극을 불러일으켰다. 414번과 417번 램프는 각각 빅토르 펠릭스Victor Félix와 에밀 두시Emile Doucey의 것이었는데, 그 두 램프는 어디서도 발견되지 않았다. 18번 램프는 광산이 함몰되면서 완전히 부서졌다. 18번 램프의 철사망과 유리는 어디서도 발견되지 않았고, 막대기는 휘어져 부러져 있었으며, 램프 윗부분은 아랫부분에서 완전히

* 영국의 화학자 험프리 데이비(1778~1829)는 아산화질소의 생리작용을 발견하고 전기분해를 이용하여 처음으로 칼륨, 나트륨, 칼슘, 스트론튬, 바륨, 마그네슘 등의 알칼리 및 알칼리토금속의 분리에 성공했다. 탄광의 가스 폭발 사고를 예방하기 위해 안전 램프를 발명했다.

떨어져 나와 있었다. 푸앵카레는 보고서에 특히 476번 램프에 주의를 기울였다고 기록했다. 그 램프에는 유리가 없었고 두 군데가 부서져 있었다. 첫 번째 흠은 길고 넓었으며 내부 압력으로 인해 생긴 듯했다. 반대로 두 번째 흠은 사각형 모양이었고 바깥에서부터 생긴 것임에 분명했다. 사실 모든 작업자들은 한결같이 그 구멍이 광부들에게 일반적으로 지급되는 곡괭이로 내려쳤을 때 생기는 자국과 완전히 똑같다고 증언했다. 그 램프는 33세의 광부인 오귀스트 포토Auguste Pautot가 대출한 것으로 되어 있었지만, 그 램프가 발견된 곳은 그의 시신 곁이 아니었다. 푸앵카레는 476번 램프가 여전히 땅으로부터 얼마 떨어지지 않은 곳의 통나무 지지대에 매달린 채 에밀 페로Emile Perroz라는 광부의 시신 바로 곁에 놓여 있었다는 것을 알아냈다. 푸앵카레와 구조대는 다른 곳에서 온전한 상태로 남아 있던 페로의 램프를 발견했다.

푸앵카레는 보고서를 쓰는 내내 사실적인 정보와 함께 개인적인 느낌도 섞어서 기록했는데, 이러한 방식은 그 이후로도 오랫동안 사건 탐사에서는 거의 사용되지 않는 것이었다. 그는 광부장의 용감함을 기리는 의미로 정당한 보상을 해주어야 한다고 요청하였고, 의료 보고를 마치는 부분에는 광부들이 오랜 고통 없이 즉사했기를 바란다는 애도의 말을 덧붙였다. 푸앵카레는 사고를 당한 광부들뿐 아니라 그들의 가족인 9명의 여성과 35명의 어린아이들의 이름을 기록하면서 보고서를 다음과 같이 마무리했다. "회사가 아무리 후한 보상을 하려 애쓴다 해도 그 가족들의 애절함을 달래주기에는 부족할 것이다."[15]

사고의 원인을 조사하는 부분에서 어투가 분석적으로 변한 푸앵카레는, 가설과 반가설을 설정하고 증거와 하나씩 대조해나갔다. 예를 들어 그는 일반적으로 폭발 지점 위쪽의 공기 통로에 있던 광부들은 불에 타서 숨진 반면, 반대 방향으로 폭발 지점 아래쪽 공기 통로에 있던 광부들은 질식사해 숨진다는 가설을 받아들이고 있었다. 마니 참사에서 광부들은 모두 불에 타 숨졌으므로, 폭발은 공기 통로 가장 아래쪽에 숨겨 있던 두시보다 아래 방향에서 발생했다고 보는 것이 논리적인 추론이다. 함몰 지점은 이러한 추론을 입증하는 듯했으며, 가스 폭발이 반달 모양에서 일어났음을 암시해주는 것 같았다(그림 2.2 참조). 이렇게 그럴듯해 보이는 논리와 함께 '사실을 잘 설명해주는' 또 하나의 가설이 있었다. 푸앵카레는 특히 476번 램프가 세워져 있던 지점 바로 가까운 곳의 통나무 쐐기에서 폭발이 일어났을 가능성을 고려했다.

> 현재까지는 그럴듯한 가설을 두 개 세울 수 있다. 반달 모양에서의 폭발과 리프트 꼭대기에서의 폭발. 두시의 램프가 발견되지 않는 한, 그 램프가 가스의 최초 발화를 일으켰음을 직접적으로 입증할 수는 없다. 그러나 여러 가지 점을 고려해볼 때, 최초의 사건은 페로의 작업현장에서 일어났다고 보는 것이 타당하다.[16]

페로는 석탄을 싣는 일을 담당했었기 때문에 곡괭이를 갖고 있지 않았다. 푸앵카레는 포토가 실수로 램프에 곡괭이 구멍을 내었고, 별생각 없이 페로와 램프를 바꾸었을 것이라는 추론을 해보았다. 그렇게 램프를 바꾸고 난 얼마 후, 구멍 난 476번 램프로부터 공기 중에 있던 메탄에 불이 옮겨붙어 큰 화재로 이어지고, 완전 연소되지 않은 가스가 공기의 흐름과 맞닥뜨리는 지점에서 2차 폭발이 일어났을 것이다.

푸앵카레는 차근차근 조사를 진행하면서 가스의 근원지 중에 가능성이 없는 것들을 하나씩 제거해나갔다. 어떤 가스원은 공기의 흐름 바깥에 있었고, 다른 석탄 광맥들은 가스를 내뿜기에는 너무 오래된 것들이었다. 푸앵카레는 이러한 주장에 도달하게 된 것이 멀리 있는 곳의 가스원은 모두 터널 꼭대기로 솟아올라서 낮은 곳에 걸려 있던 476번 램프와는 접촉이 없었을 것이라는 사실 때문이라고 덧붙였다. 아주 적은 양의 가스만 새어 나와도 페로는 질식사했을 터인데, 의학적 소견에 따르면 그는 선 채로 죽음을 맞이했다. 그러나 푸앵카레는 그렇지 않다고 결론지었다. 가스는 갑자기 유입되었을 것이며, 아마도

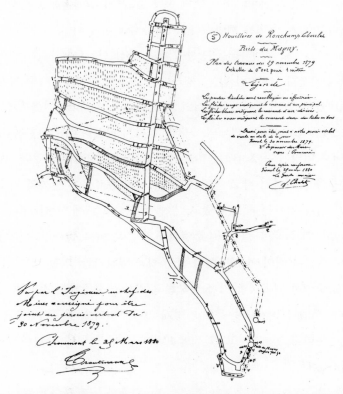

그림 2.2 마니 폭발 지도 푸앵카레는 광산 안전 엔지니어로 일하던 시절, 마니의 채광 수갱을 따라 공기의 흐름을 추적하기 위해 이 지도를 그렸다. 그는 이 조사를 바탕으로 1879년 8월 31일에 폭발을 일으킨 결정적인 원인이 지도의 맨 위에 있는 '반달' 모양의 수갱에서 일어난 폭발 때문이 아니라 어느 광부의 데이비 '안전' 램프에 난 부주의한 구멍 때문이라는 결론을 내렸다.

476번 램프에서 한 걸음 정도 떨어진 곳에 나 있는 자연적인 가스 틈에서 새어 나왔을 것이라고 보았다. 그 가스가 구멍 난 램프에 닿았을 때 광부들의 운명의 순간이 다가왔다.[17]

푸앵카레는 몇 달 동안이나 이 사건의 조사에 매달렸다. 1879년 11월 29일 탄산가스 포화처리 역학을 마무리하기 위해 광산으로 돌아와, 테스트를 하고 가스의 흐름을 측정하고 광산의 환기구멍 여러 지점에서 상대적인 공기의 압력을 측정했다. 그는 이 보고서를 1879년 12월 1일에 브줄에 제출했다. 바로 그날 공공교육부가 푸앵카레에게 캉대학의 과학부 강사 자리를 제안했다. 그러나 수학이나 다른 것에 대한 관심 그 어느 것도 푸앵카레를 광산에 대한 관심으로부터 완전히 멀어지게 하지 못했다. 1879년 말, 푸앵카레는 여전히 수학자로서의 자신의 일과 더불어 광산 엔지니어로서의 일도 함께 계속해나가기를 원했다. 사실 그는 결코 에콜드민느의 교단을 떠나지 않았다. 1893년 책임 엔지니어로 임명된 푸앵카레는 1910년 6월 16일 감찰관이 되었다. 1912년 죽음을 맞이하기 바로 직전에, 그와 몇몇 동료들은 문화와 기술과 과학을 함께 다루는 책을 펴냈고, 푸앵카레는 그 책에 「광산Les Mines」이라는 제목의 논문을 실었다. 푸앵카레의 논문 바로 앞에는 조그마한 데이비 램프 사진이 아무런 설명 없이 실려 있었지만, 이는 35년 전 마니의 갱도에서 여전히 연기가 타오르고 있음을 상징하는 것임에 틀림없었다. 푸앵카레는 그 논문에 이렇게 썼다. "하나의 불꽃이면 점화하기에 충분하다. … 그리고 그 뒤에 따라오는 공포에 대해서는 묘사하고 싶지 않다."[18]

혼돈

램프와 리프트와 환기구멍 등 광산의 기계장치들을 확인하고 성능을 개선하는 동안에도 푸앵카레는 수학적이면서도 동시에 물리학적인 문제들을 푸느라 애쓰고 있었다. 그 문제들은 천체역학에서 가장 거대한 도전이 된 삼체문제three-body problem로 귀결되었다. 설명하기는 쉽다. 한 물체의 움직임은 뉴턴의 명령을 따라 계속 움직이려는 경향이 있다. 뉴턴의 중력에 의해 서로 이끌리는 물체 두 개의 움직임 역시 해결될 수 있다. 행성들만 태양 쪽으로 이끌린다(서로 이끌리는 것이 아니라)는 단순화된 가정을 바탕으로 태양 둘레 행성들의 정확한 궤적을 계산하는 것은, 뉴턴과 그의 후계자들에게 아주 명백한 연습 문제였다. 그러나 태양과 달과 지구의 사례에서 볼 수 있듯이 세 개 이상의 물체들이 서로 끌어당기게 되면, 상황은 훨씬 더 복잡해진다. 이 문제를 풀기 위해서는 18개의 상호 관련된 방정식을 충족시켜야 한다. 만일 공간을 세 개의 축 x, y, z로 측정할 수 있다면, 궤적들의 변화 전체를 설명하기 위해서는 매 순간 그 시간의 천체 세 개 각각의 x, y, z의 위치가 있어야 하고(9개의 방정식), 각 방향으로의 각각의 운동량이 함께 맞아야 한다(나머지 9개의 방정식). 좌표를 잘 선택하면 이 18개의 방정식을 12개로 줄일 수 있다.

19세기 중반의 많은 수학자들은 수학 분야에서 정확한 정의, 한 치의 의혹도 없이 딱 들어맞는 증명 등 그 어느 때보다도 더욱 엄밀한 형식을 향해 나아가고 있었다. 그렇게 완벽한 논리적인 증명을 향한 열정이 에콜폴리테크니크의 커리큘럼을 추진한 원동력은 아니었으며, 푸앵카레가 거기에 지속적인 관심을 가졌던 것도 결코 아니었다. 물론 푸앵카레의 연구가 천문학에서 행성이 발견될 위치를 예측하는 데 정확성을 높여주기도 했지만 그가 더 나은 방정식 해법을 찾으려고 애썼던 것은 아니었다. 천체들을 나란히 늘어놓는다는 뜻에서 나온 말인 천체력ephemerides의 도표는 배의 항로를 안내하는 데 매우 유용했다. 과학적으로나 실질적으로 모두 중요한 그러한 숫자를 찾는 것은 푸앵카레와 같은 에콜폴리테크니크 출신들이 하고 싶어 할 만한 일일 수도 있다. 그러나 꼭 일반적인 방법을 따를 필요는 없었다. 그는 천체를 찾을 때 사용하는 어림 방법으로 행성의 위치를 예측하는 것이 얼마나 잘못된 것인지를 입증할 수 있었다. 엄밀함을 고집하는 순수수학자의 집착에 전혀 이끌린 적 없으며, 이제 응용천문학자들이 전통적으로 고수하는 수리 방법이 무용하다는 것을 확신했기에, 푸앵카레는 완전히 새로운 방식을 찾으려 했다.

푸앵카레는 다이어그램이긴 하지만 천체역학에 들어갈 새로운 사항을 발견해냈다. 그는 그가 미분방정식의 질적 특성이라고 불렀던 것에 집중했다. 미분방정식은 점, 행성, 물 등 물체의 계가 극히 짧은 순간 후에 어떻게 변화하는지를 설명해준다. 그러나 이 자체만으로는 예측에 그다지 쓸모가 없다. 행성의 위치를 안다 해도 현재로부터 아주 순식간이 될 터이고 배의 항로를 알려주는 데 별다른 도움이 되지 않는다. 천문학자들은 더 유용한 장기 예측을 하기 위해 수많은 극히 미세한 변화들을 계속해서 계산해야 하는데, 예컨대 다가오는 6월에 화성이 어디에 있을 것인가 같은 문제들이 있다. 많은 엔지니어들에게는 그러한 문제를 푸는 것이 이렇게 결과를 더해나가고 통합하여 최종 결과를 간단하고 알아볼 수 있는 형식으로 만들어내는 것을 의미한다. 이러한 것이 푸앵카레가 목표로 했던 것은 아니었다.

푸앵카레가 광산의 갱도를 떠날 때 즈음, 그는 자신만의 방식으로 미분방정식을 공략하기로 했다. 소위 흘러가는 물에 떨어진 한 방울의 물을 따라가기보다는, 그 물의 표면을 구성하는 모든 물방울의 흐름 패턴의 성격을 알아내고 싶었다. 예를 들어 몇 개의 소용돌이가 형성되는가, 6개, 2개, 아니면 전혀 없는가? 이러한 방식으로 접근해서는 수십 센티미터 떨어진 하류의 물방울의 속도를 계산해낼 멋진 공식을 만들어낼 수도 없고, 다가오는 4월 12일에 화성의 위치가 대략 어디쯤일지 측정할 수 있는 수치계산을 만들어낼 수도 없다. 대신 푸앵카레는 방정식의 뼈대와 그것이 대표하는 물리적 시스템을 잡아낼 수 있는 하나의 그림을 찾으려 했다. 소행성과 행성은 어떠한 상황에서 우주 속으로 날아갈까? 태양을 향해 질주할까? 물론 이러한 연구는 추상적이고 수학적이지만, 동시에 매우 구체적이다. 푸앵카레는 무엇보다도 그 운동 곡선과 질적 행동의 특성을 파악하고자 했다. 그런 후에야 구체적인 공식과 수치를 예측하고, 최대한의 엄밀함을 얻을 수 있기 때문이다.[19]

푸앵카레는 냉철한 대수학보다는 시각적인 기하학의 풍부함을 통해 추론하는 방식을 택함으로써, 이제는 훨씬 더 정교해진 방식으로 오래전 에콜폴리테크니크 시절에 가졌던 수학적 야망을 향해 회귀하고 있었다. 그에게는 오일러Euler, 라플라스Laplace, 라그랑주Lagrange와 같은 위대한 추상 공식은 없었다. 라그랑주는 기하학을 너무나 불신한 나머지 해석역학에 관한 자신의 작업을 오직 대수학에만 의존해서 풀어낼 뿐 결코 기하학적 해석에 의존하지 않겠다고 맹세했다. 라그랑주의 연구에는 역학적인 비유 혹은 그 어떤 다이어그램도 등장하지 않았다.

이와는 대조적으로 푸앵카레는 바로 그러한 기하학적 방식으로 연구를 해나갔고, 역학적 비유를 늘 가까이했다. 1881년 그가 삼체문제와 관련된 미분방정식에 초점을 두었을 때, 이미 그의 정성적이고 직관적인 야망은 최고조에 달했다.

어느 물체가 언제나 하늘의 특정 영역에 머물지, 아니면 그 물체가 영원히 멀리멀리 가버릴지, 다시 말해서 두 물체 사이의 거리가 무한한 미래에 늘어나거나 줄어들지, 아니면 그렇지 않고 두 물체 사이의 거리가 일정한 한계 안에 갇힌 채 있게 될지 물어볼 수 있지 않을까? 만일 삼체의 궤적을 어떻게 **정성적으로** 구성해내는지 이해할 수만 있다면 모두 해결될 수 있는 이러한 종류의 수많은 문제들을 물어볼 수 있지 않을까?[20]

바로 이렇게 기하학적인 시각화와 물리학이 한데 만나는 영역은 푸앵카레가 자주 되돌아왔던 관심의 영역이었으며, 이처럼 그는 평생 동안 미분방정식의 수학 문제와 삼체문제의 물리학으로 다시 되돌아오곤 했다. 그는 1885년 자신의 수학 연구 중에 가장 중요한 것에 관해 그 누구도 "이 논문에 담겨 있는 다양한 질문들과 태양계의 안정성에 관한 천문학적 문제 사이의 유사성에 놀라지 않고서는 논문의 일부분도 … 읽을 수 없을 것이다"라고 명시했다.[21] 역학, 즉 기계는 늘 가까이 있었다. 이것이 바로 에콜폴리테크니크의 등록 상표였다.

푸앵카레는 미분방정식의 작용을 이해하기 위해 자신의 정성적 프로그램을 더욱 강하게 추진했고, 이것으로 전 세계의 내로라하는 수학자들의 관심을 끄는 데 성공했다. 1885년 중반 《네이처Nature》에 스웨덴의 국왕인 오스카 2세의 60번째 생일을 기념하기 위해 수학 경진대회가 개최된다는 내용이 실렸을 때, 푸앵카레는 유력한 우승 후보였다. 《악타 마테마티카Acta Mathematica》의 편집자이자 유명한 수학자인 예스타 미탁-레플러Gösta Mittag-Leffler*는 심사위원의 선정을 책임지고 있었다. 그는 우선 에콜폴리테크니크에서 푸앵카레를 가르치기도 했던 샤를 에르미트Charles Hermite**를 위촉했고, 다음으로는 에르미트의 대학 스승이자 수학에 평생을 바치며 끈질기게 논리적인 엄밀함을 추구했던 만만치 않은 실력의 독일 수학자 카를 바이어슈트라스Karl Weierstrass를 심사위원으로 초빙했다. (미탁—레플러는 푸앵카레와 우호적인 관계였다.) 경진대회 마감은 1888년 6월 1일이었고, 첫 번째 문제가 바로 삼체문제였다.[22]

수상자가 선정되고 그 논문을 공식제출하기도 전에, 프랑스 과학학술원은 푸앵카레를 우승자로 뽑았다. 이것은 어마어마한 영예였다. 이는 1887년 1월 31일 당시 32세인 그가 프랑스 과학계의 확실한 엘리트임을 입증하는 것이었다. 과학 학술원의 회원이 된다는 것은 다양한 행정의 역할에도 불려나가야 한다는 (또한 실제로 자주 그렇게 된다는) 뜻으로, 경도국의 일에서부터 법학과 군사학과 과학의 영역을 넘나들며 중재하는 행정 일들이 모두 여기에 포함된다. 푸앵카레는 이러한 공적인 임무에 쉽게 적응했고 더 많은 독자들을 대상으로 글을 쓰기 시작했다. 그가 신문과 저널과 과학 논평으로 쓴 100여 편의 비전문적인 글과 책 중에서, 과학 학술원의 회원으로 임명되기 전에 썼던 것은 손에 꼽을 정도뿐이다.

평생 동안 푸앵카레는 마치 선원들이 북극성을 보고 올바른 방위

---

* 예스타 미탁—레플러(1846~1927)는 스웨덴의 수학자로, 복소수함수 이론에서 중요한 미탁—레플러 정리가 있다. 1822년에 수학 전문 학술지 《악타 마테마티카》를 창간했다. 스웨덴 출신의 알프레드 노벨이 노벨상에서 수학자를 제외한 것이 미탁—레플러와 연관되어 있다고도 한다.

** 샤를 에르미트(1822~1901)는 프랑스의 수학자로 정수론, 2차 형식, 불변 이론, 직교함수, 타원함수, 대수학 등에서 업적을 남겼다. 에르미트 다항식과 에르미트 연산자로 잘 알려져 있다. 자연로그의 밑 e가 초월수임(즉, 유리수 계수의 다항방정식의 풀이가 될 수 없음)을 처음 증명했다.

를 찾듯이 시각적이고 직관적인 방법을 사용했다. 그는 연구 초창기에 문제 해결을 위한 방법으로 비유클리드 기하학을 사용했었다. 이제 푸앵카레는 미분방정식에 관해 10여 년을 갈고 닦아왔던 시각적인 위상수학의 기법을 사용하여, "별들은 주어진 한계를 넘어서지 않는다"*라는 라틴어 깃발 아래 경진대회에 참가했다. 그 격언은 많은 것을 말해준다. 기술적으로, 푸앵카레는 행성들이 서로 끌어당겨서 생겨나는 운동의 경계를 정하고, 태양계의 안정성을 재확인하는 것을 목표로 하고 있었다. 그러나 푸앵카레의 모토는 수학적인 것에 국한된 것이 아니라, 자신을 둘러싸고 있는 세상이 기본적으로 안정된 성질을 지니고 있다는 그의 깊은 믿음을 반영한 것이었다. 몇몇 뛰어난 후보들이 있었음에도 불구하고, 푸앵카레는 경진대회에서 손쉽게 우승했다. 그는 계산의 결과만을 제출한 것이 아니라 수학의 정점에 그의 업적으로 자리하게 될 새로운 방법까지 제공했다. 모든 것이 잘 들어맞는 것 같았다.

푸앵카레는 입상 논문을 제출하고 난 뒤 (아마도 태양계의 안정성을 보여주는 데 기여한 자신의 질적이고 시각적인 연구 작업의 역할을 생각하면서) 수리과학과 교육학의 논리와 직관의 역할을 연구하기 위해 한 걸음 물러섰다. 그는 오래된 수학책들을 훑어보면서, 동시대의 수학자들은 엄밀성을 상실한 채 연구를 끝마친다고 말했다. 점, 선, 표면, 공간 등 이전의 개념들 중 상당수가 이제는 황당하리만치 모호해 보였다. '선조 수학자들'의 증명은 자신의 몸무게조차 견뎌내지 못하는 미약한 구

---

* 라틴어 원문은 'Nunquam praescrptos transibunt sidera fines'이다. 《악타 마테마티카》의 논문 경진대회는 자신의 논문을 봉투 안에 넣고 봉인한 뒤에 자신의 모토를 봉투 겉면에 쓴 뒤 마감일까지 우편으로 보내는 방식으로 진행되었는데, 그 모토 이외에는 응시자의 이름이나 주소를 드러내지 않는 것이 관례였고 논문의 저자는 그 모토로 구별했다. 이 라틴어 격언은 푸앵카레가 자신을 대표하기 위해 쓴 것이며, 삼체문제에서 천체의 운동 궤적이 주어진 한계에서 벗어나지 않는다는 주장을 강조하기 위한 것이다.

조물 같아 보였다. 푸앵카레는 예전의 수학들과는 달리 지금 수학자들은 이상한 함수들이 많이 존재하는 것을 알고 있다며 "그 함수들은 어느 정도 유용한 보통의 함수들을 될 수 있는 한 닮지 않으려 애쓰는 것처럼 보인다"라고 지적했다. 이 새로운 함수 중에는 연속이지만 기울기를 정의할 수도 없을 만큼 이상한 방식으로 만들어진 함수도 있었다. 푸앵카레는 게다가 이러한 이상한 함수가 다수를 차지하는 것처럼 보이는 것이 더 문제라고 탄식했다. 간단한 법칙들이 오히려 특수한 경우에 불과한 것처럼 보인다는 것이다. 실용적인 목적에서 새로운 함수들이 만들어지곤 했던 시절이 있었지만, 이제 수학자들은 선조 수학자들의 논리적 과실을 증명하기 위해 함수를 만들어낸다. 만일 우리가 철저하게 논리적인 경로만을 따른다면, 아마도 초보자들이 수학을 시작할 때부터 이러한 이상한 새로운 함수들로 가득한 "기형畸形적인 박물관"에 먼저 친숙해지도록 했을 것이다.

그러나 푸앵카레가 학생들이나 순수수학자들 같은 독자들이 이러한 기형적인 경로를 따르기를 바랐던 것은 아니었다. 그는 수학교육에서 인간의 지성 중에 직관을 가장 열등한 것으로 여겨서는 안 된다고 주장했다. 아무리 중요한 논리라도 이는 직관에 의한 것으로, 즉 "수학의 세계는 현실 세계와 늘 연결되어 있다. 순수한 수학은 직관 없이도 성립되지만, 동시에 언제나 실재와 상징을 갈라놓는 바로 그 심연을 이어주는 직관으로 돌아올 필요가 있다". 수학 숙련자는 언제나 직관이 필요하며, 순수기하학자에게는 수많은 참호가 있다. 그러나 가장 순수한 수학자라도 직관에 의존한다. 논리는 증명하고 비판하는 것을 가능하게 해주지만, 직관은 새로운 정리와 새로운 수학을 만들어내는 열쇠이다. 푸앵카레는 직관 없는 수학자는 아무것도 없이 문법만을 가진 채 감방에 갇혀버린 작가와 같다고 직설적으로 말했다. 따라서 그는 교육(여기서 교육이란 명백하게 당시 그가 강의하고 있던 에콜폴리테크니크를 가리키는 것이었다)에서 직관을 강조하고 대신 형식적이고 비직관적인 기능은 포기해야 한다고 주장했다. 형식적이고 비직관적인 교육은 수학의 선조들이 남겨놓은 수학적 유산을 그저 쫓아가는 것에 불과하다고 보았기 때문이었다.[23]

수학적 직관을 향한 이러한 주장은 푸앵카레의 입상 논문이 출판될 즈음 언론에 실렸다. 그러나 1889년 7월, 미탁-레플러 아래에서 《악타 마테마티카》의 편집자로 일하고 있던 26세의 스웨덴 수학자 에드바르 프라그멘Edvard Phragmén은 입상한 논문의 교정쇄에서 몇 가지 문제점을 발견했다. 그는 이를 미탁-레플러에게 전달했고, 미탁-레플러는 7월 16일 푸앵카레에게 그 오류 중 하나만을 제외하면 "나머지는 거의 순식간에 없어지게 만들 수 있다"라고 사뭇 명랑한 어조로 이야기했다.[24] 푸앵카레는 그 한 가지가 쉽게 고쳐지지 않는 것임을 금방 알아차렸다. 이는 인쇄상의 실수도 아니고 단순히 수학 계산 몇 줄을 더 집어넣는다고 해서 해결될 문제도 아니었다.[25] 그의 논문에서 무엇인가가 심각하게 잘못된 것이었다. 단순히 입상이 문제가 아니라, 그와 학술지와 심사위원들의 명성 모두가 걸린 문제였다. 푸앵카레는 무엇이 잘못되었는지 알아내야 했다.

쟁점은 다음과 같다. 푸앵카레는 미분방정식 연구에서 삼체, 즉 목성과 목성의 궤도 주위를 빠른 속도로 돌고 있는 소행성, 그리고 태양을 고려했다. 소행성의 궤도는 어떤 모습이 될까? 아주 단순한 움직임으로는 매번 같은 자리에 같은 속도로 돌아오는 단순 주기운동이 있을 것이다. 아주 극적인 방식으로 그러한 반복적인 궤도를 표현하기 위해서, 푸앵카레는 놀라운 아이디어를 내놓았다. 궤적 자체를 생각하지 말자는 것이다. 대신 푸앵카레는 일단 소행성이 한 바퀴를 돌 때마다 한 번씩 상황을 조사할 수 있을 것이라 생각했다. 소위 '푸앵카레의 지도Poincaré map'*라고 알려지게 되는 스트로보스코프 사진stroboscopic picture을 만들어내는 일이었다. 엄밀하게 말하면 푸앵카레의 지도는 소행성의 운동량과 위치를 매번 표시하는 것이었지만, 우리가 그의 아이디어를 생각할 때는 그 어떤 행성들보다 더 큰 광활한 종이가 행성들이 떠다니는 방향에 수직으로 우주 공간에 넓게 펼쳐진 모습을 상상하면 된다. 소행성이 되돌아올 때마다 그 우주에 펼쳐진 종이에 구멍 F를 뚫어 표기한다. 단순한 주기운동의 경우에는 소행성의 궤적이 종이 위에 구멍으로 표시되며 영원히 그 구멍을 반복해서 통과할 것이다. 그 구멍은 고정점fixed point이라 한다. 더 일반적으로 말하자면, 푸앵카레의 아이디어는 우주 공간에서의 궤도 전체를 연구하는 대신 소행성이 움직이면서 2차원 종이 위에 뚫게 되는 구멍들의 패턴을 연구하자는 것이었다.

만일 소행성이 다른 위치와 다른 속도로 궤도를 운동하기 시작한다면, 그렇게 단순하고 반복적인 방식으로 움직이지는 않을 것이다. 예를 들어 똑같은 소행성이 있어서 구멍 F의 주변을 지나지만 구멍 F를 통과하지는 않는다고 가정해보자. 한 가지 가능성은, 궤도를 더해갈수록 뚫린 구멍들이 종이 위에 연속적인 구멍을 만들어 점점 F에 접근하지만 영원히 F에 도달할 수는 없는 경우이다. 그 연속된 구멍들을 모두 지나는 곡선 S를 그려 넣는다고 가정해보자. 만일 소행성이 F를 지나는 이 곡선 축 S 어디에서부터인가 출발하여(즉, 뚫린 구멍이 그 곡선

---

* 푸앵카레의 지도에서 '지도map, mapping'는 물리학계에서 '본뜨기'로, 수학계에서 '사상寫像'으로 번역하며, 이는 일종의 함수이다. 그러나 저자는 이 수학적 함수를 지리학적인 지도와 같은 맥락에서 대칭적으로 다루고 있으며, 수학적인 지도와 지리학적인 지도의 본질적인 성격은 같으므로, 저자의 의도를 반영하여 그대로 '지도'로 옮겼다.

의 어디에서부터인가 출발하여) 구멍 F를 통과하여 회전하는 궤도를 향해 점차 가까이 다가가는 경향이 있다면, 그 곡선 축은 안정하다stable고 한 다(그림 2.3의 지도 1 참조). 반대로, 만일 먼 과거에 구멍 F를 통과한 소 행성이 곡선 축 U를 따라 점차로 F에서 멀어진다면 F를 지나는 이 곡 선은 불안정하다unstable고 한다(그림 2.3의 지도 2 참조).

푸앵카레는 그의 입상 논문에서 소행성의 움직임을 따라 뚫은 구멍 들이 F와 같은 고정점에서 멀어진다면 결국 또 다른 고정점에 정착할 것이라고 주장했다. 그러한 결론은 질서 정연하고 경계가 뚜렷한 세 상, 즉 푸앵카레가 바라는 것처럼 별들이 각자의 한계 안에 꼭 붙어 있 는 그러한 세계관에 딱 들어맞는다. 1889년 가을 푸앵카레는 프라그멘 으로부터 그 주장을 조금 더 면밀히 연구해보라는 지적을 받은 뒤 그 문제를 자세히 검토하기 시작했는데, 우주의 안정성에 대한 그의 확신 은 점점 무너져갔다. 그 와중에 입상 논문의 출판은 예정대로 진행되 었다.

1889년 12월 1일 일요일, 푸앵카레는 미탁-레플러에게 다음과 같 이 고백했다.

이러한 문제의 발견으로 제가 겪고 있는 고민을 선생님께 감추 지는 않겠습니다. 먼저, 남아 있는 논문의 결론, 즉 주기적인 풀이 및 점근적인 풀이가 존재한다는 것과 기존 방법에 대한 저의 비판이 여전히 큰 보상을 받을 만하다고 선생님께서 생각 하시는지 모르겠습니다.
둘째, 새로 작업해야 할 부분이 많아질 텐데, 해당 논문이 이미 인쇄 준비에 들어갔는지 궁금합니다. 프라그멘 선생님에게는 이미 전보를 보냈습니다. 어떤 경우가 되건, 선생님과 같이 성

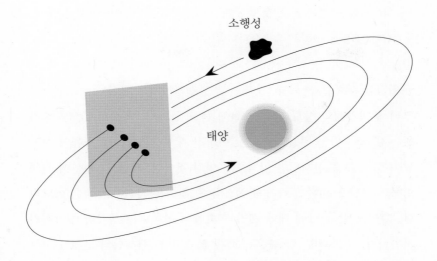

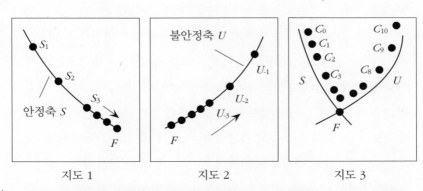

| 지도 1 | 지도 2 | 지도 3 |

그림 2.3 푸앵카레의 지도 푸앵카레의 '스트로보스코프' 도표는 종이에 이어지는 구멍을 추적하는 것인데, 지도를 그리는 것과 매우 닮아서 '푸앵카레의 지도'라고 널리 알려지게 되었다. 그 안의 특별한 모양을 '섬', '해협', '계곡' 등으로 부르기도 한다. 지도 1은 연속적인 구멍들이 점점 고정점 F를 향해 수렴해가는 안정한 '축' S를 나타낸다. 지도 2는 연속적인 구멍들이 F로부터 점점 멀어져가는 불안정한 축 U를 나타내고, 지도 3은 F에서 불안정축과 안정축이 만나는 것을 나타낸다. 이 마지막 경우에 휘어진 안정축 S 가까이의 구멍 C_0 다음에 따라오는 교점들(즉, C_1, C_2, C_3, … , C_9, C_{10} 등)은 처음에는 F를 향해 나아가다가(그러면서도 S로부터는 멀어지지는 않는다) 나중에는 F로부터 멀어져간다(그러면서도 불안정한 축 U와 나란히 진행한다).

실한 동료에게 저의 당혹스러움을 털어놓는 것 이상으로 제가 할 수 있는 일은 없는 듯합니다. 상황이 조금 더 명확해지면 자세한 내용을 연락드리겠습니다.[26]

12월 4일 수요일, 미탁-레플러는 푸앵카레에게 자신이 프라그멘으로부터 푸앵카레의 상황 판단을 전해 듣고 얼마나 "극심하게 당혹스러웠는지" 모른다는 전갈을 했다. "여하간 대부분의 기하학자들이 선생님이 쓸 논문을 천재적인 업적으로 여길 것이며, 또한 그 논문이 천체역학의 앞날을 위한 노력의 출발점이 될 것임을 의심하는 것은 아닙니다. 그러므로 그 상에 대해 제가 후회할 것이라고는 생각하지 마시기 바랍니다. … 하지만 안 좋은 소식이 있습니다. 선생님의 편지가 너무 늦게 도착하는 바람에 논문은 이미 배포되기 시작했습니다." 그는 이어서 프라그멘에게 썼던 내용에 근거하여 자신에게 편지를 보내달라고 하면서, 기대했던 안정성이 사실상 모든 경우에 다 입증되는 것은 아님을 발견했으니 수정된 원고를 보내달라고 부탁했다. 미탁-레플러는 프라그멘이 기꺼이 받아들일 만한 좋은 소식이 있다면서, 대학의 학과장 자리 공고가 났다고 덧붙였다. "《악타 마테마티카》의 성공 때문에 생겨난 저의 적대적 세력들이 이 문제를 크게 만들려 할 것임은 사실이겠지만, 그러한 비판조차도 침착하게 받아들일 것입니다. 왜냐하면 선생님과 동시에 실수를 했다는 것이 전혀 부끄럽지 않을뿐더러, 선생님이 극히 어려운 문제의 숨은 비밀을 마침내 해결했다고 저 스스로 확실하게 믿기 때문입니다."[27]

다음 날 미탁-레플러는 행동에 들어갔고, 베를린과 파리에 전보를 쳐서 문제가 있는 학술지를 단 한 부도 배포하지 말아달라고 요구해놓았다고 푸앵카레에게 알려주었다. 파리에서는 샤를 에르미트와 카미

유 조르당Camille Jordan이, 그리고 베를린에서는 카를 바이어슈트라스가 문제의 학술지를 받았을 뿐이었다. 예를 들어 미탁-레플러는 조르당에게 편지를 써서 학술지에 실수가 있었고 고칠 예정이니, 이미 받은 것은 "청소부"를 시켜 없애버리도록 해달라고 부탁했다. 그는 "이 통탄할 만한 이야기를 아무에게도 하지 말아달라"라고 에르미트에게 부탁하면서, "내일 자세한 사항을 모두 말해주겠다"라고 덧붙였다. 이런 식으로 이미 배포된 책들을 하나하나 찾아 나서면서, 미탁-레플러는 모든 책들이 수거되기를 바랐다. 그는 "크로네커Kronecker 씨(역시 유명한 독일의 수학자이자 바이어슈트라스의 천적)가 아직 책을 받지 않아 매우 다행이다"라고 푸앵카레에게 고백했다. 그러나 미탁-레플러의 동료들조차도 이러한 노력에 훼방을 놓기 시작했다. 바이어슈트라스는 미탁-레플러가 쓴 편지에 대한 답장에서 이렇게 불만을 드러냈다. "솔직히 말해서 나는 이 문제를 당신과 에르미트와 푸앵카레 본인이 생각하는 것만큼 가벼운 일로 생각하지 않습니다." 바이어슈트라스는 차가운 말투로 쓴 답장에서, 자신의 나라인 독일에서라면 이러한 입상 논문은 처음 심사받았던 그대로 인쇄되는 것이 통상적이라고 말했다. 바이어슈트라스는 푸앵카레의 논문에서 안정성의 문제는 사소한 것이 아니며, 자신이 푸앵카레의 논문을 소개하는 글에서 이미 지적했다시피 논문에서 핵심적인 문제라고 덧붙였다. 바이어슈트라스는 전반적으로 훌륭한 이 프로그램에 푸앵카레의 논문이 어떠한 선례를 남기겠느냐고 반문했다.[28]

푸앵카레는 논문 재검토에 들어갔다. 해야 할 일, 즉 그가 논문의 빈틈을 메우기 위해 해야 할 것은 그나 다른 누구도 생각해본 적 없는, 가능한 운동 범위의 영역 바깥에 있는 것이었다. 안정성이 아니라 혼돈이 이 새로운 우주를 지배한다. 일은 이렇게 된 것이었다. 푸앵카레가 든 예시에서처럼 안정성의 선과 불안정성의 선이 고정점 F에서 서로 만난다고 가정해보자. (이를 상상하는 것은 어렵지 않다. 안장을 생각해보라. 말의 척추 방향을 따라 안장 머리에서 똑바로 늘어지게 매달아둔 돌을 흔들면 오락가락 반복하다가 안장의 중간 부분, 즉 안정한 지점에서 멈출 것이다. 그러나 왼쪽이나 오른쪽으로 쏠리게 매달린 돌은 결국 떨어져서 결코 제자리로 돌아오지 못할 것이며, 이것이 불안정한 지점이다.) 이제 소행성이 F의 근처에는 있지만 안정축 위에 있지는 않다고 가정해보자. 소행성은 F에 가까워질 때까지 점진적으로 F를 향해 움직이다가 불안정축 방향으로 떨어질 것이고 다시 F로부터 멀어지기 시작한다. 이는 그림 2.3의 지도 3에 C_0, C_1, C_2, ··· C_7, C_8, ··· 등 연속적으로 뚫린 구멍으로 그려져 있다. 여기까지 푸앵카레는 아무런 문제도 없었다.[29]

그러나 안정축과 불안정축이 어딘가 다른 곳, 예컨대 H에서 교차한다고 가정해보자. 푸앵카레는 이 점을 호모클리닉homoclinic한 점이라고 불렀다.* 그러면 가정에 의하여 H는 안정축 S 위의 한 점이기도 하고 또한 불안정축 U 위의 한 점이기도 하다. (안정한 축인 경우에는 소행성의 연속된 구멍 뚫기가 고정점 F를 향해 갈 것이다. 불안정한 축인 경우에는 고정점 F 근처에서 출발한 소행성이 처음에는 천천히 그리고 나서는 빠르게 F로부터 멀어져 U 위에서 H를 통과하는 연속된 구멍을 만들어낸다.) 이제 소행성이 H를 지나 날아간다고 가정해보자. 그 소행성은 S 위에 머물러 있어야 하기 때문에, S를 따라 F를 향해 종이를 통과하며 부딪칠 때마다 그 흔적을 남긴다(H_1, H_2, H_3 등). 그러나 불안정축의 모든 점은 항상 U 위에 머물러 있어야 하기 때문에, 그리고 H 역시 U 위에 있기 때문에,

---

* 푸앵카레는 동역학계에서 서로 다른 두 평형점을 연결하는 궤적을 '헤테로클리닉hetero-clinic'이라 부르고, 궤적이 시작하는 평형점과 끝나는 평형점이 같은 것을 '호모클리닉'이라 불렀다. 여기에서 'clin'은 휘어진다는 뜻의 라틴어 'clinare'에서 온 것이다.

H의 모든 흔적 또한 U 위에 있어야만 한다. 따라서 연장된 U축은 방금 표시한 H의 모든 연속점, 즉 H_1, H_2, H_3 등을 지나쳐야 한다. 이러한 일이 벌어질 수 있는 방식 하나는 그림 2.4a에서 보는 바와 같다.

이제 H 가까이에 있으면서 U 위에 있는 소행성 C를 생각해보자 (그림 2.4b 참조). H가 S 위에 있기 때문에, C(S 근처에 있는)는 F를 향

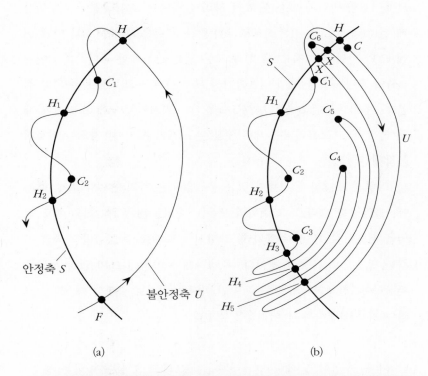

(a)   (b)

그림 2.4 푸앵카레의 지도에서 나타나는 혼돈 안정축과 불안정축이 만나면 복잡성이 생겨날 수 있다. 실제로 푸앵카레가 입상 논문을 처음 제출할 때 풀지 못한 채 남겨놓았던 문제가 정확히 이렇게 혼돈을 유발하는 교차의 가능성이었다. 본문에서 설명한 것처럼, 불안정축은 (a)에서 시작하여 (b)로 더 완전하게 전개됨에 따라 엄청나게 복잡하게 확장된다. (a)의 움직임도 복잡성의 시작이며, S와 U의 새로운 교점들(X로 표시된 점들)을 포함시키면 그 복잡성이 따라 나오게 된다. 푸앵카레가 더 완전한 표현을 보여주기 위한 '격자무늬'를 제대로 그릴 수 없으리라고 절망한 것도 이해할 만한 일이다.

해 움직이기 시작한다. 이것은 조금 전에 그림 2.4a에서 보았던 대로이다. 동시에 C는 U 위에서 시작하기 때문에 그 결과(C, C_1, C_2, C_3 등)는 U가 연장되는 한 U 위에 머물러 있어야 한다(즉, U를 벗어나서는 안 된다). 따라서 C, C_1, C_2의 연속은 F를 향해 움직인다. 그러나 결국은 C의 결과가 F를 향해 가까이 다가가면서, C의 2차 결과는 그림 2.3의 지도 3에 나타낸 것처럼 불안정축 U를 따라 물러나기 시작한다. U가 H에서 S와 만나기 때문에, U를 따라 물러나는 C들도 결국 S와 만나게 된다(여기에서는 이를 C_6으로 나타냈다). U축은 H_3에서 S와 만난 뒤에 C_4와 만날 때까지 C_4를 향해 모든 길을 반복해야 한다. 그 뒤에는 U축이 또다시 F를 향해 되돌아가서 H_4에서 S와 교차한다. 유의할 점은 C_6까지 확장된 U축이 다시 S축을 (X로 표시된 두 점에서) 만나기 때문에, 결국 호모클리닉한 새로운 점은 두 개가 생기며, 지도는 더욱더 복잡해진다.

이렇게 뚜렷하게 경계가 있는 움직임과는 거리가 먼 복잡성 때문에, 불안정축 그리고 그 주위의 모든 소행성들은 푸앵카레의 지도 전역을 떠돌아다니면서 푸앵카레 그 자신도 묘사할 수 없었던 지극히 복잡한 방법으로 운동할 것이다. 푸앵카레가 마침내 그의 입상 논문을 확장하여 『천체역학의 새로운 방법』이라는 저서로 출판할 때, 그는 결과 수치를 설명하는 데 어려움을 겪었다.

이 두 곡선이 몇 개나 만들어지는지 그리고 그 둘이 만나는 경우의 수는 얼마나 되는지 알아내려 노력할 때, 각 곡선은 두 겹의 점근선 해법에 대응하고 이 교차점들은 마름모 모양, 직물이 짜인 모양, 그리고 무한히 가느다란 선이 얽힌 모양을 형성한다. 두 곡선 모두 다시는 서로 만나지 않지만, 무수히 많은

얽힘을 적어도 한 번석은 모두 가로지를 수 있는 매우 복잡한
방식으로 다시 되돌아온다.

"그리려 노력하지도 않을 것이다"라고 그는 덧붙였지만, "삼체문제의
복잡한 성격을 알아내는 것보다도 더 적절한 것은 없다"라고 말했다.[30]
　이 곤혹스러웠던 입상 논문이 출판된 지 100여 년이 지난 후에,
혼돈에 대한 푸앵카레의 실험은 대유행이 되었고 새로운 과학의 여
명이자 고전과학의 단순한 예측을 넘어서는 혁명적인 진보로서 칭송
받고 있다. 20세기 후반의 여러 물리학자와 철학자와 문화 이론가들
은 그들이 부르는 방식에 따르면 복잡성의 과학을 '포스트모던 물리
학'의 한 형태로 환영했으며, 동시에 막강한 컴퓨터들은 그 누구도 종
이 위에 표현할 수 없으리라 여겨졌던 푸앵카레의 지도를 매분마다 토
해냈다. 이 지도들 중에 일부는 새로운 물리적 현상을 드러내기도 했
고, 어떤 지도들은 미술 전시장을 우아하게 장식하기도 했다.[31] 그러나
1890년에 푸앵카레는 과학의 특성에 혁명이란 없음을 천명했다. 입상
을 둘러싸고 터진 스캔들이 악영향을 끼칠 수도 있는 상황에서, 푸앵
카레는 그의 주장과 새로운 동역학 실험 사이의 틈을 보충했고, 그가
굳이 찾고자 했던 것은 아니지만 우주의 안정성에 균열이 있다는 것도
알아냈다.
　진보적인 깃발을 흔들기는커녕, 푸앵카레는 비록 혼돈의 궤도의 숫
자가 무한할지라도 소행성이 불안정한 기간에 머물 가능성은 그 궤도
가 안정한 기간에 머물 가능성과 별 차이가 없음을 보여주었다. 절대
안정성을 잃어버린 푸앵카레는 가능한 안정성으로 만족해야만 했다.
그는 개정 논문을 쓰고 난 지 2년 후에, "누군가는 불안정한 궤도는 예
외일 뿐이고 안정한 궤도가 대세라고 말할 수 있을 것이다"라고 썼다.

안정성이 깨졌다고 선언하는 대신, 푸앵카레는 고전 천체동역학을 탐색하는 새로운 질적 방법론의 힘을 이렇게 강조했다. "천체역학의 진정한 목표는 천체력을 계산하는 것이 아니다. 이러한 목적으로는 단기간의 예측만을 만족시킬 수 있기 때문이다. 오히려 천체역학의 목표는 뉴턴의 법칙이 모든 현상을 설명하는 데 충분한지 아닌지 분명하게 밝히는 것이다."[32] 푸앵카레에게 있어 뉴턴의 물리학에 대한 진정한 심판은 그 질적 특징을 증명하는 데에서 오는 것이었다. "뉴턴의 법칙이 충분한지 아닌지를 확인해보는 이러한 관점에서는, 방금 말한 암묵적인 관계가 명시적인 공식만큼이나 잘 맞아 들어갈 수 있다."[33] 푸앵카레에게 중요한 것은 사물의 기초적인 관계를 이해하는 것이었을 뿐, 천문학자들이 소수점 아랫자리까지 수없이 계산하느라 분주했던 공식이나 입장들을 이해하는 일이 아니었다.

규약

푸앵카레는 사물보다 구조에 더 관심을 두었는데, 이는 그가 비유클리드 기하학을 사용하는 것과 놀랄 만큼 유사하다. 푸앵카레의 동시대 사람들에게, 19세기 동안 탐구되었던 비유클리드 기하학은 뚜렷한 전환점을 이루는 것이었다. 수 세기 동안 유클리드의 기하학은 확실한 출발 지점에서부터 필연의 귀결에 이르기까지 사실상 모든 추론 과정을 지배해왔다. 18세기 이후 칸트를 해석한 (혹은 잘못 해석한) 철학자들은 유클리드의 기하학을 정신의 구조 그 자체 안에 지어져 있는 지식으로 추앙했다. 일부 과학자와 철학자들은 비유클리드 기하학이 지식 정의에 급진적인 전환을 가져왔다고 보았고, 직관과 정면으로 충돌하는 희망적인 근대의 상징이라고 보았다. 다른 학자들은 확실성이 급격히 상실될 것을 두려워했다. 푸앵카레는 훨씬 더 실용적인 자세를 취했다. 그는 1891년에 만일 유클리드의 공리가 어떤 경험보다도 앞선다면 우리 인간이 이렇게 쉽게 다른 것들을 상상하지 못할 것이라고 주장했다. 그렇다고 유클리드 기하학의 공리가 단지 실험 결과에 불과할 수는 없는 일이었다. 만일 그랬다면 끊임없이 그 공리를 수정하고 있었을 것이다. 직선의 사례로 쓰기 위해 필요한 완벽한 강체가 존재하지 않기 때문에 우리는 머지않아 기하학의 주장들이 거짓임을 '발견'하게 될 것이다. 예를 들어 우리는 세 각의 합이 정확히 180도가 되지 않는 삼각형을 찾아내게 될 것이다. 푸앵카레는 우리가 기하학을 선택한 것은 실험적 사실로부터 인도된 것이지만 우리가 얼마나 단순함을 필요로 하는가에 따라 궁극적으로는 선택의 폭이 열려 있다고 주장했다.

푸앵카레가 더 넓은 독자를 대상으로 쓴 글들 중에는 단순함과 편리함과 기하학의 가설들을 다루고 있는 것이 있다. 가설이란 무엇인가? 그 가설들은 어떠한 의미에서 참인가? 푸앵카레에게 기하학이란 다름 아니라 군group이었다. 여기서 군이란 특정한 성질들을 지니는 연산들이 포함된 수학적 대상들의 집합이다. 그런 연산들의 성질 중 하나는 역연산이 가능해야 한다는 것이다. 정수($\cdots$ -3, -2, -1, 0, 1, 2, 3, $\cdots$)는 덧셈과 뺄셈에 대해 이런 성질을 지니고 있다. 어떤 정수를 더하는 것의 역연산은 그 수를 빼는 것이다. 군의 가능한 작용 중에는 항등원이 있어야 하는데, 주어진 대상을 바꾸지 않고 그대로 남겨두는 연산을 의미한다. 0을 더하는 것이 바로 항등원의 연산이다. 또 연산의 결과는 그 군 안에 있어야 한다. 예컨대 5를 더하고 다시 8을 더하는 것은 13을 더하는 것과 같다.* 어떠한 군이 유용한지는 세상과 조우할 때 알게 된다. 그러나 푸앵카레가 자신의 철학적인 글들에서 주장한 것처럼, 군 자체에 대한 아이디어는 우리가 날 때부터 갖고 있던 도구였다. 우리 인간에게 특히 흥미로운 군이 공간 속에서 강체들의 움직이는 방식들이라는 것은 놀라운 일이 아니다. 푸앵카레는 우리가 수많은 선택 중에 보통 유클리드 기하학을 택한 이유는 그에 대응하는 군이 아주 단순한 방식으로 공간 속에서 강체들의 운동에 대응하기 때문이라고 주장했다. 단단한 물체들은 우리의 실제 세계에서 움직인다. 다른 것을 선택할 수도 있었을까? 물론 푸앵카레는 그렇다고 답한다. 우리는 단지 가장 편리한 기하학을 선택했을 뿐이라고 말한다. 그렇다면 다른 기하학들은 모두 거짓이라는 뜻일까? 그렇지 않다. 푸앵카레에 따르면, 그 누구도 (일반적인 x축과 y축을 써서 점의 위치를 측정하는) 직각좌표계를 참으로 규정하고 (기준점으로부터 점까지의 거리, 그리고 그 거리를 반지름으로 하는 각을 써서 점의 위치를 측정하는) 극좌표계를 거짓이라 단정할 수는 없다. 푸앵카레는 세계를 나타내기 위해서는 많은 선택의 여지가 있으며, 그 선택은 완전히 외부적인 요인에 의해 규정되는 것이 아니라 우리 지식의 단순함과 편리함에 의해 규정된 것이라고 역설한다. "더 이상 주장을 되풀이하지는 않겠다. 이미 진부해지기 시작한 이러한 사실을 더 발전시키는 것이 이 연구의 목표는 아니기 때문이다."[34]

사실 푸앵카레는 규약적 선택의 역할을 크게 신봉했기 때문에 기하학을 선택하는 것이 프랑스어와 독일어 중 하나를 선택하는 것과 비

---

* 대수학에서 군은 더 간단하게 정의된다. 수학적 대상들과 그에 대한 연산이 있을 때 (1) 연산이 닫혀 있고, (2) 항등원이 존재하며, (3) 역원이 존재하면, 그 수학적 대상들과 연산은 군을 이룬다. 저자가 본문에서 항등원이나 역원을 항등연산이나 역연산으로 더 복잡하게 설명하는 이유는 기하학에서 이용되는 군이 연산을 일반화한 변환들의 군이기 때문이다. 이를 변환군이라 부른다.

숫하다고 주장했다. 푸앵카레는 누구나 어떤 생각을 표현하기 위해 이 언어 혹은 저 언어 또는 말투를 선택할 수 있다고 주장했다. 말안장 위에 사는 지능이 있는 개미가 두 지점 사이의 가장 짧은 거리를 직선이라 정의했다 상상해보자. 그 개미 수학자는 이렇게 말할 것이다. "삼각형 세 각의 합은 180도보다 작다." 우리는 인간의 관점에서 똑같은 상황을 '유클리드적'으로 조금 다르게 설명할 것이다. 왜냐하면 우리가 볼 때 개미가 말한 삼각형은 세 변이 곡선으로 이루어져 있기 때문이다. 따라서 인간 수학자는 이렇게 말할 것이다. "만일 곡선으로 이루어진 삼각형의 세 변이 기본면과 수직으로 만나는 원호로 이루어져 있다면, 곡선 삼각형의 세 각의 합은 180도보다 작을 것이다."* 이 두 문장 모두 같은 상황을 설명하고 있지만 다른 표현을 사용하고 있다. 따라서 여기엔 어떠한 모순도 없다. 이 둘이 일치한다는 것은 개미의 안장 기하학의 정리들이 우리 인간의 일반 기하학의 정리들보다 일관성이 부족하지 않다는 의미이다. 심지어 개미의 기하학이 유용할 수도 있다. "안장과 같은 기하학은 구체적인 해석에 민감하기 때문에 쓸모없는 논리 연습 문제가 아니며 실제에 응용할 수도 있다." 바로 이것이 핵심이다. 여러 가지 기하학들은 사물 사이의 관계들을 다른 방식으로 나타낼 뿐이다. 우리는 더 편리한 방식을 골라 쓰는 것이다.[35]

푸앵카레의 수학 전체를 관통하는 그의 철학(과 그리고 앞으로 다룰 그의 물리학)은 다음과 같은 생산적인 주제를 바탕에 깔고 있다. 변경할 수 있는 군의 구조를 찾아서 가장 편리한 표현 방식을 선택해라. 그러한 자유로운 선택은 결코 고정점, 즉 불변성을 놓치지 않는다. 고정점

---

* 말안장과 반대의 경우로 지구의와 같은 구면 위의 경도선 두 개와 적도로 이루어진 삼각형을 떠올리면 이 문장을 더 쉽게 이해할 수 있다. 이 삼각형의 세 변은 각각 원호를 이루며, 세 각의 합이 180도보다 크다.

이라는 세상의 조각들은 우리의 선택에 따라 변하지 않는다.

• • •

그렇다면 1892년에 푸앵카레는 어디에 있었을까? 프랑스 수학계의 떠오르는 스타가 된 그는 비유클리드 기하학을 극적으로 사용한 연구와 미분방정식에 대한 정성적 해법들과 삼체문제에 대한 매우 새로운 접근법을 통해 유명해져 있었다. 그는 철학과 기하학과 동역학에서 지식의 미래를 개척하기 시작하면서 두 가지 목표를 동시에 갖고 있었다. 그는 특수성에 대한 강조를 없앰으로써 문제를 정식화할 때 자유로운 선택이 가능하다는 것을 알아냈다. 좌표계의 선택은 저절로 주어지는 것이 아니라 우리가 편리에 따라 선택할 수 있는 것이었다. 마찬가지로 특정 근사법도 특정한 목적에 따라 선택할 수 있으며, 심지어는 특정 기하학의 선택이 절대적으로 중요한 것도 아니다. 푸앵카레의 견해는 이러했다. 필요하다면 유클리드의 기하학을 사용하고, 비유클리드 기하학을 적용하는 편이 나을 때에는 그걸 사용해라. 미분방정식 혹은 이 식으로 표현될 수 있는 물리계를 생각할 때, 가령 강물을 따라 흘러 내려오는 물의 흐름을 서술하기 위한 변수들을 선택할 수 있는 방식은 언제나 많이 있다. 여기에서 중요한 것은 서술에서 그런 방식들을 바꾼 뒤에도 변화하지 않고 남아 있는 기본 관계들이다. 물 흐름의 소용돌이, 기하학적인 선들의 매듭이나 안장점이나 나선 끝점 등이 그런 예이다. 마찬가지로 좌표를 회전시킬 때에 고정되어 있는 것은 선의 길이이다.

푸앵카레 연구의 이러한 두 가지 측면, 즉 변하는 것과 고정된 것은 함께 등장했고 함께 보아야만 이해할 수 있다. 그는 여러 해에 걸쳐 다른 방식으로 이렇게 말했다. 지식의 유동적인 측면들을 도구로 삼아 조작하고, 문제를 간단하게 만들 수 있는 형식을 선택하라. 그리고 선택 후에도 변함없이 남아 있는 관계를 파악하라. 그 고정된 관계가 오랫동안 지속되는 지식으로 남는다. 변하는 것과 변하지 않는 것이 함께 과학적 진보를 가능하게 만든다.

100여 년 동안 학자들은 푸앵카레의 규약주의의 뿌리를 파악하느라 애썼다. 일부 학자들은 나름의 이유를 들어 기하학의 역할을 강조했다. 그러나 푸앵카레가 누누이 강조했다시피 수학적 언술들은 유클리드 기하학 못지않게 비유클리드 기하학의 언어로도 가능하다. 또 다른 학자들은 기하학의 초기 인물들의 연구를 재검토했는데, 예컨대 여러 가지 종류의 기하학에 대해 선전하다시피 강조했던 위대한 독일의 기하학자 펠릭스 클라인Felix Klein 등이 재검토의 대상이었다. 또 어떤 학자들은 기하학을 자유로이 선택하는 푸앵카레의 생각의 근원을 소푸스 리Sophus Lie에서 찾기도 했다. 무엇보다도 푸앵카레가 명시적으로 리를 수학의 선조라고 언급했으며, 리 역시 수학자들이 특정한 방법을 선택하는 자의성에 대해 입장을 분명하게 밝혔기 때문이다. 예를 들어 리는 다음과 같이 말했다. 데카르트는 변수 x와 변수 y를 평면 위의 점과 같은 것으로 보았다. 그러나 만일 데카르트가 변수 x와 변수 y를 선을 써서 기호화했더라도 '동등한 타당성'이 있는 선택이었을 것이며, 그러한 가정으로부터 기하학을 발전시킬 수 있었을 것이다. 게다가 데카르트는 x와 y를 특정한 좌표계에 따라 정의했는데, 여기서 x와 y는 x축과 y축으로부터의 거리를 지칭한다. 여기에서도 자유로운 선택이 가능하다. 리는 "19세기 기하학의 진보는 상당 부분 이러한 이중적인 자의성 때문에 가능했던 것이며 … 그러한 점이 분명히 드러났다"라고 썼다. 여기서 리는 수학적 개념을 표현하는 방법에는 항상 여러 가지 방법이 있으며 이를 인식하는 것으로부터 수학적 진보가 이루어질 수 있다고 주장했다. 리는 수학에서 특정한 표현을 선택하는 일, 그리고 기하학에서 이 방법 혹은 저 방법을 골라 사용하는 일 등은 "유익과 편리"의 문제라고 논증했다. 어느 학자가 설득력 있게 주장했듯이, 바로 이것이 "푸앵카레가 기하학의 선택이 자유롭게 열린 것이어야 하며 또한 편리에 따라 이루어져야 한다고 믿었던 근거들 중 하나이다".[36] 기하학의 자유로운 선택을 강조한 푸앵카레의 주장은 분명히 독일의 만능학자인 헤르만 헬름홀츠Hermann Helmholtz로 거슬러 올라갈 수 있다. 헬름홀츠는 기하학에서의 정의들로부터 사실적인 의미를 분리해내려고 애썼고, 공간에 대한 우리의 개념을 정립하기 위해서는 움직일 수 있는 단단한 물체들의 역할이 중요함을 늘 역설했다. 수학의 규약주의에 대한 푸앵카레의 생각은 베른하르트 리만Bernhard Riemann과 같은 수많은 기하학자들의 뒤를 따랐다고 볼 수 있으며, 또한 푸앵카레의 스승이었던 샤를 에르미트의 최근 연구에 영향을 받았다고도 할 수 있다.[37]

이러한 선택의 자유라는 생각에 날개를 달아준 것은 에콜폴리테크니크의 매우 불가지론적인 교육 스타일에서 드러나는 교육학적 규약주의(굳이 이름을 붙이자면)였다. 어떤 특정한 이론에 절대적으로 기대기를 삼가는 것은 알프레드 코르뉘 수업의 두드러진 특색이었고, 바로 이 수업을 푸앵카레도 수강했었다. 모든 대안 이론들에 나름대로 장단점이 있었다. 이들을 제약하는 것은 여러 차례 강조되었던 실험의 고정점뿐이었다. 푸앵카레에게 객관적인 지식을 제공하는 물리학의 불변성은 실험들 사이의 고정된 관계, 즉 끊임없이 변화하는 이론들의 흐름 속에서 살아남는 관계였다. 이론들 사이의 이러한 자유 선택이 에콜폴리테크니크의 공정한 임용에도 영향을 주었음을 기억하자. 일부 과학자는 원자론에 찬성했고 다른 일부는 반대했다. 이처럼 엄격한 이론만을 적용하지 않는 것은 푸앵카레가 담당한 과목의 특성이기도 했다. 예컨대 1888년, 1890년, 1899년에 전기와 광학을 강의할 때, 그는 주요 이론들을 한 차례씩 예찬한 후, 그 덕목과 약점을 학생들에게 알려주고 평가하게 했다. 규약주의의 리좀적인 '뿌리'가 여기에도 있다.*

마지막으로, 푸앵카레가 그의 매제인 에밀 부트루와 철학적인 교류를 하면서, 철학적인 영역 내에서 규약주의를 발견했을지도 모른다. 넓게 보아 철학자나 철학적 마인드를 가진 학자들은 일찍이 푸앵카레에게 수리과학에 대해 보다 성찰적인 견해를 가질 수 있도록 해주었다. 단순한 경험론은 과학적 지식의 일반성이나 범위를 제대로 설명해주지 못하는 것으로 여겨 기피했다. 실재를 정신적 삶으로 환원하는 순수 관념론은 이념과 세계의 일치를 설명하지 못했다. 독일에서 한창 진행 중이던 칸트의 부활에 강하게 기대어, 부트루와 그의 동료들은 극단적인 관념론과 극단적인 경험론을 둘 다 거부했다. 이 철학자들은 과학과 인문학이 서로 강하게 얽혀 있다고 여겼기 때문에, 관념론과 경험론 모두가 정신의 능동적인 역할에 의해 구조화되어 있다고 보았으며, 순수한 형이상학에 대한 의혹을 갖고 있었다. 푸앵카레는 물리학의 철학적 기초에 대한 오귀스트 칼리농의 연구를 접한 뒤 동시성의 문제에 대해 이러한 철학적 중립 노선을 걸었다.

기하학, 위상수학, 교육학, 철학, 이 네 분야들에서 푸앵카레의 세계를 분석해보면, 과학적 '자유 선택'이 그에게 어떤 의미였는지에 대해 알 수 있다. 1890년 즈음, 흥미롭게도 푸앵카레는 '자유 선택'이라는 새로운 이름을 부르기 시작했고, (그가 1887년에 그랬듯이) 기하학적

---

* 프랑스의 철학자 질 들뢰즈와 펠릭스 가타리는 위계적이고 이분법적인 지식이나 관점에 대비되는 개념으로 리좀rhyzome 또는 리좀적인rhyzomatic이라는 개념을 제안했다. 리좀적인 지식은 위계적이지 않고 다양성을 허용하며 여러 해석들에 열려 있다.

공리는 실험적인 사실도 아니고 (일부 칸트주의자가 주장하듯) 인간의 지성에 미리 새겨진 것도 아니라고 주장했다. 1891년 출판된 간결하고 일관된 문장에서, 그는 기하학적 공리에 대한 자신의 견해를 새로이 공식화하여 정리했다. "그것들은 규약이다."

> 유클리드의 기하학은 참인가? 이는 의미가 없다. 마찬가지로
> 우리는 미터법이 참이냐고, 이전의 도량형이 거짓이냐고, 또한
> 직각좌표가 참이고 극좌표가 거짓이냐고 물어볼 수 있다. 어떤
> 기하학이 다른 기하학보다 더 참인 것은 아니다. 다만 조금 더
> 규약적일 뿐이다. 지금은 유클리드의 기하학이 가장 편리하며,
> 앞으로도 가장 편리한 것으로 남을 것이다.[38]

여기에서 기하학 공리의 지위는 자유롭게 선택될 수 있는 언어의 용어들와 명시적으로 비유되었으며, 또한 (이 인용문에서는) 수학자나 물리학자가 어느 한 좌표계를 선택할 때 항상 갖게 되는 자유에도 비유되었다. 여기에서 새로운 요소는, 푸앵카레가 유클리드 공리냐 비유클리드 공리냐를 단지 이 둘 사이의 선택으로 본 것이 아니라 미터와 킬로그램이라는 자의적 체계나 피트와 파운드라는 자의적 체계 사이의 선택으로 묘사했다는 점이다.

'규약'을 사용한 푸앵카레의 견해를 평가하기 위해, 우리는 그가 말한 도량형이 규약 전체 세계의 흔적을 담아내고 있음을 인식해야 한다. 동시에 이 책 뒤에서 살펴보겠지만, 미터와 초에 대한 푸앵카레의 관심이 외부의 '영향'을 받은 것이라고만은 볼 수는 없다. 그 영향은 마치 보이지 않는 자석이 흩어진 철가루를 한데 모으듯이 그의 과학과 철학 연구를 결정지었다. '뿌리'와 '영향'은 세계적인 규약을 실제로 확

립하려 애썼던 푸앵카레의 평생의 노력을 설명하기에는 너무나 약하고 피상적인 용어이다.

십진법으로 관습화된 시간과 공간의 세계는 푸앵카레에게는 결코 추상적인 것이 아니었다. 그는 파리 시민들이 세계를 연결하는 전신망과 회의와 국제 조약을 누릴 수 있도록 기여했고, 그 자신도 그로 인해 활약했다. 그럼에도 불구하고 그는 멀리 천문학적인 안정성에 도달하는 것만큼이나 깊은 광산 속으로 쉽게 들어가는 더할 나위 없이 완벽한 에콜폴리테크니크 출신이었다. 그러나 시계와 측량자와 전신의 메커니즘을 잘 보기 위해서, 그리고 무엇보다도 19세기 말 동시성에 대한 규약적인 이해가 어떻게 생겨났는지 파악하기 위해서, 조금 더 넓은 시각으로 한 걸음 물러서서 볼 필요가 있다. 철학과 수학과 물리학의 구체적인 사항들, 그리고 조금 더 큰 시각으로는 푸앵카레가 참여했던 시간과 공간의 사회적이고 기술적인 관습, 이 둘 사이를 오가고 들락날락하면서 살펴볼 필요가 있다.

마스터 시계의 추가 정확히 흔들리는 것으로 들어가, 대양을 가로지르는 해저 전신케이블로 나온다. 열차 기록원, 보석상, 천문학자들의 일상을 따라 들어갔다가, 나라와 세계를 관장하는 시간대를 법적으로 재조정하는 것으로 나온다. 이러한 정밀한 탐구 과정을 통해, 기술적이고 과학적이고 철학적인 활동에 활용되는 여러 가지 척도들은 역사적인 빛 앞에서 필연적으로 모습을 드러낸다. 1870년과 1910년 사이에, 공간과 시간의 규약은 임계점의 유백색으로 반짝였다.

3장

전기적
세계지도

공간과 시간의 표준

1875년 5월 20일 오후 2시, 프랑스 파리의 외무부 건물Hôtel des Af-faires étrangères. 훈장을 받은 17명의 전권대사가 대표로 조약에 서명하자, 그들의 빛나는 직함이 문서 위를 메웠다. '독일 제국 황제', '오스트리아-헝가리 제국 황제', '미합중국 대통령', '프랑스 공화국 대통령', '러시아 제국 황제' 등이 이제 막 미터법 규약Convention of the Meter에 경건히 서명하는 순간이다. 수년간에 걸친 협상이 끝나고, 이제 규약에 서명한 국가들은 무게와 길이에 관한 국제기구가 설립되었음을 알렸다. 이제까지 나라마다 각기 달리 사용하던 수많은 측정법을 대신하여, 공식적으로 인정받은 새로운 미터와 킬로그램 원형이 사용될 것이고 이에 표준 단위와 다른 단위 사이의 관계가 설정될 것이며 지도에 사용되는 기준의 결과와도 비교될 것이다.

바로 이 규약에서 외교와 과학이 만났다. 1869년에 프랑스 외무부 장관인 루이 드카즈Louis Decazes 공작이 이 문제에 관한 외교 회의를 개최한다는 초청장을 각국에 보냈을 때, 정치인은 물론이고, 독일의 도량형국 국장이자 베를린 천문대의 소장이기도 한 독일의 천문학자 빌헬름 푀르스터Wilhelm Förster와 같은 주요 과학자도 초청 대상에 포함시켰다. 1875년 3월 무렵에는 위원회의 힘이 커져서 위원장 드카즈는 참석한 사람들이 '상대적인 경쟁력'만을 갖고 있는 과학 분야 영역을 슬며시 제외시키고, 대신 그들이 '절대적인 경쟁력'을 갖고 있는 '정치적이고 규약적인 질서ordre conventionnel에 대한 문제'에 초점을 맞추기로 했다. 여기에서 내리게 될 그들의 결론은 국제법을 구속하는 기반이 될 것이었다. 과학과 법률적 기술이 함께 관여한 규약은 예컨대 1865년에 전보와 관련된 사항에서 이미 체결된 바 있다. 사실, 이미 수십 가지의 규약들이 무역과 우편과 식민 지배를 둘러싸고 벌어지는 여러 나라 사이의 충돌을 완화하고자 했었다. 이제 과학자와 기업가와 정치인 등을 포함한 각국 대표들은 전보 협정의 경우보다 훨씬 우호적인 분위기에서 미터법의 핵심적인 영역에 대한 '국제 규약'을 만들어냈다. 이 법적인 문서는 빈틈없이 정밀한 물리학 실험실에서부터 연기와 증기를 내뿜는 공장에 이르기까지 모든 곳에 적용될 것이다.[1]

드카즈가 외교를 대표하는 목소리였다면, 유기화학자이면서 1868년부터 줄곧 프랑스 과학 학술원 대표를 맡아온 장 바티스트 앙드레 뒤마Jean Baptiste André Dumas*는 프랑스의 과학에 대한 열정을 대변했다. 미터법에 관한 특별 (과학) 위원회의 수장으로서, 뒤마는 동료들 앞에 나가 추천사를 하기로 되어 있었다. 내용을 요약하기도 하고 로비하기도 하면서, 뒤마는 동료 대표들 앞에 서서 국제적인 표준을 수립하고 유지하고 알리는 권한을 가진 상설기구를 파리에 설치해야 한다고 역설했다. 무엇보다도 뒤마는 산업계와 과학계와 프랑스와 세계를 향해 국제 표준 미터법의 정당성을 알리고자 했다. 그도 마찬가지였지만, 1851년 런던의 국제 박람회에 발을 들여놓은 사람이라면 누구나 각 나라별 체계 사이에 존재하는 '혼돈'을 인식하고 있었다. 각 나라마다 무게와 길이 단위 체계가 서로 달라, 지루한 계산을 거치지 않고서는 각 체계 사이의 비교 자체가 불가능했다. 그 이후 계속 이어진 박람회를 통해서 미터법의 영역은 꾸준히 확대되고 있었다. 누구나 서로 일치하지 않는 측정법을 내팽개치고 싶어 했고, 사람들 사이의 지적인 장벽을 헐어내기를 간절히 원했다. 뒤마와 많은 원로급 프랑스 과학자들은

---

* 프랑스의 화학자인 앙드레 뒤마(1800~1884)는 증기의 밀도를 측정하여 원자의 무게를 알아내는 방법을 제시했다.

모든 '깨어 있는 사람들'에게 국제적 표준을 요구하는 목소리를 들려주어야 했다. 과학자들은 물리학과 화학 실험실에서 미터법을 채택하고 가르쳤다. 공장, 건설, 전신, 철도도 미터법을 받아들였다. 뒤마는 이제 공무원들도 이 합리적인 미터법을 지지해야 한다고 주장했다.

뒤마는 십진법이 중요함을 강조했다. 실용과학과 순수과학 두 분야 모두에 있어 미터법이 채택한 십진법의 특성은 중요한 문제이다. 1피트는 12인치이고 1야드는 3피트이다. 배관공이나 물리학자가 이러한 뒤죽박죽 한 방식을 환영할 리 없다. 프랑스혁명의 자존심이기도 했던 "미터법의 측지학적 기원은" 이제 "상업이나 산업 그리고 심지어 과학 분야에서조차 아무런 관심을 끌지 못하고 있다". 1799년에 채택된 이래, 1미터는 지구 원주의 정확히 4,000만 분의 1을 나타낸다. 뒤마는 청중들에게 미터법을 지지하는 근대인들이 그렇게 주장한 것은 아니라고 천명했다. 미터법 지지자들은 국제적인 표준으로 통용될 만큼 정확한 측정 방식으로 지구의 크기를 잴 수 없다는 사실을 너무나 잘 알고 있었다는 것이다. 뒤마가 미터법을 채택해야 한다고 주장했던 이유는 길이를 10등분하는 것이 사리에 맞아서였다. 바로 이것이야말로 순수과학자가 원했던 것이고 실무를 담당하는 장인들이 요청했던 것이었다. 이 새로운 합리적 체계를 퍼뜨리기 위해서는 중심이 필요했다. 그 중심은 '중립적이고, 십진법을 따르며, 국제적'이어야 했다. 즉, 파리의 언어로 말하면, '말할 나위 없이 증명 가능한ça va sans dire' 것이어야 했다.[2]

뒤마는 미터법 표준이 국제화가 된 것은 바로 혁명 시기의 프랑스가 국제화를 염두에 두고 고안한 것이기 때문이라는 점을 청중들에게 강조했다. 오랜 옛날, 고대 히브리 사람들은 측정에 필요한 원형을 사원에 새겨두었다. 로마인들도 그들의 측정 표준을 신전에 새겨두었고,

기독교인들은 자신들의 표준을 교회 깊숙이 감추어두었다(이 덕분에 샤를마뉴 표준은 그 원래의 순수성을 유지할 수 있었다). 프랑스에서 이러한 임무를 수행했던 기록보관소 역시, 혁명 시기 이후 80년 동안 표준 미터법을 보존하고 있었다. 그러나 이제는 바로 그 거룩한 임무의 당사자가 직접 나서서 미터를 진정한 국제 표준으로 만들기로 결심했다. 아직까지는 미터가 세계적인 측정의 원형이 될 만큼 충분히 강력하거나 불변상수의 역할을 하지는 못해왔다고 판단했던 것이다.

미터 규약에 대한 서명으로 인해 미터의 확산 과정은 끝나지 않고 다시 시작되었다. 관료들과 과학자들은 자국 정부가 미터법을 실용화하도록 로비를 행사하고 위협하고 협상했다. 유럽과 미국에서 실시되었던 대규모의 실험 몇 개가 이 과정에 기여했다. 아르망 피조Armand Fizeau*는 물에 의한 에테르의 '끌림' 현상을 측정했고, 미국의 앨버트 마이컬슨Albert Michelson**은 가시광선의 작은 파장 내의 길이를 측정할 수 있는 간섭계라는 장치를 발명했다. 프랑스의 엔지니어들과 영국의 야금학자들은 강하고 내구력이 좋은 이리듐과 백금의 합금을 만들기 위해 14년 동안이나 망치질과 제련을 거듭했다.

영국의 한 회사가 단단하고 깨끗한 합금 막대기를 제련하여 구부러지지 않는 'X자' 단면의 미터원기를 만들어내는 동안, 프랑스 공학자들은 거대한 '보편 비교측정기'(그림 3.1 참조)를 제작하는 일에 집중하고 있었다. 그 보편 비교측정기는 엄격한 과정을 거쳐 1만 분의 2밀리미터의 오차 이내로 표준 길이를 다른 막대기에 똑같이 재생산하도록 해

---

* 프랑스의 물리학자인 아르망 피조는 팔면경으로 빛의 속도를 정확히 측정하여 물속에서의 빛의 속도와 공기 중에서의 빛의 속도가 다름을 밝혔다.
** 미국의 물리학자인 앨버트 마이컬슨은 특유의 간섭계를 개발하여 빛의 속도를 측정한 마이컬슨, 몰리 실험의 공로로 노벨 물리학상을 수상했다.

그림 3.1 보편 비교측정기 이 기계는 미터원기 M의 백금-이리듐 복제본의 정확한 길이를 재는 데 이용되었다. 특히 프랑스에서 길이 단위 표준화의 국제적 성공은, 시간이 십진화되고 표준 화되기를 바라는 엔지니어, 물리학자, 정치가, 철학자에게 좋은 모델이 되었다.

줄 수 있는 장치였다. 이는 온갖 공이 들어가고 신경을 바싹 쓰게 만드는 고된 작업이었다. 영국의 금속 노동자들이 정밀하게 작업한 막대를 프랑스에 건네주면, 프랑스 공예원Conservatoire national des arts et métiers의 실험 담당자는 표준 미터와 아무것도 표시되지 않은 빈 막대를 그 비교측정 기의 양쪽 손에 놓아둘 것이었다. 담당자는 현미경(M)으로 꼼꼼히 들여다보며 표준 막대에서 1미터 표시를 찾아낸다. 그런 후에 지레를 작동시켜, 다이아몬드 칼날로 빈 막대의 정확히 1미터 되는 지점에 미세한 선을 새긴다. 1미터를 다시 세분하여 새기는 것 역시 어렵기는 마찬가지이다. 예컨대 10센티미터의 간격으로 두 개의 현미경을 설치한다고 하자. 실험 담당자들이 그 길이를 표시한다. 막대를 조금 끌어내리고 나서 다시 10센티미터를 새겨 넣는 일을 반복한다. 세계 여러 나라의 특사들이 각자의 나라로 가지고 돌아갈 30개의 표준 막대를 준비하기 위해서, 실험 담당자들은 이러한 조작 과정을 1만 3,000번이나 반복해야 했다. 다이아몬드 날 끝이 아주 약간만 비껴가도 빈 막대를 다듬는 첫 과정부터 모두 다시 시작해야만 하는 것이다.[3]

결국 푸앵카레가 과학 학술원 회원으로 선출된 지 2년 후인 1889년 9월 28일 토요일, 18개 규약 당사국들은 미터를 최종 인가하기 위해 브르퇴유에 모였다. 의회의장이 만장일치로 투표한 표를 점검하고 나서 선언했다. "이 미터원기는 이 시간 이후 앞으로 계속 얼음이 녹는 온도에서 길이의 미터 단위를 대표할 것이며, 이 킬로그램원기는 지금 이후부터 질량의 단위로 인정될 것이다." 모든 표준들이 회의장에 전시되었다. 미터는 보호 튜브로 덮였고, 킬로그램은 세 겹으로 된 유리종 모양의 병에 고이 모셔졌다. 계획에 따라 각 나라의 대표들은 단지에 담긴 표를 뽑는 의식을 치른 후, 거기서 뽑은 번호에 따라 각국에 해당하는 미터원기가 결정되고 이를 받은 대표는 영수증에 서명을 했다.

불현듯 이렇게 조심스레 짜인 각본에 따라 진행되던 과정이 급작스럽게 중지되었다. 가장 중요한 일, 즉 지하 안전 저장고에 미터를 저장하는 일은 저장고를 열 수 있는 열쇠 세 개가 있어야 가능했다. 이 열쇠 중 하나는 프랑스의 기록보관소 소장에게 있었지만, 그는 당시 자리에 없었다. 의장은 프랑스의 상무부 장관에게 작동방법을 물어보자고 제안했으나, 각국의 대표들은 격렬히 반대했다. 스위스의 천문학자인 아돌페 히르쉬Adolphe Hirsch*는 이 회의가 국제회의이지 프랑스 회의는 아니라고 역설했다. 이 회의는 일반 프랑스 장관들을 위한 것이 아

---

* 히르쉬는 천문 관측자들의 생리학적 시간을 측정하기 위한 정밀시계를 고안했다.

니었다. 당연한 일이었다. 히르쉬와 그의 동료들은 외무부 장관을 통해서만 프랑스와 협상할 뿐이었다. 잃어버린 열쇠를 찾아내는 일은 명백하게 외교 관련 사항이었다.

그날 오후, 정확히 말해서 1시 30분에, 국제 원형의 보관 책임을 담당한 위원들이 브르퇴유 연구소 지하방에 한데 모였다. 거기에 모인 각 대표들은 그 순간 이후부터 내부가 벨벳으로 처리된 상자 안에 국제 원형인 M을 봉하고 다시 단단한 놋쇠 원통 안에 넣은 뒤 단단히 잠근 채 지하저장고에 보관할 것임을 공증했다. 당시 그 표준인 M을 운반한 사람은 이를 땅에 묻을 때 함께해줄 두 개의 '증거물'(대표들이 아니라 미터원기)을 준비했다. 이 철로 된 참관자들은 만일 M에게 어떤 일이 생길 경우, 자신의 몸체를 사용하여 영원히 증언해줄 것이다. 이 매장 의식에서, 협상 대표들은 킬로그램 K에 대해서도 합의를 보았고 그 지위를 격상시켜 질량에 관한 국제 표준이라는 새로운 이름을 붙여주었다. 이 K 역시 증거물들과 함께 강철 지하저장고 속에 넣어진 채 땅속에서 영원한 안식처를 찾았다. 모든 대표들이 입회한 가운데 국제 도량형국 대표가 두 개의 열쇠를 이용하여 상자를 잠갔고, 세 번째 열쇠를 사용하여 지하 방문을 잠갔으며, 네 번째와 다섯 번째 열쇠를 사용하여 외부 문을 단단히 채웠다. 이 엄숙한 행사의 마무리로, 의회의장이 세 개의 문 열쇠들을 별도의 봉인된 봉투에 넣은 후, 하나는 국제 도량형국 대표에게, 또 하나는 국립 기록보관소의 총책임자에게, 그리고 마지막 하나는 국제 위원회의 의장에게 각각 전달했다. 그 순간부터 이 거룩한 곳으로 들어가기 위해서는 세 개의 지하실 문 열쇠가 모두 필요하게 되었다.[4]

이는 주목할 만한 순간이었다. 역사상 가장 정교하게 만들어지고 측정된 대상이자, 인간이 만든 것 중에서 가장 개별의 특성이 구체적으로 서술된 M은 그렇게 땅에 묻히는 순간 가장 세계적인 것이 되었다. 이것은 명백하게 프랑스적이면서도 프랑스에 존재하지는 않는, 종교적인 향취를 풍기면서도 기묘하게 합리적인, 절대적으로 물질적이지만 동시에 완벽하게 추상적인 물체였다. 특정한 곳에 묻히면서 보편성으로 떠오른 K와 M은 '가족, 국가, 교회'가 '가족, 국가, 과학'이 되던 시절인 프랑스 제3공화국의 완벽한 표상이었다. 이 미터의 상징적 반향이 미치지 않은 사람은 한 명도 없었다. 프랑스 공화국은 이미 1876년에 이 표준과 표준을 만들어낸 과학자, 그리고 혁명력 3년 제르미날*에 선정된 최초 미터의 영광을 기리기 위해 여러 도상들이 가득 새겨진 메달을 만들어 새로운 미터법을 기념하기도 했다.[5] 1889년에 인가 과정을 알리던 프랑스 신문들은, '1870년의 재앙' 이후 심지어 그 이전에 프랑스의 정확성을 비난했었던 외국의 과학자들조차 지금은 매우 빠르게 그 승리를 인정하고 있다며 '애국심'에 가득 차 보도했다.[6]

미터법 규약의 잉크가 채 마르기도 전에, 대표들은 M의 모델을 근거로 새로운 표준을 만들 계획을 세우고 있었다. 과학기술 규약은 단순히 그에 앞장선 나라나 또는 그러한 나라들로 상징 자본을 모아올 뿐 아니라 무역 수출의 실제 이익을 생산해내고 국가 분쟁 지역을 평화롭게 만들어주기도 했다. 규약들은 국제 박람회에서 산업 생산품들이 갑작스레 등장했을 때, 뒤마가 언급했던 상업적 '혼돈'을 해결해주기도 했다. 규약은 또한 철로의 교차나 기차 시간표를 중재하기도 했기에, 기차가 서로 충돌했을 때 규약을 적용하지 않았다는 비난이 쏟아지기도 했다. 19세기 초반 내내, 통신과 생산과 교환의 지역적 (심지어 국가적) 체계는 상대적으로 서로 별개의 것처럼 성장해나갔다. 19세

---

* 프랑스 혁명력 3년 제르미날을 서기로 환산하면 1795년 3월에서 4월 사이에 해당한다.

그림 3.2 미터의 매장 1889년 파리 근교 브르퇴유에서 열린 '인가' 행사에서 가장 공들여 만든 미터원기 M과 킬로그램원기 K를 매장함으로써 이 원기들은 대외적으로도 보편적인 척도로 작용할 수 있게 되었다. M은 삼중으로 차폐된 지하저장고의 위쪽 선반에 있는 보호용 금속 상자 안에 담겨 있고, K는 양쪽에 3개씩 들어서 있는 6개의 '증거물'의 한가운데에 놓여 있다.

기 후반 30여 년 동안, 이러한 체계들은 식민지와 시장과 교역의 수많은 경계에서 서로 충돌했다. 규약은 이러한 마찰을 잘 무마시키기 위해 설계되었다. 규약들은 전신과 전기, 철도 네트워크가 교차하면서 누더기가 된 곳을 서로 이어주는 역할을 했다.

각국 정부는 탐험가들이 제국주의 지배 지역의 노선을 설계하면서 만든 여러 지도들의 엄청난 불일치를 조율하기 위해 규약을 활용했다. 정부들은 발전기와 전동기차와 증기기관의 활용을 장려하기 위해 규약을 도입했다. 이러한 분쟁들을 규제하기 위해서는 강력한 조정 도구가 필요했고, 전쟁 규약, 평화 규약, 전기력 규약, 온도와 길이와 무게의 규약 등 이러한 조정 도구의 수는 점차 늘어만 갔다. 그리고 뒤에서 이야기하겠지만 시간 규약도 있었다.

푸앵카레가 과학 학술원에 선출된 1887년 1월로부터 1년이 지난 후 이러한 새로운 표준들에 대한 논쟁은 정점에 달했다. 과학 학술원의 회원들은 금속 막대를 야금하는 구체적인 방법에 대해 관심을 가졌고, 미터에 매혹되어 또 다른 규약들을 추진하기도 했다. 프랑스의 어느 유명한 천문학자가, 미터가 화폐의 십진법의 모델로서 기여하고 있다는 내용의 논문을 학술원에 제출한 것도 그러한 사례 중의 하나이다. 미터법을 인가하고 바로 얼마 후, 누군가가 이전의 기록보관소 표준에 비해 새로운 표준 막대가 갖는 신빙성이 무엇인지 의문을 제기하는 글을 썼을 때, 베를린의 천문학자인 푀르스터는 다음과 같은 법을 확립했다. "국제 도량형국은 불확실하게 계속되는 수정으로 인해 미터법의 기반이 흔들리는 일은 용납할 수 없다고 판단했고, 이제 그 기반은 국제 원형에 따라 물질적으로 정의됨을 밝힌다." M은 이제 단일한 규율이 되었다.

규약convention의 개념은 매 순간 (부분적으로는 원칙에 따라, 그리고 부분적으로는 영국 제국주의의 힘에 맞설 대안으로) 프랑스의 주도 아래 확장되었으며, 한 단어로 세 가지 의미를 갖게 되었다. 우선 공회로서의 규약은 공간과 시간에 십진법을 도입한 프랑스 혁명력 2년의 혁명적인 국민공회를 나타냈다. 또한 국제적인 협정을 가리키는 조약으로서의 규약은 19세기 후반에 다른 어떤 나라보다도 먼저 프랑스가 밀어붙인 바로 그 외교 방식을 뜻하기도 했다. 그리고 더 일반적으로 약속으로서의 규약은 폭넓은 동의에 따라 정해진 양이나 관계를 의미한다. 규약convention은 공회Convention의 전통 속에서 조약convention에 의해 정해진다. 장갑 낀 손으로 윤이 나는 미터원기 M을 파리의 지하저장고에 내려놓

앉을 때, 프랑스는 말 그대로 도량형에 관한 국제적 체계의 열쇠를 갖게 되었다. 외교와 과학, 국가주의와 국제주의, 특수주의와 보편주의가 한곳에 융합되어 지하저장고 안에 세속적인 신성함으로 남았다.

프랑스는 브르퇴유의 지하방에 공간과 질량을 단단히 보호하여 묶어둘 수 있었지만, 시간은 이에 비해 훨씬 더 손에 넣기 어려웠다. 1880년대 초에 어떤 프랑스 비평가는 시계야말로 엄청나게 반항적인 고집불통이라고 탄식하면서, 시계 각각의 '특성'은 이를 규제하려는 그 어떠한 시도에도 들어맞지 않으며, 오직 온도를 기준 삼아 조정해나간다고 말했다. 프랑스 천문학자나 물리학자들이 시계 조정을 시도해보지 않은 것은 아니었다. 유럽 전역에 걸쳐, 여러 마을과 도시와 지역과 나라들이 시계를 표준화하고 통일하려는 노력을 해왔었다. 1870년 후

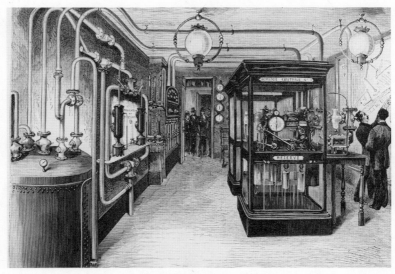

그림 3.3 공기압 시간 통일: 제어실(1880년경) 파리 텔레그라프 거리에 있는 제어실로부터 도시 밑으로 공기를 보내는 수송관들이 거대도시의 각 구역마다 있는 시계들을 동기화하는 데 이용되었다.

그림 3.4 공기압 시간 통일: 전시실(1880년경) 고객들(사업 또는 개인)은 이곳에서 파리의 공기 관들을 통해 받은 공기덩어리를 이용하여 조심스럽게 시간을 맞추고 기록할 수 있는 시계를 살 수 있었다.

반 동안 파리와 빈에서는, 산업 증기 공장들에 압축공기가 가득 찬 지하 파이프를 설치한 후 그 공기압력을 이용하여 도시 주위의 시계를 맞추었다. 손님들은 엄밀함을 자랑하는 빅토리아의 시계들 중에 마음에 드는 것을 선택하려고 그 공기압 상점을 둘러보았다.

처음에는 파리의 거리 아래를 지나는 데 필요한 압력 진동만큼의 시간 때문에 15초 정도의 시간이 늦어지는 것은 별문제가 아닌 듯했다. 그러나 1881년 즈음에는 시간에 대한 엄밀성이 크게 높아져서, 심지어 이런 사소한 지연(파이프가 연결된 서로 다른 지점의 시계들이 맞지 않는다거나 천문대의 시계와 일치하지 않는 것과 같은 일)도 눈에 뜨일 정도가 되었다. 천문학자들이 이 문제를 파악했고, 다리와 길을 만드는 엔지니어들도 마찬가지였다. 곧 이어 일반 대중들도 문제를 알아챘다. 처음엔 엔지니어들이 이러한 시간의 불일치를 대수롭지 않게 여기려 했다. "이론적으로 명백해 보이는 이러한 작은 오차도 실제로는 그다지 중요하지 않다. 왜냐하면 우리가 사용하는 시계는 분만을 표시할 뿐이고 분을 가리키는 시곗바늘이 한 칸을 지나갈 때 그보다 작은 시간 단위는 대강이라도 표시하지 않기 때문이다." 시계를 지키는 사람들은 진동이 네트워크의 가장 끝까지 도달하는 데 걸리는 15초의 시간을 천문대의 시계에 반영하느라 바빴다. 그들은 중심부로부터의 거리가 가까운 공기압시계에 더 무거운 추를 올려두는 방식으로 정확성을 기했다. 이러한 방식으로 시계 상점 고객들에게 '사실상 모든 불일치가 교정되었음'을 재확인해주었다.[8]

앞의 짧은 이야기에서 시간 좌표화에 관한 두 가지 놀라운 특징을 볼 수 있다. 첫째, 시간을 점차 예리하게 의식하게 되었다. 19세기 이전에는 심지어 시계에 분침이 없는 것이 보통이었다.[9] 그러나 이제 15초의 오차도 엔지니어들로 하여금 공공장소의 시계를 맞추도록 몰아대는 것이다. 둘째, 전송 시간, 심지어 음속으로 이동하는 압력 파동의 문제 해결에 전문가와 대중의 손길이 필요하게 되었다. 그런데 19세기 후반에 일반 대중들이 이렇게 초 단위까지의 조정을 원하게 된 반면, 천문학자들은 이미 벌써부터 더욱 정교한 방식을 원해왔다. 파리 천문대 소장이자 해왕성의 공동발견자인 위르뱅 르베리에Urbain Le Verrier는 오래전부터 전기적으로 시간을 통일하고자 했다. 공기압력의 방법으로 시계를 동기화하는 것은 19세기 천문학의 수준으로 볼 때 이상하리만치 정교하지 않은 방법이었다. 의심의 여지없이 도량형 체계를 통일하는 데 천문대가 담당한 역할에 자극을 받은 르베리에는 1875년에 전기를 이용하여 파리의 시간을 표준화하고 통일하자는 제안을 했다. 천문학자들은 이미 천문대 안의 여러 방들에 있는 시계들을 그런 방식으로 통일해왔다는 것이다. 천문대의 천문학자들은 물론 물리학자인 코르뉘와 피조도 모두 이러한 생각을 지지했다. 이는 완벽하게 에콜폴리테크니크적인 프로젝트였다. 르베리에는 조금의 지체도 없이 세느부^{De-}partment of Seine*를 압박하여 지원을 얻어내려 했다. 르베리에와 그의 동료 천문학자들은 천문대 내부의 질서가 시 전체로 확산되는 것이 그들의 목표라고 주장했다. "나는 파리시가 공공장소의 시계를 동기화하는데 앞장섬으로써, 이제까지 습관적으로 만족해왔던 것에서 벗어나 훨씬 더 정교한 시계를 가질 수 있도록 해줄 것을 제안한다. … 만일 파리시가 이에 동의한다면 … 프랑스 장인들이 이름을 떨쳐왔던 시계 제작의 예술이 새롭고 풍부하게 활성화될 것이다."[10]

파리시는 이에 동의했고, 시계를 담당할 저명한 위원회를 즉각 구성했다. 귀스타브 트레스카Gustave Tresca는 시간 표준화 운동에 참여하기로 했다. 브르퇴유 지하실을 우아하게 장식한 표준 미터 막대와 무게의 제작을 감독했던 사람이 바로 그였다. 에드몽 베크렐Edmond Becquerel 역시 프랑스의 핵심 물리학자 자격으로 참여했다(그는 방사성으로 유명한 앙리 베크렐의 아버지이다). 저명한 건축학자 외젠 비올레르뒤크Eugène Viollet-le-Duc도 위원회에 참여했는데, 복원 분야에 있어 의심할 바 없는 그의 명성 덕분이었다(대성당의 시계를 좌표화하는 것은 대규모의 건축학적이고 구조적인 문제였다). 파리 천문대의 천문학자인 샤를 울프Charles Wolf가 위원회 최고책임자였는데, 천문대의 전기적 시간 좌표화 시스템의 상당 부분이 그의 발명이었다. 이 천문학자들과 그에 협력하는 사람들이 시계 만들기 경쟁을 시작했고, 곧 실험적인 시스템 안을 만들었다.

---

* 세느부는 파리시와 인근 교외를 관할하는 부서로, 1790년 창설되어 몇 번의 명칭 변경을 거친 후 1929년 공식적으로 폐지되었다.

1879년 1월에 위원회가 파리시에 경과보고를 할 무렵, 르베리에가 사망했다. 그러나 그의 계획은 살아남았다. 10여 개 이상의 동기화된 시계들이 파리의 곳곳을 장식했고, 천문대의 모시계까지 전신케이블로 연결되었다. 천문대에 세웠던 것과 똑같이 정확한 좌표화 모델을 바탕으로 설치된 2차 시계들은 24시간마다 15초씩 빨리 가도록 장치가 조정되었다. 천문대의 주 진동이 각 공공 시계의 전자석을 작동시키면, 그 자석이 진자의 속도를 느리게 만들어서 먼 곳의 시계가 모시계와 동기화된다. 이러한 각각의 2차 시계가 전기적으로 시간을 표시하면, 시청 홀과 주요 광장과 교회들에 있는 공공 시계들은 여기에 맞추어 시간을 조정했다. 위원회는 보고서를 통해 이제 대중들은 거의 분 단위까지 정확한 40여 개의 공공 시계를 갖게 되었다고 선언했는데, 실제로 시계가 동작반복 신호를 받고 난 직후에는 거의 초 단위까지 정확하기도 했다. 그러나 여전히 천문대의 시간이 전선을 타고 전달되지 못하는 공간적이고 법률적인 한계는 존재했다.

우리는 철로에 속한 시계들을 규제 명단에 포함시키지 않았다. 이는 철로 시계들이 서로 일치하고 또 파리시의 시계와도 일치하기를 바라는 대중들의 지대한 관심을 몰랐기 때문은 아니다. 오히려 … 위원회가 볼 때, 시 당국이 그렇게 복잡한 일에 관여하는 것은 … 경솔한 일이라는 판단에서였다. 철로 시계를 일치시키는 일에는 많은 이해관계가 얽혀 있고, 만약의 사고가 발생할 경우 시계를 규제하는 것에 대한 책임이 불행한 방향으로 불똥을 튀길 수도 있기 때문이다. 그러나 철로회사가 시내의 모든 시계들이 동시에 일관된 시간을 표시하고 있다는 사실을 가까이에서 보게 된다면, 그 회사들은 자발적으로 천문대의 시간과

철로의 시간을 일치시키기 위해 노력할 것이다. 그날이 오면,
파리의 시간 통일은 프랑스 전국의 시간 통일이 될 것이다.[11]

이는 감탄할 만한 통찰력이었다. 천문대는 르베리에의 시스템이 파리 전체를 뒤덮을 때까지 그 영역을 넓혀나갔다. 프랑스 정교함의 핵심에 놓인 시계는 그 수를 점차 늘려나가, 모든 보석세공사와 모든 시민이 지적에 천문학자의 시간을 가질 때까지 확산되었다. 이를 표본으로 하여, 열차로부터 시작해서 마침내 프랑스 전역이 뒤따랐다. 이렇게 마법의 거울과 같은 일련의 상징적 반향을 거듭하며, 르베리에의 천문학적으로 맞추어진 진자는 프랑스 전역의 모든 시계를 맞추게 되었다.

그러나 시계들은 제대로 작동하지 않았다. 하수도가 얼어붙어 여러 곳의 전선들이 금방 잘려나갔다. 결국 시계들은 모시계의 조정을 받지 못한 채 신호가 끊어져버렸다. 순식간에 파리 전역의 공공 시계가 제각각 움직이기 시작했다. 당황과 분노에 휩싸인 위원회는 책임 엔지니어를 공격했고, 이는 특허권 및 공공 시계의 시간을 맞추는 특허의 실패를 둘러싸고 서로 비방에 비방을 거듭하는 공방전으로 이어졌다. 책임 엔지니어는 위원회에게 자신의 최신 발명품을 사용해달라고 호소하면서, 동작반복 신호를 받아야만 정확하게 움직이는 시계를 강하게 비판했다. "매 순간 시계의 문자판을 보는 사람들이 그 시계가 5분의 오차가 아니라 기껏해야 몇 초의 오차 이내로 정확하다는 절대적인 확신을 가질 수 있어야 합니다."[12]

1882년과 1883년에는 프랑스 각 지역의 시계들이 천문대로부터 적절한 전기 신호를 받지 못한다는 보고가 하나둘씩 당국에 밀려들었다. 1883년 봄 즈음에는, 2차 규제를 받는 시계 중에 적절한 신호를 받는 시계는 단 하나도 남지 않게 되었다.[13] 프랑스의 저자들은 자신의 조국

이 도시의 시간 통일을 조절하는 데 실패했다는 사실을 마지못해 인정했다. 설상가상으로 1피트 12인치 단위를 탄생시킨 런던이 시간 표준화를 향해 걸음을 내딛고 있었다.[14]

프랑스의 기성 과학자들은, 영예롭고 합리적인 미터법을 확립한 이후로 시간 동기화가 그들의 손을 떠났다는 사실에 괴로워했다. 1889년에 천문대 소장은 시 관계자에게 이러한 시간의 혼돈을 멈추어야 한다고 읍소했다. "천문대의 자문위원단은 파리에서 시간이 배포되는 방식으로 인해 여러 차례 실망했습니다. 지금까지 얻은 결과는 전혀 만족스럽지 않으며 이에 대한 수많은 항의가 있었기에, 천문대 소장은 사실상 '천문대 시간'이라는 언급을 삭제해줄 것을 요청합니다."[15] 1900년 국제 박람회에서 외국인들은 이러한 딱한 상황을 목격했다. 파리시와 천문대가 '파리의 수준에 조금 더 적합한' 시스템을 마련할 수는 없었을까? 이러한 상황에서, 르베리에가 꿈꾸었던 것처럼 철로가 천문대-도시의 시스템을 '자발적으로' 따라 하는 일은 없을 것이 분명했다.

시간, 철도, 전신[*]

프랑스 철도기술자들이 시간 좌표화를 원하지 않았던 것은 아니다. 다른 파리 시민들과 마찬가지로, 그들 역시 1889년의 성스러운 날이 가져다줄 파리의 표준 미터 승리에 대한 기대에 도취되어 있었다. 1888년에 산업지인 《철도비평General Review of Railroads》은 미터 개혁의 위

---

[*] 직접 관련이 없는 세 단어가 나열된 것처럼 보이지만, 영어 원문은 'Times, Trains, and Telegraphs'로 세 개의 T를 배치하여 운을 살렸다. 앞에서 'Coal, Chaos, and Convention'과 같이 세 개의 C를 배치한 것과 마찬가지이다.

대한 성공을 직접 언급하는 것으로 시간에 대한 토론을 시작했다.

> 프랑스의 천재성이 만들어낸 가장 영예로운 산물인 미터법은
> 이미 전 세계의 절반을 정복했고, 그 완벽한 승리를 의심하는
> 사람은 이제 아무도 없다. 미터법을 만들어낸 사람들은 새로운
> 달력 하나를 더해준 셈이지만, 이들이 하루의 시작이나 중간
> 을 결정하는 일에 관심을 가졌던 것은 아니며 … 이 문제는 태
> 양의 움직임에 따라 결정되는 것 같다. 어느 지역의 시간을 다
> 소 자의적으로라도 다른 지역에 적용시킨다는 발상을 뿌리내리
> 기 위해, 그리고 이런 방식으로 표준 시간이나 전국 시간을 만
> 들어내기 위해서는, 철도와 전신을 이용한 빠른 커뮤니케이션
> 이 필요했다. 이는 새로운 혼란을 불러일으켰지만, 결국은 예전
> 에 전국적으로 가지각색의 도량형이 있었을 때의 혼란과 비슷
> 한 종류의 것이다.[16]

다른 여러 나라에서와 마찬가지로, 프랑스의 열차 시스템은 주요
도시인 파리의 시간을 사용했다. 파리로부터 뻗어나간 철로가 조금씩
나라 구석구석으로 확장되어가면서 지역 시간을 대치하기 시작했고,
마침내 1888년 무렵에는 프랑스 전역의 철도 시간이 파리 시간을 따
르게 되었다. 철도 역사와 도착 대합실의 시계 자판은 정확히 파리 평
균 시간을 가리키는 반면, 여행자들에게 시간 차이에 따른 여유를 주
기 위해 플랫폼의 시계는 다른 시계에 비해 3분에서 5분 정도 느리게
되어 있었다. 따라서 브레스트나 니스와 같이 파리 외곽의 기차역에서
기다리는 승객들은 세 가지의 시간, 즉 그 시의 지역 시간, 대합실에서
는 파리 시간, 그리고 선로에서는 출발 시간을 경험하는 셈이었다. (기

차 시간은 브레스트보다 27분 빨랐고 니스보다는 20분 느렸다.)《레뷰Revue》
는 다른 나라의 기차 시간표를 분석하여, 각국의 시간 문제 해결 방안
을 검토했다. 러시아는 1888년 1월에 시간을 통일했고, 스웨덴은 그리
니치보다 1시간 늦은 시간을 채택했다. 독일은 각 주Land마다 다른 시
간을 채택했다.

　"미국 그리고 북미의 영국 소유령에 있는 방대한 철도 네트워크보
다 시간 문제가 더 긴급한 곳은 없다." 1883년 4월에 북미 철도는 모
든 시계를 구역에 따라 동기화하기로 결정하였고, 이에 따라 미국과
캐나다는 그리니치를 기준 시간 0시로 선택한 후 동쪽의 "인터콜로니
얼 시간대Intercolonial Time"에서부터 서쪽의 "태평양 시간대Pacific Time"에 이
르기까지 경도에 따라 거대한 시간대를 형성했다.* 프랑스 철도지는
다음과 같이 결론지었다. "미국을 떠나기 전 하나만 더 언급하자. 미국
의 대중에게 제공되는 도표와 컬러 지도는 인쇄가 분명하고 아름다워
서, 고대 문명이 꽃피었던 유럽의 여러 나라에서 흔히 볼 수 있는 것에
비해 눈에 띄게 우수해 보인다."《레뷰》에 따르면, 1884년 10월 전 세
계의 과학계 대표가 워싱턴 D.C.에 모였을 때, "그 어떤 변화도 쓸모
없고 부적절할 것"임을 확신했던 것은 바로 철도기술자들이었다. 이제
문제는 분명하다. 프랑스가, 그리고 세계가 "일반화된 미국 시스템"을
채택할 수 있을까? 프랑스 철도지《레뷰》가 볼 때, 이는 지리학자와
측지학자와 천문학자들의 손에만 전적으로 맡겨둘 문제가 아니었다.[17]

---

* 북미의 시간대는 1870년 찰스 다우드의 제안에 따라 태평양 시간대, 산악 시간대, 중부
시간대, 동부 시간대의 네 영역으로 구분하기 시작했는데, 1883년에 윌리엄 앨런은 캐나
다 동부 해안 지역을 5번째 시간대로 구분하고 이를 인터콜로니얼 시간대라 부르자고 제
안했다. 이는 과거의 캐나다 내의 영국 식민지들이 있던 곳이기 때문이다. 그러나 캐나다
의 인터콜로니얼 철도회사가 인터콜로니얼 시간대 대신 동부 시간대를 채택함으로써 지금
처럼 4개의 시간대만 남게 되었다.

파리의 냉담한 천문학자를 염두에 두었음에 틀림없는 어조로, 저자는 이렇게 썼다. "철도와 전신이 시간 개혁을 인식할 때에만, 행정과 지역 관료가 그 사례를 따를 것이다. 그리고 북미에서 그랬듯이, 오직 그때가 되어야만 개혁은 완성되고 그 혜택을 실감할 수 있을 것이다."[18]

프랑스의 철도기술자, 전신업자, 천문학자들은 시간 개혁에 있어서 만큼은 영국과 미국을 경외와 불안이 뒤섞인 심정으로 바라보았다. 산업적 시간의 배분에 있어 미국은 독보적이었고, 해저케이블 네트워크에 있어서는 영국이 세계 제일이었다. 1893년 앙리 푸앵카레가 경도국에 참여했을 때, 그는 영국과 미국이 주관하는 상업적이고 과학적인 산업체들과는 전혀 다른 세계로 들어간 셈이었다. 천문대의 시계는 놀랍도록 정확했고 파리 거리의 시계는 끔찍하게 부정확했다. 프랑스인, 특히 에콜폴리테크니크 출신들은 이러한 도시의 실패를 애통해하면서도, 표준화에 대한 원칙적이고 수학적이고 철학적인 접근을 자랑스러워했다. 그들은 계몽주의적인 미터에게 승리의 영광을 건네주었으며, 혼란스러운 시간 주권 속으로 뛰어들어 보편적인 합리성을 획득해나갔다.

대서양 건너편에서는 북미의 시간 개혁이 르베리에의 과학적 진보를 앞서나간다고 뽐낼 수 없었다. 여러 차례의 시도에도 불구하고 미국의 시간 좌표화 이야기를 어느 개인이나 산업이나 과학자의 업적으로 돌리기란 불가능했다. 그 대신 동기화를 향한 운동은 언제나 임계점의 유백광 같았고, 수십여 개의 마을 위원회와 철도감독관, 전신업자, 과학기술학회, 외교관, 과학자, 천문학자들이 각기 다른 방식으로 시계를 좌표화하려 애썼다. 그들이 보여주는 노력의 정도나 좌표계들이 너무나도 혼합되어 있고 들쭉날쭉했고, 천문학자들은 마치 사업가라도 된 양 시간을 판매했으며 철도기술자들은 자연의 보편적 질서를 역설했다.

프랑스의 석학들은 미국 과학에서 가장 뛰어난 분야가 수리물리학이나 수학이나 순수천문학이 아니라 야심 넘치는 해안측량조사청Coast and Geodetic Survey의 연구라는 사실을 발견했다. 지도제작자와 측량기술자로 구성된 팀은 급속히 확장하는 미국의 경계와 강과 산과 천연자원을 그려내느라 분주했다. 다른 지도제작자들과 마찬가지로 미국의 지도제작자들도 시간이라는 문제로 괴로워했다. 시간은 경도와 떼어놓을 수 없는 것이기 때문이었다.

어느 지점의 지역 시간을 찾는 것은 하늘을 관찰하는 문제이고, 태양이 그 정점을 지나는 순간에 따라 시계를 맞추는 문제이다. 아니면 더 정확히 말해서, 어떠한 별이 북쪽의 수평선 위에 수직으로 그어진 상상의 선을 지나는 순간을 결정하는 것을 의미했다. 측량기술자들이 이를테면 워싱턴 D.C.와 같은 일정한 기준 지점의 시간을 알고 있다면, 그저 지역 시간과 워싱턴 시간 사이의 차이만 계산하면 되는 일이었다. 만일 두 곳의 시간이 같다면, 그것은 측량기술자들이 워싱턴 D.C.와 같은 경도선 위 어딘가에 있다는 뜻이다. 측량기술자들이 워싱턴보다 3시간 빠른 곳에 있다면, 서쪽으로 지구 둘레의 8분의 1만큼 떨어진 곳에 있는 셈이다.

따라서 지도제작자들의 문제는 언제나 이러한 원거리 동시성의 문제이다. 워싱턴이나 파리나 그리니치는 지금 과연 정확히 몇 시일까? 그래서 탐험가, 측량기술자, 항해사들은 출발 지점의 시간으로 시계나 크로노미터*를 맞추어둔다. 경도탐색자들은 모두 지역 시간을 이 크로노미터에 맞추어야만 했다. 그러나 흔들흔들 움직이는 배의 선실이나 노새의 등 위에서 꼭 맞는 시간을 집어내 시계를 맞춘다는 것은 결

---

* 바다에서 경도를 측정할 때 쓰이는 정밀시계.

코 쉬운 일이 아니다. 변덕스러운 온도와 습도, 기계적 결함, 안정적이고 정확한 크로노미터의 공급 문제 등이 더해져서 이제까지 겪어본 것 중에 가장 어려운 기계적 문제가 되었다. 18세기의 뛰어난 시계 장인이었던 존 해리슨John Harrison은 정확한 항해용 경도 시계를 고안하는 데 평생을 바쳤다.[19] 해리슨은 뛰어난 재능을 갖고 있으면서도 움직이는 시간을 찾기 위한 노력을 멈추지 않았다. 신뢰성과 이동성을 갖춘 시계를 만들어내려는 노력은 19세기와 20세기를 거치는 내내 계속되었다. 천문학자들도 붙박이별에 대한 달의 움직임을 이용하여 어디에서나 볼 수 있는 거대한 시계로 삼기 위한 정밀한 방법을 찾아내느라 길고 힘든 싸움을 계속했다. 그러나 달의 위치를 수학적으로 결정하는 것은 어려운 일이었고, 들판이나 배 위에서는 달이 어디에 있는지를 측정하는 것 자체가 어려웠다. 마침 달이 별이나 행성 바로 앞을 스쳐 지나가는 드문 상황이 생길 경우만이 예외였다.

미국의 조사연구자들이 가장 측정하고 싶어 했던 것을 하나만 꼽으라면 신세계와 구세계 사이의 경도 차이였다. 그러나 지도제작자들은 전혀 합의에 이를 수 없었다. 여러 차례의 시도가 무위로 돌아갔는데, 그중에 한 번은 1849년 8월에 대서양을 가로지르는 7개의 항로로 각각 12개씩의 정확한 크로노미터를 실은 배가 출발한 것이었다. 시계를 실은 배가 마침내 시간의 차이를 보여주기를, 그래서 대서양 건너편 경도의 시간을 알려주기를 희망했던 것이다. 1851년 영국 리버풀에서 출발한 5척의 배와 미국 매사추세츠주의 케임브리지에서 출발한 2척의 배에 37개의 크로노미터를 안전하게 실었다. 이런 식으로 93개의 크로노미터를 바다 건너로 옮겨간 후에, 천문학자들은 대서양을 사이에 둔 두 대륙 사이의 시간 차이를 20분의 1초 내로 줄일 수 있다고 낙관적인 주장을 펼쳤다.[20]

그러한 허황된 정확성은 곧 공허한 울림으로 드러났다. 똑딱거리는 시계 화물을 보호하기 위해 그 어느 때보다도 더 조심스럽게 시계 보호대를 배에 설치했음에도 불구하고, 미국에서 영국으로 갔을 때의 시간과 영국에서 미국으로 갔을 때의 시간은 믿기 어려울 정도로 달랐다. 해상의 무엇인가가 시계를 엉망으로 만들어버렸다. 천문학자들은 아마도 온도가 문제의 주범일 것이라 의심하면서, 먼 바다의 낮은 온도 때문에 시계장치의 속도가 느려졌을 것이라 추측했다. 즉, 만일 매사추세츠주의 케임브리지에서 오후 1시 정각에 출항한 시계가 느리게 간다면, 이 배가 유럽에 도착했을 때에는 케임브리지의 시간을 실제보다 더 늦은 것으로 나타낼 것이고, 영국에 도착한 시계에만 의지한 영국의 지도제작자들은 매사추세츠주의 케임브리지를 실제의 위치보다 더 서쪽으로 표기하게 될 것이라는 의미이다. 반대로 리버풀에서 출발할 때부터 느리게 가는 시계를 본 미국 사람들은 리버풀의 시간을 실제보다 더 이르다고 생각할 것이기 때문에 신대륙의 지도제작자들은 리버풀을 실제보다 더 서쪽으로, 즉 북미 대륙 해안 쪽으로 더 가까이 당겨 표기할 것이다. 테스트하고 계산하고 보정을 해도 별 도움이 되지 않았다. 더 많은 감독관을 배에 타게 하고 더 나은 온도 보정기와 우수한 시계를 배에 실어보았지만, 더 혼란스러운 데이터만을 토해낼 뿐이었다. 북미와 유럽 사이의 경도 차이에서 가장 핵심이 되는 숫자를 측정하지 못한 지도제작자들은 탄식했다.

수백 년 동안 지도제작자들은 경도를 정확히 알기 위한 신호를 동시에 보낼 수 있게 될 날을 꿈꿔왔다. 전신이 이 문제에 실마리를 제공했다. 전기 흐름은 전선을 통해 너무나 빠른 속도로 신호를 보낼 수 있기 때문에 먼 거리 사이의 송신과 수신은 사실상 거의 동시에 이루어지는 것처럼 보였다. 1848년 여름에 하버드 천문대와 해안측량조사청의 관측 천문학자들은 전신의 이러한 새로운 기능을 실험했다. 한 명이 전신 신호키를 치면 다른 사람이 멀리 반대편 끝에서 신호음을 듣는 방식이었다. 거리를 달리해서 똑같은 실험을 하여 종이 위에 표시했고, 이는 수신자의 인쇄장치에 연속 표기되었다. 어느 저녁 지도제작자 중의 한 명인 시어스 워커Sears Walker가 별이 북쪽을 지나가는 것을 직접 관찰해서 신호를 보낼 수 없으면 어떻게 하느냐고 큰 소리로 외쳤다. 본드Bond가 대답했다. 전신기의 키처럼 작동하는 시계탈진기脫進機를 만들어서 똑딱 소리가 언제 어디서나 전신선을 타고 들리게 하면 어떨까? 그런 후에, 시계에서 멀리 떨어진 곳에 있는 부드럽게 회전하는 원통 위에 시계가 만들어내는 신호를 표시하면 어떨까?[21] 지역 시계가 만들어낸 표시의 위치와 먼 곳의 시계가 만들어낸 표시의 위치를 비교하면, 지역 시간과 먼 곳의 시간을 정확히 비교할 수 있을 것이다.

먼 곳 12:00:00→|　　먼 곳 12:00:01→|　　먼 곳 12:00:02→|

지역 12:00:00→|

예를 들어 지역 시간으로 정오가 먼 곳의 정오보다 0.5초 늦는다고 해보자. 천문학자들은 별이 망원경에 거미줄로 표시한 십자선을 지나는 순간 시계를 멈추고 그 시간을 기록하는 것이 아니라, 종이 위에 표시된 선 사이의 거리를 측정하기만 하면 되었다. 이러한 간단한 측정 방식으로 조사연구자들은 경도를 파악했다.

1851년 말, 전신케이블이 매사추세츠주의 케임브리지에서부터 메인주의 뱅고어까지 연결되었다. 거기에서부터 1초의 전송 시간 동안 신호가 도달할 수 있는 거리는 뱅고어에서부터 시작하여 노바스코샤의 핼리팩스에까지 이르렀다. 미국 과학자들이 이러한 전기적인 시간 전송을 광고하기 시작하면서, 유럽에도 잠재적 소비자들이 있음을 알게 되었다. 본드는 이렇게 설명했다. "이 발명품이 '미국식 방법'을 채택하고 있지만 영국에서도 알려지고 소개될 수 있다는 것, 그리고 영국의 왕립 천문학자가 이 장비를 소개하기 위해 그리니치에 전신망 설치를 준비하고 있다는 것은 만족스러운 상황이다."[22]

동시성이 신속히 전파되도록 신경을 썼던 것이 천문학자나 지도제작자들만은 아니었다. 철도 역시 시간표를 유지해야만 했고, 1848~1849년에 철도 관계자들은 규약에 따라 운행 시간을 수정하는 연합을 자발적으로 조성하기 시작했다. 이는 1849년 11월 5일 이후, 뉴잉글랜드 지역 대부분의 철도들이 "보스턴의 콩그레스가 26번지에 있는 윌리엄 본드 앤 선William Bond & Sons 회사*가 정한 보스턴 시간"에 맞추어 운행될 것이라는 뜻이었다.[23] 아직까지 이러한 공통 시간 체계를 채택하지 않은 철도들도 곧 그렇게 될 것이었다. 1853년 8월 12일, 프로비던스 선線과 우스터 선을 달리던 두 열차가 잘 보이지 않는 굽은 선로에서 서로 충돌했다. 14명이 숨졌고, 신문들은 기관사가 가려운 손가락으로 기관장치를 조정하느라 주변을 살피지 못한 것이 이 비극의 원인이라 비난했다. 그 바로 며칠 전에도 부주의로 인해 발생한 재앙이 있었기에, 철도 노선은 이제 시계를 좌표화해야 할 엄청난 압력 아래 놓이게 되었다. 전신으로 전송되는 시간이 철도 기술의 표준이 되었다.[24]

영국과 미국 양쪽에서 철도감독관들과 전신 교환원과 시계제작자들은 천문대에 압력을 넣기도 하고 압력을 받기도 하면서, 시계의 전

---

* 미국의 저명한 크로노미터 제작회사로 회사명은 창립자인 윌리엄 본드와 그의 아들의 이름에서 따왔다. 윌리엄 본드는 영국의 시계제작자였으나 보스턴에 정착했고, 그의 아들인 윌리엄 크랜치 본드는 미국 최초의 바다 항해용 크로노미터를 제작했다.

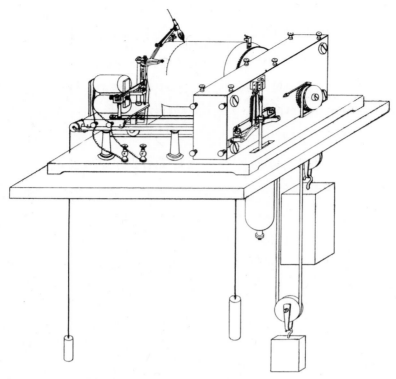

그림 3.5 미국식 방법 시간 전달은 수신한 전신 신호를 정밀하게 회전하는 드럼 위에 기록함으로써 기존의 음향학적인 방식보다 훨씬 더 정확해질 수 있었다. 가령 대서양 아래처럼 먼 거리에서도 동시성이 전달될 수 있도록 사람들은 켈빈 경이 발명한 고감도 방법을 사용했다. 이 방식을 이용하면 들어오는 전기적 시간 신호가 거울이 장착된 자석을 아주 조금 비틀고, 이로 인해 반사된 빛 섬광이 종이판에서 옆으로 옮겨간다.

기적 좌표화에 박차를 가했다. 1852년에 왕립 천문학자의 지침에 따라, 영국의 시계들은 공공장소의 시계와 철로에 모두 전신선으로 전기 신호를 보내게 되었다.[25] 오래지 않아 미국도 그렇게 되었다. 하버드 대학의 천문대 소장은 1853년 후반, 시간을 향한 이러한 노력의 현 상황을 요약하면서, "우리 시계의 똑딱 소리는 이제 천문대에서 수백 마일 떨어진 곳에 있는 모든 전신국에서 즉시 들을 수 있다"라고 호언했

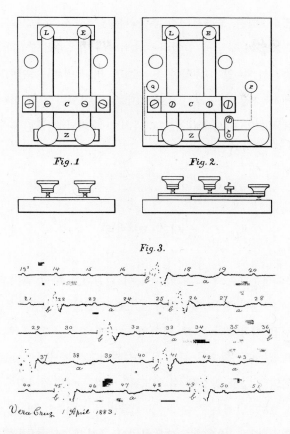

그림 3.6 시간의 흔적들 전신 신호키와 '미국식 방법'(1883)으로 기록된 장거리 수신 시간 신호의 흔적들.

다.[26] 1860년대와 1870년대에 좌표화된 시간은 도시와 철도 시스템에 더 깊숙이 파고들었다. 동기화된 시계는 언론의 환대를 받고 길거리에 등장하고 천문대와 실험실에서 연구 대상이 되면서 이제 더 이상 이색적인 과학이 아니었다. 동기화된 시계는 기차역과 동네와 교회로 거미줄처럼 뻗어나가, 과거에 전력과 하수시설과 가스가 그러했듯이 대중의 일상생활에 스며들어 근대의 도시적인 삶을 순환하는 물과 같은 존재가 되었다. 다른 공공서비스 부문과는 달리, 시간 동기화는 직접적으로 과학자들에게 달려 있었다. 1870년대 말, 하버드대학 천문대는 시간을 송신할 수 있는 유일한 곳이었고, 비록 몇 년 동안이기는 했지만 세계에서 가장 큰 규모로 이루어지는 시계 서비스 중 하나였다. 발전은 피츠버그와 신시내티와 그리니치와 파리와 베를린에서 각기 다른 양상으로 이루어졌다.[27]

시간 마케팅

하버드 천문대는 최초의 전기적 시간 실험을 하고 얼마 지나지 않아, 천문학자들이 별을 측정하여 결정한 시간을 보스턴으로 전송하는 데 전신선을 사용했다. 1871년까지 천문대 소장은 그 서비스에 사용료를 부과했는데, 훌륭한 시계를 설치해서 "일반 대중이 시간을 전달하는 방법의 진가를 인정할 수 있도록" 하려는 바람에서였다.[28] 수익은 괜찮았다. 1875년에는 순수익 2,400달러를 거두어들였고, 이는 시간 산업을 위한 전문 경영인을 고용하기에 충분한 액수였다.[29] 천문학자인 레너드 월도Leonard Waldo는 1877년 2월에 비슷한 일을 하고 있던 예일대학을 떠나 하버드대학으로 자리를 옮겼다. 그때까지 케임브리지 시는 기계장치와 시계와 전신선에 8,000달러가 넘는 돈을 투자해왔었다. 이제는 고객이 필요했다. 월도는 정오에 시작하는 그 사업을 준비하기 위해 전신을 이용하기로 했고, 보스턴에 있는 높은 빌딩의 기둥 꼭대기에서 구리로 만든 커다란 시간 공time ball*을 아래로 떨어뜨릴 계획을 세웠다. 그는 풋내기 뱃사람이나 전문 항해사 할 것 없이 모두 볼 수 있는 이러한 대중적인 전시로 인해 천문대에 대한 인식이 극적으로 높아지기를 바라고 있었다. 철도에서 벌어진 대규모 인력 채용도 마찬가지였다. 보석세공사와 시계제작자들 역시 시간 고객으로 끌어들일 필요가 있었고, 정확한 시간이 필요하다고 외쳐댔던(또는 월도에 따르자면 그래야만 했던) 개인들의 경우도 말할 필요가 없었다. 월도는 점차 늘어나는 고객들로 인해 거대 기업들이 시간이 돈이라는 사실을 알게 되기를, 그게 아니라면 최소한 돈을 지불할 가치가 있는 일임을 알게 되기를 바랐다. 전신망은 수를 늘려가면서, 뉴잉글랜드 지방 전역을 관할하는 마스터 시계가 되려는 열망에 부푼 하버드 천문대를 구불구불 뱀처럼 감아나갔다.[30]

활동적이었던 월도는 할 수 있는 곳이라면 어디에서나 자신의 뜻을 쏟아부었다. 그는 웨스턴 유니언Western Union**의 도움을 받아, 뉴잉글랜드의 도시와 마을 100여 곳에 시간 서비스를 제공한다는 광고 전단을 인쇄했다. 그의 시간, 즉 하버드 천문대의 시간은 매일 오전 10시에 촌각까지 맞도록 조정하는 인상적인 프로드샴*** 시계를 기반으로 하고 있었다. 이 마스터 시계로부터 두 개의 순환선을 타고 이 지역에 시간이 지나갔고, 중심선은 천문대와 보스턴 소방서와 보스턴시를 연결했다. 그럴 가능성은 별로 없지만 만일 천문대 시계가 고장을 일으킨다면 시간에 목마른 소비자들은 시계 제작회사인 윌리엄 본드 앤 선이 보내는 예비 신호를 받게 될 것이라고 월도는 약속했다. 천문대에서는 하루 종일 2초마다 신호를 내보냈고, 분을 구별하기 위해 매분 58초째에는 신호를 생략했다. 또한 매 5분마다 대략 34초에서 60초 사이에는

---

* '표시구'라고도 한다.
** 1851년 뉴욕에 설립된 미국의 금융 및 통신 서비스 회사.
*** 영국 잉글랜드 체셔에 있는 카운티.

신호를 생략했다.[31]

로드아일랜드 카드 보드 회사의 경영주를 비롯한 일반 시민들은 시간을 알고 싶어 했다.

귀 천문대에서 보스턴의 웨스턴 유니언 전신국으로 제공하는 시간이 실제 케임브리지 시간인지 보스턴 시간인지 알려주실 수 있는지요? 즉, 신호를 보내기 전에 두 장소의 시간 차이를 미리 고려해 조정하는지 여부를 알고 싶습니다. 보스턴 시계에서 초를 가리키는 작은 바늘이 케임브리지 표준시계의 초첨과 정확히 일치합니까? 귀 천문대가 전신으로 프로비던스까지 전달하는 신호는 정확한 것입니까? 고급 손목시계를 소유하고 있는 프로비던스와 인근 지역 주민들은 이러한 정보를 궁금하게 여깁니다.[32]

골판지 제조에 이렇게 초를 다투는 시간이 필요할까? 오히려 이 골판지 기업주나 그와 비슷한 입장의 사람들은 '고급 손목시계' 때문에 정확한 시간을 원했던 것이다. 그들은 자신들의 시계를 단순히 실용적인 물건이 아니라 값어치 있는 재산으로 여겼기 때문에 정확히 좌표화된 시간을 알고 싶었다. 이처럼 시간에 대한 근대적 열망을 부추기는 것이야말로 월도의 커다란 희망이었다. 그는 광고지, 연설, 통신문뿐 아니라 점차 증가하는 철도의 역할 역시 하버드 시간 서비스에 이익이 되는 쪽으로 분위기를 형성하기 시작했다. 5년에 걸친 시간 판매 사업은 이러한 인식을 확산시키기에 충분했다. 월도는 이렇게 표현했다.

시간에 ⋯ 관해서 우리는 일반적으로 통일된 표준 시간이 필요하다는 교육을 무의식적으로 받아왔다. 여러 장소의 정확한 시계들을 매일 천문대의 신호와 비교하고, 그렇게 결정된 시간은 권위 있는 것으로 여겨진다. 그러나 정말 결정적인 것은 시간을 정기적으로 구매하는 소비자들은 촌각의 오차만 나도 이를 알아채고 이러쿵저러쿵한다는 사실이다.

기차를 운행하고 화재경보 벨을 조정하는 일에 0.4초의 오차를 0.2초의 오차로 만드는 일이 필요할까? 물론 그렇지 않다. 그러나 월도는 그 어느 때보다 더 정확한 시간이 필요하다고 대중을 설득했고 그런 대중은 더 정확한 시간을 요구했다. 월도는 그만의 방식으로 근대적인 시간 감각을 일구어내는 데 일조했고, 이러한 감각은 실용적인 정확성의 한도를 훨씬 넘어서는 것이었다.[33]

월도는 그의 시간 공장에서 기후 변화로부터 시계 조정장치를 보호하고 전신 연결을 체계화하고 매일 시계의 오차를 밝혀줄 헌신적인 관찰자의 역할을 하느라 애썼다. 대학의 시계를 온도 변화로부터 보호하기 위해, 천문학자들은 아예 지하실을 봉해서 근본 원인을 차단했다. 이 '시계 방'은 천문대의 서쪽 건물에 마련되었고 1877년 3월 2일에 완성되었다. 이 방의 넓이는 10피트×4피트 2인치, 높이는 9피트 10인치 정도였고, 이중벽으로 되어 있어 중요한 모든 시계들을 보호했다. 안전장치가 된 문을 통과해야만 이 두꺼운 벽 안으로 들어갈 수 있었다. 문이 완전히 닫히면 포근한 펠트 천으로 한 번 더 봉해졌다. 그 방 안에는 귀중한 시계 세 개가 벽돌기둥이 지탱하고 있는 대리석 선반 위에 놓여 있었고, 시계 앞면은 주석 반사장치로 빛나게 하여 작고 두꺼운 유리창 너머에서 시계를 볼 수 있도록 해두었다(인간이 접근하는 순간 그 즉시 정확성은 위협받는다). 베를린에서 리버풀, 모스크바에서 파리에 이르기까지 전 세계의 천문대들은 모두 이와 비슷하여, 모시계에서 한 치의 오차라도 벗겨내는 데 골몰해 있었다.[34]

초를 다투는 시간을 정하는 것과 그런 시간을 마케팅하는 것은 별개의 문제였다. 보스턴 시간이 판매되는 지역 가장자리에는 하트퍼드라는 지역이 있는데, 그 도시는 자체 지역 시간과 뉴욕시의 시간을 오락가락하며 사용해왔었다.* 하트퍼드의 유력인사인 찰스 테스크Charles Teske는 1878년 7월에 월도에게 편지를 써서, 자신의 마을의 시간을 하버드 천문대 시간으로 변환하는 문제에 관심이 있다고 밝혀서 월도의 주의를 끌었다. 테스크는 하트퍼드 소방 당국과 그 위원회에 이미 조치를 취해두었다고 말했는데, 일반적으로 대중에게 정오 시간을 알리는 역할을 하던 곳이 소방서였다. 한편 하트퍼드의 시장은 정오와 자정에 종을 치기 위해 케임브리지 시간을 구매하자는 제안에 흡족해했다. 이렇게 다양한 관심사와 각기 다른 시간을 한데 아우르는 것이 그리 간단하지 않자, 테스크는 월도에게 이렇게 애석함을 표했다. "사람들이 이 문제에 관심을 갖도록 만드는 일이 마치 죽은 사람을 깨우는 것처럼 어렵습니다. 여기 하트퍼드에서는 사람마다 서로 다른 시간을 이야기하고 또 자신의 시간이 정확한 것이라고 주장하니까요." 테스크는 마을 지역위원회와 시의회의 결정을 끌어내기 위해서는 적잖은 노력이 필요하며 또한 천문대에 지급할 금액이 적절해야 한다고 판단했다. 그러나 단순히 돈이 문제가 아니라 자치권이 걸려 있는 문제였다. "케임브리지 시간을 알려줄 겁니까? 하트퍼드 시간을 알려줄 수 있나요? 케임브리지와 하트퍼드 사이의 시간 차이는 정확히 얼마나 됩니

---

* 코네티컷주에 있는 하트퍼드는 뉴욕과 보스턴의 중간에 위치해 있다. 하버드 천문대가 있는 케임브리지시는 보스턴시 옆에 있기 때문에 하버드 시간, 케임브리지 시간, 보스턴 시간은 같은 의미로 사용된다.

까?" 테스크는 몇 개월이 지날 때까지 줄곧 여러 반대자들에게 비슷한 대답을 반복해야 했다.[35]

1878년 11월 보고서에서 월도는 하트퍼드가 어느 지역의 시간을 사용하게 될 것인지를 빈칸으로 남겨두었다. 이 도시가 철도 때문에 두 지역으로 갈라진 경계에 위치한 지역이라는 사실을 알고 있었기 때문이다. "천문대 시간 신호를 일반적으로 널리 확대하려는 우리의 계획을 확실히 하기 위해서는 무엇보다도 철도의 지지를 확보해야 한다. … 철도의 노선을 따라 마을의 시간이 결정되는 것이 일반적이기 때문이다." 기차 시간은 대도시의 중심 시간을 따르기 마련이고, 뉴욕에서 하트퍼드로 이어지는 철로가 있으니 하트퍼드의 시간은 분명히 뉴욕의 시간 반경 안에 들어간다. 그러나 뉴런던과 프로비던스에서 스프링필드에 이르는 지역은 케임브리지의 시간대에 포함된다. "따라서 보스턴 시간을 확산시키기 위해서는 앞으로 몇 년 안에 이 하트퍼드 지역을 장악해야 한다." 경계에 놓인 지역에서는 논란이 생기겠지만, 지역에서 동시성을 정복해야 하는 것에는 의문의 여지가 없었다. "뉴잉글랜드 전역에서 지역 시간은 사라져야 한다."[36]

케임브리지는 하트퍼드를 놓치고 말았다. 트리니티대학의 학장까지 동원한 테스크의 노력도 시의회의 마음을 움직이지는 못했다. 결국 하트퍼드 소방 당국은 항복을 선언하고 정오를 알리기 위해 해양 크로노미터를 구입했다. 낙담한 테스크는 천문대에 이런 글을 써서 보냈다. "시간 신호의 분초에 대해 무지한 자들에게는 물론 이대로가 충분하겠지요." 하트퍼드시를 설득하는 데 실패한 테스크는 자신의 가게(시계와 크로노미터를 팔았을 것이다)를 위해 하버드 시간을 사겠다고 제안했다. 그는 '절대적으로 정확한 시간 신호'를 갖겠다는 일념에 가득 차 있었다. 2년 후, 코네티컷주는 예일 천문대의 전기 신호를 받아 사용하는 뉴욕시의 자오선에 시간을 맞추기로 공식화했다. 예일대학으로부터 흘러나온 시간은 뉴헤이븐 전체를 거쳐 철로를 따라 여러 회사의 철로가 교차하는 지점까지 퍼져나갔다. 이러한 철도 노선들 역시 법률에 따라 움직였는데, 이 법은 모든 노선에 전기 시간을 보내고 기차역에 좌표화된 시계를 설치하며 철로가 교차하는 곳이면 어디나 시간을 전송하도록 했다.

철도사업가들은 이를 달갑게 여기지 않았다. 그들은 자신들 고유의 시간을 고수하며, 그 어떠한 주 정부의 간섭도 거부했다. 뉴욕 앤 뉴잉글랜드 철도회사New York & New England Railroad Co.의 총지배인은 이렇게 불만을 토했다. "이 철도의 표준 시간은 보스턴 시간이다. … 하지만 코네티컷주의 우스꽝스러운 법률에 따라 우리는 주 경계를 지날 때마다 뉴욕 시간을 준수해야만 한다. … 이는 성가실 뿐 아니라 엄청난 불편을 초래하는 일이며, 내가 아는 한 그 누구에게도 불필요한 일이다."[37]

매일 모든 곳에서 갑작스러운 척도의 변화가 일어났다. 하루는 하버드 천문대가 항해사의 문제를 해결했다. 다음 날은 천문대 직원이 원격 조정장치를 사용해서 높은 기둥에서 떨어뜨린 얼어붙은 시간 공을 걱정했다. 또 다른 날은, 뉴잉글랜드 전역의 수백 개 도시를 모두 전신망으로 연결하는 계획을 초안했다. 미국 전역에서 그렇게 시간을 좌표화하는 지역의 수는 증가했고, 경계여서 마찰이 있는 곳에서도 마찬가지였다. 여기에서는 보석세공사 가게, 저기에서는 철도 노선이 그러했고, 때로는 자오선 구역, 혹은 더 큰 지역이나 주 전체로 번져나갔다. 1877년 말 즈음 시카고 시내 남쪽에 있는 디어본 천문대가 보석세공사 대여섯 곳, 시카고를 지나는 주요 철도회사 네 곳, 그리고 시카고 무역부의 시계를 통제하게 되었다. 하버드의 월도가 하버드 시계에서 수백 분의 1초의 오차라도 없애려 광적으로 노력했던 반면, 디어본은 즐거이 이렇게 말했다. "아주 정확한 시간을 지키느라 너무 큰 고통을 감수할 필요는 없다. 표준 신호 시계는 정확한 시간에 대해 0.5초 정도의 오차 범위 내로 움직이는 것이 보통이다. … 시간 오차가 1초 정도 이내로 유지되는 한 우리는 만족하며, 그 정도 정확성이면 모든 실용적인 목적에 충분히 부합할 만하다고 생각한다."

디어본이 옳았다. 열차 기관사들이나 승객들은 인간이 알아챌 수 있는 것 이상으로 정확한 시계를 필요로 하지 않았음에 틀림없다. 그러나 시간 문화에 대한 차이는 그 이상이었다. 우선 첫째, 하버드 천문대의 시간 서비스는 경도에 따라 결정되는 것이 원칙이다. 미국에서뿐 아니라 전 세계적으로 지도를 제작하는 일은 가능하면 정확해야 한다는 것이 일반적인 여론이다. 조사연구자들은 0.01초나 0.001초는 아니더라도 최소한 0.1초 정도의 정확성을 원했다. 둘째, 정확성에 대한 하버드 천문대의 광적인 집착은 천문학자들 사이에서뿐 아니라 고급 시계제작자나 귀족적인 뉴잉글랜드 소비자들 사이에서도 마찬가지로 나타났다. 정확성의 문화는 시카고에서보다는 보스턴에서 더 즉각적이고 강하게 울려 퍼졌다.[38]

그러나 가장 큰 대비는 미국 천문대들 사이에서가 아니라 미국(혹은 영국)과 프랑스 사이에서 발견되었다. 1879년에 프랑스에서는 시간을 전달하는 전신망을 기차역 입구에까지 끌어오는 것을 거부하는 일이라든지, 미국의 천문학자들이 이성의 시대에 완성하지 못한 사업이라 여겨 시간의 통일을 고수하는 풍경과 같이 미국이나 영국의 천문학자들이 상상하기 힘든 일들이 일어나고 있었다.

측량 학회

시간 캠페인이 진행되는 단계마다 나타났던 측정의 변화 중에서 전 지구를 휩쓴 강력한 물결이 일어난 것은 1870년대로, 이는 컬럼비아 대학의 학장인 프레더릭 A. P. 바너드Frederick A. P. Barnard가 창설한 미국 도량형학회 때문이었다. 바너드는 구색을 갖춘 화려한 과학자들을 불러 모아, 상업적인 교류의 세계시민주의에 근거한 국제주의를 주장했다. "물질의 수량과 가치를 사람마다 서로 다른 규약 방식으로 측정하는 것은 상업적인 운용을 무척 곤혹스럽게 할 뿐만 아니라, 여러 나라의 지적인 상호 교류에 심각한 방해가 됩니다." 유럽 대륙에서의 도량형 개혁이 아직 바다 건너 영국을 가본 일조차 없는 바너드를 희망의 계시처럼 내리쳤다. 그 실패를 복구하는 것이 바로 도량형학회의 목표였다. 1873년 12월 30일 화요일에, 이 학회는 "무게와 길이와 돈이 서로 간단한 동일 단위로 사용되도록" 만들기 위한 약관에 승인했다. 도량형학자들은 경도 영점과 힘과 압력과 온도의 단위를 비난했고, 전기의 수량화에도 반박했으며, 이러한 주장으로 연방의회와 주 의회와 교육관청과 대학의 관심을 끌고자 했다. 간단히 말해서 이들은 프랑스식 합리주의를 상업주의의 렌즈로 보자고 로비했으며, 이를 미국 시민사회에 적용하여 교실로부터 벗어나 철도로 나아가자고 주장했다.[39]

미국 신호회사U.S. Signal Service의 기상학자이자 천문학자였던 클리블랜드 애비Cleveland Abbe*는 시간대가 조각나버린 난처한 상황의 원인을 그 나름대로 찾아냈다. 1874년에 애비가 오로라를 연구할 아마추어 관

---

* 클리블랜드 애비(1938~1916)는 시간대의 도입을 주장했으며 신시내티 천문대의 소장으로 근무하면서 전신을 이용한 일기예보와 날씨 지도 등을 도입하여 발전시켰다.

측자들을 선발했을 때, 그 관측자들은 공통의 시간에 합의하지 못했고, 여러 가지 현지 관측 결과들을 결합하려 했던 애비는 혼란스러움에 빠졌다. 그는 도량형학회에 도움을 호소하는 한편, 관료주의적인 정의 덕에 매우 신속하게 시간 좌표화 위원회의 의장이 되었다. 애비는 바너드, 캐나다의 지지자인 샌드퍼드 플레밍Sandford Fleming*과 더불어 시간 통일을 가장 강력하게 주장하는 로비스트였고, 1882년 의회와 베니스 국제회의(1881)와 로마 국제회의(1883)에서 사용된 자료를 만들었다.[40]

1879년에 애비의 도량형학회 시간팀은 천문학적 의미에서 볼 때 진정한 현지 시간은 뒤죽박죽이 되어버린 철도 시간에 자리를 내어주며 사라진 지 오래라고 주장했다. 학회는 이에 따라 "공공기관, 보석 세공사, 마을과 도시의 관료들에게 … 각 지역이나 근처의 주요 철도가 채택한 표준에 따라 공공장소의 시계와 종과 기타 여러 시간 신호를 규제해줄 것"을 촉구했다. 75개의 자오선을 3개의 지역으로 단순화시켜서, 그리니치로부터 서쪽으로 각각 4, 5, 6시간 늦은 시간으로 하자는 제안도 있었다. 그들의 판단으로는 그러한 부분적 통일도 괜찮은 생각이었다. 그러나 국가 전체에 하나의 표준 시간을 채택하는 편이 더 낫다고 생각했다. 그리니치로부터 서쪽으로 6시간 늦게 맞추어질 이 진정한 전국 시간은 "철도와 전신 시간"이라 불리게 될 것이었다. 왜냐하면 "이 기업들은 우리 일상생활에 너무나 큰 영향력을 행사하고 있어서 일단 그들이 몇 년 동안 이야기해온 통일을 향해 한발 내딛으면 전체 지역사회의 모든 사람들이 그 뒤를 따를 것이기" 때문이다.[41] 르베리에가 프랑스 철도에게 천문학자의 시간을 "본보기"로 채택할 것을

---

* 샌드퍼드 플레밍(1827~1915)은 스코틀랜드 출신의 캐나다 공학자이자 발명가로 세계적으로 통일된 시간대를 사용할 것을 제안했다.

요구하던 바로 그때, 바너드와 월도 등 미국인들은 열차 시간에 근거한 시민의 시간을 만들고자 했다.

집요할 정도로 근대적인 도량형학회는 일상생활의 깊은 구석까지 변화를 확대하기 위해 주 정부와 연방 정부 모두를 대상으로 로비하기로 결정했다. 철도와 전신 시스템과 연합한 천문대는 대륙 어디라도 시간을 전달할 수 있었다. 도량형학자들은 철도와 전신 시간으로 좌표화된 시계가 모든 공공건물, 그리고 연방 수도와 주도, 병원, 감옥, 세관, 조폐국, 재난 구조대, 등대, 해군, 군수 공장, 우체국, 우편차 등에 모두 설치되어야 한다고 주장했다. 그들은 "1880년 7월 4일부터" 미국 전역에 단 하나의 합법적인 표준 시간이 널리 사용되기를 원했다.[42] 도량형학회는 이 전투를 승리로 이끌기 위해서 철도, 전신 관료, 월도와 다른 천문대의 소장들을 포함한 천문학 분야의 동지들을 모두 규합해야 한다는 것을 알았다. 그 누구보다 중요한 신규 모집 대상은 철도 관청의 일반 시간 규약General Time Convention 간사이며 《미국과 캐나다 여행자를 위한 공식 철도 가이드Travelers' Official Railway Guide for the United States and Canada》의 편집자인 33세의 윌리엄 F. 앨런William F. Allen이었다.

앨런은 모든 시간 관리자들의 시간을 운용하는 사람이었고, 기차와 시간표의 긴 목록을 담당했던 관료였다. 지역의 일정 관리자들을 관리하는 것이 바로 앨런이었다. 철도 담당자인 앨런은 무수한 철도 노선을 하나의 안내서 안에 잘 구성하여, 여행자들이 여러 철도를 환승해서 이어탈 수 있도록 하는 일에 있어 그 누구보다도 더 중요한 책임자였다. 그리고 적어도 1879년 6월에 시간 통일 계획을 지지하기 전까지는 이 계획에 대해 정확한 입장을 표명하지 않았다.[43] 한편으로 앨런은 나라 전체가 하나의 시간 규약 아래 놓이기를 원하는 과학자들의 대륙 스케일 활동에 압력을 받고 있었다. 다른 한편으로 앨런과 철도 측은 지역 시간에 익숙해 있던 일반인들에게 적응할 만한 편의를 제공해주어야 했다. 따라서 그는 현재의 상황을 유지하는 선에서 타협을 보고, 철도가 지나는 큰 도시를 따라 시간을 결정했다. 1879년 6월, 애비는 해가 자오선 근처에 왔을 때를 12시 정각으로 부르자는 앨런의 오래된 집착을 떨쳐버렸다. "통일된 시간의 장점에 비하면 시간대를 바꾼 초기에 생길 수 있는 어색함은 사소한 것입니다. 옛 시간을 버리자는 것이 슬로건입니다."[44]

여기저기서 시간 개혁자들이 나타났다. 교사인 찰스 다우드Charles Dowd는 외부인으로서 앨런에게 자신의 시간대 시스템을 채택해달라고 요청했으나 거절당했다.[45] 다우드가 외부에서 철도 업무를 들여다보는 입장이었다면, 샌드퍼드 플레밍은 내부 한가운데에 있는 철도기술자이자 후원자였다. 캐나다의 엔지니어인 플레밍은 시간 제국의 건설을 바라는 눈으로 거대한 프로젝트를 실시했다. 바닷가 지역을 따라 철도선을 자르고, 태평양 철도 계획을 추진하고, 토론토의 산업궁전을 공동 설계하고, 캐나다의 첫 우표에 비버를 그려 넣고, 훗날 태평양 횡단 케이블 건설을 로비하면서, 플레밍은 세계를 뒤덮는 시스템을 제안했다. 그는 마을 위원회의 실용주의에는 관심을 가질 시간이 없었다. 그 대신 진보주의자로서 제국의 허풍을 내세우며 식민지의 자존심에 상처를 입었다는 분위기를 풍기며 이야기를 시작했다. 1876년에 그는 새로운 기차와 전신 기술을 칭송하는 동시에 그 기술로 인해 산산조각 나버린 낡은 시간 시스템을 조롱하는 글을 썼다. "우리는 … 세계 곳곳에서 끊임없이 마주치는 어려움과 불편함에도 불구하고, 여전히 고색창연한 시간 측정 시스템에 매달려 있다." 플레밍은 배를 타고 런던에서 인도로 향하는 동시대의 여행자를 상상했다. 영국의 해안선에서 출발하기도 전에, 이미 잘못된 여행자의 시간 때문에 이러한 근대적인 항해가 거의 불가능할 것이다. 그리니치 시간이 파리 시간으로 바뀐 뒤, 뒤이어 로마, 브린디지, 알렉산드리아를 거쳐, 마침내 배가 인도의 항구에 도착할 때까지 매일 새롭게 달라지는 시간을 맞이하게 될 것이다. 플레밍은 뭄바이 시간이 지역 시간과 철도 시간으로 양분되어 있어서 철도 시간은 첸닝에서만 통용된다는 점에 거의 격노할 정도였다. 플레밍은 이렇게 후진적인 혼돈을 간소화해야 한다고 주장했다.[46]

플레밍은 지구 전체를 관장하는 단 하나의 보편적인 시간 규약을 원했다. 24개의 지역은 본초자오선이라는 이름의 경도선 0도를 기준으로 나뉜다. A는 15도 선을 의미하고, B는 30도 선을 의미하는 식으로 해서 X(345도 선)까지 나아가는 것이다. 이처럼 '보편적인', '세계적인', 또는 '지구의' 시간은 지구 중심에 고정된 가상의 시계에 따라 정해졌고, 그 시계의 시침은 늘 태양을 가리키고 있었다. 지구가 자전해서 자오선 C가 태양을 가리키는 시침 선을 지나면, 어디서나 C시 정각이 되는 것이었다. D가 상상의 선을 지날 때는 D시 정각이었다. 이런 식으로 전 세계의 모든 시계가 동시에 같은 시간을 나타낼 수 있을 것이었다. 영국의 빅벤이 C:30:27(C시 30분 27초라는 의미)를 가리키면 뉴욕 타임스퀘어나 도쿄 시내의 시계도 모두 마찬가지가 될 것이었고, 이렇게 "전기 전신은 전 지구의 완벽한 동기화를 확보하는 수단이 될 수 있었다". 심지어 아메리카 대륙에 맞게 축소하여 사용되는 전기 시간 통일의 척도도 있었다. 플레밍은 지역 정서에 부합하는 시계를 제작할 방안을 마련했다. 즉, 어떤 시계는 전체 시계 자판을 회전시킬 수 있게 만들어서, 시계 사용자의 지역 시간으로 정오(이를테면 지역에 따라 F나 Q)가 제일 위쪽에 위치하도록 할 수 있었다. 또 다른 시계는 두 개의 시계 자판을 나란히 설계하여, 하나는 지역 시간을 다른 하나는 지구 시간을 나타내도록 했다.[47]

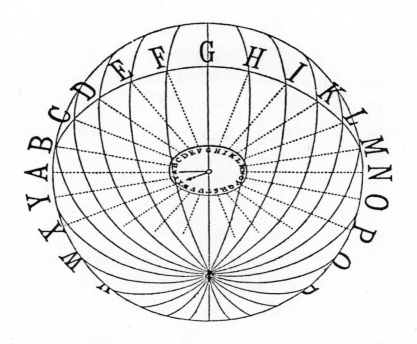

그림 3.7 플레밍의 세계적인 시간 캐나다를 횡단하는 철도 노선을 기획하는 엔지니어로 경력을 쌓기 시작한 샌드퍼드 플레밍은 자신이 전기로 전 세계를 단일한 '세계적인' 시간으로 연결할 수 있는 시간 시스템의 위대한 방어자라고 여겼다. 이 1879년 도표에서 플레밍은 세계가 거대한 시계와도 같으며, 이 거대한 시계에서는 24개의 문자가 전통적으로 1시, 2시, 3시 등으로 세던 것을 대치할 것임을 밝혔다. 그는 지구의 중심에서 태양 쪽으로 뻗은 가상의 선이 관례적으로 'C'라고 이름이 붙은 경도선을 따라 지나갈 때 '정각 C시'가 보편 시간이 되리라고 기대했다.

플레밍이 볼 때, 이러한 시간 좌표화는 특히 캐나다와 미국과 브라질처럼 넓은 나라에서 필수 불가결한 것이었다. 또 프랑스, 독일, 오스트리아 같은 유럽 나라에서도 도움이 될 것이고, 국토가 경도 180도에 걸쳐 있는 러시아에게도 분명 이익이 될 것이었다. 그러나 플레밍의 캐나다인적인 관점은 여전히 런던에 초점을 두고 있었다. "전 지구 거의 모든 자오선에 해당되는 곳에 식민지와 주둔지를 갖고 있으며, 남반구와 북반구에서 모두 문명국을 지배하고 있는 광대한 영토의 영연방제국에 있어, 이는 여전히 훨씬 중요한 문제이다." 철도와 전신선이 이 통합을 추진했다. 이제 총 40만 마일에 이르는 전신선이 해저와 땅을 뒤덮고 있었다. 9만 5,000마일의 철도 노선은 유럽과 아시아로 퍼져나갔다. 플레밍과 같은 철도 관계 종사자들은 머지않아 이 세상은 더 긴 전신망과 100만 마일의 철도로 뒤덮일 것이라 장담했다.

> 전신선과 증기선 수송로가 지구를 에워싸고 있으며, 모든 나라가 하나의 이웃으로 가까워지고 있다. 그러나 모든 인종과 모든 땅의 사람들이 서로 얼굴을 마주할 때, 그들은 무엇을 발견할 것인가? 그들은 마치 이제 막 야만에서 벗어나 12 이상의 숫자를 세는 법을 모르기라도 하는 양, 수많은 나라들이 하루를 둘로 양분하고 있음을 알게 될 것이다. 그들은 온갖 시곗바늘이 모두 상상의 방향을 향하고 있음을 알게 될 것이다.

플레밍은 이 혼란스러운 상황을 끝내야 한다고 역설했다.[48]

플레밍의 첫 작품인 「지구 시간Terrestrial Time」은 그가 상상했던 만큼 강력하게 사람들에게 전달되지 못했다. 1879년, 이 첫 번째 시도를 다시 활용하면서도 훨씬 더 광범위하게, 그 어느 때보다도 더 명확하게 그리니치에 있는 지구 보편적인 본초자오선의 필요를 역설했다. 그는 이 선을 주장했다가 실패한 사례들로 역사의 휴지통이 가득 찼다고 덧붙였다. 세네갈에서 약 5도쯤 서쪽에 위치한 카보베르데Cape Verde는 0도 자오선 후보지로 거론되었던 곳 중의 하나이다. 헤라르뒤스 메르카토르Gerardus Mercator*는 아조레스의 델코르부섬을 자오선으로 결정했는데, 그곳의 자침이 정북 방향을 가리키기 때문이었다. 스페인은 카디스, 러시아는 상트페테르부르크 외곽의 풀코보, 이탈리아는 나폴리, 영국은 콘월주 리저드곶을 선택했고, 브라질은 리우데자네이루로부터 세상을 시작하기로 했다. 스코틀랜드의 왕립 천문학자이자 신비주의자인 피아지 스마이드Piazzi Smyth는, 만일 위대한 인류 건축물을 기준으로 본초자오선을 정한다면 대피라미드를 지나야 할 것이라고 주장했다.

그러나 플레밍은 몇 년 동안의 본초자오선에 대해 세계적인 경의를 표하고 난 후, 다시 전 세계 배의 4분의 3이 항해를 시작하는 그리니치로 돌아왔다. 그는 영국 그리니치에서 180도 반대에 있는 선인 반反자오선이 베링해협을 지나면서 캄차카반도를 살짝 스치기는 하지만 다행스럽게도 대체로 북극에서 남극에 이르는 해수면 위로 뻗어 있다고 보고했다. 본초자오선을 베링해협으로 하게 되면 그리니치를 기준으로 하는 세계 경도선을 건드릴 필요가 없고, 그 선의 이름을 붙일 때 약간의 수정만 가하면 됐다. 파리를 선호하는 프랑스의 국가주의를 신랄하게 비난한 플레밍은 영국 제국의 중심 천문대로 '보편적인' 선이 통과하게 했다. 항해와 제국의 힘이 역사와 신비주의와 천체역학과 다른 나라들의 국가주의를 압도한 것이다.[49] 플레밍의 제안은 미국의 시간 개혁자들에게는 달콤한 음악과도 같았다. 1880년 3월 애비는 전신과 철도회사의 목록을 만드는 작업을 하고 있다고 전했다. 바너드는 자랑스럽게 플레밍의 세계적인 시간 시계를 전시했다.[50]

모든 사람들이 전부 이 새로운 보편주의에 대해 낙관한 것은 아니었다. 바너드는 플레밍에게 피아지 스마이드가 반대 생각을 갖고 있다고 경고했다. 1864년에 스마이드는 대피라미드가 성스러운 유대인의 도량형학 지혜와 고대 지식을 담고 있어서, 현대와도 관련성이 있다

---

* 헤라르뒤스 메르카토르(1512~1594)는 네덜란드 출신의 신성로마제국 지도제작자로 자신의 이름을 딴 메르카토르 지도로 유명하다.

고 보았다. "우리나라가 대대로 물려받은 도량형학의 변화에 관한 문제 때문에 지금 얼마나 심하게 동요하고 있는지, 그리고 수정과 향상과 개혁의 방향으로 나아가지 못하고 과격하게 전복적인 방향을 택하려는 강력한 정치적 정당에 의해 얼마나 내몰리고 있는지를 본다." 프랑스의 (그리고 일부 영국의) 미터법 개혁자들이 진보와 이성과 보편주의를 보았을 때, 스마이드는 "국가적 이해관계와 관련성에 치명적인" 몸짓을 보았다. 영국 측이 미터법 주창자들을 비합리적이라고 공격하던 지점에서, 스마이드는 피라미드를 통해 고대의 성스러운 빛으로 연결되는 마지막 끈인 인치와 큐빗에 애정을 보였다.[51]

바너드는 강하게 맞받아쳤다. 정치적이고 문화적인 힘의 균형을 고려할 때, 북미의 개혁자들은 자신들이 어느 정도는 스마이드의 반대를 무시할 수 있을 것이라 판단했다. 그러나 영국의 왕실 천문학자인 조지 에어리George Airy*는 그렇게 쉽사리 물러설 사람이 아니었다. 따라서 1881년 7월 에어리가 바너드에게 대항했을 때, 그 공격은 매서웠다(바너드는 즉시 편지의 복사본을 플레밍에게 전달했다). 에어리는 바너드에게 공손한 말투로 편지를 쓰면서도, 플레밍의 이름을 언급하지는 않았다. 에어리는 바너드에게 이렇게 경고했다. "제 생각에는 편리와 불편을 근거로 일반 대중들이 원하는 것은 무엇인지, 그리고 그 필요를 공급할 방법은 무엇인지 생각하기 시작해야 할 필요가 있을 듯합니다." 에어리는 "그 캐나다 작가"가 여행가의 고통에 대해 무엇을 생각하든지, 길게 뻗은 철로 위에서 시계를 재조정하는 것만이 능사가 아니라고 주장

---

* 조지 에어리(1801~1892)는 영국의 수학자이며 천문학자로, 1835년부터 1881년까지 왕실 천문학자(그리니치 천문대장)를 역임하면서 그리니치를 본초자오선으로 지정하는 일을 했다. 해왕성의 발견에서 영국의 우선권을 주장하는 데 소극적이었다는 이유로 비난을 받기도 했다.

했다. 뉴욕을 출발하여 샌프란시스코까지 가는 열차 시계를 뉴욕 시간에 맞추어둔다고 해보자. 돌아오는 여정에서는, 열차의 승객들과 철도 직원들은 그저 샌프란시스코의 시간을 따를 수도 있다. 아니, 보다 실질적인 문제는 기나긴 미국 여행에 있는 것이 아니라, 오히려 시간 변경선이 구불구불하게 되어 있는 지역에 있었다. "세계적인 시간으로 말할 것 같으면, 아일랜드나 터키에 살고 있는 사람이 세계적인 시간에 대해 관심을 가질 필요가 무엇이겠는가. 이 시간을 원하는 사람은 경도를 널리 가로지르는 직업을 가진 항해사들이다. … 거기에 바로 이 시간의 유용성이 있다." 바너드와 플레밍에게는 놀라운 이야기겠지만, 에어리는 그리니치 그 자체는 시간의 중심지가 되기에 좋지 않은 선택이라고 판단했다. 영국 내의 위치로 볼 때 너무 동쪽 끝에 치우쳐 있는 탓에, 그리니치 천문대의 적합성을 주장하는 유일한 힘은 그리니치가 가진 권위였다. 에어리에게 있어서 시간 통일이란 영국이란 나라도 그러하듯 목적에 맞게끔 통일되어야 하는 것이었다. 그러나 보편적 시간을 결정하려는 노력은 "단단히 고정된" 시간선이라는 불편한 목적을 위한 쓸모없는 싸움이 되었다. "그러한 시간선이 언제 결정될 수 있을지, 상상도 못 하겠다."[52]

바너드는 플레밍에게 편지를 쓰면서 에어리의 지나치게 "치우친" 견해와 과거에 간혹 있었던 실수들을 언급하면서 공격의 강도를 약하게 하려 애썼다. 그 실수 중에는 해왕성의 발견을 놓고 벌어진 프랑스와 영국 사이의 논쟁에 에어리가 매우 공적이면서도 잘못된 방식으로 개입했던 일도 포함되었다. 바너드는 플레밍에게 자신이 영국 육지측량부의 클라크Clarke 대령을 로비해왔으며 어느 정도 성과를 거두었다고 보고했다. 클라크는 시간 통일에 대한 주장을 지지하고 있었다. 그러나 분명히 매우 예민한 시점이었다. 바너드가 시간 개혁의 승인을 얻어내기 위해 국제 국가법과 협상하려고 할 때, 그의 정치적 수완은 시험대에 놓였다. 바너드는 시간 위원회의 의장 자리를 훨씬 더 명성이 높은 윌리엄 톰슨William Thomson*에게 내주었는데, 바너드는 톰슨이 "교육받을" 필요가 있다고 털어놓았다. 설상가상으로, 그가 국가법 시간 위원회에 있으며 그것도 의장이라는 사실을 톰슨에게 통고해준 사람은 아무도 없었다. 그러나 바너드는 톰슨에게 열정을 불어넣으려 노력하는 동시에 플레밍의 열렬한 지지를 가라앉혀야만 했는데, 그의 북쪽 동맹에게 여러 통의 편지를 보내 자신이 띄엄띄엄 내뱉은 열변들을 지지해달라고 요청했다. "저는 싸움 전야에야 불확실성을 드러내거나 적과 직면한 자리에서 핵심을 바꾸려는 정책은 실패한 정책이라고 간주합니다." 시간 문제는 위원회에서 점차 시들해져갔다.[53]

북미에서도 역시 통일된 시간을 설파하는 사도들은 어려움에 직면했다. 바너드와 플레밍이 그리니치를 중심으로 한 통일된 국제 시간을 유세하는 동안, 미국 해군성 천문대는 전 세계가 아니라 미국 국내를 위한 하나의 고정된 시간을 목표로 삼고 있었다. 해군성 천문학자들은 세계 시간이 결정된다 해서 일반인들이 어떤 이득을 볼 수 있을 것이라는 생각 자체를 우습게 여겼고, 시간대를 지역별로 나누는 것에 반대했다. 오히려 그들은 자국의 국립 천문대를 기반으로 전국을 통일하는 유럽 방식의 과학적 시간을 원했다. 천문대 관리자이자 해군 소장인 존 로저스John Rodgers는 하늘을 향해 지지를 구하면서, 1881년 6월의 전쟁에 대처했다. "태양은 많은 사람들이 사용하는 전국적 시계로, 그 위치는 우리가 일어나고 먹고 일하고 쉬는 시간을 규제한다. 그 어떤 다른 시계도 이 역할을 대신할 수 없으며, 태양이야말로 인간의 삶

---

* 아일랜드 출신의 영국 수학자, 물리학자, 공학자로 켈빈 경이라고도 한다.

을 규제하기 위해 자연이 임명한 유일한 것이다." 그는 철도를 위한 철도의 시간이 필요한 것은 사실이라며, 연방 정부가 철도 시간표에 워싱턴 시간을 인쇄하도록 의무화할 수 있음을 인정했다. 그러나 "과학적 시간을 원하는 사람이 한 명이라면 과학적 시간에 신경 쓰지 않는 사람은 1,000명이 될 것이며, 게다가 내가 보기에는 왜 5,000만 인구를 가진 우리가 겨우 3,000만 인구인 영국의 과학적 시간을 채택해야 하는지에 대한 강력한 이유가 없다. 만일 인구수나 발전 면에서 우리가 앞선다면, 그들이 우리 미국의 시간을 채택해야 할 것이다. 국적에 대한 감정은 철학자들이 내뱉어버리기에는 너무나도 대중들에게 강력한 문제라고 생각한다". 로저스는 과학자들이 "때때로 자신들의 직분을 과대평가한다"라고 결론지었다.[54]

1880년대 초반 점차 시간으로 한데 묶여가던 세상에서, 시간 개혁자들은 서로 상충하는 단위로 되어 있는 시간을 통일하자는 캠페인을 벌였다. 바너드, 플레밍, 그리고 이들과 뜻을 같이하는 사람들은 전 지구를 덮는 '지구' 시간을 추진했다. 프랑스, 영국, 미국의 국립 천문대들은 각각 자국의 고유한 시간대를 관철하고자 했다. 철도와 도시들은 어떤 규약을 선택하는가에 따라 달라지는 와일드카드였다. 각 도시들은 영국이나 미국 대부분 지역에서 그랬던 것처럼 열차 시간을 채택할 것인가? 만일 그렇게 된다면, 어느 지역을 기준으로 동시성을 추구할 것인가? 아니면 프랑스에서 그랬듯이 열차들이 자기 고유의 시간을 유지하게 될 것인가? 편리와 규약이라는 슬로건이 맞붙었지만, 어느 시계가 마스터 시계가 되어 다른 시계들의 기준이 될 것인가? 1882년 말에 앨런은 북미 철도 시스템 전체가 1시간 단위로 나뉜 시간대를 채택하자는 타협안에 승인했다. 도량형학회는 이러한 앨런의 노력을 환영하며, 의회가 대통령에게 국제회의 개최를 건의하기로 결정했다고 보

그림 3.8 열차, 시간, 시간대 개혁가와 천문학자와 표준화 운동가의 시간 통일이라는 쟁점은 철도 시간표를 만드는 사람들이 지역 시간들이 넘쳐나는 것을 막기 위해 시간을 시간대로 나누어야 한다고 주장하면서 힘을 얻기 시작했다. 이 철도 지도는 1883년 11월의 시간대 개혁 이전에 존재했던 다양한 지역 시간들을 보여준다. 이 지도에는 개혁 이후 철도가 도입하게 될 구분선도 표시되어 있다.

도하면서, 미국은 그 회의에 세 명의 대표를 보낼 것이라고 덧붙였다. 뉴욕은 시간 공의 기준을 그리니치 시간으로 변경할 것을, 그리고 미국 우체국은 공통 시간 채택을 각각 숙고하고 있었으며, 바너드는 국무장관 프레더릭 T. 프렐링후이센Frederick T. Frelinghuysen과 함께 시간 개혁을 추진하는 동시에 체스터 A. 아서Chester A. Arthur 대통령에게도 로비를 하고 있었다. 미국토목공학회와 미국과학진흥회는 모두 이러한 노력을 지원했다.[55] 철도에서는 시간 통일 계획이 더욱 빠르게 진행되고 있었다. 일부 남부 사람들이 자신들에게 맞는 시스템을 사용하겠다고 잠시 반발하기도 했지만, 이러한 움직임은 금방 잦아들었다.[56] 1883년 4월 11일 미주리주 세인트루이스에서 열린 일반 시간 규약에서 앨런이 철도 회장, 관리자, 승객수송 담당자, 승무원들과 만났을 때, 철도 측의 분위기는 75번째, 90번째, 그리고 105번째 자오선을 따라 1시간 간격으로 나누자는 쪽으로 기울어 있었다.

앨런은 이렇게 평가했다. " … 50개의 서로 다른 표준이 얼기설기 교차하는 현재의 '척박한' 시스템은 쉽게 개선될 수 없으며 혐오스럽고 성가십니다." 앨런은 그러한 혼돈을 대치하기 위한 최고의 작품piece de résistance을 선보였다. 지도였다. 이 지도는 경도에 따라 나뉜 세 개의 시간대가 각각 옅은 색으로 칠해져 있었고, 이와 달리 현재의 시간 구분은 마치 여러 색이 한데 누벼진 퀼트 조각보처럼 되어 있었다. 열의가 있는 사람이라면 이 둘 중 어느 지도라도 살 수 있었지만, 현재의 혼란스러운 상황을 고스란히 보여주는 두 번째 지도는 너무 복잡해서 대량 인쇄할 수 없었고, 게다가 비용도 2배나 많이 들었다. "이 지도를 한 번 보는 것만으로도, 이 문제의 현 상황이 얼마나 불합리한지 누구나 확신할 수 있을 것이라 생각합니다." 앨런이 명시했듯, 시간대 시스템은 이제 어디에서라도 0도선을 가질 수 있게 되었다. 물론 경도 0도선을 워싱턴 D.C.로 정하려는 유혹이 컸다. 그러나 그는 그렇게 편협한 지역주의는 받아들일 수 없다고 주장했다.

우리는 모두 어느 정도 지역에 대한 자부심으로 가득하기에, 만일 '세계의 중심 도시hub'의 자오선 시간이 우리 지역의 특정한 길을 달리는 기차를 표준으로 정해진다면, 그 시간을 유지하려 할 것입니다. 그러나 친애하는 여러분, 특정 자오선이 여러분의 도시를 지나야 한다고 주장할 그 어떠한 권리가 여러분에게 있습니까. 고무나무 마을과 척박한 마을도 같은 자오선 위에 있다면 각자의 아름다운 도시 이름을 그 자오선에 붙일 권리가 있습니다. … 모든 일반적인 사업 처리에서 그러하듯, 일단 우리 모두가 사용하기로 동의한 이상, 이 표준이나 저 표준이나 유효한 것은 마찬가지입니다.[57]

시간은 규약이었다. 협정에 따라 도시와 선과 구역과 나라와 세계를 통일하게 될 다른 모든 것과 마찬가지로 합의된 것이다. 그러한 자의성을 집합적 언어에 담아내는 일은 시간 규제에 대한 의식을 이끌어내는 것만큼이나 엄청난 변형이었다.

천문학자와 철도기술자들은 교통과 통신이야말로 그 어떤 학교교육보다도 시간을 효율적으로 가르치는 신기술이라고 보았다. 앨런이 말했듯이, "철도 기차는 사람들에게 정확한 시간을 가르치고 유지하는 훌륭한 교육자이며 감시자이다." 철도 노선은 유럽과 북미 전역에서 시간에 대한 경험을 바꾸어놓았다. 게다가 철도 일정이 시간을 정의하며 동시성의 실질적인 사례라고 생각하는 사람은 점점 늘어만 갔다. 만일 실제로 극히 현대적인 철도와 전신이 없다면, 대부분의 사람들은 세계의 시간 구조가 정착하지 못한 채 떠돌고 있다고 느꼈을 것이다. 앨런은 다음과 같이 덧붙였다. "조심스럽게 주장하건대, 만일 도시에서 한 달 동안 철도와 전신 커뮤니케이션을 없애고, 그 첫날 밤에 모든 시계들을 동시에 아무도 모르게 30분 빠르거나 늦게 조정한다면, 그 변화를 눈치채는 사람은 … 1,000명 중에 한 명도 안 될 것이다."[58]

규약을 마무리 지으면서, 앨런은 한때 철도기술자들의 지위에 대한 놀림과 반성이 섞여 있던 일화를 슬쩍 입 밖에 꺼내었는데, 시간 규약을 시행하는 과정에서 그들이 나라 전체에 동시성을 전기적으로 강제 실시하기로 결정했기 때문이었다.

> 기록에 따르면, 어느 작은 종교 집단이 한때 신앙 서약으로 두 개의 결의안을 채택했습니다. 그 첫째는, **결의하건대** 성인이 지구를 다스릴지어다. 둘째, **결의하건대 우리가** 바로 그 성인일지어다.[59]

결의했든 아니든, 철도기술자 중에는 시간을 다스리는 자들을 성인과 다름없이 보는 사람도 있었다. 앨런이 종종 주장했듯이, 이러한 논리는 신의 정오의 태양을 제거하는 데 대한 반동적인 집착 때문이 아니었다. 항의하는 사람들은 하나같이 철도와 전신이 정한 동시성의 원칙은 받아들였다. 사실상 대서양에서부터 태평양까지 철도를 따라 모양을 갖춘 효율적인 시간대가 이미 존재했다. 예를 들어 1883년 9월의 철도 가이드에 따르면, 47개 정도의 철로는 뉴욕 시간을 따르는 반면 36개는 시카고 시간을, 그리고 나머지 33개는 필라델피아 시간을 취하고 있었다.[60] 모든 철도 노선은 시간의 규약주의를 채택했다. 19세기 후반의 시간은 근본적으로 철도와 전신에 너무나 크게 의존하고 있다는 특징을 지니고 있었는데, 시간대에 반대하는 측이나 찬성하는 측 모두 이 특징을 거론했다. 그렇다면 반대자들은 무엇에 대해 반박한 것일까? 단일한 국가 시간을 지지했던 어느 신문은 천문대를 공격하는 기사를 실었는데, 천문학자들이 광범위한 전초지를 책임지고 있으면서도 각 지역에 시간이라는 먹이를 줌으로써 자신들의 배를 불렸다는 비판이었다. 지역의 동시성은 "이러한 별 관찰자들의 먹잇감"이 되어버렸다는 것이다. 표준 시간에 반대하는 또 다른 불만은 연감 출판업자로부터 나왔다. 시간 통일 덕분에 일출과 일몰 시간은 전혀 불필요하게 되어버렸다.[61] 대부분의 반대자들은 단순히 규약에 따라 동시성의 선을 나누는 것에 반대하는데, 그들의 반反시간대주의antizonism는 지역 철도 일정, 또는 지역, 국가, 세계 시간이 편리하다는 점을 그 이유로 내세웠다. '신의 참된 시간'을 이유로 내세운 사람은 거의 없었다.[62]

1883년 10월 11일 일반 시간 규약이 막 발효되기 겨우 몇 주 전, 앨런은 그와 의견을 달리하고 있던 매사추세츠의 철도 노선 측에, 이제 자신에게는 개혁 이후 처리해야 할 7만여 마일의 선로가 있다고 말했다. 이렇게 그가 처리해야 할 철로의 길이가 많아지면서, 그는 반대 의견을 상대적으로 덜 조심스럽게 다루었다.[63] 처리해야 하기로는 도시들 역시 마찬가지였다. 보스턴에서는 만일 하버드 천문대와 그 부속 기관들이 표준 시간으로 전환한다면 열차들도 그렇게 하겠다고 동의했다. 시카고의 그랜드 호텔에서 열린 시간 규약 회의에 참가 중이던 대표들은 보스턴 사람들이 전신에서 표준 시간으로 전환하겠다는 결정적인 소식을 들었고, 개혁안이 통과할 것이 틀림없었다. "시와 철도와 천문대는 보스턴의 모든 공공 시간을 변경할 날짜를 확정하기 전에 규약에 대한 인정 투표만을 기다리고 있다." 방 안에 박수가 울려 퍼졌다.[64] 대세를 인정한 해군성 천문대 역시 시간대 시스템에 동의하며, 국가적이고 과학적인 열망을 한편으로 밀어두었다.[65]

투표가 다가오자, 철도 관계자들은 찬성하거나 반대하는 대표들, 심지어는 찬성하거나 반대하는 회사들의 견해를 구하지 않았다. 그 대신 투표는 철도 노선의 마일(매우 적합하게도)로 결정되었다. 먼저 개혁 찬성표를 보면, 규약이 정한 2만 7,781마일에 비회원 철도의 5만 1,260마일을 더한 총 7만 9,041마일이 그리니치를 기준으로 한 시간대 시스템에 찬성했다. 단지 1,714마일만 반대했다. 1883년 11월 18일에 "결의안에 따라, 합의된 표준에 따라 각자 노선의 열차를 운행하고, 다음 일정표가 실효를 발휘할 때 함께 공통의 시간을 채택할 것을 서약한다".[66] 앨런은 모든 시간 공들과 열차 시계와 도시의 시계들을 함께 전기적으로 좌표화할 수 있는 시스템, 모두가 그리니치로 집중되는 시스템을 원했다.[67]

철도 노선 중 7만 9,000마일이 찬성표를 던지자, 1883년 10월 19일에 뉴욕은 프랭클린 에드슨Franklin Edson 시장이 승인안에 서명하면서 시간대 동시성에 합의했다. 에드슨은 뉴욕의 시의원들에게 한 묶음의 철도 서류와 시의 승인서와 함께 추천서를 전달했다. 그해 말에는 파리에서만큼이나 뉴욕에서도 시간에 대한 규약성 이야기를 흔히 들을 수 있었다. 심지어 거대도시 뉴욕의 한 정치인은 이렇게 선언했다. "우리가 지역 시간이라 부르는 것은, 천문학적 시간과는 다르지만 어느 특정 지역 사람들이 모두 동의하여 편의에 따라 사용하는 시간을 의미한다." 뉴욕 시장은 이렇게 판단했다. 지역사회 대다수의 사람들이 혜택을 받는 데다 기존 시간대와 차이도 크지 않은데, 굳이 새로운 표준을 따르지 않을 까닭은 무엇이란 말인가?[68] 뉴욕시의 원로들은 "규약적이고 자의적인" 시간은 "그것을 따르게 될 사람들의 이해관계에 가장 잘 부합될 수 있도록 조정되어야 한다"라고 말했다. 1883년 11월 18일 정오에 결의안이 발효되면서, 철로뿐 아니라 뉴욕시의 지역 시간도 시청 서쪽으로 몇 분 거리의 지점을 지나는 75도 자오선을 따르게 되었다.[69]

시간 개혁은 수많은 동시성들과 경쟁하면서 엄격하게 좌표화된 현실에 도달했으며, 망원경에서 벗어나 힘차게 달리는 철마에 따라 결정된 시간은 대도시 시계들에도 모두 적용되었다. 1883년 10월 22일 바너드는 플레밍에게 보낸 편지에서 철도가 시간을 공략하는 데 마침내 성공했다고 보고했다. "이제 북미 쪽 반구에서 이 문제는 완전히 해결되었습니다. 유럽에서는 우리 시대에 이와 비슷한 결과가 나올 것이라 희망할 수는 없습니다. 파리는 아마 그리니치 시간을 사용하는 데 결코 동의하지 않을 테지만, 우리가 굳이 그 문제에까지 관심을 둘 필요는 없습니다." 바너드는 시간대 동시성에서 북미인들이 거둔 승리는 아마도 "워싱턴 본초자오선 회의 참가에 대해 정부가 미적거렸던 나라들이 이제 행동에 나설 수밖에 없도록 만들 것입니다"라고 감개무량하게 말했다.[70]

공간으로 들어간 시간

그러나 1884년 중엽의 파리에서, 천문대의 시간이 철도나 도시 시계와 깊이 관련된 적은 단 한 순간도 없었다. 파리 천문대는 상업적인 기업이었던 적이 한 번도 없었다. 영국의 경우와 비교했을 때, 에콜폴리테크니크 사람들이나 그 동료들은 프랑스 제국을 성스럽게 만들기 위한 자연신학으로서 시간을 분배하는 천문학의 역할을 아주 조금도 해내지 못했다. 이와 반대로 영국과 미국의 미터법 주창자들 중에는, 국제 통상을 촉진시키는 것을 미터의 매력으로 인식하는 경향도 있었다. 푸앵카레와 그의 스승들과 동료들을 포함한 프랑스 석학들에게 있어서, 교환으로 얻을 수 있는 이득은 분명해 보였다. 십진화, 통일화, 합리화 이상의 그 무엇인가가 있었다. 바로 오랫동안 간직해온 계몽의 이상이었다. 이러한 이상은 프랑스로 하여금 1870년의 '참사' 이후 무너졌던 국가적 존엄성을 회복하고, 제3공화국 근대주의의 특징이었던 세속적이고 진보적인 합리성을 확립하려는 열망을 갖게 했다.

푸앵카레가 볼 때 진보적이고 기술적인 목표는 혁명 이후 계몽 과학의 가장 큰 중심이었던 경도국에서 통합되었다. 1884년 즈음에, 경도국의 주요 활동은 천문대를 기반으로 한 전기 시간을 사용하여 세계 지도를 전기적으로 그리는 것이었다. 실제로 1860년대 중반부터 1890년대에 이르는 기간 동안에, 프랑스와 영국과 미국은 경도를 확정하고 세계지도를 다시 그리기 위해 바닷속에 얽혀 있는 전신케이블 네트워크의 동시성을 확보하고자 경쟁했다. 상징적인 지도 소유를 향한 이러한 경쟁은 1884년 10월 워싱턴 D.C.에서 열릴 예정이었던 본초자오선 막판 대결을 폭발적인 분위기로 이끄는 데 기여했다. 그러나 전기적인 세계지도를 그리는 것과 관련된 경쟁은 한결 더 치열했다. 1898년에 푸앵카레가 「시간의 척도」에서 동시성이 규약이라고 주장했을 때, 그는 5년 이상을 경도국의 '회원'(손에 꼽을 만큼 주도적인 인물 중의 한 명)으로 활약했고, 1893년 1월 4일부터 1912년에 사망할 때까지 그 능력을 발휘했다. 푸앵카레가 「시간의 척도」를 출판한 지 1년 반 정도 지난 1899년 9월, 그는 경도국의 국장으로 선출되었고 1909년과 1910년에도 다시 같은 자리에 추대되었다. 푸앵카레는 허수아비 국장이 아니었으며, 그가 활발하게 활동했던 시기 중의 몇 년 동안을 보고서를 발간하고 위원회를 이끌고 경도를 감독하는 일로 보냈다.

경도국이라고? 수리물리학이나 비유클리드 기하학 혹은 태양계의 안정성이나 절대 진리의 자리에 규약을 대신 두기 위한 철학적인 설명 등 푸앵카레가 가졌던 높은 목적에 비하면 그러한 타산적인 관료직이 그에겐 아무런 관심의 대상도 아니었을 것이라고 상상할지도 모른다. 그러나 바로 그 경도국의 업무야말로 우리 이야기의 핵심이다. 경도국이 운영한 광대한 이론 기계는 푸앵카레가 시간을 새로 개념화하는 전환점에 대한 우리의 이해를 바꾸어줄 것이다.

1884년 4월 7일에 천문학자인 에르베 파이Hervé Faye는 파리의 과학학술원 앞에 서서, 결정적인 문제를 제기했던 옥타브 드베르나르디에르Octave de Bernardières 중위의 보고를 읽었다. 드베르나르디에르는 바다를 항해한 경력이 있을 뿐 아니라 이른바 몽수리Montsouris의 천문학자들로부터 훈련받은 처음으로 새롭게 등장한 해군 장교 중 한 사람이었다. 그는 천문학에서 너무나도 뛰어난 재능을 보이며, 얼마 지나지 않아 해양과 무관한 베를린과 파리 사이의 경도 차이에 대해 336쪽짜리 심층 보고서를 공동 집필했다. 그러나 드베르나르디에르는 지난 몇 년 동안 급격히 증가한 경도 결정의 정밀성은 정확한 시계의 운송과 천문학 장치 덕분이라고 과학 학술원에 보고했다. 1867년에는 케이블이 최초로 대서양을 가로지르게 되면서 낡은 기술들은 뒤로 밀려났고, 영국(그리니치 천문대)과 미국(워싱턴의 해군성 천문대) 사이의 경도 차이는 줄어들었다. 또한 1870년대와 1880년대를 거치며, 전신과 해저케이블이 함께 세계의 대양을 가로지르게 되면서 이러한 새로운 기술 덕에 장거리의 경도 차이를 줄이는 작업도 가능해졌다.[71]

특히 영국의 공장들은 막대한 양의 케이블을 대량으로 쏟아내기 시작했다. 우선, 두꺼운 구리 도체를 절연하는 데 공업용 '구타gutta'를 사용했다. 구타는 고무와 구타페르카와 송진과 물을 혼합하여 새로 개발한 물질이었다. 그런 후에 생산자들은 구타로 껍질을 입힌 케이블과 두꺼운 철선 고리 사이에 황마 실을 감아 여유를 주어, 가운데 구리 부분이 파손되지 않도록 보호했다. 이러한 철선을 다시 한 번 여분의 황마 실로 감싸주고, 철선과 꼰 실을 추가한 후에(바위가 많아 위험한 해안 근처에서는 특히), 말레이시아산 고무와 비슷한 구타페르카로 외부 덮개를 만들어 방수 처리했다. 증기선들이 긴 케이블 조각들을 바다로 운반하면, 거기에서 배에 탑승해 있던 케이블 담당자가 연결하는 방식으로 수천 마일을 연결했는데, 때로는 바다 생물이나 빙하, 화산, 배의 닻, 날카로운 돌 등으로 인해 케이블이 절단되는 일이 너무나도 자주 일어나서 그 케이블을 다시 배에 싣고 되돌아오기도 했다.[72]

드베르나르디에르도 잘 알고 있었듯이, 프랑스인들은 장기간 동안 대양을 항해하며 만든 지도들의 편차로 오랫동안 실망스러워했다(이는 신뢰도가 낮은 크로노미터 때문이었다). 1866년에 프랑스 경도국은 세계 여러 지역의 위치를 분명히 밝혀 결정하라는 지시를 받고, 세계의 여러 구석까지 6개의 원정대를 보냈다. 그 임무는 별들을 기준으로 달의 위치를 파악하여, 북미와 남미, 아프리카, 중국, 일본, 그리고 기타 태평양과 인도양의 섬들에 해당하는 지역 경도를 결정하는 것이었다. 그러한 지도를 그리려면 어마어마한 노력이 필요했는데, 프랑스 정부는 이에 필요한 비용을 대거나 노력을 들이지 않았다. 원칙적으로 아이디어는 간단했다. 세계의 두 지점에 있는 천문학자들이 달이 천구 위 최고점에 도달할 때의 시간을 정확히 집어낼 수 있다면, 그 둘의 관찰 결과를 동기화할 수 있다는 것이었다. 항해사들은 차트에서 고향은 현재 몇 시이며 현지 시간은 몇 시인지 찾아볼 것이다. 그 시간의 차이에 따라 두 지역의 경도 차이를 알 수 있다. 가령 6시간 차이가 난다면, 이는 경도 차이가 90도라는 의미이다.

그러나 달이 최고점에 도달하는 순간이란 종잡을 수 없기로 유명하다. 능숙한 천문학자라 할지라도 상당한 오차 없이 별에 대한 달의 정점을 결정하기란 불가능한 것처럼 보였기에, 이는 큰 문제였다. 그 까닭은 여기에 있다. 지구는 자전축을 중심으로 하루에 한 번 회전하고, 이 때문에 별은 24시간마다 한 번씩 떠오르는 것처럼 보인다. 달은 별을 배경으로 훨씬 더 느리게 움직여서, 30일마다 한 번씩 지구에 다가

온다. 따라서 달이 일정한 각도로 지나는 동안 별들은 그 각도의 30배를 움직이고, 이 때문에 아주 작은 오차일지라도 결국은 30배 확대되는 것이다. 그러한 불확실성을 가지고 먼 바다의 위험한 곳까지 배를 끌고 가는 것은 결국 뱃사람들을 죽이는 일이나 마찬가지였다.[73]

이렇게 '달을 포착하는' 방식이 너무 어려웠기 때문에, 유능한 천문학자들도 조금 더 측정하기 쉬운 천체 현상에 경도가 도달하는 순간을 찾아다녔다. 수 세기 동안 관측자들은 개기식皆旣蝕을 사용했다. 콜럼버스도 대서양 횡단 항해를 할 때 경도를 알아보기 위해 개기식을 사용한 적이 있다. 따라서 미국의 지도제작자들이 워싱턴과 그리니치 사이의 경도 차이를 알아보고자 했을 때, 달그림자에 가린 태양을 관찰하는 방법이 믿음직해 보였다. 미국은 1860년 7월 18일에 스페인에서 관찰한 결과도 비슷한지 비교하기 위해 래브라도에 증기선을 보냈다.

천문학자들이 오랫동안 사용해온 또 다른 방법은 밤하늘을 부채꼴로 가로지르는 달 뒤로 별이 빛을 잃을 때까지 관찰하는 것이었다. 그 사라지는 엄폐의 순간은 멀리 떨어진 두 지점 사이의 동시성을 조정할 때에도 사용할 수 있었다. 어느 지역에서 엄폐 시간을 측정한 뒤, 같은 현상이 그리니치나 파리에서는 몇 시에 관찰되었는지 차트에서 찾아본다(혹은 내용이 보고될 때까지 기다린다). 그리고 난 후, 하나에서 다른 하나를 빼면 된다. 따라서 미국과 유럽의 천문학자들은 플레이아데스성단의 4개의 별이 달 뒤로 숨었다가 다시 떠오르는 순간을 극히 주의 깊게 관찰하고 측정했다. 1860년 4월 24일에 금성의 엄폐가 일어났을 때, 천문학자들은 캐나다 뉴브런즈윅주의 프레더릭턴과 영국 리버풀의 천문대에 몰려들어 엄폐의 순간을 기다렸다. 프랑스와 영국과 미국의 천문학자들에게는 경도를 찾아내는 일이 직업상 의무 사항이었고, 그들은 경도를 찾아내기 위해 가능한 방법을 다 동원했다. 그러나 미국을 '확실하게 결정된 유럽의 천문대'와 연결하려는 시도는 성공하지 못한 채 남아 있었다. 새로운 탐험을 할 때마다 새로운 숫자가 생겨났다.[74]

지도 제작은 공간을 상징적이고 실질적으로 정복하는 방식이었다. 19세기 중반의 영토 약탈 대경쟁에서, 위치를 결정하는 것은 무역, 군사적 정복, 철도 건설에 결정적인 요소였다.[75] 미국이 남북전쟁에 돌입했을 때, 해안측량조사청은 전략적으로 중요한 자산이 되었다. 그 이전까지 의회는 상업이나 국방에 필요한 강들도 조사 대상에 포함되어야 한다고 계속 요구했었다. 이제 지도제작자들은 그 과제를 수행하기를 바라면서, 노스캐롤라이나와 미시시피강에 주둔하던 북부군 제독들과 함께 작업했다. 우선 조지 딘George Dean을 비롯한 전신 관측자들은, 이미 확보한 자료들을 추려내어 남부군 주요 지역에 대한 정확한 위치를 제공하고 그 위치들 사이의 경도 차이를 측정하려 했다.[76] 관측자들이 관찰과 측정과 계산을 거듭하며 찰스턴과 서배너 주변의 남군 집결지 위치 좌표를 정하는 동안, 정찰 지형도 작성자 일부는 서배너에서 조지아주 골즈버러까지 진군하는 셔먼Sherman 장군*의 행군에 참여했다. 전쟁이 끝나자, 관측자들은 전쟁 중에 수집한 전신 관측 자료들을 앞으로 더 사용할 수 있는 방법을 찾기 시작했다. 그들에게는 미국 북동부 끝자락에 있는 메인주 캘레이에서부터 남쪽의 뉴올리언스에 이르기까지 거의 모든 주요 마을마다 갖추어진 새롭게 개선된 측정 도구들이 있었다. 전신을 이용해 경도 탐사팀을 이끌었던 벤저민 굴드 Benjamin Gould*와 그의 팀은 아직 채우지 못한 채 비어 있는 결정적인 지

---

* 윌리엄 셔먼은 미국의 사업가이자 교육자이며 작가였으며, 미국 남북전쟁 중에 북군을 지휘했던 장군으로 잘 알려져 있다.

역, 즉 뉴욕과 워싱턴을 마저 조사하여 미국 미시시피강 동부 전역의 전기적 지도를 완성하기 위해 동쪽으로 향했다.[77]

관측자들은 대양으로 향했다. 그들에게는 필사적인 움직임이었는데, 왜냐하면 아무리 열심히 관측에 힘을 쏟아도 유럽과 미국 사이의 경도 차이에 관한 통합은 점점 더 어려운 일이라는 점만 계속 드러났기 때문이었다. 그들은 달의 정점을 확인했고 별과 행성의 엄폐에 대한 자료를 재검토했고 오래된 크로노미터 결과를 다시 살펴보았다. 그러나 옛 자료를 분석하는 것만으로는 충분치 않았다. "따로따로 보면 믿을 만해 보이는 결과들이지만 전체적으로 볼 때 4초 이상 차이가 나는 것 같다. 가장 최근의 측정 결과라서 가장 많이 인용되었던 자료들이 사실상 가장 큰 불일치를 보였다. 해안측량조사청이 크로노미터 탐사에 많은 노동력과 노력과 비용을 투자하는 것과는 별개의 문제로, 최대한 정교하게 대서양 횡단 경도를 결정하는 일은 특히 법적으로 규정되어야 한다." 게다가 최근 크로노미터 연구는 제일 우수한 천문학 연구와 비교했을 때, 3.5초라는 당황스럽고도 줄일 수 없는 시간 차이를 보였다.[78] 어떤 결과를 믿어야 할지 아는 사람은 아무도 없었다.

심해의 전기 전신케이블만이 이 난국을 타개할 수 있었다. 1857년 8월에 시작된 북대서양에 전신선을 설치하는 임무는 난항을 겪었다. 케이블은 자꾸 파손되고 또 파손되었다. 1858년 6월에 많은 양의 케이블을 실은 함대가 영국의 플리머스에서 또다시 출항했다. 바다로 나간지 겨우 3일 만에 만난 폭풍우는 이후 9일 동안이나 끊임없이 배에 휘몰아쳤다. 배 한 척이 꽤 심한 손상을 입었음에도 불구하고(그리고 어

---

* 미국의 천문학자로서 태양 부근에 500여 개의 별로 이루어진 성단을 발견하고 1879년에 이를 '굴드 벨트Gould Belt'라 명명했다. 이 굴드 벨트는 은하계의 구조를 밝히는 실마리를 제공해주었다.

느 항해사는 너무나 겁을 먹은 나머지 정신을 잃어버렸음에도 불구하고), 케이블 설치 작업은 계속되었다. 1858년 8월 6일, 마침내 최초의 신호가 케이블을 통해 전달되었고, 이후 케이블 한 부분이 다시 파손되었으며 남북전쟁 중에는 잠수함의 케이블 설치 작업이 중단되었다. 1865년 7월, 아일랜드 남서쪽의 발렌시아섬에서 그레이트이스턴호가 출발했다. 보통 배에 비해 5배나 더 큰 이 배는 뉴펀들랜드를 향해서 케이블을 운반하기 시작했다. 1,200마일가량 항해한 후, 케이블과 배의 기중기가 모두 바다에 가라앉았다. 임무는 좌절되었다.[79] 1866년에는 또 다른 배와 선원들이 출발했는데, 이번에는 성능이 훨씬 향상된 케이블을 싣고 뉴펀들랜드 하츠 컨텐트(세인트존스에서 90마일 정도 떨어져 있는 트리니티만의 동쪽에 있음)의 작은 어촌을 떠나 발렌시아로 출발했다. 이번에는 성공이었다. 커뮤니케이션은 1866년 7월 27일부터 시작되었고, 관측자들은 즉시 시간 신호를 보내기 시작했다. 굴드는 그의 경도 원정대를 소규모 그룹으로 나누어 미국 동부 해안 위쪽의 황량한 간이역에 파견했다. 캘리스부터 뉴펀들랜드까지 전신선을 검사하기 위해, 탐사단은 스쿠너범선 한 척을 빌려 노바 스코셔의 케이프브레턴섬에서 목적지인 뉴펀들랜드의 하츠 컨텐트까지 왕복했다. 신호를 중계하는 중계기들을 1마일마다 검사할 필요가 있었는데, 탐사단은 끊어진 전신 장비 수십 개를 일일이 연결시켜야 했다.[80]

굴드도 1866년 9월 12일에 영국의 우편 증기선 아시아호를 타고 리버풀과 런던을 향해 출발했다. 우선 영국의 케이블 회사 관계자들과 협의하고, 그 후 자신의 측정 도구들을 아일랜드의 목적지까지 운반하기 위해서였다. 천문학자들은 임시로 만든 용수철 의자가 달린 수레를 타고 아일랜드의 덜컹거리는 시골길을 42마일이나 달려 상자 더미를 운반했고, 그런 후에는 다시 그 물건들을 킬라니로부터 해협 건너에 있는 발렌시아까지 배에 실어 보냈다. 케이블의 상태는 그리 좋지 못했다. 영국 회사는 지상 전신선을 해저케이블과 전기적으로 연결하기 위한 미국의 면허를 거절했는데, 벼락이라도 쳐서 신대륙으로 연결된 미약한 케이블이 손상될까 하는 우려에서였다. 이는 미국인들이 포일호머름만灣에 있는 전신회사 건물 가까이에 천문대를 직접 확보해야 한다는 의미였다. 포일호머름만은 당시 사람들의 말을 빌리자면 "소작농들의 별 볼 일 없는 오두막들을 제외하면 아무도 거주하지 않는 외딴 마을"이었다. 굴드를 포함한 시간 작업팀 사람들은 이 척박한 땅에 임시변통으로 무거운 돌 6개를 묻어 고정시켜 11피트×23피트 넓이의 천문대를 급조했는데, 천문대 근처 전신소 건물이 남서쪽으로부터 불어오는 폭풍우를 막아주고 높이 솟은 땅이 북서쪽 차가운 날씨의 방패가 되어주었다. 큰 방이 천문대였고, 동쪽 끝의 작은 방이 그들의 거처가 되었다. 그들의 실험실 구성은 단순했다. 자오선 관측기구transit instrument*는 단단한 언덕에 놓고 시계와 크로노그래프**는 구석에 두었다. 그리니치를 향해 신호를 보낼 중계 자석과 모스 신호기, 그리고 기록을 위한 탁자도 놓여 있었다.[81]

굴드가 발렌시아의 "독특하게 천문학적이지 않은 하늘"이라고 불렀던 바로 그 하늘에서는 비가 왔다. 양동이로 퍼붓는 듯했다. 구름이

---

* 자오선 관측기구는 자오의子午儀라고도 하며, 별들이 자오선을 지나는 시각, 즉 남중시각을 관측하기 위해 만든 망원경의 일종이다. 별의 남중시간을 측정하여 시각을 결정하기 위해 사용한다. 접안렌즈의 유리판에 거미줄 모양으로 미세한 선들이 그어져 있는데, 이 선들은 남북 방향에 평행하다. 한가운데 있는 선을 자오선에 맞춘 다음, 별이 거미줄 모양의 십자선spider line들을 지나는 시각을 확인하여 기록하고 평균을 내면, 별의 남중시각을 알 수 있다.
** 시간을 표시해주는 동시에 시간 기록과 스톱워치의 역할을 해주는 시계로, 해군에서는 이 크로노그래프로 천체 관측을 하기도 한다.

많아 정오 무렵에 태양을 한두 번 흘긋 볼 수 있는 것이 전부였다. 태양이 구름 틈새로 얼굴을 내밀면, 항시 대기 중이던 천문학자들은 자오선을 기록했다. 마침내 1866년 10월 14일 오전 3시경, 이 미국 연구팀은 흐린 하늘에 뜬 몇 개의 별을 어슴푸레 볼 수 있었고, 그 이동 경로를 기록해두었다. 지역 사람들은 이 관측자들이 도착하기 8주 전부터 발렌시아에는 매일같이 예외 없이 비가 내렸다고 보도했다. 그 관측자 일동이 바닷가의 아일랜드 오두막에서 살면서 일한 7주 동안, 비가 오지 않았던 날은 단 4일뿐이었고 맑은 밤하늘은 겨우 하루만 볼 수 있었다. "관찰은 대체로 비가 오는 사이사이 진행되는 것이 일반적이었고, 실제로 관측자들이 별의 이동 경로를 기록하고 있는 동안 엄청난 비가 쏟아지는 바람에 작업을 멈추어야 했던 일은 흔하게 벌어졌다." 전신선의 다른 쪽 끝인 뉴펀들랜드에 있는 시간 관찰자의 경우는 상황이 더 나빴다. 전신 관측자인 조지 딘은 태양이나 달이나 별을 잠깐이라도 보지 못했다.

바로 이곳, 영국의 들쭉날쭉한 해안선 끝에 자리한 빅토리아 시대의 고도기술 천문대에서는 총의 뇌관과 약간의 아연 그리고 약산성 물한 방울로 이루어진 전지의 힘으로 대양 건너에 신호를 보냈다. 날씨가 좋을 때, 아일랜드의 초소에서 케이블을 따라 "GOULD"를 모스 부호로 보내면, 뉴펀들랜드는 "DEAN"이라고 응답한 후 0.5초의 펄스를 5초 간격으로 발송하는 방식으로 시간 신호를 보냈다. 케이블의 양쪽 끝에서, 두 팀은 늘 장치 옆에 붙어 있었다. 신호가 일단 대서양을 건너고 나면 원통형 기록장치를 움직이기에는 너무나 약해졌기 때문에, 연구팀들은 거울 검류계를 사용했는데, 이 기계장치는 영국의 물리학자 윌리엄 톰슨이 발명한 것으로 훨씬 더 민감했다. 뒷면에 작은 자석이 붙어 있는 거울은 조심스럽게 매달려서 석유램프의 빛을 반사했다.

그 가까이에는 해저케이블에 연결된 코일이 있었다. 케이블을 따라 신호가 흐르면 그 코일은 전자석이 되어 거울에 붙어 있는 작은 영구 자석을 살짝 비틀고, 그러면 그 거울은 석유램프의 반사광의 방향을 바꾸어 하얀 종이가 매달린 쪽을 비춘다. 이런 방식으로 하면, 극히 약한 대양 횡단 시간 신호라도 뚜렷해지게 된다. 관찰자들은 신호를 기다리면서 거울 위의 석유램프에서 나오는 밝은 빛에 집중하곤 했다. 이들은 춥고 습한 밤에 몇 시간 동안을 기다리고 또 기다리며, 4,320마일 바다 밑 깊은 곳을 지나온 전기적 흐름이 축축한 종잇장을 가로질러 아주 미약한 반사광을 비추는 순간을 고대했다.

이동 천문학자들은 굴드와 딘이 미국 남북전쟁 동안에 운영했던 경도 캠페인에서 힘들게 얻어낸 규정 절차를 엄격하게 따랐다. 굴드의 팀은 1866년 10월 24일에 첫 신호를 받았다. 그 이후 몇 주에 걸쳐, 굴드와 그의 전신기사팀은 날씨가 천문학적으로 열리는 작은 틈을 타서 네 번의 신호 교환을 간신히 이루어냈다. 굴드가 있는 곳의 바다 건너 뉴펀들랜드에서는 딘이 신호를 보스턴까지 중계하는 데에 어려움을 겪고 있었다. 하츠 컨텐트로부터 미국의 진입 지점인 메인주의 캘리스까지, 1,100마일을 구불구불 이어진 케이블은 "매일같이, 그리고 매주같이" 고장이 났다. 되는 것이 하나도 없었다. 12월 11일, 갑자기 매서운 서리가 몰아쳐 캘리스로 들어오는 손상된 지상 전신선에 뒤덮였다. 놀랍게도 그 얼음이 전선을 절연시키면서 펄스는 하츠 컨텐트에서 캘리스로 번개처럼 휘몰아쳤다. 1867년 새해가 밝기 바로 전, 뉴펀들랜드팀은 증기선을 타고 보스턴항으로 들어가, 하버드와 그리니치 천문대 사이의 경도 차이를 확보할 수 있었다.[82]

대서양의 전신망을 통해 동시성이 확보되면서, 전기적인 지도 만들기의 속도는 점점 박차를 더해갔다. 영국과 미국의 협업이 있고 난 직후, 프랑스는 브레스트에서 출발하여 뉴펀들랜드에서 조금 떨어진 생피에르를 통과하여 매사추세츠주의 덕스베리에 이르기까지 선을 운반했다. 즉시 미국의 천문학자이며 관측가인 딘과 그의 도보 관찰대가 다시 한 번 파견되어, 프랑스의 해양 파견대와 함께 시간확인 계획을 짜기 시작했다. 일단 브레스트와 파리를 잇는 선이 확보되자, 관측자들은 자신들의 경도 결과를 재확인할 수 있도록 여러 삼각형이 연속된 모양으로 전신망을 만들고 싶어 했다. 예를 들어 신호가 브레스트에서 파리를 거쳐 그리니치로 갔다가 다시 브레스트로 돌아온다면, 경도 차이는 0이 되어야 하는 식이었다(그리고 실제로 그 차이는 0이었다).

$$(브레스트-파리)+(파리-그리니치)+(그리니치-브레스트)=0\text{[83]}$$

프랑스의 해군 중위 드베르나르디에르는 미국팀과 영국팀이 경도를 향해 나아가고 있다는 사실을 너무나 정확히 인식하고 있었다. 1873년 봄, 미국의 해군 소령 프랜시스 그린Francis Green은 상관의 재촉에 못 이겨 서인도제도와 중앙아메리카 지도를 그리기 위한 해저 시간신호를 보내기 시작했다. 그린의 팀은 측면에 증기기관이 달린 게티즈버그호를 타고 바다를 항해하면서 파나마, 쿠바, 자메이카, 푸에르토리코와 그 밖의 수많은 섬의 경도를 정밀하게 측정했다.[84] 1877년에 그린이 돌아오자 관료들은 그에게 또다시 임무를 부여했는데, 이번에는 런던에서 리스본으로 그리고 브라질 북동쪽의 헤시피에 이르기까지 대서양을 횡단하는 새로운 전신케이블을 개발하는 일이었다. 미 해군은 사상 최초로 파라에서부터 시작하여 부에노스아이레스에까지 이르는 남아메리카의 동부 해안을 따라 수로를 통한 무역을 할 수 있었다. 마침내 미 해군은 리우데자네이루만에 있는 포르투 빌레가뇽처럼 논쟁이 많았던 장소들을 해결했다고 떠벌렸다. 이전에 포르투 빌레가뇽에서 어떤 배가 남아메리카 동쪽 해안에 부딪혔을 때, 그 정확한 장소가 어디인지를 두고 경도를 측정하던 사람들 사이에서 의견 충돌이 일어난 적이 있었다. 놀랍게도 겨우 30초라는 차이 때문에 8마일 정도의 불확실성이 생긴 것이었다.

파리의 신호를 리스본까지 송신했던 프랑스의 도움으로, 포르투갈역시 그리니치를 기준으로 한 지도 만들기 계획에 참여하게 되었다.[85] 브라질 해안에서 떨어진 포르투그란데에 머물고 있던 경도 원정대는, 막무가내로 페르남부쿠에 상륙하기보다는 "멀미 날 만큼 어지러운 시기"가 가라앉기를 기다리고 있었다. 미국인들은 "두세 주씩이나 걸려통과할 만큼 변화무쌍한 곳은 포르투그란데 말고는 없다"라고 불평했다. "세인트빈센트섬은 잿더미에 불과하다."[86] 마침내 천문학자들은 왕립 우편수송 증기선에 올라 페르남부쿠를 향해 기기를 작동하기 시작했다. 그리니치 천문대에서 보낸 펄스는 영국 땅의 끝자락에 도달하고나면 거기서부터 828마일을 해저케이블로 지난 후에 카르카벨루스 등대 근처에 있는 동부 전신회사의 기계실에 도착하고, 리스본의 왕립천문대에서 보낸 신호는 다시 대서양 건너 브라질의 해군 병기 창고에도착하여 창고 벽을 따라 설치된 단열 전선을 따라 부대 대령의 사무실 지붕과 산책로와 발코니를 지난 후에 톰슨의 거울 검류계에 도달하여 하얀 빛 기둥을 흔들 것이다.

펄스는 미묘하고 섬세하고 불안정했다. 하지만 1878년 7월, 마침내 그 전기 펄스가 리우데자네이루에 도착했다. 이것은 브라질 왕가에도 큰 의미가 있었다. 브라질의 황제 페드루 2세는 1876년 미국에 머물다가 대규모의 유럽 순회를 시작했는데, 하인리히 슐리만Heinrich Schliemann*과 함께 트로이를 방문하고 예루살렘의 예수 성묘에서 영성체를 받았으며 빅토리아 여왕의 딸과 그녀의 남편과 함께 빈에 모습을 드러 냈다. 파리에서는 프랑스 과학 학술원이 페드루 2세를 외국 회원의 자 리에 앉혔고, 빅토르 위고Victor Hugo가 문학 초청행사에서 그를 맞이했 다. 런던 윈저성에서는 영국 여왕과 점심을 함께했다. 공적인 임무 수 행은 물론 사적으로도 틀림없이 즐거웠을 일정을 마치고, 페드루 2세 는 마지못해 리우데자네이루에 돌아왔다. 그러나 황제는 그 어떤 일보 다 그린 소령의 허술한 관측소에서 유럽 시간이 전기적으로 도착하는 순간을 직접 목격하는 것을 즐거워했다.[87]

오늘날 '천문대'라는 단어는 낭만적인 이미지를 불러일으킬지도 모 른다. 높은 산 울퉁불퉁한 꼭대기에 둥지를 틀고 앉아 빛나는 반구 모 양 지붕이 하늘을 향해 미끄러져 열리고, 천구를 관찰하기 위한 거대 한 놋쇠 망원경이 둥글게 휘돌아 올라가면, 흰 가운을 입은 연구보조 원이 그 옆으로 조용히 느릿느릿 걸어간다. 그러나 마을(예를 들어 포르 투그란데라고 하자) 한가운데에 작업장을 설치하곤 했던 그린과 그의 미 해양팀의 경우는 달랐다. 전신국 근처에서 하늘을 향해 전망이 좋은 위치를 찾는 것이야말로 무엇보다 중요한 열쇠였다. 그리고는 땅 위 에 (북)자오선을 표시하고 시멘트와 벽돌로 벽을 쌓는다. 이러한 별 탐 사대 위에는 팀원들이 직접 운반해 온 작은 대리석판을 설치하고, 다 시 그 위에다가는 소중한 놋쇠 자오선 관측기구를 올려둔다. 그들은 이 기구를 통해 자오선을 나타내는 거미줄 뒤로 지나가는 별들을 관찰 할 수 있었다. 이렇게 두 명의 항해 천문학자가 비가 올 경우를 대비해

---

* 호메로스의 신화에 나오는 내용을 역사적 진실로 판단하여, 결국 트로이 유적을 발굴해 낸 독일의 고고학자이다. 15개국의 언어에 능통하다고 알려질 정도로 탁월한 어학 실력을 지녔으며, 나폴리 여행 중 사망하여 그리스 아테네에 묻혔다.

서 캔버스 천 위에 이동식 목조 관측소(8피트×8피트)를 조립하는 데에 1시간 정도가 걸리곤 했다. 그린은 이렇듯 작은 관측소 안에다가 시계와 전신기의 키, 그리고 입력 신호를 보여주는 원통형 기록장치나 톰슨 검류계를 모두 집어넣었다. 관측자 바로 옆에 전신기사가 함께 있어야 할 때엔 이 방이 아담하기까지 했다.

리우데자네이루에서 전기를 이용한 지도로 페드루 2세를 즐겁게 한 뒤, 미 해군은 항해를 계속했다. 1883년 초반에 워싱턴은 이 팀에게 이제는 케이블로 전신 시스템에 연결된 남아메리카의 서부 해안으로 향하라는 명령을 내렸다. 이러한 새로운 여정에 뒤이어, 텍사스주 갤버스턴에서부터 멕시코 동남부의 황열병이 창궐한 베라크루스까지 케이블이 연결되었다. 베라크루스를 전기 지도에 포함시킨 뒤 그들은 남아메리카 서부 해안의 아래까지 항해했고, 멕시코 동남부의 살리나크루스를 연결한 케이블을 이용하여 칠레의 발파라이소까지 연결하기를 희망했다. 이 팀은 뉴올리언스와 갤버스턴에서 격리되어 발이 묶여 있다가 칠레의 군부점령이 한창일 때가 되어서야 페루에 도착했다.

페루 공사로 파견되어 있던 S. L. 펠프스S. L. Phelps의 중재에 의해, 페루를 점령하고 있던 칠레 군대의 해군 대장은 시간 측정팀에 대한 지원을 약속했다. 1883년 10월 13일 미 해군팀은 리마에서부터 출발하여 남쪽으로 향하여 발파라이소를 리마와 연결시켰고, 1884년 초에는 페루의 파이타에 목조 관측소를 설치하기 시작했다. 쏟아지는 비는 바싹 말라 있던 마을을 7년 만에 처음으로 흠뻑 적셨다. "대개 건조하고 먼지가 날리던 이곳의 땅은 지긋지긋하게 고약한 냄새가 나는 진흙탕으로 변해버렸고 … 마을 전체가 … 사람이 거의 살 수조차 없는 곳이 되어버렸다."[88] 게다가 "페루의 작업장을 때때로 침략군이 점령하여 군사 초소로 사용하는가 하면, 관측가들은 느려터진 진행 과정과 싸워

그림 3.9 이동식 천문대: 브라질의 바이아 아메리카 대륙의 지도를 더 정확히 만들기 위해 동시성, 즉 경도 차이를 확정하고 있는 미국 해군 장교들. 프랑스, 영국, 미국의 경도 원정대는 과학적이면서 군사적이고 또 탐험적이기도 했는데, '천문 관측소'는 이동식 목조 오두막으로 전신 장비 몇 가지, 자석 몇 개, 거울, 측량용 망원경이 있는 것이 고작이었다. 그들은 그에 맞는 대가를 치렀다. 아메리카, 아시아, 아프리카의 해안에서 전기적인 동시성을 확정하려고 애쓰던 수많은 측량기술자들이 질병과 사고로 죽었다.

야 했으며, 아리카의 군사 사령관의 경우는 무관심하고 멍청한 관료였다"라고 병사들은 보고했다. 세관의 지연, 안개, 망가진 케이블 등은 말할 나위도 없었다. 그러나 1884년 4월 5일, 미군 병사들은 남아메리카 경도 탐험을 마치고 뉴욕을 향해 닻을 올렸다.[89]

작고 외딴 관측소에서, 미국과 영국과 프랑스의 시간 초병들은 하늘의 움직임을 읽고 케이블의 펄스를 향해 전진해 나아갔다. 별들은 각 관측소에 현지 시각을 알려주었고, 케이블은 멀리 다른 곳의 시간을 속삭여주었다. 이것은 지독하게 힘든 일이었으며, 정확한 결과와

튼튼한 케이블과 잘 짜인 팀워크를 필요로 하는 일이었다. 드베르나르디에르의 프랑스팀 중에는 리마의 바로 남쪽에 있는 초릴루스라는 도시의 폐허에 관측소를 설치한 팀도 있었다. 또 다른 팀은 부에노스아이레스의 해양 학교 관측소 안에 있는 전신기 옆에서 대기하기도 했다. 드베르나르디에르는 여러 선을 연결하여 발파라이소에서부터 파나마까지 전기 신호를 송출하기 시작했다. 그 경로 곳곳에서 전달을 담당한 사람들은 신호가 끊어지지 않고 흘러가게 하느라 애를 먹었다. 아주 작은 물결이라도 거울을 건드리면 빛의 깜박임이 반사되곤 했다. 빛 지점이 움직이는 것을 목격하는 순간, 전달 담당자는 신호를 다시 보내야 했다. 아직 미국팀이 페루와 아르헨티나 해안을 따라갈 여정을 위해 워싱턴에서 짐을 실을 준비를 하고 있을 무렵인 1883년 1월 18일, 프랑스팀은 천문학적으로나 전기적으로 아주 멋진 사흘 밤을 확보했다. 마지막 측정을 마친 바로 직후, 파나마로 이어지는 잠수케이블이 끊어지면서 프랑스팀의 조그마한 관측소와 파리 사이를 이어주는 커뮤니케이션도 단절되었다. 그러나 그들은 결과를 얻었다. 발파라이소의 주식시장에 서 있던 깃대의 경도는 4시 55분에 멈춰 섰고, 이는 동쪽으로 수천 마일 떨어진 몽수리에 있는 시간 방보다 54.11초 빠른 것이었다.

드베르나르디에르가 파리의 학계 동료들에게 호소문을 발표한 것은 바로 이처럼 미국팀과의 격렬한 경쟁과 협력이 벌어진 직후였던 1884년 4월 7일이었다. 그는 보고서를 통해 과학자들에게 프랑스의 관측에 새로운 가능성이 열렸으며, 이는 두 개의 거대한 대양이 이제 남아메리카를 가로질러 험준한 안데스산맥을 넘어 굽이굽이 연결된 1만 2,000피트의 케이블로 인해 전신으로 연결되었기 때문이라고 설명했다. 드베르나르디에르가 말했듯이, 파리의 경도국은 이제 "지구 전체를 완전히 에워싸고 그 형식과 차원을 정확하게 결정할 수 있는 거대한 측량 네트워크"를 만들어내는 방안을 강구해야 했다.[90]

프랑스 해군은 그 계획을 지원하기 위해 장교들과 항해사, 그리고 각종 시설을 제공했다. 드베르나르디에르는 직접 산티아고나 발파라이소 근처에 머물고, 다른 사람들은 북쪽의 리마와 파나마, 그리고 대륙을 건너 부에노스아이레스까지 시간을 알려주기로 했다. 불과 몇 달 전, 미국 회사인 센트럴 앤 사우스 아메리칸 케이블Central and South American Cable이 리마에서 파나마까지 해저케이블을 설치했다. 파나마에서 대앤틸리스 제도Greater Antilles*를 지나 북아메리카와 유럽에까지 이미 설치되어 있는 전신선에다가, 드베르나르디에르와 그의 동료들은 다시 파리까지 연결되는 섬유망을 더했다. 다른 선 또한 발파라이소에서부터 부에노스아이레스와 카보베르데섬을 통과하여 결국은 유럽까지 연결되었기 때문에, 이 전체를 연결하면 구타페르카로 코팅된 구리선이 약 2만 마일에 이르는 거대한 순환망을 형성하여 두 개의 경로를 서로 비교 점검할 수 있게 되었다.

그린의 미국팀이 수행했던 임무와 드베르나르디에르의 프랑스팀이 갖고 있었던 임무가 더해지면서 하나의 거대한 세계를 감싸는 동시성의 다각형이 만들어졌고, 이 다각형의 꼭짓점에는 각각 파리, 그리니치, 워싱턴, 파나마, 발파라이소, 부에노스아이레스, 리우데자네이루, 리스본이 위치해 있었다. 놀랍게도 두 개의 서로 다른 방향으로 뻗어나간 이 불규칙한 모양의 팔각형을 완성시키기 위해서는 불과 150야드가 더 필요할 뿐이었다. 이 다각형에서 비죽 튀어나온 부분은 아

---

* 쿠바, 자메이카, 히스파뇰라, 푸에르토리코 등 앤틸리스 지역에서 가장 큰 4개의 섬나라로 이루어진 군도 지역이다. 서인도제도 인구 전체의 약 90퍼센트 이상이 이 지역에 거주하고 있다.

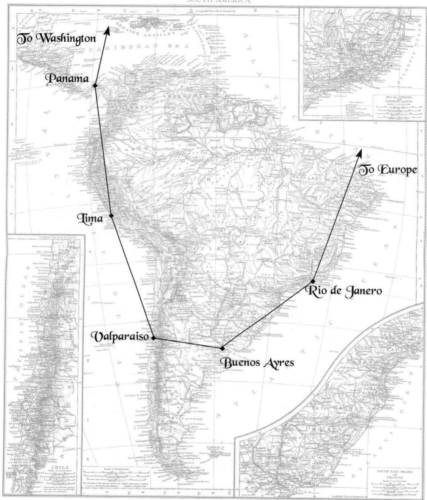

그림 3.10 케이블로 연결된 남아메리카의 시간 프랑스의 주요 경도 탐험가 중 한 명이었던 드 베르나르디에르는 미국인들과 경쟁하여 전기 시간에 기반을 둔 지도제작망을 완성하여 파리 천문대로 연결시키는 데 성공했다. 이 프랑스인은 과학 학술원으로 돌아간 동료들에게 여기에 그려져 있는 다각형, 즉 "전 지구를 감싸 안을 거대한 측량 네트워크"를 만들어야 한다고 강변했다.

시아로 향해 있는데, 미국이 인도 땅 외곽을 전기적으로 감싸고 있었던 반면에, 프랑스는 몇 개의 전기장치와 약간의 천문학 장비와 케이블 끝자락으로 구성된 허술한 대나무 오두막에서 하이퐁의 전기적 위치를 탐색하기 시작했다.[91]

프랑스가 주도한 세계 케이블 네트워크와 시간 신호는 파리에서부터 출발하여 동으로, 서로, 북으로, 남으로 뻗어나갔다. 천문학자들이 그 대부분의 특성을 기록했고, 다시 경도 기계가 그들의 천문대를 변화시켰다. 예를 들어 1890년에 출간된《경도국 연감Annales du Bureau des Longitudes》의 4권은 보르도 천문대에 대한 설명으로 시작한다. 어떠한 연구가 산출되든지 보고서는 솔직하게 기록되었는데, 천문대는 새로운 현상을 찾아내거나 우주에서 인간의 형태를 찾아내기 위해서 지어진 것은 아니었다. 아니, 보르도시는 다른 수많은 도시들과 마찬가지로 배에 크로노미터를 설치하여 바다에서의 경도를 정확히 알아낼 수 있도록 할 목적으로 천문대를 설치했다.[92] 이는 천문대가 가장 최우선하는 목표가 다름 아닌 고유한 경도를 확보하는 것임을 의미했고, 1881년 11월 19일 보르도 천문대는 파리의 전신 시간 신호를 사용하여 보르도가 파리보다 11분 26.444초(±0.008초) 서쪽에 있음을 알아냄으로써 그 임무를 완성했다.

도시에서 도시로, 나라에서 나라로, 프랑스 경도국은 경도 네트워크의 고정점을 확산해나갔는데, 처음에는 국내에서 파리의 전신망을 멀리 떨어진 도시까지 연결했고, 그런 후에는 여러 갈래의 해저케이블을 통해 멀리 식민지까지 이어나갔다. 1880년 즈음, 주로 영국이 놓은 케이블이 해저에 9만 마일이나 깔리고 9,000만 파운드의 기계가 인간이 거주하는 모든 대륙을 연결하면서, 일본과 뉴질랜드와 인도를 가로질러 서인도제도와 동인도제도와 에게해를 지나게 되었다. 식민지와 뉴스와 해상운송과 명예를 위해 경쟁하던 강대국들은 필연적으로 전신 네트워크를 둘러싸고 충돌을 일으켰다. 구리선을 타고 시간은 흘렀고, 시간을 타고 제국의 시대에 세계지도의 분할이 일어났다.

지도가 통합되면서, 전 세계가 인정하는 본초자오선이 필요하다는 합의가 생겨났다. 그 기준이 되는 호는 모든 세계지도의 상징적인 중앙에 위치한 한 나라의 수도에 놓일 것이다. 전 세계의 모든 시계와 모든 경도 측정장치는, 그 중심국의 자오선 관측기구 한가운데를 기준으로 맞추어질 것이다. 이들이 당면한 싸움은 땅의 지배보다는 상징적인 중심성을 둘러싸고 벌어졌지만, 이 일의 중요성을 혼동하는 사람은 아무도 없었다. 1884년 10월 1일 워싱턴 D.C.의 미 국무부 디플로매틱 홀에서 외교관과 과학자들은 절정의 순간을 맞이했다.

중립을 둘러싼 싸움

회의가 열리기 2년 전인 1882년 8월, 체스터 A. 아서 대통령과 미국 의회는 세계의 표준이 되는 유일한 본초자오선을 설정할 목적으로 워싱턴에서 국제회의를 개최하자는 결의안에 승인했다.[93] 미국의 정치인들이 이러한 합의에 이르는 동안, 일군의 과학자 대표들은 1883년 10월 로마에서 열린 국제 측지학회로 몰려들었다. 스위스의 천문학자 아돌페 히르쉬는 대표들의 협의 내용을 발표했는데, 마침내 유럽 대륙 전역에 걸쳐 구체적인 기준점을 갖게 되었다며 위치가 결정된 전신 경도의 네트워크를 칭송하는 것으로 시작했다. 자국의 수도를 경도 영점으로 정하고 지도를 제작하는 나라들이 많아지면서 새로운 문제가 제기되었다. 이러한 여러 기준점들이 다시 하나의 유일한 본초자오선을 기준으로 재배치될 수 있을까? 이제 현실에서 동떨어진 과학의 이상은 제쳐놓고, 그 대신 훨씬 더 깊은 방식으로 과학과 넓은 실제 세계를 결합하는 데 기여해야 할 때라고 히르쉬는 설명했다. 강대국들에게는 항해, 지도 제작, 지리, 측량학, 철도 교통, 전신 커뮤니케이션을 지원할 수 있는 기회가 있었다. 이제는 전무후무하게 전 세계적인 본초자오선을 선택해야 할 때가 되었다. 지구는 구형球形이라서 자연적인 본초자오선은 있을 수 없다고 히르쉬는 주장했다. 위도의 기준선, 즉 적도는 지구의 자전에 따라 자연적으로 결정된다. 그러나 "자연"은 경도에 대해서는 어떠한 본초자오선도 선택하지 않았다. 심지어 자기장의 북극을 사용한다 할지라도 자기 북극은 시간에 따라 달라지기 때문에 어떤 특정한 경도 하나를 본초자오선으로 골라낼 수는 없다. 아니, 본초자오선의 선택은 필연적으로 자의적이고 따라서 "순전히 실용적이고 규약적인conventionelle" 이유에 따라 달라진다.

여기에 전문가들이 계속 되풀이하는 주제가 있다. 사상과 물품과 사람들을 교류하려면, 각 나라의 개별성을 아무리 존중한다 할지라도 새로운 국제기구가 필요하다는 것이다. 국제 규약은 지역 규약에 우선해야 한다. 우편과 전신 연합은 이제 전 세계를 포괄한다. 미터법 규약은 이미 대다수의 문명국들을 통합했고, 전기 표준의 규약도 있다. 지적, 예술적, 산업적 저작권을 보호하기 위한 규약도 있고, 갈등으로 싸우는 사람을 보호하기 위한 규약도 있다. 심지어 지구의 정확한 모양을 확립하겠다는 순수한 과학적 목표를 표방하는 각각의 측량 연합들도, 이러한 국가들 사이의 조정을 추진할 수 있었다. 히르쉬는 경도의 통일을 위한 실질적인 해결 방안을 찾아야 할 때라고 주장했고, 이에 따라 학회는 그리니치를 본초자오선으로 하고 지구 정반대의 자오선antimeridian을 날짜 변경선으로 하는 방안을 추천했다.[94]

로마에서의 회의 1년 후, 대표단들은 국무부에서 열린 워싱턴 회의에 참석하여 미국의 국무장관 프레더릭 T. 프렐링후이센과 회동했다. 회의를 준비하고 승인하고 진행함에 따라 치열한 기록이 쌓여갔고, 정치인들과 과학자들은 경도 영점을 둘러싼 전투에 뛰어들었다. 물론 푸앵카레도 이러한 회의록을 읽었으며, 심지어 훗날 자신의 논문에 그대로 인용하기도 했다. 이 회의록을 연구한 많은 다른 사람들과 마찬가지로, 푸앵카레 역시 여기에서 정치와 철학과 천문학과 측량학이 해결할 수 없으리만치 복잡하게 얽혀 있는 것을 목격했다.

미 국무장관이 미국에 본초자오선을 유치하는 일에 대해 확실히 단념하겠다는 내용을 담은 공식 환영사가 있은 직후에, 미국 대표인 루이스 M. 러더퍼드Lewis M. Rutherfurd*는 로마 회의에서도 그랬던 것처럼 표준 자오선이 그리니치 천문대의 자오선 관측기구 중앙을 지나가도록 정할 것을 제안하며 포문을 열었다. 프랑스의 전권대사이자 캐나다 총영사인 알베르 르페브르Albert Lefaivre는 곧바로 조급한 행동에 대한 우려를 표명하면서, 로마에서의 결정은 그저 "전문가"들의 성과물이었을 뿐이라고 그 의미를 축소했다. 여기 워싱턴에서는 정치인들의 고결하고도 우월한 지위가 더 우선시되어야만 한다는 것이다. "그뿐만 아니라 철학자나 세계시민이 되는 것, 그리고 현재만이 아니라 아주 먼 미래의 인류에게도 이익이 되는 것이 무엇인지를 숙고하는 것은 우리들의 특권입니다."[95] 그는 오직 그렇게 앞선 견해만이 원칙으로 고려될 만한 가치가 있다고 주장했다. 원래의 위치에서 한 걸음 후퇴한 미국 측은 이 회의는 단지 하나의 본초자오선이라는 아이디어를 받아들이는 선에서 마무리하자고 제안했다.

---

* 미국의 법률가이자 천문학자이며 천체사진가.

이렇게 뒤로 한발 물러서는 미국의 행동은 영국의 심사를 건드렸다. 영국 왕립 해군제독인 F.J.O. 에번스F.J.O. Evans 경은 로마 회의에서 이미 문제는 좁혀진 것이었다며 항의했다. 본초자오선은 그저 아무 산이나 해협 혹은 기념 건축물을 지나는 것이 아니라 주요 천문대 중앙을 지나야 한다는 것이었다. 결국 과학은 지구의 자연적인 특성에 가까이 다가가는 애매한 표현보다는 정확함을 필요로 한다는 주장이었다. 그리고 그러한 주요 천문대로 거론될 만한 이름은 파리, 베를린, 그리니치, 워싱턴 정도였다.[96] 미 해군의 샘슨Sampson 장군은 이에 동의하면서, 선택될 천문대는 전 세계를 연결하는 매우 정교한 전신 시간을 유지해야만 한다고 말했다. "그렇다면 순수하게 과학적인 관점에서 볼 때, 그 어떤 자오선이라도 본초자오선이 될 수 있습니다." 만일 편리와 경제성이 우선시될 경우에는 몇 가지의 선택이 가능한데, 완벽한 전신 설비와 정부의 지원을 갖춘 천문대로 본초자오선을 통과시키려 한다면 그 선택의 폭은 급격히 줄어들었다. 만일 영국 이외의 장소에 본초자오선이 지나게 될 경우 이미 세계 무역량의 70퍼센트 가량이 사용하고 있는 그리니치 자오선 지도를 변경해야 하고, 이 점을 고려하면 사실상 단 하나의 선택, 바로 그리니치만이 남게 된다.[97] 당연히 영국과 미국 해군으로부터 양면 지원을 받고 있던 러더퍼드는 파리를 포위 공격하는 데 다시 뛰어들었다. "파리 천문대는 거대하고 인구밀도가 높은 도시의 한가운데에 자리하고 있으며, 이 도시는 공기의 흐름이나 지구의 떨림에 따라 조건이 달라집니다. 파리 천문대는 이전되어야만 합니다. 그 천문대를 현재의 장소에 유지하고 있는 유일한 이유는 과거에 천문대가 누렸던 명예로운 지위를 기억하기 위해서일 뿐입니다."[98]

프랑스의 천문학자이자 대표인 쥘 장센Jules Janssen*은 그렇지 않다며 반박했다. 파리 천문대는 여전히 주요 천문대들을 전기적으로 연결하는 역할을 담당하며 중심 역할을 수행하고 있을 뿐 아니라, 그 능력은 전신 지도의 사용에 있어 그리니치와 비교될 만큼 잘 기록되어 있다는 것이었다. 역사적으로 의미 있는 것은 바로 이 점이다. 리셀리외Richelieu 추기경**은 프톨레마이오스의 뜻을 따라 카나리아제도의 페루섬 위로 본초자오선이 지나도록 규정했다.*** 페루섬의 동쪽 끝 지점은 파리의 서쪽으로 19도 55분 3초 정도의 각도만큼 떨어진 곳에 솟아 있어서 위치를 계산하기가 어려웠다. 18세기 프랑스 천문학자들은 페루의 본초자오선이 정확히 파리의 서쪽 20도를 지난다는 법령에 따라 경도 계산을 단순화했다. 프랑스 천문학자들조차도 페루섬의 위치를 물리적으로 4분 57초의 각도만큼 동쪽으로 옮겨놓을 수는 없었고, 장센은 이러한 규약 때문에 파리의 본초자오선이라는 아이디어는 그냥 형식일 뿐이라는 점을 인정했다.

다른 사람들과 마찬가지로 장센 역시 정치의 흐름을 읽을 수 있었고, 그리니치 대신 파리에 본초자오선을 지나게 할 가능성은 (페루섬의 경우처럼 형식적으로라도) 0에 가깝다는 것을 알았다. 그러나 장센은 아

---

* 전체 이름은 피에르 쥘 세자르 장센Pierre Jules César Janssen(1824~1907)이다. 프랑스의 천문학자로, 영국의 조셉 노먼 로키어와 함께 헬륨 가스를 발견했다.

** 리셀리외 추기경(1585~1642)은 프랑스의 귀족가문에서 태어난 성직자이자 정치인이다. 뒤마의 소설 『삼총사』에서 악한 모습으로 묘사되기도 했으나 유능한 외교가였다.

*** 지구중심설로도 널리 알려진 고대 그리스의 프톨레마이오스는 『지리Geographia』에 세계지도를 남겼는데, 그 서쪽 끝을 그리스 신화의 영웅들이 살고 있다는 '축복의 섬'(그리스어로 '마카론 네코이')으로 정했다. 프톨레마이오스의 지도에서 '축복의 섬'이 있는 곳은 카나리제도의 서쪽 끝에 있는 엘예로El Hierro섬이었다. 에스파냐어 'hierro'가 '철'이라는 뜻이어서 16세기 이래 포르투갈어에서 '철'을 의미하는 'Ferro'라는 이름이 널리 알려졌고, 프랑스어로 'l'île de Fer'이다. 지금은 포르투갈어를 비롯한 유럽 언어에서도 모두 'Hierro'를 쓴다. 19세기에는 Ferro를 썼기 때문에 저자의 의도를 따라 '페루섬'이라고 옮긴다.

직 그의 카드를 접으려 하지 않았다. (장센은 1870년 파리 포위 공격* 중에 식蝕을 관찰하기 위해 알제리로 향하는 열기구를 타고 거친 바람을 따라 떠났던 바로 그 천문학자이다.) 그가 볼 때 회의는 어리석은 결정을 향해 치닫기 시작했기 때문에, 페루섬은 프톨레마이오스의 (그리고 이제는 프랑스 땅인) 페루섬이라는 것보다 더 우월한 지위를 확보할 시점이라고 생각했다. "자오선이 전 세계의 모든 지상 경도에 기준점을 제공해야 한다는 대원칙을 확정하는 대신, 무엇보다도 중요한 것은 개인감정에 얽매이지 않고 지리학적인 측면에서 질문해보아야 할 필요가 있습니다. 현재 여러 천문대가 사용하고 있는 자오선들 중에서 (이러한 표현을 사용해도 괜찮다면) 대다수의 고객들이 사용하고 있는 것은 무엇입니까?"[99]

고객clients. 바로 이러한 생각이 합리적인 (프랑스의) 감수성을 건드렸다. 장센은 그러한 고객들이 (프랑스의) 철학적인 원칙 앞에다가 (영국의) 산업적인 연기를 피우지 않기를 바랐다. 그는 회의 참가자들에게 프랑스 수로측량 기술공학의 유구한 전통을 상기시켰다. 세계적으로 인정받는 책력인 《천체력Connaissance des Temps》도 있었다. 그리고 그의 동료들 중에는 프랑스가 혁명의 시기에 과거의 단위인 피트pied de Roi** 를 폐기하고 합리적인 미터를 단위길이로 하자고 지지했던 것을 기억하는 사람들도 적지 않았다. 합리적인 과학은 왕족의 무역에 우선해야 했다.[100] 장센은 이렇게 말했다. "우리의 유구하고 영광스러운 과거와, 우리의 위대한 출판물들과, 우리의 중요한 수로측량 작업을 생각할 때, 자오선의 변화가 엄청난 희생을 요구하게 될 것임은 의심할 바 없

---

* 1870년 9월에서 1871년 1월까지 지속된 이 공격으로, 프랑스는 보불전쟁에서 크게 패하고 결국 독일 제국이 수립되는 결과를 낳았다.
** 프랑스에서 사용되었던 피트 단위를 뜻하는 말로, 1pied de Roi는 약 0.32484미터에 해당한다.

는 일입니다. 그럼에도 불구하고 자기희생을 감수한다는 측면이 있다면, 그래서 공공의 선을 위한 진정한 바람을 입증할 수 있다면, 프랑스는 이에 대해 확실히 협력하는 것으로 진보에 대한 애정을 충분히 입증해왔습니다." 온당한 합의는 단 하나의 계약 당사자만을 보호해서는 안 된다고 장센은 결론지었다.[101] 다시 말해서, 중립적인 장소라면 어느 곳이나 세계의 경도 중심이 놓일 수 있다는 뜻이었다. 그리니치 말고는 그 어느 곳이라도.

"잠깐, 그러니까" 하고 영국의 천문학자인 존 카우치 애덤스John Couch Adams*가 헛기침을 했다. 애덤스는 자신의 작업과 관련해서 이미 두 번이나 프랑스 측과 작은 실랑이를 벌인 적이 있었다. 한 번은 그가 해왕성을 발견한 사람이 누구인가에 대한 의문을 제기했을 때이고, 다른 한 번은 그가 달의 운동에 관한 위대한 라플라스의 결과에 반하는 연구 결과를 들고 나왔을 때였다. 우리는 싸움꾼이 아니며, 과학의 모든 문제가 그렇듯이 우리 모두도 역시 중립적이라고 그는 주장했다. 우리는 전쟁 직후마냥 영토를 분할하려는 것이 아니라, 우호적인 국가를 대표하는 우호적인 방식을 찾으려는 것뿐이다. 세계에서 가장 편리한 곳은 과연 어디일까? 우리는 다른 천문대(페루섬의 이름을 빌린 파리 천문대)로 바꾸는 등의 법률적인 소설을 쓰지 않고도 편의를 제공할 수 있어야 하고, 모든 것들을 "올바른 이름으로" 불러야 한다. 실용적이고 현명한 결정을 내리는 것이 우리가 오늘 할 일이다. "만일 여기 모인 모든 대표들이 단지 감정에만 이끌린다면, 혹은 자존심amour propre에 따

* 영국의 수학자이자 천문학자로 수학적인 방법으로 해왕성의 존재와 위치를 예측했다. 거의 같은 시기에 프랑스의 르베리에도 해왕성을 예측해서 논쟁이 되기도 했다. 그의 이름 'Couch'는 켈틱어의 일종인 콘월어로 '쿠츠'라고 발음해야 하나, 여기서는 널리 쓰이는 표기법에 따라 카우치로 표기했다.

라서만 움직인다면, 이 회의는 그 어떤 결론에도 도달하지 못할 것임은 명약관화한 일입니다." 프랑스의 허망한 자존심을 비난하는 지적에 대한 응답으로, 장센은 오히려 영국의 저속하고 제멋대로인 행위를 비난하고 나섰다.

> 우리는 지리적 문제를 단순히 실용적인 편의 위주로 풀어낸 이 개혁안을 생각해낼 수 있는 결의안 중 최악이라고 생각합니다. 다시 말해, 아무것에도 변화를 주지 않은 채, 지도와 규약과 전통에 있어 여러분들과 여러분이 대표하는 나라들의 이익을 대변하는 그러한 결의안의 앞날에는 아무런 미래도 없으며, 따라서 우리는 이에 참여하는 것을 거부합니다.[102]

실용적이고 상업적인 측면에 충실한 미국은 영국의 편에 섰다. 중립적이라는 것이 과연 무엇이냐고 클리블랜드 애비는 다그쳤다. 역사적, 지리학적, 과학적, 혹은 산술적인 중립성? 프랑스가 중립적인 도량형 단위를 만든 것은 사실이지만, 그 측정 단위들도 프랑스가 기대고 있던 무게와 측정 표준 덕분에 생겨난 자의적인 것이다. "중립적인" 경도 시스템이란, 어떻게 정하는가에 대해 정확히 이야기해주지 않는 한 "신화이자 환상이며 한 편의 시입니다".[103]

장센은 이에 대해, 중립적인 지점은 지리학적이고 도덕적인 두 가지 측면에서 우월성을 갖는다고 맞섰다. 만일 베링해협을 선택하게 되면 본초자오선은 사람들이 거주하는 지역에서 완전히 빗겨나 날짜 변경선을 설정할 수 있게 되고, 이로 인해 지구는 어제의 구세계와 오늘의 신세계로 말끔히 나누어지게 될 것이다. 만일 베링해협이 아니라면, 또 다른 잘 알려진 물리적 지점을 선택해야 될 텐데, 예를 들어 시간과 경도의 영점이 아조레스제도를 지나게 한다면 이미 가까이에 전신케이블이 설치되어 있기 때문에, 베링해협의 경우보다 더 간단해진다. 아조레스제도나 베링해협 둘 중에 어느 곳이 선택되든지, 해협 그 자체의 한가운데가 아니라 이미 전신이 연결되어 있는 천문대 중에서 경도 영점이 결정될 것이다. (장센은 파리 천문대의 훌륭한 전기 연결 상황에 대해 이미 언급한 바 있다.) 의심할 여지도 없이 장센은 애덤스를 비난하듯 바라보면서, 동료들에게 해왕성의 발견을 둘러싸고 영국과 프랑스 언론이 제기했던 "활발한 토론"(양측이 모두 천문학에서의 우선권을 주장했다)을 염두에 둘 것을 촉구했다. 장센이 보기에 과거로 더 거슬러 올라가, 뉴턴 옹호자들과 라이프니츠 옹호자들 사이에서 미적분학을 둘러싸고 벌어졌던 17세기의 영국과 대륙 간의 긴장 어린 싸움과도 같았다. "영예를 향한 애정은 인간의 동기 중에서 가장 숭고한 것입니다. 우리는 그 앞에 고개 숙여야 하지만, 나쁜 결실을 맺지 않도록 주의해야 합니다."[104]

수적으로 열세였지만 장센은 계속 버텨나갔다. 경제적인 이유라면 그리니치, 워싱턴, 파리, 베를린, 풀코보, 빈, 로마 등이 우세했지만, 그 어떠한 선택도 필연적으로 자의적일 것이었다. "우리가 어떤 결정을 내리든지, 공통의 본초자오선이 된다는 것은 100여 개의 후보지들에게는 언제나 큰 영광일 것입니다. 이제 그 영광의 왕관을 과학의 머리에 내려놓고, 그 앞에 고개를 숙입시다." "옳습니다, 하지만 그 어떤 장소가 선택된다 해도 결국은 특정 국가에 속하는 것입니다"라며 영국의 어느 대표가 응답했다. 장센도 이에 뒤질세라 맞받아쳤다. "아닙니다, 전혀 그렇지 않습니다. 적도는 중립적이지만 여러 나라를 가로지르고 있습니다." 영국의 스트레이치Strachey 장군은 "경도는 경도일 뿐입니다"라며 지리학적인 경도와 천문학적인 경도를 구별하는 일에 대해 반대했다. 절대 그렇지 않다며 장센은 펄쩍 뛰었다. 경도는 다른 측정 단위와 마찬가지로 맥락에 따라 달라진다. "무게를 측정하는 것은 상업용 무게 측정과는 완전히 다른 화학적 등가로 결정되지 않습니까? 그러나 이 또한 여전히 무게입니다."[105]

통일된 시간을 촉구하며 미국의 도량형학회와 줄기차게 싸워왔던 클리블랜드 애비는 "중립적"인 위치의 자연적인 성격에 대해 의문을 드러냈다. 만일 러시아가 베링해협 옆에 있는 나라를 다시 침공한다면? 만일 미국이 시베리아 땅의 절반을 사게 된다면? "베링해협 논쟁의 한가운데 있는 핵심은 세계주의적이지 않습니다." 지구 위에 떠 있는 별, 인간이 생각하는 것 그 이상의 무엇인가만이 중립적이라 간주될 수 있었다.[106]

"바로 그것입니다"라며 샌드퍼드 플레밍이 끼어들었다. 물자와 사람을 수송하는 일에 관해 논쟁하는 버릇이 있던 그는, 프랑스의 제안을 이렇게 보았다. "중립적인 자오선이란 이론적으로는 훌륭하지만, 실행 가능성의 영역 그 이상에 대해서는 … 전적으로 우려스럽습니다." 그런 후에 플레밍은 선적 목록을 손에 들고, 여러 가지 본초자오선에 따라 이동했던 배와 용적 톤수를 암송했는데, 그리니치는 전체 톤수의 72퍼센트, 그에 이어 파리는 8퍼센트, 그리고 세계의 나머지 지역 전체의 합이 그 뒤를 이었다. 아마도 프랑스 동료에게 비위를 맞추려는 목적에서였는지, 플레밍은 그리니치로부터 정확히 180도 반대편에 있는 "아무도 거주하지 않는" 태평양 지역 한가운데를 본초자오선으로 하자고 제안했다.[107] 그렇게 하면 그리니치를 기준으로 한 도표에서 자정과 정오가 뒤바뀌고 오전 2시와 오후 2시가 뒤바뀌는 식이 되므로, 사실상 모든 천문학적 사건들에 아무 변화도 일어나지 않을 것이라고 그는 덧붙였다. 외교 영역에 있어서, 런던의 교외를 지나는 경도선을 휙 뒤집어서 지구 반대편으로 옮겨가는 일은 그 누구에게도 해가 되는 일이 아니며, 오랜 기간 동안 페루섬을 본초자오선의 근삿값으로 사용해왔던 프랑스 역시 이 방안을 문제 삼을 이유가 없었다. 중립적인 자오선에 대한 투표에서 프랑스는 이에 '찬성'했고, 브라질과 산도밍고만이 이에 동참했다. 그 외의 21개 나라는 모두 반대표를 던졌다.

프랑스를 대표해서, 르페브르는 침울한 어조로 이 논쟁이 천문학, 측지학, 항해학적인 측면에서 모두 무의미하고 평가했다. 용적 톤수는 영국과 미국의 자기만족적인 맥락이라고 상기시켰다. "그리니치 자오선의 유일한 장점은 … 여러 집단이 그 주위에서 이해관계를 키워나갈 수 있다는 점입니다. 나는 그 중요성이나 그들의 에너지, 그리고 점점 커가는 힘을 기꺼이 받아들일 것이지만, 불편부당한 과학의 배려라는 주장에 대해서는 전혀 동의할 수 없습니다." 어떠한 근거나 중립성이나 불편부당성도 고려하지 않는, 오직 상업 그 자체의 단순한 결정이었다. 르페브르는 제국이 상업적인 솜씨를 발휘하여 승리했을 뿐 다른 근거는 전혀 없다며 패배를 인정했다.

> 자, 여러분, 현재 그리니치 자오선에 영향을 미치는 유일한 이유들을 곰곰 따져보면, 물질적인 우월성이나 상업적인 우위가 여러분의 선택에 영향을 준 것은 아닙니까? 여기서 과학은 현시대의 권력을 신성시하고 왕관을 씌우는 하찮은 노예에 불과한 것처럼 보입니다. 그러나 여러분, 권력과 부유함보다 더 무상하고 덧없는 것은 없습니다.

모든 제국들은 몰락했고, 이번 역시 그러할 것이다. 과학과 종속subordinate 과학을 사슬로 묶지 마라. 프랑스가 자오선을 포기한 데 대한 보상이 있을까? 미국과 영국이 자존심을 버리고 미터법을 채택해줄까? 아니었다. "우리는 단지 우리의 해군과 국가 과학의 이름으로 전통을 희생하도록 강요당한 것뿐이고, 게다가 금전적으로도 제물이 된 희생이었습니다." 그 모임의 원로 과학자였던 윌리엄 톰슨 경은 목소리를 낮추면서 장센에게 이것은 "사업상의 협정"일 뿐, 과학적인 문제는 아니라는 점을 확실히 했다. 그 문제는 얼마 지나지 않아 "경도 자오선이 시작되는 지점으로서, 그리니치 천문대의 자오선 관측기구를 통과하는 자오선"의 채택이라고 불리게 되었다. 산도밍고는 그리니치 천문대를 성스러운 지위에 올리는 데 반대했고, 브라질과 프랑스는 기권했다. 21개국은 지지했다.[108]

또 다른 이슈들이 세계 경도 시스템에 상정되었는데, 전기적인 시간이 완비된 세계에서만 의미가 있는 논쟁이었다. 사실상 이 회의 전체를 전기적 시간 분배망을 갖춘 새로운 세계를 둘러싸고 벌어진 갈등의 확장판이라 볼 수도 있다. 미국의 대표인 W. F. 앨런은 철도 시간에서 거둔 승리를 여전히 만끽하며, 이 모든 발전에 논리적으로 접근하며 회의 측에 이렇게 제안했다. "이는 … 전기가 지닌 힘의 가능성 중 하나로, 중앙에 위치한 유일한 시계의 진자가 초 단위로 움직이면서, 지구 표면의 모든 도시들의 지역 시간을 규제할 수도 있습니다."[109]

이러한 극단적인 시간 판타지의 반대편에는 지역 규약의 세계가 있는데, 순진무구한 질문처럼 보이기까지 하는 문제, 즉 하루는 언제 시작해야 할까 하는 문제로 골치 아프게 된 것이다. 일부에서는 로마의 오전을 하루의 시작으로 정해서 그레고리력에 따른 고대의 날짜 계산법을 촉진하자는 안을 내놓았다. 천문학자들은 하루의 시작을 정오로 정해서 한 번의 밤이 이틀로 나뉘는 일을 피하고자 했다. 한편 터키의

그림 3.11 프랑스혁명 시계(1793년경) 정삼각형은 새로운 자유 아래 한 달을 똑같은 부분으로 나누게 된다는 것을 의미하고, 여기에서 꼭짓점들은 휴일을 나타낸다.

대표는 오토만제국이 자정부터 자정까지heure à la franque를 하루로 인식했지만, 수평선을 떠오르는 태양의 이등분선heure à la turque으로 계산하기도 했다고 밝혔다. "국가적이고 종교적인 이유 때문에라도 … 우리의 시간 계산법을 포기할 수 없습니다."[110]

이렇듯 여러 문화를 관통하는 동기화가 중요한 만큼, 이 갈등이 파리와 그리니치 사이의 문제라는 것을 의심하는 사람은 그 회의에서 아무도 없었다. 결의안마다 패배하던 프랑스는 마지막 하나에 희망을 걸었다. 바로 시간의 십진법이었다. 미터와 마찬가지로 시간을 합리적이고 과학적으로 측정하려는 열망이 이미 파리에 깊이 뿌리를 내리고 있었다. 프랑스 혁명력 2년에, 시간의 십진법과 더불어 날짜를 "10을 기준으로" 10일 단위(주 단위가 아니라)로 나누는 것, 즉 하루를 10시간 단위로 나누고 직각을 90부분이 아니라 100부분으로 나누는 방안을 제도화하려는 혁명 규약Convention은 난항을 겪고 있었다. 아직까지 남아 있는 혁명력 시계 중 그림 3.11에 있는 세 가지 색의 정삼각형은 새로운 자유 아래에서 상징하는 바를 보여준다. 즉, 달은 똑같은 각으로 나뉘고, 꼭짓점들은 쉬는 날을 의미한다. 과학자 중에 이러한 새로운 시스템을 받아들인 사람은 몇 되지 않았지만, 라플라스는 자신의 획기적인 『천체역학』에서 이 시스템을 채택하였고 일부 정부부처는 이 시스템을 강제적으로 시행하려고까지 했다. 그러나 엄청난 대중의 저항에 부딪히자, 나폴레옹은 로마 가톨릭교회와의 협상에서 시간 십진법을 폐지해버렸다.[111]

장센은 오랫동안 미루어왔던 십진법 시간과 원의 십진 분할법을 전 세계적으로 다시 복구하는 방안을 호소하기 위해 마지막으로 연단에 올라섰다. 그의 바람은 이제 유럽의 무역과 제조의 주류로 자리 잡은 십진법 시스템이 마침내 시간에까지 영역을 넓히고, 이를 결의안으로 통과시키는 것이었다. 혁명력의 선조들이 겪었던 것과 마찬가지로 대중의 반대에 부딪힌 장센은 그의 동료들에게 이렇게 용기를 북돋아 주었다. "여러 세기 동안 고정되어왔던 습관을 파괴하고 기존의 사용 시스템을 뒤엎어버리는 것은 두려운 일입니다." 그러나 그러한 공포가 타당한 것이라 말하지는 않았다. "우리가 혁명의 시기에 실패했다면, 그것은 과학의 영역에 국한시키지 않고 일상생활의 습관을 망가뜨리면서까지 개혁을 밀어붙였기 때문입니다." 이번에는 세계의 사람들이 삶의 모습을 바꾸어야 할 의무 없이, 오로지 사용되는 곳에만 시스템을 적용하면 되었다.

미터에서 시간과 경도에 이르기까지, 프랑스에서 이 이야기가 벌어지는 매 순간마다 공간과 시간의 규약은 혁명 규약의 유산에 강력하게 묶여 있었다. 그러나 모든 대표자들과 사실상 대다수의 도량형학자들에게 있어, 공간과 시간의 규약을 확립하는 것은 결코 지도와 철도 교차의 정확성에 관한 문제만은 아니었다. 워싱턴에서의 충돌을 표준화된 합리성을 향한 필연적인 발걸음으로 다루는 것은, 동기화 과정이 변동이 심하고 우연적이며 유백광이라는 특성을 놓치고 마는 것이다. 이는 실용과 철학이, 그리고 추상과 구체가 끊임없이 서로 경계를 넘고 다시 넘었던 일들을 놓치는 것이다.

프랑스가 본초자오선에서 대패한 이후, 각국 대표들은 프랑스의 계몽주의 야망이나 그 실행을 위한 어떠한 실용적 계획을 용인하지 않으면서도 시간 십진법을 융통성 있게 조정하는 방안을 찾고 있었다. 결국 이 회의에서는, 앞으로 시간 십진법에 대한 심도 깊은 기술적인 연구가 재개되기를 바란다는 '희망'을 표현하는 선에서 그쳤다.[112] 이러한 결과는 프랑스 대표가 고국으로 금의환향하며 가지고 갈 만한 내용은 아니었다. 그 미미하고 회유적인 투표 결과를 넘어서는 이유를 찾기 위해서, 프랑스는 눈부신 과학적 신임은 물론 기술공학과 행정학에 뛰어난 영향력을 가지고 시간 규약을 근본적으로 개혁할 수 있는 그 누군가를 필요로 했다. 거의 10여 년 동안, 이 문제는 프랑스의 기술 사회에서 불안하게 들끓고 있었다. 이제 앙리 푸앵카레의 차례이다.

4장

푸앵카레의
지도

시간, 이성, 민족

1884년의 국제 시간협의회에서 본초자오선을 그리니치에 두기로 결정한 이후 프랑스의 저항은 거세졌다. 장센은 파리로 돌아갔지만 참패 때문에 여전히 노발대발하고 있었다. 그는 1885년 3월 9일 프랑스 과학 학술원에 나와 정치적인 것을 필두로 1년 전에 있었던 논쟁을 하나하나 재평가했다. 미국인들은 미국과 동맹을 맺고 있는 작은 국가들과의 만남에 무게를 두고 있었다고 평했다. 그는 운 좋게도 일부 승리를 거둔 것이 있다고 동료들에게 역설하며, 프랑스 대사의 긴 연설을 다시 인쇄했다. 장센은 두 영어 사용국인 미국과 영국이 자신의 전문 영역에서 프랑스와 끝까지 싸웠다고 하나하나 상세하게 회상했다. "자오선의 중립성이라는 원칙을 위해 싸웠던 과학자들의 권위와 재능과 그 수에도 불구하고, 그 원칙이 침해받지도 않고 어떤 과학적 분열도 없이 이 충격들을 이겨냈다고 말할 수 있을지 모릅니다. 프랑스가 제안한 자오선은 여전히 이 문제에 대한 공평하고 과학적이고 명료한 해결책입니다. 우리가 그러한 대의명분을 지켜낸 것은 우리 조국에 명예로운 일이라고 믿습니다."[1] 유럽 대륙에서 불만족스러웠던 것은 장센만이 아니었다. 톤디느 드콰렌기Tondine de Quarenghi 신부는 1889년부터 1890년까지 볼로냐 과학 학술원의 이름으로 본초자오선을 예루살렘으로 옮겨야 한다고 캠페인을 벌였다. 예루살렘은 "최고의" 보편적인 도시로, 고대 세계의 세 대륙이 만나는 중심이며, 세계적인 3대 종교의 공통된 성지라는 것이다.[2]

프랑스와 달리 독일은 그리니치의 본초자오선 때문에 문제가 생기지 않았다. 독일은 오랜 역사에 걸쳐 거의 자치적인 주州들이 차지하고 있었는데, 주들이 나라에서 독립하면서 온갖 종류의 기계 시간 시스템과 전기 시간 시스템이 각축하고 있었다. 연로한 육군원수인 헬무트 카를 베른하르트 폰몰트케 백작Helmuth Carl Bernhard von Moltke*이 1891년 3월 16일에 독일 제국의회에서 연설을 했던 것도 바로 이 시간의 불일치 때문이었다. 프랑스와 싸워 이긴 폰몰트케의 유명한 승리의 열쇠는 철도였다. 폰몰트케는 거의 반세기에 걸쳐 군수 장비를 빠르게 배치하는 데 열차의 역할이 중요하다는 것을 독일 국민에게 설득하고 있었다. 이미 1843년에 그는 다음과 같이 주장했다. "철도의 새로운 개발은 군사적으로 모두 유익하다. 국가 방위를 위해 새로운 요새를 짓는데 수백만 명을 고용하는 것보다 철도를 완성하는 데 고용하는 것이 훨씬 더 유익하다." 새로운 철로의 영향력에 군사전략의 기반을 두고 있던 폰몰트케는 이 계획을 완성까지 밀고 나갔다. 폰몰트케는 1867년 가을쯤이면 남부의 독일 주에서 3주 동안 36만 명을, 4주 동안 43만 명을 수송할 수 있을 것이라고 공언했다.[3]

그런 계획은 적중했다. 독일인들만이 아니라 그들의 적인 프랑스인들도 1870년에서 1871년에 있었던 보불전쟁이 끝나고 나서, 폰몰트케가 시간이 정확하게 맞추어져 있는 철도를 제대로 활용한 것이 프랑스 제2제정(1852~1870)을 무너뜨렸고 유럽 권력의 균형을 근본적으로 바꾸어놓았다는 것을 인식하게 되었다. 프랑스로부터 승리를 거둔 이후 20년 동안 폰몰트케(그리고 그의 후임 슐리펜Schlieffen)의 참모본부는 통일된 독일 제국의 힘으로 엄청나게 확장되는 군사력을 감독하였다. 참모들은 끈기 있게 그러나 몰아붙이듯이 10만 대의 열차 차량을 이용하여 300만 군인을 질서 정연하게 집합시키는 작전을 수행하는 일련의 기술 기동훈련을 계속 펼쳐나갔다. 1889년에 군대는 독일 제국의회에 열

---

* 프러시아의 육군 최고사령관으로 비스마르크와 함께 독일 통일의 주역이다.

차 시간표를 간소화하기 위해 표준 시간을 채용해달라고 청원했다. 정치인들은 이를 거절했다.[4]

1891년 3월 폰몰트케 장군은 프러시아에서 최고의 영웅이었다. 그가 공공장소에 들어가면 사람들은 조용히 일어나 그가 자리에 앉을 때까지 서 있었다. 그래서 이 장군이 시간과 철도라는 주제를 가지고 의회의 본회의 연단에 모습을 드러낸 것은 중요한 사건이었다.[5] 폰몰트케는 쉰 목소리(한 달여 뒤 그는 세상을 떠났다)로 역설했다.

> 철도를 제대로 운행하려면 시간의 통일Einheitszeit이 꼭 이루어져야 한다는 점을 누구나 인정하고 있으며, 논쟁의 여지가 없습니다. 그러나 신사 여러분, 우리 독일에는 각기 다른 시간 단위 5가지가 있습니다. 작센을 포함한 독일 북쪽에서는 베를린 시간을, 바이에른에서는 뮌헨 시간을, 뷔르템베르크에서는 슈투트가르트의 시간을, 바덴에서는 카를스루에의 시간을, 그리고 라인강의 선제후령에서는 루트비히스하펜의 시간을 씁니다. 이러한 5가지 시간대로 인해 온갖 단점과 불편한 점이 발생합니다. 우리는 조국의 시간대 때문에 프랑스와 러시아의 국경에서 만나기를 꺼립니다. 나는 이것이 한때 독일이 분단되어 있던 상황으로부터 남아 있는 잔재이며, 우리가 제국이 되었으므로 폐지하는 것이 옳다고 말하는 바입니다.

청중들이 "옳소sehr wahr" 하고 외쳐댔다. 폰몰트케는 이어서 현재 나뉘어 있는 시간의 잔재가 여행자에게는 그저 잠깐 불편한 것이겠지만, 철도사업자에게는 "대단히 중요한 실질적인 난점"이며, 군대에는 더 큰 문제점이라고 말했다. 그는 군사를 동원할 때 무슨 일이 일어나겠느냐고 물었다. 표준이, 기준점이 될 수 있는 15번째 자오선(브란덴부르크 문의 동쪽으로 약 50마일 떨어져 있음)을 따라 정해지는 표준 같은 것이 있어야 했다. 독일 안에서의 지역 시간은 다르겠지만, 그러기에 제국의 양끝에서 30분 정도만큼 상쇄할 필요가 있었다. "여러분, 단지 철도의 시간이 통일된다고 해서 내가 간단히 언급한 단점들이 모두 해결되는 것은 아닙니다. 이것이 해결되기 위해서는 독일 전체 시간이 통일되어야 하며, 즉 모든 지역 시간이 사라져버려야 합니다."[6] 제국이 이를 요구한다는 것이었다.

폰몰트케는 대중이 반대할 수도 있을 거라고 시인했다. 그러나 천문대의 과학인들이 몇 가지를 "신중하게 고려한" 후 상황을 바로잡고, "이러한 반대의 기조에 맞서 그들의 권위"를 부여할 것이었다. "여러분, 과학은 우리가 바라는 것보다 훨씬 더 많은 것을 바라고 있습니다. 과학은 독일의 시간 통일이나 유럽 중부의 시간 통일로 만족하지 않으며, 그리니치 자오선에 바탕을 둔 세계 시간을 갈구합니다. 이는 분명히 철저하게 과학의 관점에 서는 것이며, 또한 과학이 추구하는 목적입니다." 농장과 공장 노동자들은 자신들이 원하는 시각에 시작하도록 시계를 돌려놓을 수 있었다. 이는 어떤 공장장이 노동자들이 새벽에 해가 뜰 때 일을 시작하게 하고 싶은데 3월이라면 6시 29분에 공장 문을 열면 되었다. 농부들이 태양을 쫓아가며 일하게 했고, 학교와 법정이 언제나 뒤처지기 쉬운 일정을 정확히 지키게 했다. 폰몰트케는 그리니치에 바탕을 둔, 국가적으로 좌표화된 시계를 원했다. 폰몰트케 장군에게 중요했던 것은 철도와 군대가 좌표화된 단일한 시간 문제를 해결해야 한다는 것이었고, 이는 새롭게 등장한 전기로 통일된 세계지도로 이어졌다. 유럽의 많은 나라들이 이를 따랐다.[7]

그러나 유럽인들 모두가 그랬던 것은 아니었다. 그리니치에 대한 저항으로 가장 잘 알려졌다고 볼 수 있는 다음과 같은 음울한 사건이 발생하기도 했다. 1894년 2월 15일 목요일, 젊은 프랑스의 무정부주의 자인 마르시알 부르댕Martial Bourdin이 웨스트민스터 다리에서 그리니치로 가는 차표를 샀다. 그리니치 천문대 아래쪽 계산실에서 잡담을 하고 있던 두 관측보조자 중 한 명에 따르면 "큰 폭발에 깜짝 놀랐어요. 그 폭발음은 날카롭고 명료했어요. … 저는 홀리스Hollis 씨에게 바로 외쳤 죠. '다이너마이트입니다! 시간을 기록하세요'". 시계를 관측하는 데 잘 훈련되어 있던 그 두 사람은 폭발 시간이 4시 51분이라고 정확하게 기 록했다. 경찰이 천문대 아래 공원의 폭발 현장으로 달려왔을 때, 부르 댕은 죽어가고 있었다. 그 무정부주의자는 엄청난 폭발의 타격으로 손 을 잃고, 폭탄의 파편을 맞은 상태였다. 수년 동안 부르댕이 왜 그랬는 지 동기를 둘러싸고 말이 많았다. 무정부주의자들은 경찰이 사건을 조 작했다고 의심했다. 1893년 12월에 파리의 하원에서 있었던 공습이나 부르댕의 죽음이 있기 바로 3일 전에 파리의 한 카페에서 있었던 사건 과 같이, 프랑스 무정부주의자들의 오랜 공격의 연장이라고 보는 사 람들도 있었다. 조지프 콘래드Joseph Conrad는 1907년 작품『비밀 요원』에 그가 이 사건을 어떻게 보는지 나타내고 있다. 그가 음울하게 묘사한 잘 속는 사람들, 교묘하게 속이는 사람들, 야심으로 가득 찬 사람들 중 에 때 묻지 않은 사람은 하나도 없다. 콘래드의 세계에서 음모를 꾸미 던 일급 외무장관은 적들이 죽음의 공포를 느낄 정도로 공격해야 한다 고 주장했다. "시위의 대상은 지식, 즉 과학이어야 합니다. 이 공격은 불필요하게 신성모독을 느낄 수 없을 정도로 매우 충격적이어야 합니 다." 이 공격은 물질적 번영에서 신비로운 과학의 핵심을 타격해야 한 다는 것이었다. 경멸적인 비웃음을 띠면서 그는 말을 이어나갔다. "그 렇습니다. 본초자오선을 날려버리는 것은 저주의 아우성을 드높일 것입니다."[8]

　의심할 필요 없이 본초자오선은 엄청난 경쟁 속에서도 강력한 상징으로 우뚝 서 있었다. 그러나 프랑스에서조차, 즉 장센과 다른 사람들이 세계 권력을 향한 영국의 횡포에 움찔하고 있던 곳에서조차 프랑스 시간을 위대한 크리스토퍼 렌Christopher Wren 천문대의 마스터 시계에 맞추는 것을 전적으로 지지하는 사람들이 있었다.

　샤를 랄르멍Charles Lallemand은 프랑스 경도국의 일원이자 푸앵카레의 동맹자였지만, 그리니치를 기준으로 하는 시간을 지지한다고 아주 분명하게 밝혔다. 물론 보편 시간(즉, 전 세계가 사용하는 단일한 시간)은 완전히 재난일 것이다. 거리에 있는 일본인이 그 순간 마치 그리니치에 있는 것처럼 시간을 맞추어 생활하고 일하기를 분명 거부할 것이다.[9] 랄르멍은 북아메리카 사람들이 "그들의 감탄할 만큼 실용적인 사업가의 감각으로 기발한 절충안, 즉 보편 시간과 지역 시간의 모든 장점들을 거의 그에 준하는 정도로 결합하는 시간대를 상상해내지 못한다면" 시간 개혁은 혼돈 속에서 곤경에 빠져 허우적댈 것이라고 주장했다.[10]

　1897년의 기록에 따르면 랄르멍은 간단하고 실용적인 시간대 체계가 문명 세계 거의 전부를 정복하는 데 10년밖에 걸리지 않았다는 것은 인류 개혁의 영역에서 전무후무한 승리였다고 주장한다. 이제 프랑스와 스페인과 포르투갈을 제외한 유럽 전체가 이 체계를 고수했다. 프랑스가 이 개혁에 동참하기 위해 해야 할 것은 그리 많지 않았다. 단지 9분 21초만 정확히 지연시키면 될 것이었다. 랄르멍은 당시의 체계가 어리석을 만큼 복잡한 것 이상으로 문제가 있음을 개탄스럽게 지적했다. 지구의 반대편에는 파리의 자오선 그리고 그리니치의 자오선과 각각 180도 차이가 나는 두 자오선이 있는데, 그 사이, 즉 적도 부근의 250마일에 이르는 지역에서는 날짜 자체가 모호하다는 것이었다. 그

연옥 같은 시간대에서 서 있거나 배를 타고 있다면, 손에 어떤 지도를 쥐고 있느냐에 따라 1899년 12월 31일일 수도 있고 1900년 1월 1일이라고 볼 수도 있었다.[11]

랄르멍은 그런 모호함을 참을 수 없었다. 이 글과 신문 보도를 통한 선전 활동으로 반대 세력은 급격하고 격렬하게 이어졌다. 어떤 사람은 논쟁 많은 워싱턴 회의에서 채택된 선을 따르기 때문에 그 시간대가 "중립적"이지 않다고 주장했다. 랄르멍은 그렇지 않다고 역설했다. 새로운 시간대 체계가 표준적이고 중립적인 24시간 시계를 따를 뿐 아니라, 또한 신세계와 구세계 모두 이 체계를 "현기증이 날 정도의 빠른 속력"으로 수용하는 것을 보면 그것이 얼마나 중립적인지 알 수 있다는 것이었다. 랄르멍은 자오선 하나는 그리니치를 지나간다는 것이 분명한 사실이라고 시인했다. 그러나 기준점은 이미 세계의 뱃사람들의 90퍼센트에게 이미 익숙한 것이었다. 경도 영점을 9분 21초와 교환하는 것이 정말로 프랑스의 독창성과 과학적 인격을 잃게 만드는 것이라고 말할 수 있을까? 말도 안 되는 소리라고 랄르멍은 맹렬하게 비난했다. 파리는 오랫동안 페루섬에 본초자오선을 두고 "20도 동쪽"에 위치해 있었다. 미터라는 단위를 규정한 프랑스혁명의 규약은 중립성을 몹시 뽐내고 있지만 이것도 정확한 것이 아니다. 미터(1미터는 지구 원주의 4,000만 분의 1로 정의됨)는 혁명 시기 프랑스에서 중립적인 척도로 시작되었던 것이지만, 파리에 보존되어 있는 표준 막대*를 외국에서 복제해감에 따라 이미 파리는 이상적인 기준에서 급속하게 멀어져 갔다. 그렇다면 어떻게 프랑스가 본초자오선을 수정하는 것을 수치라고 말할 수 있다는 말인가, 하고 랄르멍은 다그쳐 물었다. 그렇게 되면

---

* 미터원기를 뜻한다.

프랑스의 지도 전부가 쓸모없게 될 것이라고 말한 사람도 있었지만, 랄르멍은 그렇지 않고 새로운 경도선을 다른 색깔로 덧그리면 된다고 응수했다. 따라서 자신과 자신의 동포들이 영국을 위해 프랑스 국가의 자오선을 희생시키지는 않으리라는 것이 랄르멍의 결론이었다. 단지 자신들의 시계를 9분 21초만큼만 재조정한다면 전신과 항해와 철도 여행에 도움이 될 것이었다. 그의 결론은 모든 "진보의 편에 있는 사람들"이 시간의 개혁을 지지해야 한다는 것이었다.[12]

시간의 십진화

랄르멍의 '변절'이 암시하듯, 1884년 워싱턴 회의에서 내려진 결정은 프랑스 경도국에 반향을 일으켰다. 워싱턴의 국가 대표들은 그리니치에 대한 중대한 결정에 덧붙여 천문일과 항해일의 정의도 함께 고쳐서 둘 다 자정에 시작할 수 있도록 만들어달라는 '희망을 피력'했다. 천문학자들은 오래전부터 공식적인 하루의 시작을 정오에 두고 있었다. 관측상으로 흥미로운 일이 전혀 없는 낮에 하루를 시작하면, 소중한 밤 시간에 날짜의 변경으로 방해받는 일이 없었다. 반면 세계의 나머지 부분에서는 조용한 밤 시간을 이용하여 날짜를 바꾸는 시점을 자정에 두고 있었는데, 그렇게 하면 낮 시간 동안 달력의 날짜를 바꿀 필요가 없기 때문이었다. 캐나다 연구소와 토론토 천문학회의 제안에 영향을 받은 프랑스 교육부 장관은 1894년 프랑스 경도국에 의견을 물었다.

그 일의 책임을 맡고 있던 푸앵카레가 그만의 독특한 방식으로 불편함의 경중을 따지기 시작했다. "천문학자가 한창 관측을 진행하고 있는 밤에 관측일지의 날짜를 바꾸는 것은 분명히 불편한 일입니다." 천문학자는 날짜를 바꾸는 것을 잊을 수도 있고, 그렇게 되면 관측 기록은 말할 수 없이 복잡해질 것이다. 그러나 이와 똑같은 '불편함'이 바다에서 태양을 관측해야 하는 선원들에게도 존재한다. 실제로 매 순간마다 선원은 천문학자와 정확히 똑같은, 아니 더 심각한 문제점에 맞닥뜨리게 된다. 천문학자는 주의를 기울여 작업하면 그만이지만, 선원들은 수만 가지를 걱정해야 한다. 천문학자는 관측 결과를 나중에 새로 살펴보는 것이 언제나 가능하지만, 선원은 아주 사소한 오류만으로도 여울목을 만나 파선할 수도 있다. 따라서 천문학자들이 관측일지에 '11일과 12일 사이의 밤'이라고 쓰게 하면 된다. 개혁이 입안된 날의 시간에서 나타나는 불연속은 어떻게 할 것인가? 지금 그 '불편함'을 바로잡는 것이 나중에 그러는 것보다 낫다는 것이 푸앵카레의 대답이었다.

심각한 반대로는 다음과 같은 것이 있었다. 그런 개혁은 필연적으로 천문 현상을 기록한 수많은 간행물을 쓰레기로 만들게 될 것이다. 가령 영국과 미국의 《천문 연감astronomical almanacs》이나 프랑스의 《천체력》이나 독일의 《베를린 연감Berliner Jahrbuch》에 명기된 것이 그렇다. 이 간행물들 중 어느 것이든 하나가 시간 규약을 바꿀 경우, 나머지 간행물을 그에 맞도록 변환하는 일은 현재의 혼란보다도 훨씬 더 심각한 문제를 일으킬 것이다. 시간을 단순화하려는 이 훌륭한 노력이 제대로 효과를 발휘하려면 국제적인 협정이 있어야 할 것이다. 모두가 24시간을 기준으로 한 시계가 개선이 되리라는 점에는 동의한 상태일지라도, 국제적인 협정이 발효할 때까지는 프랑스가 기다려야 한다는 것이 경도국의 위원들의 결론이었다.[13] 그러나 워싱턴 회의의 허가에 따라 시간의 십진화에 대한 '희망'의 여지가 생기는 바람에, 프랑스는 하루를

24시간으로 보는 것마저 다시 검토하기 시작했다. 1897년 2월 경도국의 국장은 프랑스가 하루를 24시간으로 하고 원을 360도로 하는 과거의 체계를 버리고 진정으로 합리적인 체계를 선택해야 하는지 여부를 결정하기 위해, 앙리 푸앵카레를 사무국장으로 하는 위원회를 발족시켰다. 경도국 국장은 퉁명스럽게 물었다. 1793년에 있었던 위대한 규약이 시간과 원주의 각도에까지 십진법 체계를 확장시키는 데 실패한 까닭은 무엇인지, 그리고 그런 새로운 체계에 대한 반대가 여전히 유효한지에 대한 질문이었다.[14]

푸앵카레와 함께 위원회에 추대된 에콜폴리테크니크 출신의 저명한 수로측량 엔지니어인 부케 드라그리Bouquet de la Grye는 다음과 같이 대답했다. 1793년 규약의 목적은 구체제ancien regime의 낡은 측정 관습을 상기해내는 모든 것을 폐지하고, 나아가 나라 전체에 걸쳐 공통된 측정 방법을 배포함으로써 진정한 프랑스의 통일을 이루는 것이었다. 미터에 있어서는 혁명이 성공했다. 그러나 시간을 십진법으로 만들려는 라플라스의 용감하지만 불운한 시도가 그랬듯이, 그 규약에서 월月과 주週에 대한 시간 개혁은 비참하게 실패했다. 드라그리는 동료들에게 십진법 시계 중에 남아 있는 것이 별로 없으며 프랑스 밖에서는 아무도 관심을 갖지 않았음을 상기시켰다. 드라그리는 이 실패로부터 현재에 대한 명료한 시사점을 얻었다. "미터법이 성공한 까닭은 가장 간단하면서도 지역마다 다른 척도에 존재했던 불일치를 없애버렸기 때문이다. 시간과 원주의 십진화가 실패한 까닭은 전 세계가 같은 척도를 채택하고 있었고, 새로운 제안은 통일성이 없다는 바로 그 점 때문이었다."[15] 편의성이 가장 중요했다. 개혁이 생활을 간편하게 만들어줄 때 대중은 함께했다. 개혁이 일반인들에게 도움이 되지 않으면, 계획은 살며시 흩어져 사라져버렸다.

푸앵카레는 그에 뒤이은 논쟁을 순서대로 기록했다. 로위Loewy 국장은 혁명기의 미터법 시간이 실패했다면, 그것은 프랑스의 천문학자들이 다른 유럽 국가들에서 개혁의 동반자를 찾아낼 수 없었기 때문이라고 주장했다. 드라노에de la Noë 장군은 벨기에의 측지학 공공사업의 경우처럼 지리학 공공사업에서는 실제로 십진법 각도를 채택했었음을 지적했다. 코르뉘는 18세기 말과 19세기 말의 차이점 중 하나로 12진법 체계를 사용하던 관습이 사라진 사실을 들었다. 그 무엇보다 가장 의아한 특징은 동시대의 영국인 엔지니어들이 '인치'나 '피트' 같은 그들의 기초 단위에 잘 훈련되어 있어서 십진법 체계의 이점을 전혀 받아들이지 않았다는 사실이다. 파리-리옹-지중해 노선의 총책임자는 해협 건너편의 동료들을 포기하지 않고 영어권 사람들에 대한 안타까움을 분명히 드러냈다. 많은 영국인 엔지니어들이 현재의 체계 때문에 힘들어하고 있으며 자국의 낡아빠진 규약에서 벗어나게 되기를 바랄 것이라고 보고했다. 혁명적인 10을 향한 역사적인 프랑스의 노력에 감동을 받았으며, 세계를 합리화하기 위한 자신들의 역사적 역할에 각성되어서, 위원회는 시간의 십진화에 투표를 했다.

그러나 투표는 미결로 남았다. 철도 대표자는 과학자 동료들에게 하루 24시간의 체계를 바꾸려는 어떤 노력도 실패하게 될 뿐이라고 역설했다. 드라그리는 원을 240부분으로 나누어서 시간과 기하학의 통일을 꾀하자고 주장했다. 로위는 그가 십진법의 세계를 꿈꾸어왔음을 시인했지만, 과거의 지도와 척도에 부담을 갖고 있으며, 애석하게도 그러한 멋진 신세계에 대한 방해 때문에 난관을 헤쳐나가지 못할 것이라고 결론을 내렸다. 그는 드라그리의 절충안을 지지했다. 원을 240부분으로 나누면, 지구의 자전에서 1시간은 세계가 새로운 10도를 돌아가는 것에 대응하여, 지구도 시계와 걸맞게 될 것이기 때문이다. 푸앵카레도 다음과 같은 말로 로위를 지지했다.

> 현재 아무것도 정해지지 않은 상태라면, 가장 좋은 체계는 원을 400부분으로 나누는 것이 될 겁니다. 그러면 사분원당 100눈금, 또는 1눈금당 100킬로미터가 됩니다. … 그러나 과거를 완전히 타파할 수는 없는데, 공공의 강한 반감도 고려해야 할 뿐 아니라 과학자들은 자신들 스스로 매어 있는 전통을 갖고 있기 때문입니다.[16]

푸앵카레는 하루를 24시간으로 유지하고, 원을 240부분으로 나누자고 말했다. 귀유Guyou 사령관은 그런 타협안을 거부하면서 400부분으로 나누자고 주장했다. 바다에서 항해하거나 조수를 계산하기 위해, 항해자들은 고통스럽고 난해한 계산의 끝없는 사슬 속에 빠져들었다. 대중들은 낡은 습관에 따라 시간을 재게 내버려두고 과학자나 항해자를 위해서만 쓰기 쉬운 십진 체계를 마련하는 것이 어떨까? 귀유는, 철도 쪽 사람들은 도시 시간보다 5분 뒤처진 시간확인 체계에 이미 익숙해 있고 24시간 시계도 역시 편하게 사용한다고 덧붙였다. 두 가지 시간 체계라고 안 될 이유가 무엇인가? 푸앵카레는 그런 혼재는 받아들일 수 없다고 대답했다. 상용시常用時는 경도와 분명히 연결되어 있다. 혼합된 체계에는 사용자 누구나 편리하게 사용할 수 있는 환산인수가 꼭 필요하다.[17]

편리함convenience, 규약convention, 연속성continuity은 예전부터 있었다. 이런 용어들은 푸앵카레의 추상적인 철학에서 반복적으로 등장했었다. 그러나 이번에는 엔지니어들, 항해하는 배의 선장들, 거만한 철도 사업가들, 계산 집약적인 천문학자들이 탁상공론이 아닌 실제 세계의

관점에서 사용하였다. 파리−리옹−지중해 노선의 책임자 노블메르No-
blemaire 씨는 자신의 개입을 강화하기 위해 다음과 같이 주장했다. 기차
역을 오전 8시 45분에 출발하여 오후 3시 24분에 도착한다고 하자. 여
행은 얼마나 걸리는 것일까? 계산을 하려면 한참 생각해야 한다. 그러
나 여행 문제를 십진법으로 나타낸다면, 오전과 오후의 혼동은 사라진
다. 뺄셈만 하면 된다.

도착 시간: 15.40시

출발 시간: 8.75시

소요 시간: 6.65시간

이를 진행시키기 위해, 사회에서 중요한 것은 편리함이었다.[18] 항해자
들은 해군 학교의 사령관과 마찬가지로 십진법 시간과 십진법 경도로
전환할 때의 이로운 점만을 보았다. 지도는 쉽게 변경될 것이며, 물리
학자들은 아무 문제도 없을 것이다. 결국 물리학자들은 훌륭한 지도자
를 따라 센티미터와 그램과 초에 아주 쉽게 적응하지 않았던가.[19]

시간을 십진화하는 것이 과연 쉬울까? 물리학자들에게는 새로운
소식이었을 것이다. 프랑스 물리학회의 학회장이었던 앙리 베크렐Henri
Becquerel은 1897년 4월 초에 십진화 계획안을 받아들고는 탐탁지 않아
했다. 벽시계, 해양 크로노미터, 진자, 그 밖의 여러 시계들을 모두 교
체하는 비용은 차치하고라도, 전기 산업과 관련 종사자들에게 닥칠 어
두운 결과들에 대해 물리학자들은 우려했던 것이다. 센티미터−그램−
초centimeter−gram−second, CGS 체계가 국제적으로 채택된 것은 1881년에 이
르러서였고, 공화국의 대통령이 합리적인 CGS 척도 체계를 모든 국가
적인 일에서 사용해야 한다는 법령을 발표한 것은 1896년 4월이었다.

말할 필요도 없이 그 새로운 합리적 체계의 주춧돌 중 하나였던 60진법의 초(즉, 1시간의 3,600분의 1)는 이제 이 십진법 경쟁자와 간발의 차이에 놓이게 되었다. 새로 제안된 십진법 초(즉, 1시간의 1만 분의 1) 때문에 전류와 일 등의 기계 단위와 전기 단위가 완전히 바뀔 뿐 아니라, 거기에 바탕을 두어 정의된 모든 실용적인 단위(암페어, 볼트, 옴, 와트 등)도 함께 바뀌어야 할 것이다. "과학 연구와 기계 산업과 전기 산업 전체에서 이런 논란이 또 없다!" 모든 장비를 바꾸어야 할 것이다. "과학 쪽과 산업 쪽, 그 어디에도 아무런 혜택이 없는 엄청난 모험!" 장점과 단점의 경중을 따진다면 물리학자들의 저울은 현재의 상태, 즉 과거의 초를 유지하자는 쪽으로 확실하게 기울었다. 물리학자들에게 이것은 시작되기도 전에 끝난 문제였다.[20]

물리학자들의 애처로운 호소는 푸앵카레를 감동시키지 못했다. 아니 오히려 대중과 항해자와 과학자의 강렬한 저항에 직면하자, 푸앵카레는 논쟁에 끼어드는 것 자체를 거부하고 그 대신 혁신적인 에콜폴리테크니크 출신자의 기술적 요령으로 문제를 해결하자고 제안했다. 1897년 4월 7일, 푸앵카레는 위원회에 자신이 준비한 표 하나를 제출했는데, 그 표에는 제안된 체계가 모두 적혀 있었고, 환산을 위해 필요한 몇 가지 곱셈(10의 배수는 생략)이 적혀 있었다. 각을 나타내기 위한 인수, 시간을 변환하여 경도를 나타내는 각으로 환산하는 인수(지구 자전에 대한 시간당 각도), 각을 과거의 360도 체계로부터 제안된 십진법 체계로 환산하는 인수가 그것이었다. 가령 원주 한 바퀴 반(1.5회전)의 각을 100으로 나눈 체계로 표현하기 위해서는 환산인수가 전혀 필요하지 않다. 10의 배수를 염두에 두면, 그냥 150단위가 된다. 암산은 불필요하며, 환산인수는 그냥 1이다. 400으로 나눈 체계에서는 1.5회전이 600단위가 된다. 1.5로부터 600의 6을 얻으려면 4를 곱해야 한다. (100을 더 곱하는 데에는 머리를 쓸 필요가 전혀 없다.) 두 번째 열은 원의 일부인 각을 시간으로 환산하는 방법을 말해준다. 전체 원주가 100단위라면, 시간을 얻기 위해서는 24를 곱해야 한다. 100단위의 회전은 하루 24시간 전체를 채우는 것과 동일하다. 원주가 400단위라면 시간을 얻기 위해 6을 곱해야 한다. 끝으로 과거의 360도 원주로 다시 환산하려면, 400단위 원주의 경우에는 그냥 9라는 인수를 곱하면 되고, 100단위 원주에서는 36을 곱해야 한다.

홀륭한 기술 전문 관료로서, 푸앵카레는 가장 간단한 환산인수를 찾아내기 위해 표를 상세히 살폈다. 두 자리 수의 곱셈이 필요하지 않은 것은 400단위 체계뿐이었다. 이렇게 해서 답을 얻었다. 푸앵카레는 객관적으로 가장 덜 '불편한' 해결책을 찾았고, 이는 그가 세계의 모든 각도 측정을 폐기하자고 제안한 것에 반대하는 저항의 비명을 행복하게 막을 수 있는 해결책이었다.[21]

이것은 모든 사회적·경제적·문화적 근거에 대항하여 모든 사람이 싸우는 전쟁에서, 기술공학이 명령하는 휴전이었다. 먼지가 가라앉자,

원주를 몇 부분으로 나누는가	원주 한 바퀴보다 큰 각을 위한 인수	각을 시간으로 환산하는 인수	360도로 환산하는 인수
100	1	24	36
200	2	12	18
400	4	6	9
240	24	1	15
360	36	15	1

원을 400부분으로 나누는 경우를 위해 제시된 푸앵카레의 표

적대적인 파벌들은 한층 더 양보하면서 24시간 시계는 유지하고, 시간을 십진화하여 100분으로 나누고 1분을 다시 100초로 나누자고 주장했다.[22] 이런 절반의 척도에 귀유 선장은 싸늘해졌다. 바다의 선장들은 복잡한 표를 읽는 것에 익숙하다고 무미건조하게 언급했다. 참조하는 표가 환산을 위해 단순한 공식으로 되어 있는가, 아니면 복잡한 공식으로 되어 있는가는 별로 중요하지 않다는 것이다. 결국 위원회는 거의 위원의 수만큼 제각기의 견해들로 갈라졌다. 첫 번째 진영은 원주를 400분으로 나누는 안을 위해 로비했고, 두 번째 진영은 240분을 원했고, 세 번째 진영(물리학자와 선장들과 전신업자)은 전통적인 360도 등분에 십진법의 하위눈금을 선호했다. 천문학자 파이는 이 모든 제안에 강력하게 반대하면서 한 바퀴를 명료하게 100분으로 나누자고 했다.

이처럼 10에 대해 싸우는 와중에 푸앵카레와 그의 협력자들은 경쟁하는 체계들을 냉정하게 심사하고자 언쟁에서 벗어나 있으려고 애를 썼다. 푸앵카레는 서기인 동시에 위원 중 한 명으로서 충실하게 자신의 견해를 기록했다. 그것은 대중의 시간과 천문학의 시간을 통일하는 것에 관한 자신의 견해와 완전하게 맞아떨어졌다. "이 모든 체계들은 받아들일 만하며, 국제회의에 앞서 가장 성공할 가능성이 큰 체계를 선택해야 합니다." 위원장의 지원을 받는 푸앵카레의 힘은 구두 투표에서 승리로 이어졌다. 각을 '눈금grad', 즉 원주의 400분의 1로 통일한다는 것이었다. 이 결정은 나중의 회의에서 더 강화되긴 했지만 논쟁을 잠재우지는 못했다. 위원회의 몇 사람조차 반대했다. 프랑스 수로측량 공공사업의 책임 엔지니어는 그 공공사업에서 발행된 3,000부의 지도(지침, 표, 연보는 말할 것도 없이)를 다시 인쇄할 때 생겨나게 될 엄청난 부담에 항의하는 보고서를 제출했다. 게다가 항해자들의 모든 계기가 하룻밤 사이에 모두 고철덩어리가 될 터였다. 선원들 역시 크로노미터, 진자시계, 회중시계, 경위의經緯儀, 육분의를 모두 바다 깊이 던져버려야 할지도 몰랐다. 또 다른 반대자는 십진법 위원회가 잘못 조율된 타협안을 가지고 대중을 실망시킬 방법으로 모순적인 이해관계를 처리하고 있을 뿐이라고 강력히 주장했다. 코르뉘는 합리적 체계는 단 하나만 있다며, 제안된 개혁은 미래를 향한 모험적이고 합리적인 임무도 아니고, 현재 상태에 안전하게 머무르려는 것도 아니라고 주장했다. 로위는 십진화를 주장하는 급진파들이 핵심을 놓쳤다고 보았다. 새로운 체계가 역사를 짜깁기하면서 생겨나 전혀 말이 안 되는 체계의 비합리적이고 복잡한 부분들까지 많이 잘라냈다는 것이었다. 당분간은 논쟁을 진정시키는 것 말고는 더 할 것이 없었다. 로위와 푸앵카레는 부분적인 개혁이 편견 없는 타협으로 돌아가는 투표를 진행했다. 찬성이 12표, 반대가 3표였다.[23]

시간의 측정에 관한 논쟁에서는 아무도 비밀투표를 하지 않았지만, 이는 그 후 1897년에 코르뉘와 푸앵카레가 주관한 학술지 《전기 조명 L'Eclairage Electrique》의 몇 페이지로 굴러들어 갔다. 위원회의 타협을 분명히 불편하게 여겼던 코르뉘는 "불안정하게 사분오열된 다수"가 보편적인 인정을 받기 쉽지 않을 것으로 보이는 해결책을 정식화했다고 보고했다. 그는 위원회가 그 작업을 끝내기도 전에 프랑스 해군과 군대의 지리 공공사업 모두가 반대했다고 썼다. 해군은 일상적인 계산에서 그다지 더 간단해지지 않았고, 지리 공공사업은 실제로 일보 더 후퇴하는 것이었기 때문이다. 코르뉘에 따르면, 시간을 십진화하는 것은 공간을 십진화하는 것보다 더 어려운 일이었다. 길이의 개혁은 삼중의 조건을 충족시켰다. 대다수에게 분명 유익했으며, 직접 관련이 되지 않는 사람들에게 막대한 불편함을 끼치지 않았으며, 길이의 통일을 열망하는 일반 대중과도 잘 맞아떨어졌던 것이다. 국가와 지역과 행정구역의 경계에서 교류할 때마다 늘 발생했던 혼란으로부터 벗어나게 되었다며 모두가 기뻐했다. 코르뉘는 이 흠 많은 시간 개혁에서는 그런 칭찬을 전혀 기대하지 않았다.[24] 코르뉘는 십진화해야 하는 것은 시간의 자연스러운 단위인 1일日이지, 완전히 인공적인 1시간이 아니었다고 주장했다. 1일을 토대로 한다면 1일의 100분의 1은 대략 1시간의 4분의 1이 되었을 것이고 1일의 10만 분의 1은 과거 방식의 0.86초와 같을 것이다. 이것은 보통의 성인의 심장박동, 즉 우리의 "자연스러운" 작은 시간 단위에 매우 가깝게 대응하기 때문에 만족스러운 시간의 단위가 될 것이다.

그러나 코르뉘는 "이해관계에서는 논리가 이긴다"라며, 그 어떤 이해관계도 시간 질서를 만들어낼 한 가지 논리적 개혁만 지지하지 않는다고 완고하게 지적했다. 미터 개혁이 있기 전 공간 측정은 매우 혼란스러운 상황이었지만, 시간의 세계는 아직 그렇게 혼란스러운 상황은 아니었다. 미터 이전에 길이는 통일되지 않았던 반면에, 어떤 의미에서 시간은 이미 국가들 사이에서 통일되어 있었다. 코르뉘가 보기에는, 이렇게 잘 받아들이지 않는 분위기가 형성되자 시간 위원회가 1일이 24시간이라는 너무나 인위적인 숫자를 받아들이는 절망스럽고 혼란스러운 타협안을 툭 던져놓고는, 그 뒤에 쓸모없게도 1시간을 십진화하고 있었다. 코르뉘는 1시간에 십진법 분수는 부자연스럽다고 주장했다. 1시간의 100분의 1, 1,000분의 1, 1만 분의 1이 각각 36초, 3.6초, 0.36초가 되기 때문이다. 이것은 바람직하지 않다. 천문학 시계는 이 시간 단위에 대응되는 간격으로 울릴 수 없다. 3.6초는 진자로서는 너무 길고 0.36초는 너무 짧다. 코르뉘는 수 년 동안 거대한 진자를 사용하여 천문학 시계를 만들고 관리했었기 때문에, 이를 미리 비난했다. 인간의 모든 기관은 초秒를 특별한 것으로 만든다. 우리의 맥박이 1초 정도에 한 번씩 뛸 뿐 아니라 시각이나 청각으로 반응하는 우리의 능력도 10분의 1초 정도의 시간이 걸리고, 게다가 단위시간의 값은 대략 심장박동의 길이와 같다. 코르뉘에 따르면, 몸과 기존의 시계들과 태양이 모두 1시간을 십진화하는 것에 방해가 된다. 또한 코르뉘는 위원회의 또 다른 타협안에 절망감을 느꼈다. (코르뉘는 반대하고 있었지만 그래도) 1시간이 그렇게 유지되어서 지구의 논리적 분할이 240부분으로 되어야 한다는 타협안대로 되면, 지구가 1시간 동안 자전했을 때 꼭 맞게 10부분만큼 움직이게 된다. 그러나 여기에서도 위원회는 손을 잘못 놀려 세계의 원주를 400부분으로 나누었다. 400부분은 24시간으로 딱 맞게 나누어지지지 않기 때문에, 지리학자들이 경도를 계산할 때조차 편리해지지 않을 것이었다. 코르뉘는 이 개혁이 우리 생활의 기본 시간 단위로서의 1일을 잡아내지 못하기 때문에, 유일하게 진짜 자연스러운 시간 주기를 십진화하는 데 실패한 것이라고 보았다. "과학인들은 … 미래를 타협이 아니라 그들이 규약의 주인인 영역에서 십진화된 하루와 원주를 진보적으로 채택함으로써 준비해야 할 것이다."[25]

공공장소에서 친구이자 스승인 사람에게서 자신이 창안해낸 타협안에 관해 공격을 받았으므로, 이제 푸앵카레도 출판에 개입해야 했다. 단지 자신의 위원회가 타당성 측면에서 의구심을 받고 있기 때문만은 아니었다. 코르뉘와 마찬가지로 푸앵카레도 경쟁하는 여러 이해관계를 존중했다. 그러나 코르뉘와 달리 푸앵카레는 그런 불일치가 임시변통으로 급조된 문제를 해결하기 위해서는 당연히 필요하다고 보았다. 늘 그랬듯이 그는 점진적인 중도를 선택하는 엔지니어의 입장이 되어, 혁명과 반동 모두를 피해나갔다. 그가 보기에 핵심적인 것은 8

시 25분 40초 혹은 25도 17분 14초와 같은 끔찍한 형태를 쫓아내는 일이었다. 적어도 그의 판단으로는 그 어떤 십진법이라도 어쨌든 채택하는 것이 중요했다.

푸앵카레도 잘 알고 있듯이, 물리학자들(즉, 전기학자들)은 이미 논쟁의 장에서 빠져나가 버린 상태였다. 이제 푸앵카레는 서서히 그들을 다시 장으로 불러들이려 애썼다. 그들이 십진법의 불편함을 과장했다는 점은 분명하다. 만일 그들이 보고서만 제대로 읽었더라도 푸앵카레 편에 섰을 것이다(적어도 푸앵카레의 생각에는 그랬다). 따라서 푸앵카레는 보고서를 인용하기 시작했다. 납득할 만한 전기 단위 체계를 확립하느라 고군분투하며 수많은 세월을 보냈던 전기학자들이 이제 와서 그것을 쉽게 포기할 수 없으리라는 점은 충분히 이해할 만했다. 그러나 푸앵카레는 그들에게 합리적일 것을 촉구했다. 실용적인 목적을 위해서라면 그 어떤 척도를 사용하더라도 하나의 시간에 다른 시간을 비교하고, 하나의 저항기에 다른 저항기를 비교하는 식으로 단순히 하나에 다른 하나를 비교하면 되는 일이었다. 그렇게 산업에서 활용되면, 단위의 근본적인 정의 문제로 되돌아갈 필요는 전혀 없었다. 가게 점원이 미터를 사용하여 옷을 잴 때, 1미터가 지구 자오선의 4,000만 분의 1에 해당한다는 점을 알 필요는 전혀 없었다. 개혁으로 인해 피해를 입는 것이라고는 소위 절대단위뿐일 것이다. (예를 들어 전류의 절대단위는 특정 물질에 따라 정의되는 것이 아니라, 암페어, 즉 1미터 간격으로 평행하게 놓인 채 떨어져 있는 무한히 가느다란 두 개의 평행 막대기를 일정한 양의 전류가 통과할 때, 두 막대기 사이에 작용하는 힘에 따라 정의된다.) 푸앵카레는 이렇게 말했다. 사실상 절대적인 것의 자연신학에 대해서는 영국인들이나 걱정하게 내버려두자. 문제는 편리함이지 신의 허락이 아니다.

실제로 푸앵카레는 물리학자들이 불만을 갖는 대상은 사소한 문제라고 주장했다. 맞는 말이었다. 60초와 60분으로 구성된 기존의 60진법 시계는 100단위(1시간의 100분의 1은 36초에 해당한다)로 나뉜 새로운 천문대의 시계에 어색하게 간신히 비교될 정도였다. 그래서 어쨌다는 것인가? 크로노미터는 시간의 간격만을, 그것도 매우 작은 간격만 나타내면 되었다. 그 시계를 하루 중 특정한 시간에 맞출 필요는 전혀 없었다. 그러면 극단적인 사고실험을 해보자. 푸앵카레는 다음과 같이 말을 이어나갔다. 천문학자들이 십진법을 채택했다고 상상해보면, 곧이어 일반 대중 사이에서 어디서나 통용되는 초에 따라 작동하는 시계는 없다는 관념이 급격하게 퍼지게 될 것이다. 전기저항, 즉 옴Ohm의 절댓값을 결정해야만 하는 극소수 물리학자들에게 이것이 과연 얼마나 큰 방해가 될 것인가? 그들은 매번 36을 곱해야 할 것이다. "그 물리학자들이 이러한 귀찮은 일을 겪지 않게 하려고, 수천 명의 항해사들과 수백만 명의 학생 및 졸업생들이 이 지겨운 계산을 날마다 해야 하는 것일까?" 우리가 더 자주 하게 되는 일은 전기저항의 절댓값을 결정하는 일인가, 바다에서 우리의 위치를 고정하는 일인가, 아니면 두 개의 각을 더하거나 두 순간의 시간을 더하는 일인가? 요약하자면, 푸앵카레는 물리학자들이 자신들에게 별다른 이익이 없다는 이유로 천문학자들과 일반 대중들로부터 진보의 기회를 박탈하고 있는 것이라 비난했다. 적어도 푸앵카레가 판단할 때는, 조금이라도 진보가 있는 편이 아주 없는 것보다 나았다. 천문학 문서와 전기 관련 책자의 단위가 서로 달라질지도 모르지만 이것은 숫자 하나에 8시 14분 25초처럼 단위 세 개를 한꺼번에 사용해야 하는 모순을 없애기 위해 치러야 할 작은 대가일 것이다.[26]

캠페인에 쏟은 엄청난 양의 노력에도 불구하고, 푸앵카레의 시간 위원회는 옴짝달싹 못 하는 처지가 되었다. 시간 개혁안에 대해 드러내놓고 적대감을 표하는 외부 세력이 있음을 알아차린 외무부는, 1900년 7월 정부 차원에서 지원할 준비가 되어 있지 않다는 점을 경도국에 통보했다. 시간을 합리화하려는 악전고투는 100여 년의 세월이 지나 끝나버리고 말았다.[27]

비록 그들이 시간을 십진화하려는 노력에서는 무릎을 꿇었지만, 푸앵카레 위원회에 몸담았던 많은 참가자들은 시간대와 시간 분포의 필요성에 대해 열정적인 주장을 내놓았다. 예를 들어 (논쟁을 피하는 법이 없는) 사로통Sarrauton은 시간대 체계를 향해 공격의 날을 겨누었다. 그는 (시간대 제안에 대한) 자신의 신랄한 비평문 중 하나를 1899년 4월 25일 경도국의 로위에게 개인적으로 발송했다. 시간에 관련된 무수한 청원들이 그러하듯 그 비평 역시 철도와 케이블에 대한 존경을 표현하며 시작했다. "철로 위를 달리는 열차들과 항해사와 상품을 가득 실은 배들이 지구 표면을 종횡무진 누비고 있으며, 대기와 해저의 전신선이 뉴스를 빛의 속도로 전파하고 있다. … 지구 표면은 어떤 의미에서 볼 때 축소되고 있는 것이다." 동기화된 시계의 시간대가 해결책이 되겠지만, 그것이 영국의 시간대를 의미하는 것은 당연히 아니었다.

사로통은 지구를 쐐기 모양으로 나눈 시간대야말로 영국 제국의 날카로운 발톱으로부터 벗어날 수 있는 길이 될 것이라 주장했다. 파리 시간을 9분 21초 지연시키자는 "부드노Boudenoot" 법이 제안되자 그의 분노는 한층 더 커졌다. "이렇게 되면 순식간에 그리니치 시간이 될 것이다. 곧이어 영국 자오선이 되고, '영국에 질질 끌려가는 프랑스'가 될 것이며 미터법이 붕괴될 것이다!" 다행히 사로통에게는 구지와 들론법the Law of Gouzy and Delaune이라는 대안이 있었다. 이 법은 시간대, 십진법, 그리고 오랫동안 잃어버렸던 본초자오선을 제대로 처리하는 내용을 담고 있었는데, 1시간을 100분으로 하고 1분을 100초로 하고 상용시를 24개의 시간대로 나누고, 1900년 1월 1일을 기점으로 베링해협으로부터 경도를 시작하자는 것이었다. "이는 십진법 체계가 이루어낸 성취로서, 프랑스가 근대 시간 개혁에 있어 가장 중요한 일 중 하나를 실현했다는 의미이며, 과학적 측면에서 우위를 점유하고 있는 프랑스의 영향력을 세계에 알리는 것이다. 우리는 결정의 기로에 서 있고 이두 가지 법은 우리 앞에 펼쳐진 두 개의 길을 나타낸다. 이제 선택해야한다."[28] 합리적인 프랑스에게 돌아올 이득이 무엇이건 간에, 구지와들론이 제안한 법은 통과되지 않았다. 프랑스는 1911년 3월 9일 그리니치 자오선 시간을 채택했다.

시간대와 십진법과 본초자오선을 둘러싼 격렬한 논쟁 중에, 시간규약은 서로 멀리 떨어져 있을 것만 같았던 검투장들을 가로지르게 되었다. 법률, 지도, 과학, 산업, 일상, 프랑스혁명의 유산 등이 한데 충돌했고, 프랑스의 기술적, 지적, 과학적 기구들의 대표적인 인물들이이 싸움에 총출동했다. 경도국에서는 '규약'과 '편리함'을 바라는 푸앵카레의 철학적 희망이 항해사들과 전기학자들과 천문학자들과 철도기술자들의 일상적인 현실이라는 벽에 맞닥뜨렸다. 1898년에 푸앵카레가 「시간의 척도」를 출간하기 바로 전, 물리적 시간과 규약적 시간과좌표화된 시간은, 개혁주의자들의 완전히 추상적이면서도 한편으로는완전히 구체적이었던 논쟁의 소용돌이 속에서 만났던 것이다.

시간과 지도에 관하여

1897년 경도국의 사업 중에 십진법 시간의 확립이 있었다면, 이보

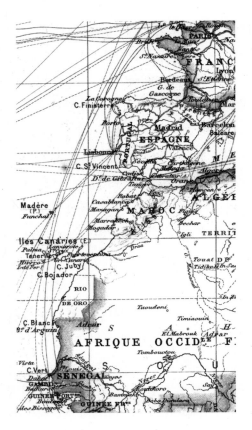

그림 4.1 케이블의 동시성: 파리, 카디스, 테네리페, 다카르 해저케이블은 19세기 말엽에 급증했는데, 경도탐색자들은 새로운 케이블을 연결하여 대양 너머의 시간을 잇는 기회를 줄기차게 찾아다녔다. 프랑스 경도국은 영국과 스페인의 해저케이블을 써서 스페인의 카디스 천문대로부터 테네리페를 거쳐 다카르의 시간 신호까지 받았다.

다 더 절박한 계획은 경도국의 빛나는 역사상 가장 어렵다고 할 만한 일인 시간이 동기화된 지도를 제작하는 일이었다. 이미 1885년에 해군성은 경도국에 "우리의 식민지"인 세네갈의 다카르와 생루이의 정확한 위치를 결정하라는 임무를 부여했다.[29] 세네갈에 대한 내용을 찾아볼 수 있는 곳은 그 제작에만 몇 년이 걸린 1897년판 경도국 출판물뿐이었고, 이 책은 푸앵카레가 「시간의 척도」를 집필하고 경도국의 국장이 되기 직전 그의 손에 들어왔다.

"우리의 식민지"의 지도를 제작한다는 것은 쉬운 일이 아니었다. 1865년에 루이 페데르브Louis Faidherbe 총독은 세네갈의 월로프와 케이어 지역을 강제로 합병해버렸고, 이로 인해 식민지 개척자들은 간헐적으로나마 생루이에서 카보베르데반도에 이르는 도로를 개척할 수 있었다. 1885년에는 식민지 정부가 철로 공사로 생루이와 다카르를 연결했다.

그러나 철로를 놓는 것만으로 격렬한 반식민주의 저항을 막을 수는 없었다. 프랑스 군대는 여전히 아프리카 동부와 남부에서 전투 중이었고, 프랑스에 대한 반란을 완전히 진압하지 못했다. 제1차 세계대전 전날 밤에도 폭동은 여기저기서 일어나고 있었다. 이러한 식민지 전쟁이 최고조에 달했을 때, 주요 도시 두 곳의 위치를 결정할 목적으로 경도국 사람들이 세네갈에 파견되었다. 이들의 목적은 점령 부대를 따라 함께 움직이면서 식민지 내부로까지 지도 제작의 범위를 확장하는 것이었다. 그러나 프랑스는 식민지 계획에 이보다 더 커다란 야망을 지니고 있었다. 프랑스 정부 당국은 다카르의 정확한 좌표를 알아냄으로써 다카르 항구에서부터 아프리카 서쪽 해안선을 따라 희망봉에 이르기까지 케이블 시스템을 연장하려는 의도를 갖고 있었다. 경도, 철로, 전신, 시간 동기화는 서로서로를 보강하는 역할을 했다. 이들은 세계의 새로운 바둑판 모양에 각각의 양상을 더해주었다.

다카르–생루이 원정대가 보르도에서 출발할 무렵, 프랑스 경도국은 이미 전신선을 스페인 카디스의 산페르난도 천문대(지브롤터에서 북서쪽으로 50마일 정도 떨어져 있음)까지 연장해두었다. 거기에서부터는 카디스와 테네리페 천문대를 연결하는 영국 케이블의 신세를 져야 했다(테네리페 천문대는 바로 얼마 전 세네갈까지의 케이블 연결을 마쳤다). 매일 저녁 1시간씩, 천문학자들은 케이블을 조절했다. 프랑스와 유럽 대륙의 모든 나라들은 영국으로부터 케이블 시간을 대여하는 문제를 해결해야 했다. 영국은 세계 해저케이블의 절대다수를 확보하고 있어서, 북아프리카를 제외한 프랑스 식민지 전역과 프랑스를 잇는 메시지 전송이 가능했다. 테네리페-세네갈, 서아프리카, 사이공-하이퐁, 오보크-페림 사이를 연결하는 케이블 사용료만으로도 프랑스는 매년 거의 250만 프랑을 지불해야 했고, 하필 그 대상이 제국주의의 경쟁자인 영국이라는 사실은 더없이 불쾌한 일이었다. 그렇듯 높은 의존도 때문에 프랑스인들은 서서히 들끓기 시작했고, 1880년대와 1890년대 동안 계속된 영국의 커뮤니케이션 지배력 아래에서 프랑스의 군사와 상업과 언론은 하나같이 분노했다. 그러나 프랑스 하원은 프랑스 내부에서 케이블 설치에 대한 계획안이 나올 때마다 모두 동결했다. 1886년에 레위니옹과 마다가스카르, 지부티, 튀니스를 연결하려던 계획이 그 첫 희생자였고, 1887년에 프랑스령 서인도제도와 뉴욕을 이으려던 계획이 그 두 번째로, 그리고 브레스트와 아이티를 연결하려던 1892~1893년의 계획이 세 번째로 봉쇄되었다.[30]

영국의 케이블 설치회사에 의존했던 것과 마찬가지로, 프랑스 정부 당국은 스페인이 꼭 필요했다. 산페르난도의 천문학자 세실리온 푸하손이가르시아Cecilion Pujazón y García는 자신의 천문대를 중계 지점으로 제공함으로써, 파리에서 출발한 신호가 테네리페를 거쳐 세네갈에 도달하도록 했다. 천문학자들은 대서양횡단회사Compagnie Transatlantique의 증기선 오레노크호를 타고 1895년 3월 15일 낡은 옷차림으로 다카르에 도착했다. 세냐-르셉스Ferdinand Seignac-Lesseps 총독은 즉시 그 천문학자들이 자신의 군대를 활용할 수 있도록 편의를 제공했다. 다카르 주둔군을 통솔하는 포병대장은 노동력과 원주민 벽돌공을 제공했고, 지저분한 군대 본부 건물에 과학자들의 거처를 마련했다. 그곳 어디에도 (불평 많은 선임 천문학자에 따르면) 괜찮은 호텔을 찾아볼 수 없었기 때문이었다. 선임 천문학자는 공포에 질렸고, 사람들이 마치 원주민처럼 밀짚 침대에서 자고 있다고 기록했다.

지도제작팀에 대한 군대의 지원은 음식과 숙박에만 머물지 않았다.

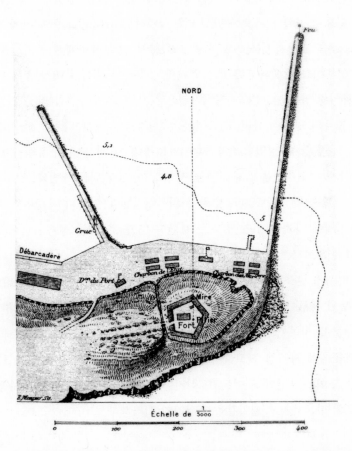

그림 4.2 다카르 측정하기 프랑스, 영국, 미국 모두 군사시설에서 지리학적 연구가 이루어지는 경우가 꽤 많았다. 다카르에서 프랑스의 경도 원정대는 중요 석탄 야적장이 내다보이는 요새의 모든 벽면을 이용하여 식민지의 기본 경도를 측정했다.

석탄 저장소와 계류장을 보호할 목적으로 카보베르데의 곶이 어렴풋이 보이는 곳에 마련된 주둔군의 요새에, 경도국 천문학자들은 자신들의 초소를 차렸다. 포병들을 공격으로부터 보호해주는 두꺼운 콘크리트 벽이 있어서, 천문학자들은 벙커의 엄호 방에 시간 기록 진자를 설치할 수 있었다. 덕분에 다카르의 지독하게 뜨거운 날씨에서도 절대적으로 중요한 시계 온도를 적정 수준으로 관리할 수 있었다. 천문학자들은 요새 바깥에 자오선 망원경을 설치하면서 대포 보호벽 위에 시준의視準儀를 고정시켰다. 5일 후인 3월 20일, 지도제작팀은 증기선을 타고 생루이로 향했다. "우리 식민지의 정치적인 중심지"에서 총독 전속 부관의 환영을 받으며, 지도제작팀은 생루이 역으로 전진했다.[31]

총독의 명령에 따라, 관측 활동이 진행되는 동안에는 그 누구도 건물을 출입할 수 없었다(발자국이 진자를 방해하기 때문이다). 통행이 허락된 극소수의 주민들은 수레를 끌지 않고 모래땅 위를 맨발로 걸어야만 했다. 관측 활동은 1895년 3월 26일부터 4월 11일까지 지속되었고, 4월 29일에 다카르에 첫 신호를 보낸 후 5월 2일에는 산페르난도까지 신호를 보냈다.

만사가 순조롭기만 했던 것은 아니다. 강물이 북에서 남으로 흐르는 탓에 생루이 자오선을 관측하기가 극히 어려웠다. 강둑에 올라가면 장애물을 피하기에 적당했지만, 정북 방향의 북극성을 찾기 위해 강 한가운데에 자리를 잡고 관찰할 수는 없는 노릇이었다. "약탈자들"은 눈에 뜨이는 철은 무엇이든지, 심지어 별을 관측하는 시준의로 사용할 대포의 화문까지도 매일같이 훔쳐가기 시작했다.

다카르와 생루이를 연결하는 260킬로미터의 선은 관목으로 뒤덮인 케이어 평원에 설치되었는데, 전쟁이 발생하는 것까지는 아니었지만 적대감에 가득 찬 사람들에 둘러싸인 채 아주 원시적인 방법으로 진행되었다. 전선이 잘리거나 버팀목이 뽑히는 경우가 흔했고, 그러고 나서 다소 다시 잘 설치되기도 했지만 정상적인 선이 설치될 만한 일반적인(물리적인) 조건을 찾기는 어려웠다. 해 질 녘 이슬이 너무나 심해서 버팀목은 물로 흥건해졌고, 프랑스에서라면 5개의 절연체면 충분할 일에 70개를 사용하고도 아주 미약한 전기파를 보내는 데 실패했다.[32]

심지어 한번은 철로를 따라 세네갈을 통과하는 데 성공했던 신호가 산타크루스(테네리페)에서 산페르난도까지 가는 데는 실패한 적이 있었다. 관측에 있어 결정적으로 중요했던 날 밤에 하원 의원 선거가 있었고, 이 때문에 스페인 지상 전신선에 공적인 송신량이 아주 많았기 때문이었다. 그리고 보정 문제가 있었다. 온도 변화에 따른 일상적인 보정이 있는가 하면, 별이 자오선을 지나는 순간에 관측자가 신호를 보내면서 정신생리학적 지체 때문에 생기는 "개인 편차"로 인한 보정이 있었다. 신호가 도착하는 순간을 기록하는 거울의 정밀성 때문에 필요한 보정도 있었다. 결국 관측팀은 한 꾸러미나 되는 관측 결과의 전체량을 2배로 만들고 나서야 여러 가지 장치나 사람 때문에 생긴 오차를 상쇄할 수 있었고, 산페르난도와 생루이 사이의 경도차가 41분 12.207초라고 결론지었다.[33] 다카르를 출발해 테네리페로 향하는 증기선에 승선할 흔치 않은 기회를 놓치지 않기 위해, 천문학자들은 향수병에 걸린 선원들을 급히 찾아내어 서둘러 장비들을 챙기고는 파리로 돌아갈 여정의 채비를 마쳤다. 그들이 경도국에 제출한 보고서는 1897년에 출간되었다.

세네갈 보고서가 빛을 보게 될 무렵, 식민지를 둘러싼 프랑스와 영국의 관계는 악화되고 있었고 수많은 논쟁의 중심에는 항상 전신케이블 문제가 놓여 있었다. 영국 케이블 회사는 외국인 고용을 거부했고, 프랑스 당국이 미처 공식적으로 발표하기도 이전에 이미 파리와 다카르 혹은 사이공을 연결하려는 프랑스의 의도를 파악하고 있었다. 1885년 케이블 회의에서, 영국은 전쟁 중인 국가들이 상대국가의 케이블선을 파기할 수 있는 권리를 주장했는데, 이는 누가 보아도 현존하는 30척의 케이블 부설선 중에 24척을 소유하고 있는 나라에게 유리한 일이었다. 1898년에, 갈등은 전쟁 직전으로 치달았다. 수단에서 나일강 일부를 통제하기 위해 경쟁을 벌이고 있던 프랑스의 마샹Marchand 함장 편대는 우선권을 주장할 준비가 되어 있었다. 그러나 영국 부대가 런던과 지속적으로 접촉하는 동안, 프랑스 케이블은 어떤 이유에서인지 침묵을 지켰다. 오직 프랑스 총독이 다카르(얼마 전까지 프랑스 경도국팀이 머물렀던)에서 대포를 실었을 때에만, 프랑스 케이블은 마술처럼 되살아났다.[34]

다시 파리로 돌아와서, 프랑스 의사당과 영국의 의사당 사이에 경도를 두고 벌어진 싸움은 끝날 줄을 몰랐고 이 문제는 정치인들의 영역에만 머물러 있을 수도 없었다. 프랑스 시계를 그리니치 시간에 맞추어야 하는가를 놓고 경도국이 골머리를 앓고 있는 동안에도, 천문학자들은 아주 기본적인 문제들 때문에 시계와 시계를 오가고 있었다. 런던을 기준으로 할 때 파리는 어디에 있는가? 조금 더 정확히 말하자면, 영국의 왕립 천문대를 기준으로 보면 파리 천문대는 얼마나 동쪽에 있는가? 1825년 7월에 이 두 경쟁국은 영국해협에서 로켓을 발사하고 그 폭발음으로 시계를 맞추는 방식을 사용하여 문제를 해결하려 한 적이 있다. 그리고 1854년에는 르베리에와 조지 에어리 경이 전신으로 다시 시도하여, 런던과 파리의 차이를 9분 20.51초라고 결정했다. 불행하게도 이러한 합의는 1872년에 미국 해안측량조사청이 대서양 횡단 케이블을 설치하는 전신 캠페인을 추진하면서 결렬되었다. 이 케이블로 인해, 파리는 런던으로부터 거의 0.5초나 더 먼 곳, 즉 9분 20.97초나 떨어져 있는 것으로 결정되었다. 0.001초까지는 아니어도 0.01초 정도의 오차도 허용하기 힘든 시대의 기준으로 볼 때, 0.5초는 너무나도 큰 오차였다. 그래서 왕립 천문학자는 페리에Perrier 장군(프랑스 육군의 지리군 대장)과 무셰Mouchez 제독(파리 천문대 소장)을 규합하여 1888년에 이 문제를 완전히 해결하기로 했다(그렇게 되기를 바랐다).

천문학자들은 양국에서 두 명씩의 관측자를 임명한 후, 상호 협력하여 측정을 진행할 계획이었다. 프랑스인과 영국인이 말 그대로 어깨를 나란히 하고, 한 팀은 영국에서 다른 한 팀은 프랑스에서 관측하는 것이다. 그들은 전신선을 공유했고 라망슈해협*을 함께 왔다 갔다 하며, 개인 편차에 대한 미세한 보정까지 협업을 확장시켜나갔다. 심지어 장치의 왜곡을 불러올 수도 있는 불필요한 열기를 막기 위해 전지 하나짜리 전기 조명을 공유하기도 했다. 몽수리에서는, 프랑스와 영국의 장치들이 서로 20피트 정도 떨어진 교각 위에 설치되었다. 그러나 결과는 참담했다.

영국이 측정한 파리와 런던의 경도 차이

9분 20.85초

프랑스가 측정한 파리와 런던의 경도 차이

9분 21.06초

---

* 영국해협은 라망슈해협 또는 영불해협이라고도 한다.

0.2초의 차이. 여전히 큰 차이였다. 그래서 1892년 푸앵카레가 경도국의 종신회원으로 선출되던 바로 그해에, 몇 년간의 협상을 거쳐 두 팀은 전신을 한 번 더 설치했다. 지난번과 마찬가지로 천문학자들은 돌로 된 교각 위에 장치를 단단히 설치하고 전기파를 보낸 후 공을 들여 데이터를 기록했다. 너무나 당혹스럽게도, 결과는 1888년에 얻었던 것에 비해 조금도 더 나아지지 않았다. 자신들이 세계지도를 그리겠다고 서로 주장했던 유럽의 두 거대 천문대들이 0.2초의 차이 이내로는 더 결론을 좁히지 못한 것이다. 이번에도 파리와 런던 사이의 거리는 영국 측의 결과보다 프랑스 측의 결과가 더 크게 나타났다. 이러한 전신 시간의 위기는 로위와 코르뉘가 연이어 경도국의 국장을 지냈던 1897~1898년이 되어서야 상부에 보고되었다. 파리 천문대는 국제 측지학 학술회의에 부응하여, 두 천문대가 적절한 시간 교환을 통해 유럽 지도를 안정적으로 만들어야 한다고 주장했다.[35]

규약이란 기하학이나 철학에만 한정되는 것이 아니라 어디에나 해당되는 문제임이 분명했다. 본초자오선, 십진법 시간, 해저케이블, 지도 제작, 심지어 파리와 런던의 상대적인 위치를 정하는 문제에까지도 규약이 필요했다. 1897~1898년에는 경도국의 모든 사람들은 공간과 시간 세계의 국제 협약이 시급한 일임을 인식하고 있었다.

이런 측면에서 볼 때, 푸앵카레의 「시간의 척도」는 순전히 은유로 가득한 논문과는 거리가 멀었다. 첫째, 멀리 떨어진 곳(런던, 베를린, 다카르 등 어디이건)에서 파리의 시간을 계산하는 일은 1897년 파리 경도국의 기준으로 볼 때 추상적인 문제가 아니었다. 이는 지도를 만드는 임무에서 가장 절박한 쟁점이었다. 둘째, 1897년은 푸앵카레도 직접 관여했었던 십진법 규약에 대한 해묵은 논쟁의 긴장이 극도로 높아진 해이기도 하다. 간단히 말해서, 몽수리의 대리석 경도 교각에서 이루어졌던 작업에 비해 훨씬 더 정확한 세계지도가 확산되도록 하기 위해, 경도국의 동시성 측정에 대한 책임이 그 언제보다도 컸던 때가 바로 1897년이었다.

사실상, 푸앵카레가 「시간의 척도」에서 동시성을 규약으로 이해해야 한다고 제안했을 때, 이를 말 그대로 받아들이는 것이 중요하다. 천문학적인 사건을 관찰하여 멀리 떨어진 세계들을 동기화하는 것은 프랑스, 독일, 영국, 미국의 관측자들에게는 표준적인 관행이었다. 금성이 자오선을 통과하는 것, 달 뒤로 별이 숨는 것, 지구의 달과 목성의 달의 식蝕 등은 모두 (부정확할 수도 있지만) 멀리 식민지 해안가의 시계를 맞추는 데 유용한 사건들이었다. 1897년이 되어 경도국 회원으로 4년째 활동해온 푸앵카레는, 천문학적 관찰에 의한 시계 좌표화가 여러 가지 이유들로 인해 가장 정확한 동시성 표준의 자리를 내어준 지 오래고 그 자리를 이제 전신이 차지하고 있음을 너무나도 잘 알고 있었다.

그 대신 결정적인 부분은, 푸앵카레가 멀리 떨어진 지역 사이의 동시성을 결정하는 기반으로서 전신을 이용하여 결정된 경도를 사용해야 한다고 언급했다는 점이다. 푸앵카레는 이 논문의 가장 유명한 구절에서, 시계를 동기화할 때는 시간의 전송을 고려해야 한다고 주장했다. 곧이어 덧붙이기를, 실용적인 목적에서 보자면 이러한 작은 보정이 작은 차이를 만들어낸다고 했다. 그리고 그는 전기 전신 신호가 송신되는 데 걸리는 정확한 시간을 계산하는 것은 복잡하다고 설명했다. 적어도 1892~1893년부터 푸앵카레는 전신을 이용한 신호 전달 이론을 가르쳤고, 철선과 구리선에서 전기가 전달되는 속도를 측정하는 실험 연구를 재검토했다. 그러한 관심은 수그러들지 않았다. 푸앵카레는 1904년에 전신 학교École Supérieure de Télégraphie에서 진행된 강의 시리즈에서 "전신기사의 오차"를 폭넓게 분석하고 난 후, 이를 다른 작업, 특히

해저 전신케이블의 물리학에 빗대어 설명했다.[36]

실제 신호 전달 방식에서, 시간은 우리의 퍼즐을 완성할 핵심적인 조각이다. 전기 펄스가 대륙과 대양을 가로질러 거의 동시에 도달하는 것처럼 보이는 점을 생각하면, 빅토리아 시대의 지도제작자가 신호 전달 시간을 고려하는 것이 불가능해 보일 것이다. 그러나 그 과정 중에 생겨나는 무수한 오차들을 줄이기 위해 그들이 실제로 어떤 일을 했는지 살펴볼 필요가 있다. 사실 전기적으로 지도를 제작하는 사람들은 이미 오래전부터 파리와 멀리 떨어진 미국, 동남아시아, 동서 아프리카 등의 시계를 동기화할 때, 정확한 전송 시간을 고려하여 오차를 보정했다. 혹은, 파리와 그리니치 사이에 타협되지 않았던 정밀한 측정 문제에서도 전송 시간을 고려했었다. 그들은 상대성을 기다릴 필요가 없었다.

앞에서도 언급했듯이, 1866년에 미국 해안측량조사청은 최초의 대서양 케이블을 통해서 매사추세츠주의 케임브리지와 영국의 그리니치 사이의 경도 차이를 결정하려고 엄청난 노력을 기울였다. 관측자들은 시계 속도의 오차와 별의 위치 측정에서의 오차를 보정했다. 그러나 그들은 캘리스에서 전신 키를 입력하는 바로 그 찰나에, 발렌시아에서 신호가 기록된 것이 아님을 깨달았다. 그 차이가 생긴 까닭은 부분적으로는 관측자들의 반응이 즉각적으로 이루어지지 못했기 때문이고, 또 부분적으로는 장치의 관성 때문이었다. 예를 들어 작은 거울 주위에서 흔들리는 자석이 눈에 띌 만큼 빛 광선을 굴절시키려면 시간이 걸렸다. "기록할 때 생기는 개인 편차"라고 설명했던 이러한 어려움들은 통제된 상황에서 지연 정도를 측정하는 방식으로 없앨 수 있었다. 그러나 전송과 수신 사이의 지연을 일으키는 또 다른 결정적인 요인이 있었는데, 바로 신호가 노바스코샤에서부터 아일랜드까지 대서양을 건널 때 걸리는 시간이었다. 온갖 오차들이 벌어지고 있는 와중에, 측정된 전송 시간들은 그대로 기록에 남았다. 1866년 10월 25일 0.314초, 1866년 11월 5일 0.280초, 1866년 11월 6일 0.248초.[37] 이러한 시간들 외에도 해안측량조사청이 멕시코와 중앙아메리카와 남아메리카로 떠나 무수한 임무들을 수행하고 남겨온 기록들이 있었다. 혹은 드베르나르디에르의 임무나 서로 연결되어 있는 유럽의 천문대들의 거대한 망에 기록이 남아 있었다.

어디에서나 전기 관측자들은 전신 신호가 선을 통과하는 데 걸리는 시간을 측정하고 있었다. 어디에서나 관측자들은 서로 멀리 떨어진 장소들의 동시성을 확립하는 데에 그러한 지연 보정을 사용하고 있었다. 그들은 다음과 같은 식으로 추론했다. 쉽게 이해하기 위해, 신호 전송에 걸리는 시간을 많이 과장하여 예컨대 5분이라고 해보자. 동쪽의 관측팀이 동부 시간으로 12시 정오에 신호를 보내서 지구 자전 방향으로 24분의 1만큼 뒤쳐져 있는 서쪽의 관측팀에게 신호를 보낸다고 가정해보자. 즉, 정확히 1시간 서쪽(마이너스 1시간)에 위치한 전송 시간이 걸리기 때문에, 서쪽팀은 이 신호를 서부 현지 시간으로 오전 11시 5분에 받게 될 것이다. 만일 이 5분의 지연을 깜박 잊고 보정하지 않는다면, 아무것도 모르는 서쪽팀은 동쪽 관측소로부터 55분 빠른 곳(마이너스 55분)의 경도에 자신들이 위치해 있다고 결론 내리게 될 것이다.

(동에서 서까지 외견상 차이)=(실제 경도 차이)+(전송 시간)

(여기: −55분=−60분+5분.) 이제 신호가 서쪽에서 동쪽으로 전송될 때 어떤 일이 생기는지 상상해보자. 서쪽에서 현지 시간으로 정오(동쪽 현지 시간으로는 오후 1시)에 신호를 보낸다. 그러나 서쪽 관측소에서 출

발한 신호가 동쪽에 도착할 때쯤이면, 동쪽 시계는 오후 1시가 아니라 1시 5분을 가리킬 것이다. 만일 신호가 전송되는 데 걸리는 시간을 관측자가 모르고 있다면, 서쪽의 현지 시간은 동쪽 현지 시간보다 65분 빠르다고(−65분) 결론짓게 될 것이다. 다시 말해서, 만일 관측자들이 신호 전송 시간을 고려하지 않는다면 실제 경도 차이는 생각하는 것보다 더 적게 나타날 것이다. 이는 다음처럼 나타낼 수 있다.

(서에서 동까지 외견상 차이) = (실제 경도 차이) − (전송 시간)

(여기: −65분 = −60분 − 5분.) 여기서, 이 두 측정치 (동에서 서까지 외견상 차이)와 (서에서 동까지 외견상 차이)를 더하면, 실제 경도 차이의 정확히 2배가 나올 것이다. +와 − 전송 시간은 정확히 상쇄한다. 그리고 만일 (동에서 서까지 외견상 차이)에서 (서에서 동까지 외견상 차이)를 빼면, 전송 시간의 2배가 될 것이다. (동에서 서까지 외견상 차이 − 서에서 동까지 외견상 차이) = (전송 시간)의 2배. 따라서,

전송 시간 = 1/2 (동에서 서까지 외견상 차이 − 서에서 동까지 외견상 차이)

전송 시간을 계산하는 이러한 단순한 방식은 서인도제도와 중앙아메리카와 남아메리카와 아시아와 아프리카 등 전 세계의 모든 장거리 측정팀들이 거쳐야 하는 절차상의 주문呪文과 같이 되어버렸다. 홍콩과 하이퐁, 그리고 브레스트와 케임브리지 사이 등 이곳저곳 나무로 만든 허름한 관측소를 떠돌아다니며 순회하는 경도국의 천문학자들도 당연히 이미 오랫동안 이러한 방법을 사용하고 있었다. 전신 지도제작자들은 정확한 동시성, 즉 정확한 경도를 확립하기 위해서는 전신 신호가

걸리는 시간을 반드시 고려해야 한다는 점을 너무나도 분명히 알았고, 이해했고, 말했었다. 1898년 즈음의 푸앵카레는 이러한 점을 몰랐었기 때문에, 그가 경도국 회원으로 복무하던 시절에 접했던 경도국 보고서들을 모두 무시했을 뿐만 아니라 그러한 실질적인 과정에 대한 어떤 토론도 회피했었다고 추측할 수 있다. 그가 「시간의 척도」에서 "현장에서 일하는 전신 경도 학자들을 살펴보고 그들이 동시성을 조사하는 방식에 대해 알아보자"라고 썼을 때, 정작 그 자신은 경도국 직원들(그리고 영국과 미국과 독일과 스위스의 모든 팀들)이 지난 25년 동안 무엇을 해왔었는지 아무튼 이해하지 못하고 있었던 것 같다. 이는 믿기 어려운 일이다.

1870년대로 거슬러 올라가 보면, 드베르나르디에르 중위와 르클레르Le Clerc 함장과 천문학자 로위가 유럽 지도에 프랑스를 말 그대로 다시 붙이려 애쓰고 있을 때, 그들에게 가장 중요했던 것 중의 하나가 바로 파리와 베를린 사이의 경도 차이를 전신으로 결정하는 일이었다. 시간 지연은 커다란 골칫거리였다. 1882년의 보고서는 그들의 신호가 "온갖 작은 오차들의 영향을 받고 있는데, 이 모두를 면밀히 검토해야 한다"라고 기록하고 있다. 전자석의 반응 때문에 생기는 오차, 느려터진 기계장치 때문에 생기는 시간 손실, 펜촉의 틈, 그리고 마지막으로 "전기의 흐름을 전송할 때 즉각적으로 반응하지 못하는 것" 등이 모두 이러한 오차에 포함되었다. 전송 시간을 결정하기 위해서 천문대에서 해야 할 일이 있었다. 예를 들어 천문 관측자들은 전류의 흐름이 언제나 같다는 점을 명심해야 했다. 그러나 예컨대 양쪽으로 흐르는 전기 신호의 속도가 똑같다는 가정 또한 성립해야 했다. 전신 신호의 교환을 통해 시간을 결정하는 절차가 합의를 이루자, 규약의 언어 문제가 전면에 대두되었다. 베를린과 파리 사이의 시계를 동기화하기 위해서는, 의정서가 마련되어야 하고 동의안이 결정되어야 했다. 심지어 기차역들 사이의 인사말 문구까지 미리 작성되었다. 미터 규약과 마찬가지로, 동시성의 규약 역시 국제적인 표준이 필요했고 과정 하나하나마다 구체적인 협정이 있어야 했다.

이제 프랑스 경도국의 파리-베를린 보고서인 「신호 교환에 대한 상호 규약」의 제목을 살펴보는 일이 순서일 것이다.[38] 1890년에 경도국이 지도에 보르도를 표기했을 때를 살펴보면, 진자의 오차나 개인 오차 등의 다른 보정 사항들과 함께 마침내 "전기 전송의 지연 S"라는 항목이 등장한다.[39] 세네갈에 머물던 프랑스팀에게는 전기 파동의 유한한 신호 시간을 고려하는 것이 너무나도 일상적인 일이었다. 1897년에 수행했던 여러 전신 임무들의 경우와 마찬가지로, 이 팀은 전송 시간을 계산하는 데 당시 흔히 사용되던 규칙을 적용했다. "결과들 사이, 즉 생루이에서 다카르까지 걸리는 시간과 다카르에서 생루이까지 걸리는 시간 사이의 차이는 0.326초이며, 이는 전기파 전송과 다른 오차들을 함께 고려한 시간의 2배를 나타낸다."[40] 그러한 보정은 일상적이기도 했지만, 푸앵카레와 경도국의 동료들이 담당한 매우 정확한 측정을 위해서는 매우 중요한 절차이기도 했다. 파리와 그리니치, 그리고 멀리 떨어진 서아프리카와 북아프리카와 동아시아에 있는 프랑스 식민지와 파리 사이에 여전히 남아 있는 까다로운 경도의 불일치 문제를 제거하려고 관측자들이 애쓰는 동안, 시간 지연의 보정 문제는 측정을 거듭하면 할수록 점점 더 커져만 갔다.

옛일을 지금의 기준에 맞추어 돌아보는 것이 불공정할 수도 있지만, 경도탐색자들이 그러한 전송 시간을 고려했어야 했다는 점은 명백하다. 여하간 경도는 0.001초 단위까지, 그리고 6,000킬로미터가 넘는 빛의 전송 시간은 0.02초까지 기록했다고 주장했다. 전기파는 해저 구리케이블을 통해 이와 비슷한 거리를 몇 배는 더 느린 속도로 흘러갔고, 보정은 0.1초 단위로 이루어졌다. 지도 제작의 정밀성을 자랑하던 19세기 후반의 세계에서, 이러한 오차는 지나치게 큰 것이었다. 적도에서 1초의 오차는 동서 0.5킬로미터의 혼란을 뜻했다.

따라서 푸앵카레는 1898년에 「시간의 척도」에서, 전신 신호 교환에 따라 동시성을 정의하는 방식이 규약성에 따라 상상해낸 추론은 아니라고 설명했다. 그는 프랑스 경도국의 종신회원 세 명 중의 한 사람이었고, 가장 유명했으며, 국장으로 선출되기 바로 몇 달 전에 표준 측지학 방법에 대한 보고서를 썼던 사람이다. 그는 케이블과 진자와 이동 관측소를 연결하는 경도국의 활발한 네트워크를 통해 동시성이 사방에서 운용되고 있음을 알고 있었다.

푸앵카레는 과학적인 절차가 어떻게 철학의 영역으로 넘어가고 있는지도 알고 있었다. 약 12년 전에, 에콜폴리테크니크 동료이자 물리학자이며 철학자인 오귀스트 칼리농이 그에게 시간과 동시성을 더 자연스러운 관점에서 볼 것을 촉구한 적이 있었다. 푸앵카레는 긍정적으로 대답했다. 그리고 1897년, 푸앵카레가 시간의 십진법에 가장 깊숙이 몸을 담그고 있던 바로 그 순간, 칼리농이 새 책을 출간했다. 칼리농은 30페이지 정도 되는 얇은 저작 「수학의 다양한 양에 대한 연구 Étude sur les Diverses Grandeurs en Mathématiques」에서, 지속 시간의 등식에 대한 우리들의 생각이 어떤 방식으로 악순환을 이루는지 보여주었다. 물병에 물을 가득 채우고 난 후, 아랫부분의 주둥이로 물을 빼낸다. 이 과정을 반복할 때마다, 물을 비우는 데 똑같은 시간이 걸릴 것인가? 이 질문에 대한 답은 시간을 독립적으로 측정할 수 있는가의 여부를 전제로 한다. 그러나 칼리농은, 그렇다면 독립적으로 측정할 때에도 똑같은 질문을 할 수 있다며, 측정기로 무엇을 측정할 것인가의 문제라고 지적했다. 이러한 칼리농의 공식에 감명을 받았음에 틀림없는 푸앵카레는 자신의 「시간의 척도」에 이 부분을 인용했다. "물병에서 물을 비우는 데 필요한 시간이라는 현상에서 끌어낼 수 있는 상황 하나는 지구의 자전이다. 만일 물을 비우는 현상을 똑같이 되풀이할 때 자전 속도가 일정치 않다면, 그 상황은 더 이상 같지 않게 될 것이다. 그러나 이러한 자전 속도가 일정하다고 가정하면, 어떻게 시간을 측정하는지 알아낼 수 있다."[41]

칼리농은 푸앵카레가 지적한 것보다 한 걸음 더 나아갔다. 그는 인간이 시간을 나눈 역사를 살펴보면, 자의적이었다고 강조했다. 예를 들어 사계절은 어떤 과학적이거나 형이상학적 개념에 근거해서 결정된 것이 아니라, 단순히 물질적인 유용성에 근거해서 결정된 것이다. 과학자들이 시간을 나누기 시작했을 때 단순히 "가장 간단하고 가장 편리한" 메커니즘을 선택했으며, 칼리농이 볼 때 이는 시곗바늘의 움직임 역시 행성의 움직임을 고려한 "가능한 한 가장 단순한" 공식에 따라 결정된 것이라는 의미였다. 칼리농은 이것이 시간의 측정에 있어 더 이상 단순화할 수 없는 선택이었다고 결론 내리면서, 편리함에 근거해서 선택해야 했던 것이라고 말했다. "실제로, 측정할 수 있는 지속 시간은 운동 연구에서 존재하는 모든 변수들 중에 움직임의 단순한 법칙을 가장 잘 표현할 수 있기 때문에 선택된 하나의 변수이다."[42]

에콜폴리테크니크 동료들과 교류하면서, 푸앵카레는 시간 측정에 있어서의 '선택', '편리함', '단순함'의 문제에 계속 직면했다. 기술 분야(철도기술자, 전기기사, 천문학자)와 에콜폴리테크니크 출신들의 과학철학 분야 모두에서 그랬다. 1898년 1월에 그의 「시간의 척도」는 바로 그 교차점을 정확히 지적했다. 시간의 측정은 규약이며, 이 규약은 과학적 절차의 본질과 관련된다. 그러나 푸앵카레의 논문이 보지 못한 점은 무엇이었는지를 이해하는 것 또한 반드시 필요한 일이다. 푸앵카레의 「시간의 척도」는 이러한 동시성 보정 원칙을 그의 물리학의 핵심적인 부분에서 다루지는 않았다. 이 논문에는 전기동역학이나 로런츠의 전자 이론 등과 같은 기준좌표계에 대한 언급이 전혀 없다. 측지학 분야에서도 마찬가지였지만, 1898년 초의 푸앵카레는 동시성을 규약과 규칙으로 접근하는 데 있어서 전자기의 교류가 핵심이라고 보았다. 또한 그의 측지학 분야 동료들과 마찬가지로, 그 역시 동시성의 시간 지연 정의의 과학적인 결과를 그저 또 다른 보정, 즉 흔들리는 거울의 관성적 멈춤과 관측자들의 정신생리학 사이에 끼어든 보정으로 인식했다. 측지학자들과는 달리, 푸앵카레는 그 보정에서 철학적으로 의미 있는 점 하나를 발견했다. 칼리농과 마찬가지로 푸앵카레 역시 과학자들의 시간 측정에서 철학을 찾아냈다. 그러나 칼리농과는 달리, 푸앵카레는 멀리 떨어진 시계들을 좌표화하는 데 직접적으로 관여했다. 푸앵카레만이 정확히 교차점에 서 있었다. 오직 그만이, 반복적인 물리학 과정에서의 전기 신호 교환이 시간과 동시성을 철학적으로 재정의하는 데 기본이 된다는 중요성을 파악하고 있었다. 전기 관측자들의 움직임과 자연주의 철학자들의 움직임 사이를 가로지르면서, 일상적인 기술은 어느 순간 두 영역에서 동시에 기능했다. 이는 몽수리의 시계 방에도 적용되었고《형이상학과 도덕 비평》의 품위를 더해주기도 했다.

1897년 푸앵카레의 활동 반경 어디에서나 동시성의 규약이 발견된다. 푸앵카레 이외의 그 어느 누구도 감히 경도탐색자의 전송 시간 보정 원칙에 대한 저작권을 주장할 생각을 하지 못할 것이다. 측지학자의 보정은 개인 특허나 과학 논문이 되는 문턱을 아슬아슬하게 넘어서지 못했지만, 전신 관측자의 일상적인 활동으로서 익명의 지식이 이루어낸 광대한 바다의 일부였다. 그보다 일반적으로 말해서, 이제 규약은 모든 국제 기술학회, 그리고 길이와 전기와 전신과 자오선과 시간을 둘러싼 모든 협정을 향해 눈에 띌 만큼 물밀듯이 나아가고 있었다.

「시간의 척도」에서 푸앵카레가 말했던 물리학 법칙의 본질은 다음과 같다. "일반적인 규칙도 없고, 엄격한 규칙도 없으며, 오히려 각 개별 사례에 적용될 수 있는 무수히 많은 작은 규칙들이 있다." 푸앵카레는 시간에 대한 재정의가 경도를 쫓아다니는 사람들의 또 다른 보정이라 생각했고, 이것이 궁극적으로는 뉴턴의 획기적인 법칙의 단순성을 훼손해서는 안 된다고 보았다. "이 규칙들은 우리에게 부과된 것이 아니며, 누구나 다른 규칙들을 만들어내는 즐거움을 맛볼 수 있다. 그럼에도 불구하고, 우리는 물리학이나 역학이나 천문학 법칙의 공식을 훨씬 더 복잡하게 만들지 않으면서도 이러한 규칙으로부터 벗어나려면 어떻게 해야 하는지 알 수 없을 것이다." 자주 인용되곤 하는 문장에서, 푸앵카레는 규칙이 사실이기 때문에 선택한 것이 아니라 편리하기 때문에 선택한 것이라고 주장했다. 1898년 푸앵카레의 관심사는, 더 간단한 대안을 상상조차 할 수 없는, 오랫동안 확신해왔던 뉴턴의 법칙을 지키는 일이었다. 그는 "다시 말하면, 이 모든 규칙과 정의들은 무의식적인 편의주의의 결과와 다르지 않다"라고 결론지었다. 경도국과 에콜폴리테크니크는 공간과 시간과 전신과 지도의 제국주의적 네트워크가 충돌하는 일을 관리하기 위해 외교관과 과학자와 엔지니어가 국제적인 규약을 사용하는 기술 세계로, 시간의 규약성에 대한 푸앵카레의 주장을 통해 경도국과 에콜폴리테크니크의 방과 전선을 타고 울려 퍼지던 아이디어를 들을 수 있었다. 이러한 세계 역시 푸앵카레의 것이었으며, 아직 아인슈타인으로부터는 한참 멀리 떨어져 있는 과학이 존재하는 방식이었다.

키토 원정

푸앵카레와 경도국의 전신 경도 작업은 1898년에서 1900년 사이에 한층 더 강화되었다. 다카르와 생루이의 경도 결정에 대한 경도국의 보고서가 나오고 몇 달 안에, 경도국은 또 다른 주요 원정대를 파견하기 위해 박차를 가했다. 이번에는 푸앵카레를 과학 사무관으로 하는 에콰도르행이었다. 그러한 원정에 대한 논의는 이미 오래전에 시작되었는데, 분명한 것은 1889년의 국제 박람회 때까지 거슬러 올라간다는 점이다. 그 기술 전시장의 한가운데에서, 국제 측지협의회에 참가한 미국의 대표단은 지구의 모양을 결정하려는 노력의 일환으로 자오선 호(경도선을 따라 그려진 호)의 길이를 결정하자고 요청했다. 만일 지구가 적도를 중심으로 넓게 퍼지고 양극 쪽은 납작하다면(2세기 전에 뉴턴이 예측했듯이), 예컨대 적도 부근의 천문학적 위도 5도를 한 바퀴 감싸는 경도 호는 양극에서 5도 떨어진 곳이 이루는 호보다 더 짧아야 했다. 오랫동안 지구는 편평한 원 모양이라고 알려져 있었으며, 이제 19세기에 걸맞은 정확성으로 지구의 모양을 결정해야 했다. 에콰도르의 대통령은 프랑스 원정대에게 모든 지원을 아끼지 않을 것이라고 말하면서 계획을 승인했다. 이 계획이 전쟁부와 외무부와 육군의 지리군 사이를 오가는 동안, 예상 비용은 올라가기 시작했고 이에 따라 그 임무의 중요성도 덩달아 분명해졌다.[43] 에콰도르의 정치도 가만히 있지는 않았다. 엘로이 알파로Eloy Alfaro 장군은 1895년 6월 5일에 에콰도르의 대통령직에 오르면서, 국가의 생활 곳곳을 개혁하려는 열망에 불타 정교분리 자유주의 혁명을 시작했다. 이제 불룩한 지구를 증명하는 일에 제동이 걸렸다.

1898년 10월 7일에 슈투트가르트에서 열린 국제 측지협의회에 참가한 미국의 대표단은 또다시 오랫동안 지연되어왔던 지구 모양 재측정을 위해 에콰도르의 키토Quito로 원정을 떠나야 한다고 호소했다. 프랑스 대표인 부케 드라그리는 바로 4년 전에 에콰도르의 전권대사가 그러한 원정 계획을 제안했었다는 사실을 학회 참가자들에게 상기시키면서, 그러나 1895년의 혁명으로 인해 그 문제를 "연기"해야 했다고 설명했다. 이러한 점에 대해 미국 대표가 정중히 인정하자, 영국 대표가 전혀 머뭇거리지 않고, 그런 바람을 갖는 것도 좋지만 측지학자라면 정확히 무엇을 할 수 있고 무엇을 해야 하는지 말할 수 있어야 한다고 언급했다. 런던은 이러한 자오선 작업의 필요성에 대한 프랑스의 답변을 요구했다. 드라그리는 "프랑스에서는 우리가 페루의 호를 새롭게 측정하는 데 대하여 협상을 재개하자는 바람을 호의적인 눈으로 보는 사람들이 많다는 점에 설득되었다"라고 답했다. 프랑스는 미국 조사단들이 아메리카를 오르내리며 각 지역의 위치를 정확히 찾아나가는 것을 보았고, 지도 제작의 야망을 가진 영국이 해저케이블을 거의 독점하는 과정을 목격했다. 이에 프랑스는 만일 여기서 머뭇거린다면 미국 해안측량조사청이 그 일을 낚아챌 것임을 더할 나위 없이 잘 알고 있었다. 그러나 만일 미국인들이 지도의 기회를 잡는다면, 푸앵카레가 말했듯이 "우리나라의 영광스러운 기회를 강탈당하고 말 것이었다".[44] 프랑스는 행동에 들어갔다.

전쟁부 장관이 임명한 인원으로 파리를 출발하여 키토로 향하는 정찰 임무에 대해 교육부 장관은 2만 프랑을 지원했다. 이러한 첨단의 약탈을 통해, 교육부 장관은 이미 18세기부터 널리 알려졌던 측정을 북위 1도와 남위 2도만큼 확장하고자 했다. 각 기지 둘레 지역에 대한 지형 일람과 지평 조사를 할 예정이었다. 그 즉시, 프랑스는 선발 원정대를 파견했는데, 이 원정대는 빠른 속도로 움직여 단 4개월 만에 세계의 가장 높은 산악 지대를 3,500킬로미터나 횡단하기로 되어 있었다. 1899년 5월 26일에 보르도에서 출발한 팀은 무서운 속력으로 작업했다. 그들이 원정에 나가 있는 동안 영국과의 긴장은 고조되었다. 나일강 유역의 식민지 땅을 차지하기 위한 프랑스와 영국의 경쟁이 치열하던 와중에 프랑스의 케이블선이 "별다른 이유 없이" 작동하지 않는 사건이 발생했고, 이후 보어전쟁 중이던 1899년 11월 17일에 영국의 전격적인 케이블 검열이 있었다. 1899년 12월 8일, 프랑스의 식민지부 장관은 사상 유례없는 액수의 케이블 청구서를 발표했다. 겨우 1주일 후, 각료회의는 1억 프랑의 예산을 들인 제국 네트워크 건설 계획을 통과시켰다. 케이블 계획에 대한 논쟁은 좌익과 우익 신문 모두에서 뜨거웠다.[45] 키토로 향하던 지도제작팀은 이러한 소동의 와중에 프랑스로 뱃머리를 돌렸고, 19세기의 마지막 날에 파리에 도착했다.

전체 임무의 재개 여부와 어떻게 수행할 것인가에 대한 결정은 1900년 7월 23일 월요일의 프랑스 과학 학술원 회의에 달려 있었다. 푸앵카레는 조국의 과학자들에게 기대했던 만큼 임무에 대해 조금의 의심도 갖지 않았다.

> 만일 우리나라가 근대과학의 정복에서 일부분만이라도 소유한다면, 우리의 선조들이 소위 프랑스의 지적인 깃발을 높이 흔들었던 그 위치를 결코 포기해서는 안 되는 이유는 너무나도 명백합니다. 우리의 권리는 오랫동안 대중에게 알려져 있었습니다. 이러한 중요한 선언의 정중한 초대에 대해서 우리는 응해야 할까요? 프랑스는 150년 전만큼이나 역동적이고 부유합니다. 이러한 나라가 무슨 연유에서 과거 프랑스가 이미 시작했던 일을 마무리하는 임무를 더 어린 나라들에게 맡겨야 한단

말입니까?[46]

장관은 과학 학술원에게 이 작업을 감독해줄 것을 요청했다. 푸앵카레
는 그 고귀한 학술원을 더 강하게 몰아붙였다. 그들이야말로 루이 고
댕Louis Godin, 피에르 부게르Pierre Bouguer, 샤를-마리 라콩다민Charles-Marie
La Condamine 등 1735년 4월부터 키토의 호를 관측했던 18세기 용감무쌍
한 선조들의 유산을 따라야 하는 것이 아닌가? 그러나 그로부터 1세기
반이 지나고, 학술원 회원들은 과연 과학자들이 안데스 지역으로 향하
는 원정대에 동반해야 하는 것인지에 대해 의문을 가지게 되었다. 그
러한 여정을 위해서는 계산 능력 그 이상이 필요하다는 점을, 주로 책
상에 앉아서 일하는 푸앵카레도 인정했다.

> 고도의 과학적 능력, 기술적 솜씨, 성실하고 규칙적인 습관 등
> 은 필수이지만, 이것만으로 충분한 것은 아닙니다. 엄청난 탈진
> 을 견디어내야 하고, 자원이 없는 곳에 남겨질 수도 있으며, 온
> 갖 기후를 경험해야 합니다. 어떻게 사람들을 인솔하는지 알아
> 야 하고, 함께 일하는 동료들을 따르게 할 줄 알아야 하며, 어
> 쩔 수 없이 고용해야 할 반#문명화된 고용인들을 어떻게 복종
> 시킬지 알아야 합니다. 이러한 지적, 신체적, 도덕적 자격을 갖
> 춘 사람들이 바로 우리 지리군 장교들입니다.[47]

안전한 파리에서 과학 학술원이 할 수 있었던 일이란 관측 노트를 검
사하는 임무를 과학적으로 감독하는 것뿐이었다.
푸앵카레도 스스로 임무 감독에 나섰다. 그는 1900년 7월 25일에
올린 보고서에서, 이 적도 지역에 좌표를 부여하는 일에는 세 가지 원

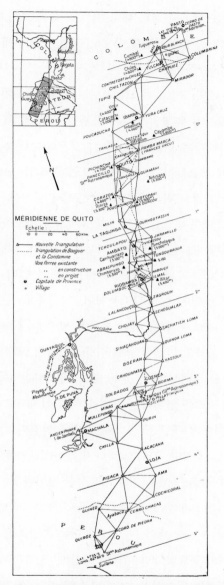

그림 4.3 키토 자오선 푸앵카레는 정기적으로 키토 원정에 대해 보고했다. 이 그림에 보이는 여러 개의 삼각형들은 지구의 모양을 더 정확하게 알기 위해 경도 호의 길이를 측정하는 데 사용되었다. 이 위도와 경도 측정의 네트워크는 케이블을 통해 세계 전신망에 연결되어 있었으며, 프랑스의 본초자오선을 기준으로 보정될 것이었다.

칙이 필요하다는 점을 분명히 했다. 신뢰도를 확보하기 위해서, 프랑스에서 자오선의 길이를 결정할 때 사용했던 장치와 똑같은 것을 사용하여 이 원칙들을 추구했다. 키토는 가장 능력 있는 프랑스의 천문학자인 리옹 천문대의 프랑수아 고네시아François Gonnessiat가 담당할 예정이었다. 리옹 천문대는 익명의 기부자가 낸 거액의 기부금으로 운영되고 있었는데 이 기부자는 훗날 롤랑 보나파르트Roland Bonaparte 왕자로 드러났다. 프랑스의 장교들이 오지의 관측소에서 작업하고 있는 동안, 고네시아는 정확한 경도 확인을 위해 키토에서 동시에 관측을 하고 있었다. 언제나 그랬듯이, 먼 곳 사이의 동시성을 확보하기 위해서는 전신이 핵심 열쇠였다. 전선 하나를 키토에서 과야킬까지 깔아서 신호 중계를 향상시켰으며, 다른 전선 하나는 키토와 멀리 떨어져 있는 북쪽 관측소를 연결했다. 간혹 그랬듯이 신호가 중계되는 과정에서 동시성 결정에 받아들일 수 없을 만한 오차가 생겨날 경우에 대비하여, 푸앵카레는 최초 관측소의 전지 동력을 증강시켜서 그 신호 중계를 시스템에서 분리시킬 준비를 해두었다. 당시, 원정대는 남쪽 끝의 관측소까지 전신 네트워크를 연결하는 작업을 이미 실시하고 있었다. 그래서 이 외진 산악 지대의 제일 끝이 다시 키토에 연결되고, 키토의 시간은 과야킬에 연결될 것이다. 과야킬은 다시 북아메리카를 지나 전 세계로 연결된 해저케이블을 통해 시계를 좌표화할 것이다.[48]

과학 학술원은 1900년 10월에 국제 측지협의회가 그랬던 것처럼 푸앵카레의 보고서를 승인했다. 미국 대표단은 프랑스에 축하 인사를 건네며 만일 도움이 필요하다면 미국에 가장 먼저 요청해달라는 점을 상기시켰다. 어림없는 일이었다. 1900년 12월 9일, 엔지니어인 모랭Maurain 함장과 포병인 랄르멍은 키토까지 가는 4년간의 임무가 될 것이라는 기대 속에서 선발대의 임무를 띠고 에콰도르를 향하여 출발했다.[49]

1902년 4월 28일 월요일, 푸앵카레는 파리의 과학 학술원 회원들에게 선발대원들이 짐 나르는 동물을 사고 호위병을 마련하느라 몇 달이 걸렸다고 보고했다. 프랑스 탐사단이 산으로 출발할 무렵, 그들은 120마리의 노새를 이끌고 인디오 짐꾼 40명과 에콰도르 장교 6명의 호위를 받았다. 가장 중요한 측량 막대자는 열에 각각 다르게 반응하는 두 개의 금속으로 이루어져 있었는데, 한 사람이 직접 등에 지고 날랐다. 밤에는 습기 때문에 마이크로미터의 선이 너무 많이 왜곡되어 아침 6시에서 9시 사이에는 이 기구를 이용한 관찰이 거의 불가능할 지경이었다. 그리고 오전 11시, 바람이 휘몰아쳐 베이스캠프 주변의 계곡에 먼지 돌풍을 일으키면서, 기구들은 부서지고 대원들은 고통에 떨었다. 바깥 온도의 급격한 변화가 캠프 안으로도 몰아쳐서, 팀원들은 과연 측량 기구들을 안정적인 평형 상태로 유지할 수 있을 것인가 의문을 갖게 되었다. 이러한 혼란 속에서, 프랑스 탐사대원들은 관찰자의 위치를 서로 바꾸지 않고 개인적으로 평형 상태를 유지하는 것이 낫겠다는 결정을 내렸고, 이로 인해 인디오들만이 베이스캠프에 남겨졌다. 랄르멍은 네트워크를 콜롬비아까지 확장하리라는 기대를 품고 두 명을 이끌고 멀리 북쪽으로 임무 수행에 나섰지만, 머지않아 정치적 소용돌이에 휘말리며 방해를 받았다. 푸앵카레는 다소 낙관적인 측면에서, 1904년 이전에 콜롬비아 접경 북쪽까지 전신의 동시성을 확립하려 한다는 탐사대 지도자들의 희망을 전했다.[50]

1년 후, 푸앵카레는 험난한 고생을 하고 있는 탐사대에 대한 보고서를 작성하여 다시 과학 학술원 앞에 섰다. 1903년 4월 6일 월요일, 위원들은 지난해 진척 사항이 매 순간 난관에 부닥쳤음을 언급하며 아쉬워했다. 우선 산꼭대기들은 거의 매번 안개 속으로 사라져 관찰이 불가능했다. 임무를 받은 페리에 중위는 해발 1만 2,000피트에 위치한 미라도르 기지에서 3개월을 보냈는데, 거의 계속 구름으로 뒤덮여 있었다. 끊임없이 쏟아지는 비가 관측소를 사정없이 두드리고, 보이는 지평선이라고는 캠프장뿐이었다. 사납게 휘몰아치는 바람은 임시 막사의 모든 것들을 뒤흔들었다. 페리에는 15일 동안 단 한 번, 21가지의 측정 중 한 가지를 수행할 수 있었고, 그가 고대하던 유라 크루스Yura Cruz로부터의 신호는 기척조차 느낄 수 없었다. 그들을 고립시켰던 계곡으로는 동쪽으로부터 강물처럼 밀려드는 구름만이 계속 흘러들 뿐이었다. 몇 달 동안의 고립된 생활이 지나고 나서, 페리에의 인내는 마침내 보상을 받아 한결 잠잠하고 맑은 날씨를 맞이하게 되었다. 페리에 중위는 강도 높게 일을 몰아붙여서 마침내 임무를 완수할 수 있었다.[51]

다른 탐사대들도 비슷한 문제에 봉착해 있었고, 푸앵카레의 생각으로는 문제의 크기도 비슷한 것 같았다. 타쿵가에서는 모랭 함장이 아주 간헐적으로 관찰할 수 있을 뿐, 어쩌다 맑은 날씨가 찾아오기만을 고대하고 있었다. 거세게 불어오는 동쪽 바람을 타고 눈보라가 몰아쳐서 그의 작업을 극도로 고통스럽게 만들었다. 돌풍은 관측대의 지붕 받침대를 부숴버렸고 텐트를 반으로 찢어놓았다. 카이토 관측대의 라콩브Lacombe는 안개와 눈 속에 며칠 동안이나 옴짝달싹 못 하고 갇혀서 단 한 번의 관찰도 시행하지 못했다. 그리고 답사팀을 지휘하고 신호 해독을 담당했던 랄르멍은 엄청나게 험한 지형을 지나가다가 코토팍시에서 계곡 틈으로 떨어졌다. 동료 병사들이 그를 구출했으나, 3주 동안 그는 제대로 움직일 수조차 없었다. 이러한 여러 가지 악전고투 속에서, 탐사팀은 지독한 날씨가 아마도 마르티니크의 화산 활동에 따라 일어난 대폭발 때문일지도 모른다고 추측했다.[52]

그러나 경도국 사람들이 맞이한 이러한 모든 불운이 자연의 힘 때문만은 아니었다. 백인 원주민과 인디오들은 측지학자들이 힘들게 세워둔 기준점을 부숴버렸다. 측정 막대기가 경도와 위도의 위치보다 더 많은 것을 암시하는 것처럼 보였던 것이다. 현지인들에게는 이러한 표식들이 보물들이 묻혀 있는 곳을 표시한 신호처럼 보였다. 이러한 금 찾기 열풍 속에서, 보물을 찾아 헤매는 사람들이 측정 막대기를 없애버렸을 뿐 아니라 근처에 있는 아무 관련 없는 것들조차 모두 파헤쳐버렸다. 그래서 산소가 부족하고 눈으로 뒤덮인 산꼭대기에서 몇 달을 보낸 프랑스 탐사팀은 다시 신호를 보내고 다시 측정하고 다시 위치 표시를 해야만 했다. 때로는 두 번 심지어 세 번씩 일을 되풀이했다. 프랑스팀은 교회를 찾아가 현지 주교들과 성직자들에게 주민들을 진정시켜달라고 요청하였으나, 과학의 힘도 신의 힘도 발굴꾼들을 막지는 못했다. 프랑스팀은 1904년 한 해 동안 자신들의 관측소가 18번 정도 파손되었으며, 끔찍한 고산 지대의 악조건 속에서 360쌍의 지점을 재측정해야만 했다고 파악했다. 이듬해에는 동시성팀을 당황스럽게 만드는 일이 벌어졌다. 울퉁불퉁한 산꼭대기의 얼어붙을 것만 같은 날씨 속에서, 원주민 정보원들이 알려준 시계視界에 대한 보고 내용이 "정확하지 않다"라는 것을 발견한 것이다. 지리학자들은 결국 그들이 고용한 정보원들이 그 산꼭대기 근처 어디에도 자발적으로 가본 적이 없다는 것을 알게 되었다. 현지인들이 실제로 높은 고도에까지 올라갔던 경우는 손꼽을 만큼이었고, 그때 "시계"는 올라가고 내려오기에 충분한 만큼 볼 수 있는 거리를 의미했다. 동시성 탐사대원들과는 달리, 현지인들에게는 위도와 경도를 밝히기 위해 저 멀리까지 바라보아야 할 그 어떤 필요도 열망도 없었다. 그 와중에 랄르멍은 황열병에 걸렸고, 동료들은 그를 프랑스로 돌려보냈다.

푸앵카레는 그들의 임무 수행에 다음과 같은 찬사를 보냈다. "눈과 안개 속에서 기다려야만 했던 그 기나긴 날들도 이들의 용기를 꺾지는 못했고, 탐사대원과 전체 인력들의 열망과 성실함과 헌신이 결코 과소평가되어서는 안 될 것입니다. 이 영웅적인 과학의 개척자들이 보여준 용기와 탐사 결과를 충분히 축하할 만합니다."[53] 시간과 공간을 고정시키려는 8년여간의 노력 끝에 얻은 지도 좌표를 손에 든 채, 푸앵카레는 1907년에 탐사대가 프랑스로 귀국했음을 공표했다.

에테르의 시간

키토 탐험에서 파리로 돌아오는 여정을 살펴보면서 우리는 너무 앞서나갔다. 왜냐하면 경도 탐험의 전체 기간 내내, 즉 1899년의 계획부터 1907년의 종결에 이르기까지 푸앵카레는 전혀 다른 두 영역에서의 동시성의 기술을 강조했기 때문이다. 그 두 영역은 철학과 물리학이었다. 이는 우연이 아니다. 푸앵카레는 키토 임무의 목적에 대한 보고서를 완결했을 때(1900년 7월 25일)부터 전신을 이용한 동시성의 세부 사항에 흠뻑 젖어 있었고, 전신선의 전지 동력까지 꿰고 있었다. 그는 동료들에게 키토의 지도를 만드는 것은 이중으로 중요함을 역설했다. 하나는 프랑스의 명예를 수호하기("프랑스의 지성적 깃발을 내거는 것") 위해서였고, 다른 하나는 기술적, 과학적 문제(지구의 모양을 결정하고 세계의 지도를 만드는 것) 때문이었다. 그러나 그게 전부가 아니었다.

이제는 순수하게 수학적으로 사유하지 않게 된 푸앵카레는 물리학의 철학적 및 규약적 토대를 더 일반적으로 숙고했다. 키토 프로젝트를 학술원의 동료들에게 촉구한 지 며칠 지나지 않아 한 주요 철학 학술대회에서 논문 한 편을 발표했는데(1900년 8월 2일),[54] 이 논문에서 푸앵카레는 가장 중심적인 바로 그 과학이 무엇이라고 생각하는지에 관한 근본적인 질문을 제기했다. 역학 자체의 기초 개념을 바꿀 수 있을 것인가? 푸앵카레의 논의에 따르면, 오랫동안 프랑스의 학자들은 역학을 경험의 한계를 넘어서는 것으로서, 제일원리의 가정으로부터 필연적으로 결론에 이르게 되는 연역적 과학이라고 여겼다. 이와 반대로 영국에서 역학은 태생적으로 이론과학이 아니라 경험과학이었다. 역학에서 어떤 실제적인 성과가 있으려면 이와 같은 해협 양편의 대립을 분석적으로 분류해내야 할 것이다. 이 가장 고귀한 과학의 어느 부분이 실험적인가? 어느 부분이 수학적인가? 그리고 (푸앵카레가 덧붙인 대로) 어느 부분이 규약적인가?

푸앵카레는 이에 대한 대답으로 기하학, 측지학, 물리학, 철학의 기초에 관한 그의 연구 전체를 훑어가면서, 이 가장 근본적인 과학의 토대의 출발점에 대해 우리가 알고 있다고 그가 판단하는 것을 철학자들을 대상으로 펼쳐 보였다. 푸앵카레의 말을 직접 들어보자.

1. 절대공간은 없으며, 우리는 상대운동만을 지각할 뿐이다. 그러나 대부분의 경우에 역학적 사실들은 마치 그 사실이 기준으로 삼을 수 있는 절대공간이 있는 것처럼 선언된다.
2. 절대시간은 없다. 우리가 두 기간이 같다고 말할 때, 그 문장은 아무 의미가 없으며, 규약에 따라서가 아니면 의미를 얻을 수 없다.
3. 우리는 두 기간이 같다는 것에 직접적인 직관을 갖고 있지 않을 뿐 아니라 서로 다른 두 장소에서 일어나는 두 사건의 동시성에 대한 직접적 직관도 갖고 있지 않다. 나는 이 점을 「시간의 척도」라는 제목의 논문에서 설명했다.

4. 요컨대, 유클리드 기하학은 그 자체로 일종의 언어 규약에
   지나지 않는 것이 아닐까?

푸앵카레에게 역학은 비유클리드 기하학을 써서도 마찬가지로 선언될 수 있는 것이다. 비유클리드 기하학을 쓰는 역학은 보통의 유클리드 기하학을 써서 정리된 역학보다 덜 편리하지만, 그것도 그 자체로 타당할 것이다. 절대시간, 절대공간, 절대적 동시성, 그리고 심지어 절대적 (유클리드) 기하학은 역학에 부과되어 있지 않다. 그러한 절대들이 "역학보다 먼저 존재하지 않았다는 것은, 프랑스어가 프랑스어로 표현된 진리들에 앞서서 존재했었다고 논리적으로 말할 수 없는 것과 마찬가지이다".[55]

이 네 요약문은 푸앵카레의 접근을 매우 잘 말해준다. 첫째 문장은 푸앵카레의 절대공간에 대한 철학적·물리학적 반대를 다시 강조하고 있다. 둘째 문장과 셋째 문장은 1898년의 「시간의 척도」를 요약하고 있으며, 넷째 문장은 기하학의 규약성에 관한 그의 오래된 연구로 논의를 연결시키고 있다. "가속도 법칙과 힘의 합성 법칙은 임의적인 규약일 뿐인가? 규약인 것은 맞지만, 임의적인 것은 아니다. 만일 과학의 선조들이 택했던, 불완전하긴 하지만 그러한 선택을 정당화하기에 충분한 실험들에 대한 통찰을 잃는다면 임의적인 것이라고 말해야 할 것이다. 때때로 우리의 관심은 이러한 규약들의 실험적 기원에 머물게 되기 쉽다." 푸앵카레가 보기에, 실험은 물리학의 원재료였으며, 그로부터 최고의 확률로 최대의 예측을 얻어내는 것이 이론의 목표이다. 다시 말해서 실험이 역학의 '기초'로서 기여할 수 있는 것은, 실험 그 자체가 힘, 질량, 가속도 따위의 개념에 대한 규약(정의) 속에 우리가 구현하고자 하는 원리들과 세계의 대략적 양상을 암시해주기 때문

이다. 그러나 이는 실험이 단순히 출발 원리를 무용지물로 만들 수 있다는 말은 아니다. 푸앵카레는 최악의 경우에도 실험은 근본 법칙이 근사적으로만 참임을 드러낼 뿐이며, "그리고 우리는 이미 그것을 알고 있다"라고 보았다.[56] 푸앵카레는 이론의 역할에 관한 자신의 사유를 물리학자들에게 간단하게 연설했다(이것도 1900년의 일이다). 푸앵카레는 여러 차례 기계 공장을 거론하며, 실험은 '원재료'이며, 이론은 체계화된 지침이라고 표현했다. "말하자면, 문제는 과학이라는 기계의 생산량을 증가시키는 것이다."[57]

푸앵카레는 수학에서조차 기계와 기계변형적mechanomorphic 구조를 중요하게 여겼다. 1889년으로 돌아가 보면, 푸앵카레는 논리주의자를 "기형畸形적인" 함수들을 퍼뜨리는 사람이라고 비난했었다. 그는 1900년 8월에 이 주제로 되돌아왔는데, 이번에는 파리 국제 학술대회로 모인 수학자들에게 하는 강연에서였다. 이번에도 푸앵카레는 논리주의자를 직관주의자와 맞붙게 했다. 둘 다 수학의 발전에서 중요하다고 평가했지만 그가 어느 편에 서 있는지는 분명했다. 한 수학자(푸앵카레와 같은 분과에 속해 있던 논리학자)는 각은 임의의 수로 등분할 수 있음을 명료하게 증명하기 위해 페이지에 페이지를 거듭해서 지면을 할애할 수 있었다. 그와 반대로, 푸앵카레는 청중에게 괴팅겐의 수학자 펠릭스 클라인을 주목하라고 요청했다. "그는 함수론에서 가장 추상적인 문제 중 하나를 연구하고 있습니다. 즉, 특정의 추상적이고 수학적인 리만 곡면 위에 주어진 특이점들, 대략 말하면 함숫값이 무한대가 되는 점들을 허용하는 함수가 언제나 존재할 것인지 결정하는 문제였습니다. 그 저명한 독일의 기하학자가 한 일은 무엇일까요? 그는 리만 곡면을 전기전도도가 특정한 법칙에 따라 변하는 금속 곡면으로 바꾸었습니다. 곡면 위의 특이점 둘은 전지의 두 극으로 연결했습니다. 그는 전류가 흘러야 한다고 말합니다. 곡면 위에서 이 전류의 분포로부터 그 특이점이 요구되는 것과 정확히 일치하는 함수를 정의할 수 있을 것입니다." 클라인은 이러한 논증이 엄밀하지 않다는 것을 더할 나위 없이 알고 있었지만, (푸앵카레는 덧붙였다) "엄밀한 증명은 아니라해도 그 속에서 적어도 일종의 도덕적 확실성이 있음을 알고 있었습니다. 논리학자라면 그러한 착상에 기겁하면서 거부했을 것입니다". 더정확히 말해서, 논리학자라면 직관주의자의 사고를 형식화할 수조차없었을 것이다.[58] 그러나 푸앵카레도 틀림없이 그렇게 기계를 형식화하는 사유를 순수수학에서, 측지학에서, 철학에서 했다. 그 모든 것 중에서 푸앵카레는 전기와 자기의 연구를 맨 앞에 두었다. 전자기 시계좌표에 관한 자신의 아이디어를 물리학 자체의 중심부로 가져왔던 것이다.

푸앵카레가 생나제르 기차역에서 랄르멍과 모랭을 키토 전신 경도임무에 파견한 지 꼭 이틀 뒤인 1900년 12월 10일, 그는 레이던대학의강단에 서서 공간과 시간과 에테르에 관한 자신의 생각을 설명하고 있었다. 푸앵카레와 여러 기라성 같은 학자들이 H. A. 로런츠를 축하하기 위해 모인 것이었다. 로런츠는 푸앵카레에게 (그리고 아인슈타인에게도 그랬다고 덧붙여야 할 것이다) 물리학자들 중의 독보적인 인물이었다. 로런츠는 여러 가지 면에서 새로운 직업적 범주로서 '이론물리학자'의사례를 만드는 데 도움이 되었다. 많은 물리학자들이, 특히 영국 바깥에 있는 물리학자들이, 맥스웰의 전기와 자기의 이론을 이해할 수 있도록 바꾸어놓은 것은 로런츠였다. 로런츠는 모든 물질을 에테르의 흐름, 소용돌이, 변형, 변형력으로 환원해버리는 영국의 전통을 따르지않고, 그 대신 더 완강한 교조를 내세웠다. 세계에는 두 가지 종류의 실재가 있는데, 하나는 전기장과 자기장(에테르의 상태들)이고, 다른 하나는 에테르 속에서 움직이는 전기를 띤 물질적 입자들이었다. 전기장과 자기장은 입자들에 작용할 수 있으며, 입자들은 전기장과 자기장을 만들 수 있다. 그러나 로런츠는 한 걸음 더 나아가 우주에 널리 퍼져 있다고 가정된 광대한 에테르 속에서 물체들(지구를 포함하여)의 운동을 드러내려던 실험가들의 겉으로 드러난 실패를 설명하려고 애썼다.

한동안 푸앵카레는 다른 모든 최신의 물리학자들과 마찬가지로 로런츠의 이론에 완전히 익숙해 있었다. 1899년에 소르본대학에서 이 주제로 강의할 때 푸앵카레는 로런츠의 이론이 현존하는 이론 중에 가장 훌륭하다고 믿었기 때문에 조심스럽게 비판했다. 1900년의 레이던대학의 청중 중에는 로런츠도 앉아 있었는데, 푸앵카레는 로런츠의 설명이 작용반작용의 원리에 위배된다는 점이 곤혹스럽다고 말했다. 대포알이 발사되면 대포는 즉시 뒤로 움찔 물러나지만, (로런츠에 따르면) 에테르와 원자는 기묘한 성질을 지니고 있어서 원자는 에테르에 작용을 미칠 수 있지만 원자의 작용을 받는 물질은 나중에서야 반작용할 수 있다. 그사이에 무슨 일이 일어나는 것일까? 에테르는 너무나 비실체적이어서 운동량도 갖지 않는 것으로 보인다는 반론이 가능하다. 푸앵카레는 로런츠와 모여 있는 청중에게 이러한 반론을 누그러뜨릴 수 있다고 말했다. "그러나 나에게는 100배는 더 좋은 변명이 있기 때문에 그런 변명을 경멸합니다. 좋은 이론은 유연합니다. … 어느 이론이 어떤 참인 관계를 드러내준다면, 그 이론은 1,000가지의 다양한 형태로 모습을 바꿀 수 있으며, 그 이론은 어떤 공격도 막아내면서도 그 본질은 바뀌지 않을 것입니다." 로런츠는 그러한 유연한 이론들 중 하나, 즉 참인 좋은 이론 중 하나를 창안한 것이다. 푸앵카레는 그 이론을 비판하는 것 때문에 "사과하지 않겠다"라고 말했다. 그 대신 로런츠의 원래 아이디어에 덧붙일 것이 별로 없다는 점이 아쉬웠을 뿐이었다.[59] 의

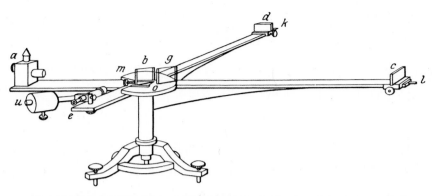

그림 4.4 에테르 추적하기 앨버트 마이컬슨은 주목할 만한 일련의 실험들을 통해 도무지 발견되지 않는 에테르 속에서 지구의 운동을 측정하려고 했다. 여기 있는 1881년 장치는 빛의 광선을 *a*에서 발사하는데, *b*에 있는 반도금 거울로 광선이 갈라진다. 광선의 절반은 *d*에서 반사되어 접안렌즈 *e*에 도달한다. 광선의 나머지 절반은 *b*에서 거울을 투과했다가 *c*에서 반사되고 다시 *b*에서 반사되어 접안렌즈 *e*에 도달한다. 접안렌즈에서는 두 빛이 서로 간섭을 일으켜서, 관찰자는 특유의 명암 패턴을 보게 된다. 광파 하나가 뒤처지면 (빛의 파장에 비해 아주 작은 크기만큼) 이 명암 패턴은 눈에 보일 만큼 엇나간다. 따라서 지구가 정말로 에테르 속에서 날아가고 있는 것이라면, '에테르 바람'이 두 광선이 왕복하는 데 걸리는 상대시간에 영향을 줄 것이다(두 광파의 상대적인 위상이 엇나갈 것이다). 요컨대, 마이컬슨은 장치를 회전시키면 두 빛의 간섭 패턴에서 변화를 볼 수 있을 것이라고 완전히 기대하고 있었다. 그러나 그가 이 어마어마하게 민감한 장치를 아무리 돌려보아도 명암 패턴은 조금도 달라지지 않았다. 로런츠와 푸앵카레에게 이것은 간섭계의 팔arms이 다른 물질처럼 에테르 속으로 치달리는 만큼 줄어들어서 에테르의 효과가 숨어버린 것을 의미했다. 아인슈타인에게 그것은 에테르라는 바로 그 개념이 '불필요하다'라는 암시적인 증거 하나가 더 나온 것이었다.

견을 보류하는 말에도 불구하고 푸앵카레는 한 걸음 더 나아가 로런츠의 이론의 물리적 의미를 변화시켜버렸다.

로런츠의 원래 아이디어의 뿌리에는 에테르 물리학의 고칠 수 없는 것처럼 보이는 난점에 대한 이론적 설명이 있었다. 에테르는 투명한 물체 때문에 단순하게 따라서 끌린 것인가? 에테르가 지구의 대기 때문에 따라 끌린 것이라면 실험에서 에테르 속을 지나는 지구의 운동이 결코 드러나지 않은 것처럼 보이는 이유를 설명할 수 있을 것이다. 불행히도 19세기 중반에 프랑스의 물리학자 아르망-이폴리트 피조가

한 실험은 이런 설명을 배제하는 것으로 보였다. 피조는 여러 다른 속력으로 흐르는 물속으로 빛을 비추어서 에테르가 끌린 것이라 해도 아주 부분적인 것에 지나지 않음을 증명할 수 있었다. 그러나 만일 에테르가 물질 때문에 끌린 것이 아니라면(그리고 우주 속에 영원히 고정된 것이라면), 에테르 속을 지나가는 우리 자신의 운동을 검출할 수 있어야 한다. 이것이 바로 미국의 실험물리학자 앨버트 마이컬슨이 초고감도 광학적 '간섭계'를 직접 발명하여 이를 써서 발견하려던 것이었다(그림 4.4 참조).

실제로 마이컬슨은 에테르에 대해서 외통수를 두었다고 생각했다. 정말로 에테르의 바람이 있다면 빛이 에테르의 바람을 따라서 가는가, 또는 거슬러 가는가에 따라 광선 빔의 왕복시간이 바뀌어야 하기 때문이다. 그러나 장치를 회전시켜도 어두운 간섭무늬의 아주 작은 흔들림도 보이지 않았다. 정확도가 매우 높아도 광학적 수단으로는 에테르속을 지나는 그 어떤 운동도 검출할 수 없는 것처럼 보였다. 마이컬슨은 에테르를 발견하려는 자신의 노력이 비참한 실패로 끝났다고 보았지만, 로런츠를 비롯하여 다른 물리학자들은 이론화로 나아갔다.

1892년에 로런츠는 마이컬슨의 무효했던 실험 결과를 고려하여 움직이지 않는 에테르의 존재를 가정하고, 에테르 속을 지나서 움직이는 물체는 그 진행 방향으로 수축된다는 놀라운 관념을 도입했다. 이 '로런츠 수축'은 기이하게 들리기는 했지만 이 수축 인자를 신중하게 선택함으로써, 존재할 것으로 추정되는 에테르 바람의 효과를 정확히 보완해준다는 의미에서 받아들여졌다. 로런츠 수축은 왜 높은 정밀도의 실험이 (심지어 대단한 마이컬슨 간섭계조차) 광학 현상에서 에테르의 미풍효과를 발견할 수 없었는지 설명해준다.

놀랍게도, 로런츠 수축 가설은 충분하지 않았다. 1895년 로런츠는 모든 광학 현상이 거의 같은 방식으로 서술될 수 있다는 것을 증명하는 과정에서 허구적인 '국소 시간'이라는 개념을 도입하여 두 번째 혁신을 이루었다.[60] 로런츠의 아이디어는 참된 물리적 시간 $t_{참}$은 하나만 존재한다는 것이었다. 참된 시간은 에테르 속에서 멈추어 있는 물체에 대해 사용하기에 알맞은 시간이었다. 로런츠는 에테르 속에서 움직이는 물체에 이 허구적인 국소 시간을 (일종의 수학적 묘수로) 도입했는데, 국소 시간은 유용했다. 움직이는 물체에 대한 전기와 자기의 법칙들이 에테르 속에 정지해 있는 물체에 대한 법칙들과 닮도록 인위적으로 만들 수 있기 때문이다. 이 유용한 양($t_{국소}$)은 에테르의 흐름을 가르며 달려가는 물체의 속력(v)과 빛의 속력(c)과 물체의 위치(x)에 따라 달라지며, $t_{국소}$는 $t_{참}$에서 vx/c^2을 뺀 값이었다. 로런츠는 왜 이것을 국소 시간으로 선택했을까? 그 이유는 순수하게 형식적인 것일지 모르지만 정확한 결과를 주기 때문이었다. 국소 시간을 이용하면 에테르 속에서 실제로 움직이는 물체를 에테르 속에 정지해 있는 허구적인 물체인 것처럼 다시 기술할 수 있다. 로런츠에게 국소 시간은 단지 수학적 편리함에 지나지 않았다.

푸앵카레는 로런츠의 이론과 길이 수축 및 '국소 시간'에 관한 가정들을 신중하게 살펴보았다. 그는 1899년 소르본 강의에서조차 국소 시간을 동시성에 대한 기술적-철학적 정의와 연결시키지 않았다. 사실 그는 로런츠의 '국소 시간'으로 인해 해야 할 보정이 에테르 속을 지나서 움직이는 지구에 대해서는 너무나 작아서 (1킬로미터만큼 떨어져 있는 두 시계의 경우에 30억 분의 1초만 보정하면 된다) 그냥 무시하겠다고 밝혔다.[61] 그 와중에 푸앵카레는 전신을 이용하여 경도를 결정하는 과제에 더욱 깊이 참여했다. 1899~1900년에 키토 원정을 한창 계획하고 있을 때뿐 아니라 1899년 경도국의 국장일 때에도 그러했다. 예전에는 동시성을 결정하는 상세한 절차로부터 조금 물러서 있었다면, 이 제는 완전히 몰입해 있었다.

가령, 1899년 6월 23일 푸앵카레는 영국의 왕실 천문학자 윌리엄 크리스티William Christie에게 파리와 그리니치 사이의 경도차에 대한 프랑스의 측정과 영국의 측정이 혼란스럽게 불일치한다는 편지를 썼다. 영국이 즉각 새로운 노력을 시작할 수 있을 것인가? 크리스티는 8월 3일의 답장에서 시간을 더 달라고 간청하면서 영국의 절차와 도구에 대한 상세한 분석을 발표하려고 준비할 것임을 약속했고, 또한 "파리와 그리니치의 경도에 대한 프랑스의 결과도 상세하게 발표하는 것이 바람직할 것"이라는 지적도 덧붙였다. 크리스티는 푸앵카레에게 보내는 편지에, 그 문제에 관해 푸앵카레의 경도국 동료들에게 쓴 편지들을 동봉했다. 로위에게 보내는 편지에서 크리스티는 오차의 원인은 다림줄(추선錘線, plumb line)과 기포 수준기spirit level를 이용하여 별을 관측하는 장치를 수평으로 맞출 때 생긴 불일치일 것이라고 주장했다. 명백하게 프랑스 군대는 잘못이 영국의 시계에 있을 것이라고 말한 것이었지만, 크리스티는 그렇지 않으며 그럴 가능성은 없다고 대답했다. 대신 그는 그리니치와 파리 모두에서 파리-그리니치 절차를 반복하는데, 이번에는 그리니치 안과 몽수리 안에 있는 두 교각 사이에 대해서만 측정하자고 제안했다. 그렇게 하면 틀림없이 영국해협 아래에 있는 신호 전송 과정에서 생겨난 오차를 구분해낼 수 있을 것이다. 푸앵카레는 즉시(1899년 8월 9일에) 영국의 발표를 최대한 빨리 받아보길 기대하며, 그 발표 안에는 데이터를 얻어내기 위한 상세한 계산과 방법이 들어 있기를 희망한다는 내용의 답장을 보냈다. 파리와 그리니치 사이의 부끄러운 경도 불일치를 줄이기 위한 양측의 노력이 급박하게 진행되면 프랑스 역시 그에 응당한 데이터를 제공할 것이라고 덧붙였다.[62]

이러한 경도 측정의 문제를 해결하는 와중에 푸앵카레는 로런츠와 1900년 12월 파리 회의에서 직접 얼굴을 맞대고 만나게 되었다. 푸앵카레는 이 만남을 준비하면서 로런츠의 '국소 시간'을 대단히 새로운 방식으로 재해석했다. 푸앵카레는 먼저 (인용은 하지 않았지만) 1898년에 출판된 자신의 「시간의 척도」에서의 주장, 즉 전자기 신호를 주고받음으로써 두 시계를 동기화하면 두 시계에 동시성을 부여할 수 있다는 주장을 소개했다. 이는 경도와 형이상학이 교차하는 지점에서 푸앵카레가 만들어낸 논변이었다. 이번에는 한 걸음 더 나아가 시계들을 전기로 좌표화한다는 기술적-철학적 아이디어를 물리학으로 옮겨, 세 분야에서 교차를 이루었다. 푸앵카레가 자신의 시계 동기화 방법을 에테르 속에서 움직이는 시계에 적용한 것은 이번이 처음이었다. 푸앵카레는 전신기사가 시계를 동기화하는 절차를 에테르 속에서 움직이면서 실행하면, 로런츠의 허구적인 국소 시간 즉, $t_{국소}$가 된다는 점을 갑작스럽게 이해한 것이다.

푸앵카레는 '국소 시간'은 다름 아니라 시계들을 하나에서 다른 것으로 전자기 신호를 보냄으로써 좌표화시킬 때, 움직이는 기준좌표계에서 시계들이 나타내는 '시간'이라고 주장했다. 이것은 수학적 허구가 아니라, 움직이는 관찰자가 실제로 보게 되는 것이었다.

서로 다른 위치에 있는 관찰자들이 빛 신호를 써서 자신의 시계를 맞춘다고 가정해보자. 관찰자들은 빛의 전송 시간만큼 보정하려 하겠지만, 자신이 직선 운동하는 것을 무시하고 결과적으로 신호가 양 방향으로 똑같은 속도로 움직인다고 믿는다면, A에서 B로 하나의 신호를 보내고 그다음에 B에서 A로 다른 신호를 보냄으로써 관찰 결과를 교차시키는 것으로 만족할 것이

다. 이런 방법으로 맞추어진 시계에 나타나는 시간이 국소 시간 t'이다.[63]

여기에는 두 가지의 전기적 동시성 과정이 들어 있는데, 하나는 경도 탐색자로서의 푸앵카레가 말한 것이고, 다른 하나는 철학자로서의 푸앵카레가 말한 것이다. 물리학자로서의 푸앵카레는 이 과정을 움직이는 기준좌표계 속으로 집어넣고 있다.

푸앵카레의 논변을 더 정확히 말하면 다음과 같다. 시계 A와 시계 B가 들어 있는 움직이는 좌표계가 에테르 속에서 일정한 속력 v로 움직이고 있다고 하자. 이 운동 때문에 가령 A에서 B로 보낸 빛 신호는 에테르 바람 속으로 부딪쳐 들어갈 때에는 맞바람을 만나게 되며, 신호의 속력은 빛의 속력 c에서 바람의 속력 v를 뺀 값이 된다(이는 유럽에서 미국으로 날아가는 비행기가 맞바람을 만나게 되는 것과 마찬가지이다). B에서 A로 돌아오는 빛 신호는 에테르의 뒤에서 불어오는 바람 때문에 속력이 더 빨라진다. 따라서 그 속력은 빛의 속력에 에테르 바람의 속력을 더한 값 $(c+v)$가 된다.

A → (빛의 속도: $c-v$) → B	/////에테르 (정지해 있음)/////
A ← (빛의 속도: $c+v$) ← B	→ v=좌표계의 속도 →

두 방향에서 속력이 다르기 때문에 움직이고 있는 물리학자가 순진하게 한 가지 방향으로만 시간을 좌표화하려 한다면 잘못될 것이다. 가령 B가 A에서 온 신호를 써서 자신의 시계를 맞춘다면 '실제로' (정지해 있는 에테르에 대하여) $(c+v)$의 속도로 온 신호를 쓰는 것이다. B는

c의 속도로 전송되었을 '올바른' 신호에 비하여 너무 빨리 신호를 받는다. B가 A로부터 더 멀어질수록 뒤에서 불어오는 바람으로 빨라진 신호를 얻는 순간과 일정한 속력 c로 보내진 신호를 받는 순간 사이의 시간의 불일치가 더 커진다. 따라서 B는 자신의 시계를 조금 뒤로 돌려놓아야 한다. B가 A에 가까이 간다면 더 적게 돌려놓아야 하고, B가 A에서 멀어진다면 더 많이 돌려놓아야 한다. 푸앵카레는 너무나 빠른 신호를 설명하기 위한 보정값 $(-vx/c^2)$이 다름 아니라 로런츠의 '국소 시간'의 허구적 '국소 시간' 보정임을 알아챘다.[64] 푸앵카레의 메시지는 다음과 같은 것이다. 에테르 속에서 움직이는 시계는 그렇지 않은 경우와 마찬가지로 전자기 신호를 전송함으로써 좌표화되어야 한다. 그러나 움직이는 좌표계에서 좌표화를 할 때에는 에테르 바람의 효과를 보충하기 위해 시계를 보정해주어야 한다.

로런츠는 1901년 1월 20일에 부친 편지에서 푸앵카레의 비판이 가지고 있는 강점에 대해 인정하고 있지만, 푸앵카레의 '국소 시간' 해석에 대해서는 한마디의 언급도 없었다. 다른 문제들은 기꺼이 인정했다. 그중 하나가 작용반작용의 원리와 관련된 문제였다. 로런츠는 물리학자들이 실험을 설명하고자 한다면 이것은 정말 심각한 문제일 것임을 알고 있었다. 에테르가 절대적으로 강체이고 운동하지 않는다면 에테르에 작용하는 힘을 일관성 있게 말할 수 없을 것이다. 그러면 로런츠가 오랫동안 주장해온 것처럼, 에테르는 전자에 힘을 미칠 수 있지만 전자는 에테르에 힘을 미칠 수 없을 것이다. 에테르의 한 부분이 다른 부분에 힘을 미칠 수도 없고, 이런 식으로 말하게 되면 결과적으로 '수학적 허구'를 들먹이는 셈이 된다. 이런 허구는 에테르가 전자를 움직이도록 작용하는 방식을 계산하는 데 유용하다는 점은 틀림없다. 그러나 그렇더라도 허구일 뿐이다. 로런츠는 그 대안으로 에테르의 질량이 무한히 크다고 말할 수 있을 것이며, 그 경우에는 전자가 에테르가 운동하게 만들지 않으면서도 에테르에 힘을 미칠 수 있을 것이라고 추측했다. "그렇지만 그런 방식은 나에게 너무 인위적인 것으로 보인다."

로런츠가 만들어낸 특이한 이론은 세계를 방대하고 움직이지 않는 에테르의 세계와 물질적인 전자들의 세계로 양분하여 물리학을 완전히 바꿔놓았다. 그 이론은 엄청나게 성공적이어서 빛의 스펙트럼선부터 반사와 같은 간단한 광학의 설명에 이르기까지 무수히 많은 실험들을 설명해냈다. 그러나 로런츠가 이 이론을 확장하려 애쓸 때마다 그가 기꺼이 인위적이라고 인정했던 다양한 도구들에 이르곤 했다. 로런츠는 물질이 에테르 속에 끼어 들어가면 수축되며 작용반작용의 원리는 성립하지 않게 된다고 가정했는데, 이론은 '국소 시간'이라는 수학적 허구를 필요로 한다는 것이다.

푸앵카레는 로런츠의 이론을 다르게 접근했다. 이론들을 다룰 때 늘 그랬던 것처럼, 푸앵카레에게 절차란 이론의 구성 요소를 분리시키고 이론에서 가장 유용한 부분을 조작하여 한 걸음 더 나아가는 것이었다. 1900년 레이던에서 푸앵카레는 로런츠의 국소 시간에다가 동시성에 대한 자기 자신의 규약적 해석, 즉 경도탐색자의 규약과 철학자의 규약을 결합시켰다. 푸앵카레는 대단히 떠벌리지도 않고 로런츠의 국소 시간이 어떻게 물리적으로 해석될 수 있는지 보여주었다. 전신기사의 규약이 이제 에테르의 바람 속에 놓이게 된 것이다.

푸앵카레가 로런츠의 이론을 수정했다고 해서 로런츠에 대한 평가를 훼손한 것은 전혀 아니다. 오히려 1902년 1월에 푸앵카레는 로런츠를 노벨상 후보로 추천하며, 스웨덴의 노벨상 심사위원회에 로런츠가 에테르를 발견하려던 이전 물리학자들의 실패를 팽개치지 않고 그 실패를 설명하기 위해 어떻게 노력했는지 설명했다. 푸앵카레는 "일 반적인 이유가 있었어야 한다는 것이 분명했습니다. 로런츠 선생은 그 이유를 발견했고, 이를 '축소된 시간'이라는 명민한 고안을 통해 놀라 운 형태로 제시했습니다"라고 말했다. 서로 다른 곳에서 일어난 두 현 상은 동시에 일어나는 것이 아닐 때에도 동시에 일어나는 것처럼 보일 수 있다. 어떤 곳의 시계가 다른 곳의 시계보다 더 느리게 가는 것처 럼, 그리고 어떤 경험으로도 이 불일치를 발견해낼 재간이 없는 것처 럼, 모든 일은 일어날 수 있다. 푸앵카레가 본 것처럼 에테르 속을 지 나가는 지구의 운동을 관찰하려던 실험자들의 실패는 그런 헛된 노력 중 하나일 뿐이었다.[65]

푸앵카레는 노벨상 심사위원회에 하는 추천 연설 중에, 사람들이 로런츠의 이론과 같은 이론들이 무너지기 쉽다고 비판하는 것에 대해 말했다. 그는 과거의 이론이 폐기된 것을 보면 누구든 회의주의자가 될 수 있을 것이라고 인정했다. 그러나 로런츠의 이론이 세계에 대해 패배한 설명들의 거대한 묘지 속에 동참하게 된다면, 누구도 로런츠가 어쩌다 운 좋게 참된 사실faits vrais을 예측했던 것이라고 정당하게 주장 할 수는 없을 것이다. "아닙니다. 그것은 우연에 의한 것이 아닙니다. 로런츠 이론은 겉보기에 연관 없는 듯한 사실들 사이의 아직 모르던 관계를 밝혀주었고, 그것은 실제 있는 관계이기 때문입니다. 설령 전 자가 존재하지 않았더라도 그랬을 것입니다. 누군가 이론 속에서 찾아 내기를 바라는 그런 종류의 진리이며, 이런 진리는 이론을 넘어서 살 아남을 것입니다. 이 때문에 우리는 로런츠의 업적이 그런 진리를 많 이 담고 있다고 믿으며 로런츠가 그 진리들에 대한 보상을 받아야 한 다고 제안합니다."[66]

세 분야의 결합

푸앵카레는 1902년 말까지 시간 좌표화의 문제를 세 가지의 매우 다른 관점에서 마주하면서 꼬박 10년을 보냈다. 1893년 1월부터 경도국에 속한 고위 학술 회원 중 한 명으로서 푸앵카레는 동기화된 시간으로 세계를 포괄하려는 경도국의 연구를 이끌었다. 1890년대 중엽에 규약적으로 재구성된 시간을 십진법 체계 속으로 넣으려는 쟁점이 심각하게 제기되자, 대안들을 평가하도록 지도한 사람이 푸앵카레였으며, 이는 1897년의 보고서에서 정점에 이르렀다. 그러고는 다시 철학으로 돌아와 1898년에 푸앵카레는 대체로 철학적인 독자들에게 동시성은 단지 규약일 뿐임을 선언했는데, 그 규약은 자신이 관장하던 경도국이 시계들을 전신으로 좌표화했던 것과 꼭 마찬가지로 동시성을 정의하는 것이었다. 푸앵카레가 《형이상학과 도덕 비평》으로부터 다시 경도주의 원정대로 복귀한 것은 불과 몇 달이 지나지 않아서였으며 그 어느 때보다도 깊이 있게 관여했다. 1899년부터 푸앵카레는 학술원과 키토로 가는 복잡하고 위험한 경도 탐험을 잇는 교량 역할을 계속했으며, 그 탐험은 전신 신호를 통한 동시성으로 시간과 지리학을 연결하려 애쓰고 있었다. 1900년 여름, 푸앵카레는 동시성의 규약성에 관하여 그때까지 했던 것 중 가장 강력하게 철학적인 발표를 했는데, 이 주장은 『과학과 가설』에서 가장 널리 인용되는 부분이다. 그러고 난 뒤 다시 물리학으로 돌아왔다. 1900년 12월, 로런츠의 이론에 대한 푸앵카레의 '논평'은 '국소 시간'이라는 로런츠의 수학적 허구를 전신기사의 절차로, 즉 전신 기록 절차에서 에테르 속에서 움직이는 관찰자들이 신호를 주고받으면서 시계를 동기화하는 절차로 바꾸어놓았다.

이것은 단순히 물리학을 철학으로 '일반화하는' 문제가 아니었으며, 수학이나 철학에서 얻은 추상적 관념들을 물리학에 '적용하는' 문제도 아니었다. 그 대신 푸앵카레는 새로운 시간 개념을 연구하면서 세 가지 다른 게임의 규칙들, 즉 측지학과 철학과 물리학의 규칙들 속에 시간 개념을 어떻게 적용시킬 것인가를 밝히려 했다. 동기화와 동시성에 대한 주장은 푸앵카레의 이 세 가지 세계 모두에서 작동한다는 바로 그 점 때문에 독특한 중요성을 지니고 있었다.

푸앵카레의 연구는 전반적으로 프랑스 제3공화국의 진보주의를 기반으로 하고 있었는데, 이성의 개입, 합리적인 기계의 모더니즘을 통해 세계의 모든 측면을 개선시킬 수 있다는 판단에서였다. 푸앵카레는 지리적인 세계지도이든 과학의 지도이든 상관없이 지도가 이성의 영역 안에 있다는, 추상적인 기술공학에 대해 지칠 줄 모르는 낙관주의적인 믿음을 갖고 있었다. 모든 것은 동등하다. 그렇기 때문에 푸앵카레는 십진화 논쟁을 다루었던 방식으로, 즉 서로 대립하는 다양한 입장들을 모두 늘어놓고 가장 단순한 (가장 편리한) 조건의 관계를 냉정하게 골라내는 식으로, 어떤 문제라도 금세 해결할 수 있었을 것이다. 푸앵카레에게 실재였던 것은 감각의 특정한 대상들이 아니라 관계들(바로 뉴턴이나 로런츠나 아니면 수학을 통해 파악할 수 있는)이었다. "에테르는 외부의 물체들 못지않게 실재적이라고 … 말할 수 있다. 이 물체가 존재한다고 말하는 것은 이 물체의 색깔, 맛, 냄새 사이에 긴밀한 이음새가 있어서 단단하고 지속적이라고 말하는 것이다. 에테르가 존재한다고 말하는 것은 모든 빛 현상들 사이에 자연적인 유사성이 있다고 말하는 것이다. 이 두 주장 중 어느 하나가 다른 것보다 가치가 덜한 것은 아니다."[67] 객관적인 실재는 흔히 세계의 현상들 사이의 관계로 주장된다. 푸앵카레에게는 다른 세계의 존재면 같은 것은 없었다. 과학지식의 중요성은 특정한 참된 관계들이 지속된다는 점에 있는 것이지,

플라톤의 형상이나 인지할 수 없는 정신계noumena처럼 장막 뒤에 감추어져 있는 실재 속에 있는 것이 아니었다.

푸앵카레는 공공연한 정치적 언급이나 도덕적 절대에 대해 함구했다. 한두 번씩 그의 중립적이고 절도 있는 논평의 기조에 다른 음색이 끼어들기도 했다. 우리가 알기에, 푸앵카레는 1903년 5월 파리의 어느 식당에서 학생연합의 초청으로 연설하면서 두 분야의 경우에, 즉 과학적 진리를 향할 때와 도덕적 진리를 향할 때 행동에 나서야 한다고 말했다. "우리의 가장 소중한 두 가지 열망 사이에는 이율배반이 있는 것 같습니다. 우리는 신실하며 진리를 위해 일하고 싶어 합니다. 우리는 강하기를, 행동할 수 있기를 바랍니다. ⋯ 바로 여기에 최근의 사건 때문에 생겨난 정열의 폭력이 있습니다. 두 입장 모두 대부분이 고귀한 의도가 몰고 온 것이었습니다." 푸앵카레는 당시 온 나라를 들쑤시고 있던 드레퓌스 사건을 넌지시 암시하면서 차분하게 간추려 언급했는데, 그는 그 자신의 찢어진 감정을, 즉 프랑스 군대에 대한 그의 강력한 헌신과 증거의 기준에 대한 그의 똑같이 간절한 충절을 잠재우고 있었다. 1899년 9월 4일, 푸앵카레는 알프레드 드레퓌스Alfred Dreyfus의 두 번째 재판에 대리인을 통해 개입했다. 푸앵카레의 편지는 죄의 증거라고 알려진 찢어진 종잇장(그 유명한 문서bordereau)을 쓴 사람이 드레퓌스였다고 정죄定罪하는 과학적 근거를 정면으로 공격했다. 그 종잇장의 내용은 프랑스의 국가 기밀을 독일의 공사관부 무관에게 알려주겠다고 약속하는 것이었다. 푸앵카레는 "과학교육을 제대로 받은" 사람이라면 누구나 검찰이 제시한, 터무니없는 통계를 신뢰하는 것이 "불가능하다"라고 편지를 맺었다. 이 엄격한 판단과 공화국 대통령이 내린 사면에도 불구하고, 법정은 드레퓌스에게 다시 유죄를 선고했다.[68] (몇 년 뒤 푸앵카레는 더 강력하고 전문적인 근거를 가지고 다시 드레퓌스를 변호했다.) 학생들이 모여 있는 1903년 연설로 돌아가 보자. 푸앵카레는 행동과 사고를 결합해야 한다고 주장했다.

> 프랑스에 군인이 모두 사라지고 사상가들만 남게 되는 날, 빌헬름 2세는 유럽의 주인이 될 것입니다. 빌헬름 2세가 여러분과 똑같은 열망을 갖고 있다고 생각하나요? 여러분은 빌헬름 2세가 자신의 권력을 사용하여 여러분의 이상을 옹호하리라고 믿나요? 아니면 여러분의 신념을 민중 속에 두고 민중이 같은 이상 속에서 하나가 될 거라고 희망하나요? 그것은 바로 1869년에 사람들이 희망했던 것이었습니다. 독일인들이 권리나 자유라고 부르는 것이 우리가 말하는 권리나 자유와 같을 거라고 상상하지 마세요. … 우리의 조국을 잊어버리는 것은 이상과 진리를 배신하는 것입니다. 1902년의 군인들이 없었다면 혁명 뒤에 무엇이 남았겠습니까?[69]

푸앵카레는 모든 세대가 그 작업의 운명에 관해 궁금해하지만 자신만큼은 아니라고 덧붙였다. "인간성에 도달한 바로 그 순간, 잔인하게 공격당했던 나의 동시대인들은 보불전쟁의 재난을 복구하는 작업을 시작했습니다. … 몇 년이 지났고 해방은 오지 않았습니다. 그래서 우리는 스스로 물었습니다. 우리는 그 꿈 없이는, 우리의 모든 희생이 헛수고가 될 바로 이 꿈을 계승했는가? 아마 … 우리에게 참을 수 없는 불의와 … 피를 흘리는 상처가 여러분에게는 마치 머나먼 아쟁쿠르 전투나 파비아 전투처럼*, 나쁜 역사적 기억 중 하나에 지나지 않을지 모릅니다."[70]

푸앵카레가 보기에 정치에서도 그랬지만 철학과 과학에서도, 위기와 회복은 언제나 눈에 보이는 것이었다. 푸앵카레 세대의 정치적 이상이 1871년의 '재난을 복구하는 것'이었다면, 기회는 과학적인 기계를 재구성하고 개조하고 개선할 수 있는 곳에 더 가까이 있었다. 1904년 4월 푸앵카레는 드레퓌스 위기 때문에 생긴 손해를 만회할 두 번째 기회를 얻었다. 법정이 그 유명한 문서의 상태에 대해 말해달라고 요청하자, 푸앵카레는 파리 천문대의 두 과학자 동료와 함께 증거를 자세히 조사했다. 이들은 정밀한 천문 기구를 사용하여 필적을 다시 측정했고 그 문서를 쓴 것이 드레퓌스임이 통계적으로 거의 확실함을 보이기 위해 고안된 검찰의 확률 계산을 낱낱이 다시 계산했다. 푸앵카레의 결론은 다음과 같았다. 필적 분석은 부적절하게 재구성한 문서에 옳지 못한 확률의 논증을 비논리적으로 적용한 것에 지나지 않는다는 것이었다.[71] 1904년 8월 2일의 100쪽에 이르는 푸앵카레의 보고서 덕분에 중재가 성립되었다. 가령 푸앵카레는 드레퓌스가 문서에 'intérêt'라는 단어를 썼다는 검찰의 주장을 짓밟아버렸다. 검찰이 내세운 최고의 필적 전문가인 알퐁스 베르티옹Alphonse Bertillon은 이 단어가 군사 지도의 격자를 사용해야 쓸 수 있었을 것이라고 주장했다. 그 격자의 축척은 '수sou'**의 지름이 1킬로미터와 대응되는 것으로 유명했다. 푸앵카레는 수학자 동료들과 함께 그 단어 하나를 엄청나게 확대하여, 그 자체로 지도로 만들었다. 그들의 결론은 다음과 같았다. 글자들의 곡률, 길이, 축, 높이에 관한 베르티옹의 주장은, 그가 주장한 곡절 악센트***에 대한 위조된 미세필적 분석만큼이나 자의적이다(즉, 글자마다

---

* 아쟁쿠르 전투는 1415년에 프랑스군이 영국군에게 패배한 전쟁이며, 파비아 전투는 1525년 이탈리아 파비아에서 프랑스가 신성로마제국에게 패배한 전투이다.

** 5상팀 동전을 뜻한다.

*** ê와 같이 일부 언어의 모음 위에 붙는 기호를 뜻한다.

달라진다). 이 단어에는 아무런 '기하학적 특이성'이 없다. 이것이 참모 장교의 책상에서 군사 지도제작법으로 누군가가 작업하여 작성된 것임을 의미하는 것은 아무것도 없었다.[72] 강한 인상을 받은 법정은 드레퓌스에게 무죄를 선고했다. 또다시 푸앵카레는 심각한 위기 상황에 기술적인 해결책을 내놓았다. 이번에는 (푸앵카레가 십진화의 위기를 해결하기 위해 세운 책략이었던) 계수 표보다 더 많은 것이 필요했다. 그렇지만 어떤 점에서 기조는 똑같았다. 그의 기계와 계산을 통한 사고는 위기를 해결하는 데 도움을 주었다.

위기는 다른 곳에서도 일어났다. 몇 주가 지나지 않은 1904년 9월, 진보를 기념하는 국제적인 박람회를 위해 미국 미주리주 세인트루이스에서 국제 인문학 및 과학 학술대회가 열렸다. 세계(파리는 물론 런던, 토리노, 뉴욕 등)를 모형화하기 위해 세운 세계 박람회의 한가운데에서 진행된 물리학의 미래에 대한 푸앵카레의 연설의 대략적인 목표는, 모든 분야를 아우르면서도 그 단점을 밝혀내는 것이었다. 진보적인 연속성의 더 큰 틀 안에서 시간 좌표화의 특징은 두드러졌다. 푸앵카레는 이 연설 초두에 "그렇습니다. 물리학에는 심각한 위기의 징후들이 있습니다"라고 인정했다. 그러나 "너무 많이 동요하지 맙시다. 우리는 환자가 이 병 때문에 죽지 않으리라고 확신하며, 과거의 역사가 이를 보장해주듯 심지어 위기가 이로울 것이라고 기대할 수도 있습니다".[73]

푸앵카레의 견해로 인해 수리물리학은 뉴턴의 중력법칙에서 최초의 이상적인 형식을 얻었다. 우주의 모든 물체는 모래 한 알이든 별이든 모두가 다른 물체를 끌어당기며, 그 힘은 물체들 사이의 거리의 제곱에 반비례한다. 이 간단한 법칙은 다른 종류의 힘으로 변형되어 응용되었고, 물리학의 역사에서 첫 번째 단계를 이루었다. 그러나 뉴턴이 설명한 세상이 19세기에 물리학자들이 맞닥뜨린 복잡한 산업 과정에 부적합하다는 것이 밝혀지면서 평화로운 왕국에 위기가 나타났다. 새로운 원리가 필요했다. 이 새로운 원리는 뉴턴이 그랬던 것처럼 기계의 모든 세세한 부분을 다 규정하지 않고도 과정 전체의 특징을 잡아낼 수 있을 것이다. 그런 새로운 원리에는 계의 중심은 늘 그대로라거나 계의 에너지는 시간이 흘러도 일정하다는 조건이 포함된다. 그중 광학과 전기를 모두 포괄하며, 모든 것을 세계에 퍼져 있는 위대한 에테르의 상태로 서술하고 있는 맥스웰의 이론이 위대한 승리를 이루었다.

19세기의 이 두 번째 단계의 물리학은 뉴턴의 꿈을 훨씬 넘어선 것인가? 물론이다. 두 번째 단계는 첫 번째 단계가 쓸모없었다는 것을 보여주었을까? 푸앵카레는 세계 박람회의 청중들에게 다음과 같이 충고했다. "전혀 그렇지 않습니다. 여러분은 이 두 번째 단계가 첫 번째 단계 없이 존재할 수 있었으리라 생각하시나요?" 중심력에 관한 뉴턴의 개념은 (푸앵카레 자신의) 두 번째 시기의 원리로 이어졌다. "선조들의 수리물리학 덕분에 우리는 이런 다양한 원리들에 조금씩 익숙해져서, 그 원리들이 다른 모습 속에 숨어 있어도 그 원리들을 알아볼 수 있게 되었습니다."[74] 우리의 선조들은 원리들을 경험과 비교하고, 원리의 표현을 수정하여 주어진 경험에 적용하는 방법을 익혔고, 원리들을 확장시켰고, 원리들을 강화했다. 결국 우리는 에너지 보존의 법칙을 포함하여 이러한 원리들을 실험적 진리로 보게 되었다. 점차 중심력의 낡은 개념이 불필요한 것으로, 심지어는 가설처럼 보이게 되었다. 뉴턴 물리학의 틀이 흔들렸다.

푸앵카레가 이 새로운 '위기'를 이런 식으로 각색한 것은 그의 독특한 방식으로 회복하기 위한 일종의 서문이었다. 푸앵카레는 지난 15년 동안 견지해온 사회개선론meliorist*적 입장을 되뇌면서, 과거의 믿음을 벗어버리는 것이 반드시 파열을 뜻하지 않음을 주장했다. "틀들frames은 융통성이 있기 때문에 깨지지 않습니다. 그러나 그 틀들은 확장되었습니다. 그 틀들을 정립한 우리의 선조들은 헛수고를 한 것이 아니었습니다. 우리는 오늘날의 과학에서 선조들이 추구하던 개요의 일반적인 특색을 알아볼 수 있습니다."[75] 그렇지만 푸앵카레에게 있어, 1904년의 물리학은 시대적 역사 속에서 새로운 국면으로 접어들고 있었다. "그렇게 위대하고 혁명적인" 라듐은 공인된 물리학의 진리를 불안정하게 destabilized 만들었고, 위기를 응결시켰다precipitating.** 19세기 물리학의 모든 원리가 휘청거렸다.

한 가지 희망은 지구가 에테르 속을 얼마나 빠르게 움직이는지 측정함으로써 에테르에 의미를 부여할 수 있다는 것이었다. 푸앵카레는 그런 모든 노력들, 심지어 마이컬슨의 대단히 정교한 시도조차도 결국 실패로 끝났으며, 그로 인해 이론가들은 자신들의 창의력이 한계에 다다랐음을 슬퍼했다. "만일 로런츠가 가까스로 성공한다면, 그것은 단지 가설들을 축적함으로써만 가능할 것이다." 푸앵카레는 그 로런츠의 전체 '가설들' 중에서 다른 무엇보다 눈에 띄는 한 가지 가설에 주목했다.

로런츠의 개념 중 가장 탁월한 것은 국소 시간이었다. 두 명의 관찰자가 빛 신호를 써서 자신의 시계를 맞추려 한다고 가정해보자. 이 관찰자들은 신호를 주고받지만 그 전달이 순간적인

---

* 사회의 진보는 인간의 노력을 통해 이룰 수 있다고 믿는 형이상학의 한 견해로 듀이와 제임스의 형이상학과 연관된다.

** 저자는 라듐이 불안정하여 방사성 붕괴를 일으킨다는 사실과 라듐을 만들 때에는 침전(응결) 과정이 필요하다는 사실을 은유적으로 표현하여 라듐이 물리학의 진리를 불안정하게 만들며, 그래서 위기를 침전precipitate시킨다고 쓰고 있다. 여기에서 'precipitate'는 말 그대로 하면 위기를 촉진시킨다거나 갑자기 위기가 발생한다는 의미이다.

것이 아님을 알고 있기 때문에 조심스럽게 교차 실험을 한다. B
역에서 A역의 신호를 받으면 B역의 시계는 A역에서 신호를 송
출한 순간과 같은 시간을 가리키지 않고, 그 대신 신호의 지속
시간을 나타내는 상수만큼 증가된 시간을 가리킬 것임에 틀림
없다.

푸앵카레는 처음에 A역과 B역에서 시계를 지켜보고 있는 두 사람이
정지한 상태라고 가정했다. 두 사람이 관찰하는 역은 에테르를 기준으
로 고정되어 있다는 것이다. 푸앵카레는 1900년 이래 줄곧 그랬던 것
처럼 그다음에 관찰자들이 에테르 속에서 움직이는 기준좌표계에 있
다면 무슨 일이 일어나겠는가 하고 물었다. 그 경우에 "양 방향의 전송
시간이 같지 않을 것이다. 왜냐하면 가령 A역은 B가 보낸 빛의 흔들림
쪽으로 움직일 터이고, 그와 달리 B역은 A가 보낸 빛의 흔들림으로부
터 후퇴할 것이기 때문이다. 따라서 이런 식으로 맞춘 두 사람의 시계
는 참된 시간을 가리키지 않고, 국소 시간이라고 부를 수 있는 시간을
가리킬 것이며, 그중 한 시계는 다른 시계를 기준으로 볼 때 엇나가 있
을 것이다. 이는 그다지 중요하지 않다. 왜냐하면 우리에게는 그것을
지각할 수 있는 어떤 방법도 없기 때문이다". 참된 시간과 국소 시간
은 다르다. 그러나 푸앵카레의 주장에 따르면, A가 자신의 시계가 B의
시계에 비하여 더 늦게 갈 것이라고 알아챌 수 있는 방법은 없다. 왜냐
하면 B의 시계는 꼭 같은 정도만큼 정확히 엇나가 있을 것이기 때문이
다. "가령 A에서 일어날 수 있는 모든 현상은 시간상으로 뒤처져 있을
것이지만, 모두가 똑같은 정도만큼 뒤처져 있을 것이며, 관찰자의 시
계도 뒤처져 있기 때문에 관찰자는 이를 지각할 수 없을 것이다. 따라
서 상대성원리에서 그러해야 하듯이 관찰자는 자신이 정지해 있는지 절

대운동을 하고 있는지 알 수 있는 방법이 없다."[76]

그렇지만 좌표화된 시계 그 자체만으로는 원리에 바탕을 둔 고전적인 물리학 전체를 구하기에 충분하지 않았다. 푸앵카레에 따르면, 방사성이라는 도전 과제가 이 학문 분야에 먹구름처럼 맴돌고 있었다. 에너지가 강한 방사성 입자의 자발적인 에너지 방출이 에너지 보존의 법칙을 위협하고 있었다. 매우 빠른 대전 입자는 그 질량이 속도에 따라 달라지는 것처럼 보였기 때문에 질량 보존의 법칙도 곤란한 상황이었다. 작용반작용의 법칙도 위협받고 있었다. 왜냐하면 로런츠의 이론에 따르면 빛줄기를 내보내는 램프는 빛줄기가 어딘가 다른 곳에 도달하여 흡수체가 되튀게 하기 전에 되튀기 때문이다. 심지어 물리학자들이 '국소 시간'과 길이 수축의 해결책으로 믿었던 상대성원리도 위협을 받는 것처럼 보였다. 어떻게 할 것인가? 그렇다, 실험가들을 믿어야 한다. 그러나 푸앵카레가 보기에 책임의 연결 고리는 이론가까지만 연결되어 있었다. 이 야단법석을 일으킨 것이 이론가이므로 이 문제를 해결해야 하는 것도 이론가라는 것이다. 물리학의 원리를 구할 어떤 이론적 구원도 "선조들의 물리학"을 포기해서는 안 될 것이다. 그 대신 진보하기 위해 과거를 다시 살펴볼 필요가 있었다. "로런츠의 이론을 선택해서 이를 모든 방향으로 바꾸어보자. 이를 조금씩 수정하다 보면 아마 모든 것이 밝혀질 것이다." 푸앵카레는 마치 동물이 새로운 모습이 되기 위해 껍질을 벗어던지는 것처럼 물리학이라는 유기체가 변화하는 와중에서도 그 항구적인 동일성을 드러내기를 희망했다. 상대성원리와 같은 원리를 포기한다는 것은 눈앞의 전투에서 "소중한 무기"를 희생하는 것이 될 것이라고 푸앵카레는 주장했다.[77]

푸앵카레와 로런츠는 "이론을 모든 방향으로 바꾸는 일"을 해냈다. 그들이 할 수 있는 최선을 다해 그 이론을 바꾸어보았다. 로런츠는

1904년 5월, 길이 수축과 허구적인 '국소 시간'에 관한 오래된 가정을 수정했다. 짧아진 길이와 국소 시간을 물리학의 방정식들에 집어넣으면 방정식들은 이제 에테르 속에서 관성적으로 움직이는 어느 기준좌표계에서든 어림으로 똑같은 것이 아니라, 완전히 동일해야 한다고 수정했다.[78] 상대성원리(푸앵카레가 이름 붙인 대로)에 대한 푸앵카레의 해석이 멋지게 인정받자, 프랑스의 박식가 푸앵카레는 본격적으로 연구를 시작했다. 1905년 6월 5일, 푸앵카레는 프랑스 과학 학술원에서 연구 결과를 요약해 발표했다. 그는 사상 처음으로 광학 실험과 빠른 전자에 대한 새로운 실험 둘 다를 설명하기에 적합한 이론을 도출했으며, 이 두 실험 모두 그가 오랫동안 염원한 것처럼 둘 다 로런츠의 물리학이라는 '융통성 있는 틀' 안에 있었다. 1906년에 「전자의 동역학에 관하여」라는 제목의 완전한 형태로 출판된 이 논문은 시계 동기화의 틀을 마지막 단계까지 가게 함으로써 푸앵카레의 기나긴 프로젝트가 마무리되었음을 말해주고 있었다. 시계의 동기화는 로런츠의 개선된 국소 시간으로 이어졌으며, 그로부터 물리학의 방정식들이 모든 기준좌표계에서 똑같은 형태를 띤다는 것이 밝혀졌다.

몇 달 후 1906~1907년 겨울학기에서 푸앵카레는 학생들을 위해 로런츠의 개선된 '국소' 시간이 로런츠 수축과 정확히 맞아떨어져서 에테르에 대한 지구의 운동을 검출하는 것이 완전히 불가능하게 된다는 점을 상세히 설명했다.[79] 다시 1908년에 푸앵카레는 겉보기 전달 시간이 겉보기 거리에 비례한다며 "상대성원리는 자연의 일반적인 법칙이며, 누군가가 어떤 수단을 상상해낸다 해도 물체들의 상대속도 이외에는 증거를 찾아낼 수 없을 것이라는 인상을 피할 수 없다"라고 주장했다(에테르를 기준으로 한 운동은 결코 발견될 수 없을 것이다).[80] 이곳은 수십 년간 물리학의 기계를 개선하면서 과거의 '융통성 있는 틀', 즉 과거의 공간과 시간과 동시성에 도전하면서도 에테르를 유지한 '새로운 역학'을 지키려던 푸앵카레의 노력이 정점을 이룬 곳이다. 이는 추상적 기계의 모더니즘이었다.

푸앵카레는 상대성원리를 구현하는 과정에서 이론이 아무리 아름답다 해도, 원리는 실험에서 비롯하는 것이며, 이 실험이라는 뿌리가 원리에 닥친 곤경을 밝혀낼 수 있다고 줄곧 분명하게 주장해왔다. 실제로 푸앵카레는 「전자의 동역학에 관하여」라는 논문의 맨 처음에 이론 전체가 새로운 데이터 때문에 위험에 처할 수 있음을 경고했다.[81] 로런츠도 실험실에서 비롯된 곤란함을 눈치채고 있었다. 로런츠는 1906년 3월 8일에 푸앵카레에게 보낸 편지에서 자신의 결과와 푸앵카레의 결과가 일치해서 즐겁다고 쓰고 있다. 그러나 그 일치는 두 사람모두 비슷한 위험에 직면했음을 의미했다. "불행히도 전자가 편평해진다는 저의 가설은 발터 카우프만Walter Kaufmann 씨의 새로운 실험의 결과와 상충하여, 저는 제 가설을 버려야 한다고 믿습니다. 그렇기 때문에 저는 이 문제를 전혀 이해할 수 없으며, 전자기 현상과 광학 현상에서 평행운동의 영향이 전혀 없을 것을 요구하는 이론을 세우는 것은 저에게 불가능한 일로 보입니다."[82]

푸앵카레와 로런츠가 이런 염려를 종이 위에 적고 있을 무렵, 두 사람은 모두 전자의 미소물리학을 설명하려던 그들의 노력과 상대성 원리를 예증하려는 기나긴 싸움과 결코 멈출 줄 모르던 에테르의 지위를 규명하려는 요구들로 인해, 자신들의 물리학의 본질이 대단히 심각한 위험에 처해 있음을 보았다. 1905년 이후 몇 년 동안 어떤 물리학자들은 새로운 이론을 모든 물리학에 대한 전기적 설명을 찾으려는 과거의 야망과 동화시키기도 했다. 다른 물리학자들은 수학을 움켜쥐고 시간의 개혁은 무시했다. 그러나 결국 가장 거대한 위협은 전기장과 자기장이 빠른 전자의 경로를 얼마나 많이 휘어지게 하는가에 대한 카우프만의 연구나 다른 실험실에서의 연구에서 사용된 자석이나 음극선관이나 사진건판에서 나타나지 않았다. 푸앵카레의 물리학에서 '참된 관계'는 살아남았지만, 장기적으로 현대물리학의 시간과 공간에 관한 푸앵카레의 통찰, 즉 에테르를 직관적이고 수학화된 이해를 위해서라도 제거할 수 없는 틀로 여기는 통찰, 또는 참된 시간과 겉보기 시간을 확연하게 갈라놓았던 통찰은 물리학의 표준적 진술에서 설 자리를 잃고 말았다. 베른 특허국에서 일하던 무명의 26세 물리학자가 전자의 구조, 에테르, '겉보기 시간'과 '참된 시간'의 구분 같은 것을 모두 버리는 다른 해석의 길을 제안했던 것이다. 그는 그 대신 좌표화된 시계를 이론 속에 접목시켜서wire 국소 시간의 물리적 해석을 위한 보조 수단이 아니라 상대성이론이라는 아치문을 완성하는 최종 표시capstone of the relativistic arch로 삼아버렸다.*

---

* 저자는 좌표화된 시계를 이론 안으로 'wire' 했다고 쓰고 있는데, 이는 기술적으로 일종의 전선을 이용하여 연결하는 것과 같은 느낌을 주기 위한 것으로 보인다. 뒷부분의 원문은 "상대론적 아치문의 갓돌capstone of the relativistic arch"이라는 문학적 표현을 쓰고 있는데, 갓돌capstone, coping stone은 아치 모양의 문을 완성한 뒤 한가운데에 다는 장식이므로, 상대성이론의 화룡점정을 의미하는 표현이다.

5장

아인슈타인의 시계

시간의 물질화

1905년 6월 아인슈타인과 푸앵카레의 격차는 더할 나위 없이 컸다. 51세의 푸앵카레는 파리에 있는 학술원 정회원이었고 권력의 정점에 있었다. 그는 프랑스에서 가장 뛰어난 기관의 교수로 재직해왔고, 국제적인 위원회의 대표를 맡고 있었으며, 책장 한 칸을 가득 채우는 책을 저술했다. 그 책들은 천체역학, 전자기, 무선전신, 열역학에 관한 저작이었다. 푸앵카레는 자신의 이름이 붙은 200여 편의 전문적인 학술 논문으로 과학의 전 분야를 바꿔놓았다. 그는 자신의 철학적 고찰이 담긴 베스트셀러 덕분에 과학의 의미에 관한 자신의 추상적 사색을 많은 독자에게 전달하고 있었으며, 그 독자 중에는 아인슈타인도 있었다. 그와 달리 26세의 아인슈타인은 무명의 특허심사관이었고, 베른의 그저 그런 구역에 있는 엘리베이터가 없는 아파트에 살고 있었다.

스위스는 프랑스나 영국과 달리 식민지 강국이 아니었다. 스위스는 미국이나 러시아처럼 방대한 경도에 퍼져 있지 않았으며, 철도, 전신, 시간표로 정복해야 할 드넓은 미정착지조차 없었다. 사실 스위스는 전신을 뒤늦게야 받아들였으며, 다른 유럽의 나라들에 비해 철로 네트워크의 건설에서도 늦었다. 그러나 19세기 후반 이 산이 많은 나라에 철도와 전신이 들어오자 시계들을 동기화하려는 움직임이 재빨리 힘을 얻기 시작했다. 국가적 자부심과 경제적 의미라는 두 가지 측면에서 정밀한 시계 부품의 생산을 세기말까지 급박하게 해결해야 했던 나라였으니, 그리 놀라운 일도 아니었다.[1]

시계의 세계에서 유명한 마테우스 힙은 스위스에서 환영받았다. 원래 출신인 뷔르템베르크에서는 1848년 무렵의 공화당파와 민주주의에 대한 옹호 때문에 요주의 대상이었지만, 그는 온갖 종류의 시계 기계에 관한 사업을 했다. 힙은 기계로 움직이는 시계를 훨씬 능가할 만큼 규칙적인, 전기로 가는 진자시계를 개발했다. 무거운 진자가 자유롭게 진동하다가 필요할 때만 전자기적으로 전압을 받는 식이었다. 힙은 이런 전기시계 부품 외에도 완벽한 기록 시계를 개발해서 실험심리학을 근본적으로 바꾸어버렸다. 힙은 물리학자들 및 천문학자들과 협동해서 신경, 전신, 빛의 전달 속도를 추적했고, 이를 통해 전기와 시계를 써서 시간을 물질화시키는 새로운 방법을 창안하고 변경하고 생산했다. 힙은 과학자들과 (그중에서도 특히 스위스 천문학자 아돌페 히르쉬와) 친밀하게 일했지만, 그 자신은 수학자나 석학이라기보다는 장인이나 사업가에 더 가까웠다. 힙은 베른과 그 이후에는 뇌샤텔과 취리히에 전신과 전기장치 공장을 설립했으며, 힙의 회사는 1861년 제네바의 공공 전기시계 네트워크를 처음 설치함으로써 한층 더 명성을 얻게 되었다. 1889년 힙의 회사는 드페예와 파바르제 회사A. De Peyer and A. Favarger et Cie가 되었고, 그때부터 1908년까지 모시계에 대한 관심 범위를 천문대와 철도의 영역을 넘어 뾰족탑의 시계와 심지어 호텔 안의 자명종까지로 확장시켰다.[2] 모든 거리에 시간이 행진하듯 퍼져나갔고, 엔지니어들은 함께 갈라질 수 있는 단위의 수를 무한정 확장시키는 방법이 필요했다. 특허의 홍수가 뒤따랐고, 계전기와 신호증폭기는 더 완벽해져갔다.

주요 건물 위에 시간을 표시하려고 하면, 시간을 통일하기 전에 여러 개의 시계가 필요했다. 제네바의 투르드릴Tour de L'ile*에는 1880년 무렵 세 개의 시계가 위풍당당하게 걸려 있었다. 가운데 있는 큰 시계는 중간 시간인 제네바 시각(10시 30분)을 나타냈고, 왼쪽 시계는 파리에서 출발하는 '파리-리옹-지중해' 노선을 위한 파리 시각(10시 15분)을 나타냈고, 오른쪽 시계는 제네바보다 5분쯤 빠른 베른 시각(10시 35분)

그림 5.1 세 개의 시계: 제네바에 있는 투르드릴(1880년경) 시간 통일 이전에는 이 사진에서와 같은 멋진 시계탑이 사람들에게 다양한 시간들을 알려주었다.

을 나타냈다. 스위스에서 시계 동기화는 공공연하고 뚜렷이 눈에 띄는 일이었다. 그만큼 좌표화되지 않은 시간의 혼돈도 마찬가지였다.

베른이 도시 시간 네트워크를 개시한 것은 1890년의 일이었다. 네트워크의 개선과 확장과 신설이 스위스 전역을 휩쓸었다. 정확하게 좌표화된 시간은 유럽의 승객열차나 프러시아의 군대에만 중요한 것이

---

* 투르드릴은 '섬의 탑'이란 뜻으로, 주네브가 공격당할 때에는 언제나 플라스 벨레르 맞은편에 있는 섬과 두 제방을 잇는 다리가 전략적 요충지였다. 이 섬에 요새가 세워진 것은 13세기였으며, 이를 '투르드릴'이라 불렀다. 1677년에 탑 이외의 부분은 모두 파괴되었으며, 1897년에 증축되었다.

그림 5.2 하나의 시계: 제네바에 있는 투르드릴(1894년 이후) 시간 통일 이후에는 그림 5.1에 있는 것과 똑같은 탑에 필요한 시계는 하나뿐이었다. 시간 통일은 모든 사람이 볼 수 있을 만큼 뚜렷했다.

아니라, 널리 퍼져 있는 스위스의 시계 제조 산업에서도 똑같이 중요한 문제로, 일관된 영점 조정의 수단이 간절히 필요했다.[3] 그러나 시간은 언제나 실제적이었으며, 물질적-경제적 필요와 문화적 상상력을 합한 것보다도 더 실제적이었다. 베를린의 마스터 시계를 하늘에 맞추는 일을 하던 베를린 천문대의 빌헬름 푀르스터 교수는, 분 정도의 시간조차 보장하지 못하는 도시의 시계는 "사람들을 완전히 경멸하는" 기계라고 비웃기도 했다.[4]

이 전기시계의 세계 속에 아인슈타인의 특허국 창문은 스위스 시간의 동기화에서 결정적인 순간을 향해 열려 있었다. 폰몰트케 장군이

전 독일 지역의 시간 통일을 강력하게 지지하고 있었고 북아메리카는 불굴의 열정으로 단일한 세계 시간을 지지하고 있었지만, 알베르 파바르제Albert Favarget는 진보의 속도에 전혀 만족하지 못했다. 그는 힙 회사의 책임 엔지니어 중 한 명이었으며, 힙의 뒤를 유능하게 계승하여 회사의 실권을 쥐고 있던 사람이었다. 파바르제는 1900년 파리에서 열린 국제 박람회에서 그 불만족을 아주 공공연하게 말하려고 했다. 여기에서 시간 측정에 관한 국제회의가 열린 것은 다른 무엇보다도 시계 좌표화의 노력의 현황을 논의하기 위함이었다.[5] 파바르제는 회의장에서 연설을 시작하면서 전기 시간의 확산이 전신이나 전화 통신과 같은 관련 기술보다 그렇게 비참하게 뒤처져 있는 까닭이 무엇인지 물었다. 그가 제시한 첫 번째 이유는 기술적 난점이 있다는 것으로, 증기기관이나 발전기나 전신은 모두 지속적으로 인간의 보살핌을 받아야 굴러갈 수 있지만, 이에 반해 멀리 떨어져 있는 좌표화된 시계는 그런 '친절한 친구ami complaisant'에 결코 의존할 수 없어 관리하고 보정하는 데에 어려움이 있다. 두 번째 이유는 기술자가 부족하다는 것으로, 가장 뛰어난 기술자들은 시간 기계가 아니라 동력이나 통신장치에 매달려 있었다. 끝으로, 대중이 시간 분배에 마땅한 재정 지원을 하고 있지 않다고 파바르제는 한탄했다. 그렇게 늦장 부리는 후원에 좌절한 파바르제는 다음과 같이 말했다. "우리가 정확히 균일하게 그리고 규칙적으로 분배된 시간의 필요성을 절박하게, 절대적으로, 아니 집단적으로 겪은 적이 없다고 과연 말할 수 있을까요? … 19세기 말의 대중에게 언급했을 때 거의 무례하기까지 한 질문, 즉 사업에 짓눌리고 쫓기는 대중이 직접 만들어낸 유명한 격언이 바로 여기 있습니다. 바로 시간은 돈이라는 말입니다."[6]

파바르제의 관점에서는 이렇게 시간 분배의 초라한 상태가 현대 생활의 긴박함과 전혀 어울리지 않았다. 인간이라면 거의 초 단위로 교정되는 정확성과 보편성을 필요로 한다는 것이 그의 주장이었다. 낡은 방식의 기계식, 수압식, 기압식 장치로는 그런 것을 해낼 수 없을 것이다. 전기는 미래의 열쇠로, 인류가 과거의 기계 시계, 즉 무정부적이고 모순적이며 기존의 틀에 박혀 시간이 분리되어 있는 기계의 시대와 결별해야만 미래는 올바르게 실현될 수 있을 것이다. 파리나 빈의 기압식 혼돈을, 합리적이고 질서 정연하게 접근하는 전기로 좌표화된 시계들의 새로운 세계가 대체할 것이다. 파바르제는 다음과 같이 말했다.

여러분이 파리를 통과하며 일을 처리할 때, 공공 시계든 개인 시계든 수많은 시계들이 제대로 맞지 않는다는 사실을 알아채기까지는 그리 오래 걸리지 않습니다. 어느 시계가 가장 큰 거짓말을 하고 있는 것일까요? 사실 단 하나의 시계만 거짓말을 해도 그 전체의 진실성이 의심받게 마련입니다. 모든 시계 하나하나가 같은 순간 같은 시간에 일치해야만 대중이 안정을 얻을 것입니다.[7]

다른 방법이 있을까? 파바르제는 몇 년 전 미국에서 있었던 시간 투쟁을 회고하면서, 유럽 내에서 굉음을 내며 달리는 열차의 속도가 시속 100킬로미터, 시속 150킬로미터, 심지어 시속 200킬로미터에 이르고 있음을 박람회에 모여 있는 참석자들에게 상기시켰다. 그렇게 빠른 교통수단에 자신의 목숨을 맡기는 승객들은 말할 것도 없이, 기차를 이렇게 운행하고 그 운행을 조종하려면 시간이 정확해야 한다. 모든 시계의 똑딱거림이 초속 55미터를 가리키게 하려면, 널리 사용되고 있으나 낡아빠진 기계적인 좌표화 시스템은 열등할 수밖에 없다. 전기를 이용한 자동화 시스템만이 실로 적합하다. "가장 원시적이면서도 가장 널리 사용되고 있는 비자동화 시스템은, 우리가 벗어나야만 하는 시간의 무정부성의 직접적인 원인입니다."[8]

시간의 무정부성. 틀림없이 파바르제의 언급은 청중들에게 쥐라의 시계공들 사이에서 강력한 힘을 갖고 있던 무정부주의를 떠올리게 했을 것이다(아니면 그 점에 관해서라면 파리의 청중들은 그리니치 천문대 밖에서 일어난 프랑스 무정부주의자 마르시알 부르댕의 폭탄을 떠올렸을지도 모른다). 페터 크로포트킨Peter Kropotkin이 1898~1899년에 『한 혁명가의 회상』에서 시계공의 무정부주의를 널리 대중화시킨 지 1년이 채 안 되었을 때였다.

> 내가 쥐라산맥에서 발견한 평등주의 관계, 노동자들 속에서 발전하고 있었던 사고와 표현의 독립성, 원인을 밝혀내기 위한 그들의 지칠 줄 모르는 헌신은 한층 더 강력하게 내 감성에 새겨졌다. 내가 시계공들과 한 주를 함께 보내고 산에서 돌아오면서, 사회주의에 대한 내 관점은 정립되었다. 나는 무정부주의자였다.[9]

그런데 파바르제가 더 관심을 갖고 있던 것은 개인적이고 사회적인 규칙성이 더 광범위하게 분리되면서 드러나는 무정부주의였다. 그는 이전의 기압식 시스템, 즉 증기로 작동하며 단단하게 틀이 잡힌 가지 모양의 관들이 압축공기를 주기적으로 보내 빈과 파리에서 공공 시계와 개인 시계들의 시간을 정하던 시스템에는 관심이 없었다. 동시성을 전기적으로 분배하는 방식만이 "시간 통일 영역을 무한정하게 확장"시킬 수 있을 것이었다.[10] 장거리 동시성의 문제에 대한 파바르제의 확고한 지지는 열차 스케줄의 실용성, 자신의 회사에 대한 기업가적 야심, 현대 시민의 내적인 생활에서 시간이 무슨 의미를 지니는가에 대한 느낌 등 여러 원천에서 드러났다. 시간 동기화는 순식간에 정치적이고 수익성이 있고 실용적인 문제가 되었다.

이 걱정스러운 무정부시계주의anarcho-clockism에서 벗어난다면 세계에 관한 우리 지식에서 커다란 공백을 메울 수 있을 것이라고, 파바르제는 청중을 설득했다. 파바르제는 파리에 토대를 둔 국제 도량형국이 두 가지 근본적인 양인 공간과 질량을 정복하기 시작했음에도 불구하고, 마지막 첨단 분야인 시간이 아직 개척되지 않고 있다고 주장했다.[11] 시간을 정복하는 방법은 점점 확장되는 전기 네트워크를 창조하는 것으로, 이 전기 네트워크를 천문 관측소와 연결된 모시계에 덧붙여서 계전기들이 그 신호를 증폭시켜 보내면, 대륙 전체에 있는 호텔과 저잣거리와 교회의 뾰족탑의 시계를 자동으로 맞출 수 있을 것이다. 파바르제는 베른 자체의 네트워크를 동기화하기 위해서 설립된 회사의 일원이었다. 1890년 8월 1일 베른이 좌표화된 시계의 초침과 분침을 작동시켰을 때 신문은 "시계의 혁명"이라 보도하며 환호했다.[12]

오늘날에도 베른 곳곳에서 거대한 공공 시계들을 분명히 볼 수 있다. 1890년 8월, 그 모든 단계를 밟아가면서, 좌표화된 시간의 질서는 도시의 아치형 지붕의 건물과 교회 건물들 위에 쓰이고 있었다. 스위스의 시계제작자들은 전기적 동시성의 세계적인 프로젝트에 공식적으로 참여했다.

이론 기계

1890년대에 아인슈타인은 시계에 대해서는 전혀 관심을 가지지 않았다. 그 대신 1895년, 16세의 청년은 전자기복사의 본성에 대해 매우 큰 관심을 갖고 있었다. 그해 여름 아인슈타인은 에테르의 상태가 자기장이 있을 때 어떻게 달라질 것인지에 대한 자신의 고찰을 논문으로 남겼다. 이는 가령 에테르의 일부분이 지나가는 파동에 반응하여 어떻게 팽창할 것인가에 관한 문제였다. 정식으로 교육받지 않은 아인슈타인의 상상에서조차, 복사를 고정되어 있는 상당한 양의 에테르 속에 있는 파동으로 보는 '일반적인 개념화'가 어색하게 느껴졌다. 아인슈타인은 훗날 당시의 사고를 다음과 같이 회상했다. 고전물리학이 의미하는 대로 빛의 파동을 따라가서 잡아탈 수 있다고 가정해보자. 그러면 그 사람은 전자기파가 앞에서 펼쳐지는 것을 볼 수 있을 것이며, 공간 속에서 진동하는 장은 시간 속에서 얼어버릴 것이다. 그러나 그렇게 얼어버린 파동 같은 것은 전혀 관찰된 적이 없다.[13] 이런 식의 사고는 무언가 잘못된 것이었지만, 아인슈타인은 무엇이 잘못된 것인지 알지 못했다.

아인슈타인은 직장을 구하는 데 실패한 뒤 스위스의 큰 공업전문학교에서 교육을 받기 시작했다. 유럽에서도 큰 학교 중 하나였던 이 학교는 1855년 설립된 연방공과대학Eidgenössische Technische Hochschule, ETH*이었

---

* 아인슈타인이 입학할 무렵에 이 학교의 이름은 취리히 연방 폴리테크니쿰Eidgenössisches Polytechnikum Zürich이었으며, 흔히 'Polytechnikum'으로 약칭되었다. 칸톤에서 설립한 취리히대학Universität Zürich과 달리 스위스 연방에서 관리하고 있었기 때문에 'Eidgenössische'란 말이 붙어 있었다. 1911년에 박사학위를 수여할 수 있는 권한을 얻게 되면서 연방공과대학Eidgenössische Technische Hochschule이라는 현재의 이름을 얻었다.

다. 1896년의 연방공과대학은 푸앵카레가 1870년대 초에 입학했던 에콜폴리테크니크와는 매우 다른 곳이었음은 분명하다. 확실히 두 곳 모두 기술공학을 강조했다. 그러나 에콜폴리테크니크의 명성은 순수수학과 과학 훈련을 결합하여 엘리트를 집중적으로 양성하는 것에 오랫동안 의존하고 있었고, 졸업생들은 이러한 훈련의 기초를 광산전문학교와 같은 곳에서 세워나갔다. 나폴레옹 이후로 프랑스인에게는 엘리트에게 고등수학을 교육시켜 그들이 통제하게 될 실제적인 세계에 대한 요구를 (제때) 충족시킬 수 있게 하자는 포부가 있었다. 19세기 중엽, 자연 자원은 부족하고 프랑스나 영국이나 독일의 급속한 산업화를 따라잡으려는 열망 속에 오랫동안 사로잡혀 있던 스위스에서 설립된 연방공과대학은 이와 매우 달랐다. 연방공과대학은 이론과 실천이 즉각 연결되기를 원했다. 도로, 철도, 상하수도, 전기, 교량 건설의 요구를 눈앞에서 놓치거나 심지어 염두에만 두고 있던 적은 단 한 순간도 없었다.[14] 역학을 보자. 에콜폴리테크니크에서 푸앵카레는 추상수학자가 되려고 애쓰는 사람들에서부터 행정부나 군대에서 일하려는 야심을 지닌 사람들에 이르기까지 모든 학생들에 적용되는 '등록 상표'와도 같은 주제를 칭송했다. 수학은 대학의 여왕이었고, 수학교육은 그 추상성을 응용할 수 있는 곳에서만 점진적으로 특화될 수 있도록 역학에 구조화되어 있었다. 이와 달리 1855년으로 거슬러 올라가 취리히에서 역학 수업의 분위기를 만든 것은 추상수학에 거의 관심이 없는 광산 엔지니어였다. 프랑스의 교육 노선보다는 독일의 교육 노선에 따라 구성된 스위스의 교육은 추상적인 것과 응용적인 것이 상급 단계 교육에 이르러서야 융합되길 기다려서는 안 된다고 주장했다. 스위스 산업가들은 전신과 철도에서 상하수도 공사와 교량에 이르기까지 모든 것을 건설하는 데 도움이 필요했다. 연방공과대학에서는 맨 처음부터 (그리고 그 역사 내내) 응용적인 것과 추상적인 것이 함께 고려되었다.

그래서 푸앵카레와 그 무렵의 학생들이 계단식 원형강의실 앞에서 보여주는 시범 실험을 보면서 배웠던 반면, 아인슈타인은 연방공과대학의 설비가 잘 갖춰진 물리 실험실에서 직접 손으로 조작하고 배우면서 많은 시간을 보냈다. 장치들의 원리를 형식에 맞추어 다루는 것은 폴리테크니크에서는 흔한 작업 방식이었기에, 코르뉘는 동기화된 시계를 연구하기 위해 그 기초를 이루고 있는 우아한 물리학 이론을 적어나갔다. 그와 달리 아인슈타인에게 물리학을 가르쳤던 하인리히 프리드리히 베버Heinrich Friedrich Weber*는 화강암, 사암, 유리 등의 열전도율의 정확한 값에 대해 말하곤 했다. 연방공과대학의 열역학은 기초적인 방정식과 상세한 숫자 계산과 유리, 펌프, 온도계가 늘어져 있는 실험실 사이에서 오갔다는 것을 아인슈타인이 세심하게 기록한 공책에서 볼 수 있다.[15] 실제 이러한 두 기관의 차이에는 세계에 관해 이론이 무엇을 말해주는가에 관한 그들의 견해가 반영되어 있었다. 푸앵카레의 에콜폴리테크니크에서는 원자(또는 많은 다른 가설적인 물리적 대상들)에 대해 자랑스럽게 불가지론을 형성하고 있었다. 연방공과대학에서 베버와 그의 동료들은 그런 환상적인 것에 부화뇌동할 겨를이 없었고, 집합적인 현상들을 설명할 수 있는 무수히 많은 방식, 그 자체를 위해 탐구하는 데 전혀 관심이 없었다. 베버는 '열'의 '참된 본성'에 대한 관심을 가지지 않고 그저 열을 도입한 뒤에, 물리량들 사이의 관계는 역학적 상황으로 직접 이어지며, 이때 열은 분자운동에 지나지 않는다고 주장했다. 그런 뒤에 베버는 분자의 수를 계산하고 그 성질들을 확정

---

* 독일의 실험물리학자로 연방공과대학에서는 물리 및 전기기술 연구소의 소장을 맡았으며, 아인슈타인에게 큰 영향을 준 것으로 유명하다.

했다. 형이상학적인 실재론은 없었다. 원자가 있다고 하면 작업을 진행할 수 있다는 사실 자체에 대한 엔지니어의 평가였을 뿐이다.[16]

　1899년 여름, 아인슈타인은 여전히 에테르와 움직이는 물체와 전기동역학에 대해 고심하고 있었다. 아인슈타인은 사랑하는 밀레바 마리치Mileva Marić*에게 보낸 편지에서 아라우고등학교 시절을 회상하며, 빛이 투명한 물체를 지나갈 때 이 투명한 물체가 에테르 속에서 끌린다면 빛이 어떻게 갈지 측정하는 방법과 설명할 수 있는 방법을 고민했다고 썼다.[17] 아인슈타인은 밀레바 마리치에게 소박한 물질인 에테르 이론들은 에테르의 조각들이 여기저기에서 이러저러한 방식으로 움직인다고 가정하는데, 이런 이론들은 그냥 사라져야 할 것이라는 그의 느낌을 전하고 있다. 아인슈타인이 이론에 이렇게 진지한 태도로 몰두하게 된 것은 틀림없이 연방공과대학에서 측정을 강조했기 때문이었다. 그렇지만 학교에서 비교적 새로운 전기와 자기에 관한 맥스웰의 이론을 더 많이 가르쳐주지 않았기 때문에 아인슈타인은 낙담했다. 그래서 아인슈타인은 혼자 공부를 시작했고, 하인리히 헤르츠Heinrich Hertz의 저작은 분명히 중요한 자료 중 하나였다. 헤르츠는 맥스웰의 복잡한 전기 및 자기 이론에서 가장 뼈대가 되는 방정식을 추려냈고, 대단히 놀랍게도 에테르 속에 전파(즉, 라디오파)가 존재함을 실험으로 증명했다. 헤르츠는 짧은 생애 내내 전기와 자기의 이론을 여러 다른 방식으로 형식화하는 데 비상한 관심을 쏟았으며, 전기라는 '이름'이나 자기라는 '이름'이 그 자체로 뭔가 실체적인 것에 대응하는가를 집요하게 의심했다. 아인슈타인은 헤르츠의 비판적인 칼날을 계속 진동하는

---

* 아인슈타인의 첫 번째 부인인 밀레바 마리치(1875~1948)는 세르비아 출신으로 아인슈타인과 함께 연방공과대학에서 수학을 전공했다.

에테르에 겨누었다.

나는 헬름홀츠의 저서로 돌아가서 헤르츠의 전기력 퍼짐을 매
우 조심스럽게 다시 읽고 있어. 전기동역학에서 최소 작용의
원리에 관한 헬름홀츠의 논문을 이해하지 못했기 때문이야. 움
직이는 물체의 전기동역학이 오늘날 제시되는 대로는 실재에
대응하지 않으며, 또한 이를 더 간단한 방식으로 제시할 수 있
으리라고 점점 더 확신하고 있어. '에테르'라는 이름을 전기의
이론에 도입함으로써 매질의 개념으로 이어졌지만, 매질의 운
동에 물리적 의미를 붙이지 않아도 그 운동이 서술될 수 있을
것이라 믿어.[18]

전기와 자기와 전류는 물질적 에테르의 떨림이 아니라 진공 속에서의
물리적 실재인 '참된' 전기적 질량의 운동으로 정의될 수 있어야 한다
는 것이 아인슈타인의 결론이었다. 에테르가 운동하지 않고 비물질적
이라는 개념은 에테르가 물질적이라는 개념보다 더 잘 작동할 수 있을
것이다. 그리고 (널리 환영받고 있던 로런츠의 이론을 따라) 앞서가는 많은
물리학자들은 그러한 개념을 염두에 두고 있었다.
　실험자들이 에테르의 끌림과 에테르 속에서의 운동을 검출하는 데
실패하자, 아인슈타인은 1901년 무렵 이 멈춰 있는 비실체성마저도 포
기해버렸다. 19세기 물리 이론의 중심이었던 에테르는 사라져버렸다.
아인슈타인에게 에테르란 전기 입자의 최종적인 구성 요소도 아니고
빛이 퍼져나가기 위해 필요한 어디에나 퍼져 있는 매질도 아니었다.
아인슈타인이 특허국 문에 발을 들여놓기도 전에 퍼즐의 결정적인 조
각들은 제자리에 있었으며, 그가 이미 상대성원리를 불러내기 시작했

다고 말해도 좋을 것이다.[19] 분명히 그는 움직이는 전기 전하의 실제적인 그림에 매달리면서 맥스웰 방정식의 의미를 다시 고민하고 있었다. 에테르는 깨끗이 잊어버렸다. 그러나 이러한 생각들 중 어떤 것도 시간으로 직접 향해 있지는 않았다.

1900년에서 1902년에 이르는 기간에 아인슈타인은 제도화된 과학의 언저리에서 힘겹게 싸우고 있었다. 그는 1900년 7월 연방공과대학에서 수학 교원자격 학위를 땄지만, 대학에서 직장을 얻을 수는 없었다. 그는 개인교사를 하면서 대학 울타리 바깥에서 이론물리학의 두 영역 속으로 빠져들기 시작했다. 한편에서는 열역학(즉, 열의 과학)의 본성을 탐구하기 위해 통계역학(열이 다름 아니라 입자들의 운동이라는 이론)으로 열역학의 기초와 확장을 모색했다. 다른 한편으로 아직 발표할 내용은 없었지만, 빛의 본성과 빛과 물질의 상호작용을 알아내려고 애썼다. 그 어떤 것보다 전기동역학에서 움직이는 물체가 어떻게 보일 것인가를 알고 싶어 했다.

아인슈타인의 지칠 줄 모르는 낙관주의와 자신감, 그리고 자만하는 과학의 권위에 대한 신랄한 무시는 수많은 편지에 나타나 있다. 1901년 5월, 아인슈타인은 밀레바에게 다음과 같이 털어놓는다. "안타깝게도 여기 테크니쿰(즉, 연방공과대학)에는 최신 현대물리학을 알고 있는 사람이 한 명도 없어. 모두에게 슬쩍 물어보았지만 헛수고였어. 만일 내가 여기서 그저 잘 지내다 보면 나 역시 지적으로 게으르게 될까? 그렇지는 않을 거라 생각하지만, 사실 그럴 위험성도 큰 것 같아."[20] 아니면 그다음 달 파울 드루데Paul Drude(그는 전기 전도의 이론에서 앞서가는 인물이었다)에게 맞춤 비평을 쓰고 난 뒤에 밀레바에게 말했다. "내 앞의 책상 위에 뭐가 있는지 맞혀봐. 드루데에게 보내는 긴 편지인데, 그의 전자 이론에 두 가지 반론을 펴고 있지. 드루데는 내 반론에 반박할 수 있는 근거를 거의 갖고 있지 않아. 왜냐하면 상황이 아주 단순하거든. 그가 어떻게 뭐라고 대답할지 정말 궁금해. 물론 당연히 내가 아직 직장이 없다는 것을 알려주었지." 아인슈타인이 물리학에 관해 한 치도 양보하지 않았다면, 그에 못지않게 그의 가장 가깝고 가장 사랑하는 사람의 못마땅해하는 눈짓에 맞추어 자신의 개인적인 삶을 바꿀 의향도 없었다. 친구들이 그의 개인적인 처신을 명백하게 비판하자, 아인슈타인은 그들의 판단을 깊이 생각하지 않고 거부했다. "빈텔러Wintel-er 가족이 나에 대해 악담을 퍼부어 … 내가 취리히에서 방탕한 생활을 해오고 있다고 말한다고 상상해봐."[21]

푸앵카레는 폴리테크니크에서 있던 시절 초기부터 평생 동안 스승들과 좋은 관계를 유지했다. 그는 연장자를 존경했으며, 자신의 수학적 창조 중 많은 부분에 스승들의 이름을 붙이는 정성을 보였다. 이와 대조적으로 아인슈타인은 나이 많은 스승들이 고개를 흔들며 거부해도, 끝없이 직장을 구하는 데 실패해도, 또는 그 문제에 관해서라면 어머니가 집요하게 밀레바 마리치를 인정하지 않아도, 절대적으로 흔들리지 않은 것 같았다. 그래서 드루데가 1901년 7월 아인슈타인의 반론을 무시해버리자, 이 젊은 과학자는 드루데는 발이 진흙으로 되어 있어서 곧 무너질 숱한 권위들 중 하나일 뿐이라고 폄하했다.

당신이 독일의 교수들에 관해 말한 것에는 과장이 없습니다. 이런 종류의 또 다른 슬픈 표본이라고도 할 수 있는 독일에서 잘 나가는 물리학자 중 한 사람을 알게 되었습니다. 나는 그의 이론들 중 하나에 반대하며, 두 가지 타당한 근거를 제시하여 그의 결론에 직접적인 결함을 증명하고 있습니다. 그러나 그는 그의 (결코 틀린 적이 없는) 동료가 그와 견해가 같다고 대답했습니다. 나는 곧 탁월한 논문으로 그 사람을 혼쭐내줄 겁니다. 사람들의 머리 꼭대기에 앉아 있는 권위는 진리의 가장 큰 적입니다.[22]

아인슈타인이 "혼쭐"을 내주었는지도 모르지만, 이 권위자들이 아인슈타인의 열띤 압박에 응답하여 열화와 같이 직장의 기회를 제안하지는 않았다. 연달아 거절 편지가 도착했고, 그중에는 부르크도르프에 있는 칸톤 공업전문학교의 기계공학부 선임 교사 자리도 포함되어 있었다.[23] 아인슈타인의 친구인 수학자 마르셀 그로스만Marcel Grossmann이 프라우엔펠트의 칸톤 학교에 자리를 얻자, 아인슈타인은 진심으로 축하해주면서 안정된 자리와 적합한 업무는 틀림없이 환영할 일이라고 덧붙였다. 아인슈타인도 그 자리에 지원하긴 했었다. "내가 그렇게 한 까닭은 내가 너무 마음이 약해서 지원하지 않았다고 변명하기 싫었기 때문이야. 나는 이런 자리나 다른 비슷한 자리를 얻을 전망이 전혀 없다고 강하게 확신하고 있었거든."[24]

그때 정말로 취직할 가능성이 나타났다. 베른의 스위스 특허국*이 개관 공고를 낸 것이다. 아인슈타인은 곧바로 편지를 썼다. "여기 서명하는 저는 실례를 무릅쓰고 1901년 12월 11일 연방 소식지Bundesblatt에 공고된 지적 재산권 연방사무소의 2급 기술전문직에 지원합니다."[25] 아인슈타인은 연방공과대학에서 수학과 물리학의 특별교원을 위한 과정 중 물리학과 전기공학을 공부했다는 점을 특허국에 보증하기 위한 모든 서류가 준비되어 있으며 응답을 기다리고 있다고 썼다. 1901년

---

* 1888년 11월에 설립된 베른 특허국의 공식적인 이름은 지적 재산권 연방사무소Bureau Fédéral de la Propriété Intellectuelle, Eidgenössisches Büro für Geistiges Eigentum였다.

12월 19일 아인슈타인은 밀레바에게 기쁨의 편지를 썼다. "하지만 이제 들어봐, 너에게 입 맞추고 기쁨으로 포옹할게! 특허국의 프리드리히 할러Friedrich Haller 국장이 직접 자필로 내가 특허국에 새로 생긴 자리에 지원하기를 요청하는 우호적인 편지를 써주었어! 이제는 거기에 관한 어떤 의심도 남아 있지 않아. 연방공과대학 급우였던 마르셀 그로스만은 벌써 축하해주었어. 내 감사의 마음을 어떻게든 표현하기 위해 내 박사학위논문은 그에게 헌정할 생각이야."[26] 직장도 구하게 되었으니, 아니 거의 그렇게 되었으니, 이제 아인슈타인과 밀레바는 결혼을 할 수 있었다.

심지어 그의 학위논문의 오래된 심사자인 클라이너Kleiner에 대한 태도도 밝아졌다. 12월 17일, 아인슈타인은 밀레바에게 "그 지루한 클라이너에게라도 … 내려가겠다"라고 말했다. 아인슈타인은 크리스마스 휴가 때 일할 수 있는 허가를 받으려 했다. "이 나이 많은 속물들이 자신과 같은 부류가 아닌 사람의 앞길을 막으려고 놓은 모든 장애물들을 생각해본다면, 그건 정말 소름끼치는 일이야! 이런 종류의 인간은 본능적으로 모든 총명한 젊은이를 자신의 무너지기 쉬운 품위에 위협이 된다고 생각하지. 바로 이것이 지금 나에게 보이는 상황이야. 하지만 만일 그가 뻔뻔스럽게도 내 박사학위논문에 퇴짜를 놓는다면, 나는 불합격 사유를 활자로 인쇄하여 내 학위논문과 함께 발표해버릴 거야. 그러면 그는 웃음거리가 되겠지. 하지만 만일 그가 내 논문을 받아들인다면, 우리는 그 훌륭한 드루데 씨가 어떤 입장을 … 취할지 보게 될 거야. 디오게네스가 지금 살아 있다면 자신의 등불을 들고 정직한 사람을 찾더라도 헛수고이겠지."[27]

이틀 뒤, 디오게네스의 작은 등불은 인간성을 더 따뜻한 빛으로 비추었다. "오늘 난 오후 내내 취리히에서 클라이너와 시간을 보내면서 온갖 종류의 물리학 문제에 관해 얘기했어. 클라이너는 내가 생각했던 것만큼 어리석지는 않아. 아니, 그분은 좋은 분인 것 같아." 사실, 클라이너가 아직 아인슈타인의 학위논문을 읽은 것은 아니었지만, 아인슈타인은 염려하지 않았다. 아인슈타인의 관심은 벌써 다른 곳으로 옮겨져 있었다. "클라이너는 움직이는 물체 속에서의 빛의 전자기 이론과 실험 방법에 관한 내 생각을 발표해보라고 조언했어. 클라이너는 내가 제안한 실험 방법이 가장 단순하면서도 생각해볼 수 있는 가장 적절한 것이라고 여기고 있었어."[28]

　　이러한 예상 밖의 지원에 힘입어 아인슈타인은 에테르와 그 속에서의 운동의 이론을 더 깊이 파고들었다. 그는 움직이는 물체의 전기동역학에 관해 로런츠와 드루데를 공부하기로 결심하고 (아인슈타인이 이전에 그렇게 하지 않은 것은 아마도 주류에서 분리되어 있었던 것이라는 사실을 보여준다) 친구 미셸 베소Michele Besso에게서 물리학 책을 한 권 빌렸다. 푸앵카레는 1899년 강의에서 이전 물리학의 접근이 얼마나 소중한지 줄기차게 강조했다. 맥스웰, 헤르츠, 로런츠 등 많은 사람들을 상세하게 탐구해볼 만한 까닭은 부분적으로 빗나가 있더라도 각각은 물리량들 사이의 '참된 관계'를 잡아내고 있기 때문이다. 그런 형태의 인내심은 아인슈타인과는 맞지 않았다. 아인슈타인이 1901년 말에 밀레바에게 얘기한 것처럼, 본문에 있던 에테르 이론 하나가 그에게 인상적이었던 것은 진부함 때문이었다. "미셸이 내게 1885년에 쓰인 에테르 이론에 관한 책을 한 권 주었어. 아마 고대 세계에서 온 게 아닐까 생각할 수도 있을 만큼, 견해가 엄청나게 진부했지. 그 책은 오늘날 지식이 얼마나 빨리 발전하는가를 볼 수 있게 해줬어."[29] 그리 오래지 않아 아인슈타인은 밀레바에게 그와 베소가 "절대 정지의 정의"를 함께 숙고하고 있다고 말했다.[30]

1902년 초에 아인슈타인은 간소한 살림살이를 샤프하우젠(사립학교에서 근무할 때 잠시 머물렀던 곳)에서 베른으로 옮겼고, 또다시 개인지도를 할 학생을 찾기 시작했다. 아래는 1902년 2월 5일의 광고 내용이다.

개인교습
수학 및 물리학
중등학생 및 대학생 대상
매우 철저하게 지도함
알베르트 아인슈타인
연방 폴리테크니쿰 교원자격 학위 소지
주소: 게레흐티흐카이츠 거리 32번지 1층
첫 시범강의 무료[31]

며칠 뒤 일이 잘 풀려나가는 것 같았다. 이 젊은 개인교사의 광고에 두 명의 학생이 걸려들었고, 아인슈타인은 통계역학의 위대한 거장 루트비히 볼츠만Ludwig Boltzmann에게 편지를 쓰려고 계획하고 있었고, 그의 연구는 물리학의 좁은 영역을 넘어서 빠르게 진행되고 있었다. 아인슈타인은 이렇게 쓰고 있다. "나는 에른스트 마흐의 책을 거의 끝냈는데, 정말 흥미로웠지. 오늘 저녁에는 끝낼 거야."[32]

루마니아 출신으로 베른대학에서 공부하는 모리스 솔로빈Maurice Solovine은 새로운 학생 중 하나였고, 함께 온 다른 사람은 아인슈타인의 친구 콘라트 하비히트Conrad Habicht로 그는 수학에서 박사학위를 받으려하고 있었다. 이 세 사람은 철학이나 무엇이든지 그들의 호기심을 자아내는 것이라면 모두 토론하는 격식이 없는 모임인 '올림피아 아카데미"*를 함께 만들었다. 솔로빈은 이렇게 말했다. "우리는 한 페이지나 반 페이지나 어떤 때는 단 한 문장을 읽곤 했다. 문제가 중요할 때에는 며칠 동안 토론을 지속하곤 했다. 나는 곧잘 아인슈타인이 정오에 쉴 때 만나서는 전날 저녁의 토론을 새로 이어가기도 했다. '어제 … 을 얘기했잖아, 하지만 … 생각해보는 건 어떨까?' 아니면, '어제 내가 말한 것에 덧붙이고 싶은 게 있는데 … '와 같은 식이었다."[33]

마흐는 늘 화제에 올랐다. 철학자이자 물리학자이자 심리학자인 마흐는 감각에 이르게 만들 수 없는 것을 향해 철저하게 비판적인 태도를 견지했다. 아인슈타인이 마흐가 감각을 지나치게 강조하는 것에 전적으로 동의한 적은 없었지만, 그는 '절대시간'과 '절대공간'의 관념과 같은 쓸모없는 형이상학적인 지껄임에 대항해서 휘두를 수 있는 비판적인 곤봉을 마흐의 저작에서 끌어냈다.[34] 아인슈타인은 자신이 즐겨 읽었던 마흐의 저작(『역학의 발달』, 1883)에서 뉴턴의 저작을 인용하면서 뉴턴의 절대시간과 절대공간에 대항하는 논박을 찾아내곤 했다. "절대적이고 참된 수학적 시간은 그 자체로 그리고 그 고유한 본성에 의하여 균일하게 계속 흐르며 어떤 외부의 것에도 의존하지 않는다. … 상대적이고 명백하며 일상적인 시간은, 감각으로 느낄 수 있는 외부적인 절대시간의 척도이다." 마흐는 그런 사유가 현실적인 사실을 숭상하는 뉴턴이 아니라 중세철학을 신봉하는 뉴턴을 드러낸다고 보았다. 마흐가 보기에 시간은, 현상을 측정하는 원초적인 기준이 아니었다. 정확히 반대였다. 시간 그 자체는 물체의 운동에서 (즉, 지구가 자전하면서, 또는 진자가 흔들리면서) 유도된다는 것이다. 현상의 뒷면에서 절대적인 것을 찾으려는 노력은 소용없는 일이었다. 마흐의 비난은 명

---

* 독일어로는 Akademie Olympia이다.

료했다. "이 절대시간은 그 어떤 운동과의 비교로도 측정할 수 없다. 따라서 절대시간은 실제적인 가치도 없고 과학적인 가치도 없으며, 절대시간에 관해 조금이라도 알고 있다고 말할 수 있는 사람은 아무도 없다. 이는 쓸모없는 형이상학적 개념이다."[35]

그 뒤로 여러 해 동안 아인슈타인은 마흐의 이러한 시간 분석이 자신에게 얼마나 중요했는지 자주 강조했다. 가령 1916년 마흐를 추모하는 글에서 다음과 같이 적고 있다. "『역학의 발달』에서 발췌한 이 인용문들을 보면, 마흐가 고전역학의 약점들을 분명하게 인지하고 있었으며, 그럼으로써 일반상대성이론의 필요에 접근하고 있음을 알 수 있는데, 이는 거의 반세기 전의 일이다! 만일 마흐의 시대에 물리학자들이 광속이 일정하다는 것이 무슨 의미인지에 관한 의문들로 동요되고 있었다면 … 마흐가 상대성이론에 이르게 되는 것도 불가능한 일이 아니다. 맥스웰과 로런츠의 전기동역학이 지적 자극을 불러일으키지 않았기에, 예리하고 비판적인 안목을 지닌 마흐도 공간적으로 서로 떨어져 있는 사건들에 관한 동시성의 정의가 필요하다는 생각에 이르지는 못했다." 푸앵카레의 경우에도 그랬던 것처럼 아인슈타인에게 동시성은 철학과 함께 전기동역학을 넘어서고 있었다.[36]

올림피아 아카데미의 토론은 통계학, 철학, 생물학에 기여한 영국 빅토리아 시대의 수학자이자 물리학자인 칼 피어슨Karl Pearson으로도 이어졌다. 그런데 흥미롭게도 피어슨은 독일철학 전통뿐 아니라 마흐에게도 의존하고 있었기 때문에, '절대시간'에 대한 순진한 해석을 철저하게 비판적으로 분석했다. 아인슈타인과 아카데미 회원들은 피어슨의 1892년 저작 『과학의 문법Grammar of Science』에서 관찰할 수 있는 모든 시계들과 뉴턴의 절대시간 사이의 관계에 대한 매우 비판적인 평가를 하나 더 찾아냈다. "그리니치의 천문학적 시계와 결국 거기에 맞추어 조절되는 보통의 시계들 모두에 나타는 시간은 지구의 자전축이 회전한 각도만큼에 해당할 것이다." 따라서 모든 시계의 시간은 결국 천문학적 시간이다. 그런데 거대한 지구시계의 자전에 영향을 미치는 요인들(가령 조수)이 많이 있다. 뉴턴이 말한 것처럼 "절대적이고 참된 수학적 시간"은 우리의 감각 인상sense impressions을 기술하기 위해 사용하는 무엇인가(피어슨의 용어로 말하면 "틀frame")이다. "그러나 감각 인상 그 자체의 세계에는 절대적인 시간 간격이 존재하지 않는다." 별들이 자오선 관측기구의 십자선을 자정에서 다음 날 자정까지 지나가는 것을 두 가지 다른 경우에 관찰해도, 우리는 평균적인 사람은 감각 인상의 결과를 대략 똑같이 기록한다는 것에 주목했다. 거기까지는 좋다고 피어슨은 말한다. 자정에서 다음 날 자정까지의 두 간격을 '같다'라고 해보자. 그러나 거기에 속아서는 안 된다. 이는 절대시간과는 아무 관련이 없기 때문이다. "시간 기록 개념에서 맨 위와 가장 아래의 텅 빈 여백이, 시간이 과거나 미래로 영원하다는 랩소디를 정당화해주지 않는다. 왜냐하면 개념과 지각을 혼동하는 랩소디는 현상의 세계, 즉 감각 인상의 세계에서 이러한 영원이 진짜 의미를 지니고 있다고 주장하기 때문이다."[37]

마흐와 피어슨에 이어 리하르트 아베나리우스Richard Avenarius의『순수 경험비판』도 올림피아의 독서 목록에 들어 있었다. 이 책도 경험이 파악하는 것 바깥에 놓여 있는 것을 향해 회의적인 태도를 고수하고 있었다. 토론 목록에 있는 다른 저작 중에는 "널리 퍼져 있는 빛 에테르의 가설"에 대해 조심하라고 말하는 존 스튜어트 밀John Stuart Mill의『논리학』도 포함되어 있었고, 수 개념에 대한 데데킨트Dedekind의 예리한 분석이라든가, 귀납 추론을 없애려 한 데이비드 흄의『인성론』도 포함되어 있었다.[38] 그러나 인간 정신이 다다를 수 있는 것의 비판적 배경에 대항하는 과학의 기본 관념의 틀을 세우는 이 모든 저작들 중에서, 솔로빈은 특별한 논평을 위해 단 한 권을 끄집어냈는데, 그 책의 독일어 번역본은 1904년에 막 출간되었다. " … 푸앵카레의 『과학과 가설』은 우리를 사로잡았고 몇 주 동안이나 주문에 걸린 듯 마음을 빼앗았다."[39] 이 책에서 아인슈타인과 올림피아 회원들은 마흐와 피어슨의 견해에 대한 강력한 근거를 찾아낼 수 있었다. 푸앵카레는 또한 자신의 결정적인 논문 「시간의 척도」를 언급하고 있기도 했다.

아인슈타인과 올림피아 회원들이 재빨리 「시간의 척도」를 원래의 형태대로 (즉, 프랑스의 철학 학술지에 실린 대로) 찾아냈을 수도 있다. 그러나 그렇지는 않은 것 같다. 상황은 흥미롭게 전개되었다. 영어 번역본이나 프랑스어 원본과 달리, 『과학과 가설』의 독일어 출판사는 「시간의 척도」의 결론 부분에서 상당한 분량을 발췌해서 번역하여 부록으로 포함시켜놓았다. 따라서 1904년에 올림피아 아카데미는, 보통의 독일어로 동시성의 "직접적인 직관"을 명시적으로 부정하는 푸앵카레의 언급과 동시성을 정의하는 규칙은 편리함에 따라서 선택되는 것이지 진리가 아니라는 그의 주장과 "이 모든 규칙과 정의는 무의식적인 편의주의의 산물일 따름이다"라는 그의 결론적인 선언을, 눈앞에서 볼 수 있었을 것이다. 사실 프랑스어를 독일어로 번역한 번역자들은 한 걸음 더 나아가서, 상대시간을 옹호하기 위해 절대시간을 공격했던 철학자와 물리학자와 수학자들의 이름을 장황하게 제시했는데, 그중에는 로크Locke와 달랑베르d'Alembert가 있었고 비유클리드 기하학의 창시자들 중 한 사람인 로바쳅스키Lobaschewski가 있었다. 그리하여 시간은 단지 "다른 운동을 측정하기 위해 고안된 운동"일 뿐이라고 보고했다. 푸앵카레의 독일어판 번역자들은 우리가 물리학의 시간 't'를 정의하게 될 시간의 단위로 사용하는 운동으로 진자시계, 용수철시계, 자전하는 지구 중 어느 것을 선택해도 좋다고 주장하고 있었다. 그러나 그 선택은 절대시간과는 아무 상관이 없다. 대신 그 선택이 푸앵카레의 동시성과 지속 시간에 대한 물리적 정의에서 "편의주의"를 찬성하는 논변임을 다시 강조하고 있었다.[40]

어느 한 철학자의 사상의 아주 구체적인 부분이 아인슈타인의 연구에 전반적인 영향을 주었다고 가정할 수는 없지만, 아인슈타인이 베른에 머물던 초기 시절부터, 우리의 경험으로 접근 가능한 것과 소위 커튼 뒤에 감추어져 감각할 수 없는 것 사이의 차이에 대해 매우 강력한 느낌을 갖고 있었던 것만큼은 의심의 여지가 없다. 알 수 있는 것, 특히 감각을 통해 자연 세계를 파악할 수 있는 것에 대한 강조는 오귀스트 콩트Auguste Comte와 콩트를 계승한 이후 많은 학자들이 추구해온 실증주의 학설의 핵심이었다. 이는 아인슈타인이 1917년에 철학자 모리츠 슐리크Moritz Schlick에게 한 말에서도 파악할 수 있다. "상대성이론이 실증주의에서 나오지만 실증주의를 반드시 필요로 하는 것은 아니라는 선생님의 표상은 … 매우 옳습니다. 이 점에서도 선생님은 나의 노력에 엄청난 영향을 미친 사유의 궤적을 정확히 보고 있습니다. 더 명시적으로 말하면 E. 마흐, 심지어 흄이 있는데, 나는 상대성이론을 발견하기 직전에 흄의 『인성론』을 열정적으로 감탄하면서 공부했습니다. 이런 철학 공부가 없었다면 그 해결책에 다다르지 못했을 가능성이 높습니다."[41]

철학이 중요했다. 문화적 시대정신Zeitgeist과는 거리가 멀었던 아인슈타인은 동시성을 절차적 개념으로 옹호하고 형이상학적인 절대시간에 반대했기 때문에, 이러한 일련의 움직임을 통해 직접 마흐, 피어슨, 밀, 푸앵카레가 제시한 물리 지식의 기초에까지 다다르게 되었다. 하나씩 하나씩 아인슈타인과 작은 모임은 토론거리가 되는 책들을 찾아나갔다.

아인슈타인의 처음으로 중요한 물리학 논문들(1902~1904년)은 열역학과 열이 분자운동의 산물이라고 보는 근본적인 논의(통계역학)에 주목하고 있었다. 아인슈타인은 철학에 대한 탐구, 연방공과대학에서의 열역학에 대한 심취, 그리고 연방공과대학을 졸업한 후의 독자적인 연구 중 어딘가에서, 원리를 강조하고 상세한 모형 만들기를 피하는 물리학에 다가가기 위한 기반을 쌓기 시작했다. 쉽게 말할 수 있는, 매우 원대한 고립계에 관한 두 가지 주장으로 열역학을 정식화할 수 있다는 것은 잘 알려져 있었다. 그 두 가지는 에너지의 양이 언제나 똑같다는 것, 그리고 엔트로피(즉, 계의 무질서)가 결코 감소하지 않는다는 것이다. 이 이론의 단순함과 폭넓음은 아인슈타인에게 평생 관철되는 과학의 이상으로 남았다. 아인슈타인은 푸앵카레의 『과학과 가설』에서 물리학이 그런 원리들에 대한 분석과 관련된다는 관점이 강력하게 제시되는 것을 발견했을 것이다.

그러나 '규약conventions'과 '원리principles'는 푸앵카레가 그랬던 것처럼 아인슈타인에게 같은 방식으로 조화를 이루지 않았다(사실 당시 많은 독일의 물리학자들에게도 마찬가지였다). 프랑스어에서 convention*의 삼중적 의미(법적 협정, 과학적 합의, 프랑스 혁명력 2년의 규약)는 푸앵카레와 그를 둘러싼 사람들이 『미터의 콩방시옹』이나 십진화 시간의 콩방시옹을 제안하는 과정에서 극명하게 드러난다. 텍스트를 독일어로 옮기면 그러한 연관의 고리가 깨지게 된다. 실제로 『과학과 가설』의 독일어 번역자는 프랑스어 콩방시옹의 번역어를 나누어 어떤 때에는 법적 협정을 포함하는 독일어 명사 Übereinkommen(위버아인콤멘)을 쓰고, 어

---

* 프랑스어로 '콩방시옹'이라 발음하며, 규약, 합의, 협정, 조약 등을 의미한다.

떤 때에는 사회의 규약 약속을 나타내는 말 konventionelle Festsetzu-ng(콘벤치오넬레 페스트제충)을 썼다.[42] 더 중요한 것은 원리가 곧 정의이며 순전히 그 '편리함' 때문에 살아남는다는 푸앵카레의 주장을 아인슈타인의 저작 속에서 찾아보기 힘들다는 점이다. 아인슈타인에게 원리는 물리학을 지탱하는 것이었으며 어쩌면 과학보다 더 큰 것이었고, 특히 말년에 더욱 그랬다. 다른 맥락에서 아인슈타인은 다음과 같이 회고했다.

> 과학에 대한 내 관심은 언제나 사실상 원리들의 탐구에 머물러 있었으며, 이는 내 행동 전체를 가장 잘 설명해준다. 내가 논문을 거의 발표하지 않은 것은 같은 상황 때문이라고 할 수 있는데, 원리를 알아내려는 욕망에 불타 있어서 내 시간의 대부분을 결과가 없는 노력에 투자했기 때문이다.[43]

원리에 바탕을 둔 물리학은 아인슈타인에게 중요했다. 물리학 개념을 위해 그 기본 요소들에 남겨놓은 비판적이고 철학적인 사유도 마찬가지였다. 하지만 그것만은 아니었다. 아인슈타인의 베른 시절 전체에 걸쳐 그의 저작과 사유는 기계의 물질화된 원리로 가득했다. 아인슈타인은 애초부터 특허국을 자신의 '진짜' 일을 가로막는 짐이라 생각하지 않았고 오히려 생산적인 즐거움으로 여겼다. 1902년 2월 중순에 연방공과대학 출신으로 당시에 특허국에서 일하고 있던 사람을 만난 일을 자세히 얘기했다. "그 친구는 특허국 일이 아주 따분하다고 생각했지. 어떤 사람들에게는 매사가 따분한 법이지만 나는 내가 특허국 일이 재미있을 것이며 평생 할러 씨*에게 감사할 것임을 확신했지." 아니면 나중에 아인슈타인은 다음과 같이 이야기하기도 했다. "공학적인 특허들의 최종 형식을 놓고 궁싯거리는 것은 나에게 진정한 축복이었다. 그 일은 여러 각도에서 생각을 하게 만들었고 물리학적 사유에 중요한 자극이 되었다."[44]

시간에 관해서는 어땠을까? 1902년까지 로런츠는 시간 변수 t로 에테르 속에서 움직이는 물체를 정의할 수 있도록, 허구적인 수학적 변이들을 놓고 오랫동안 실험을 해오고 있었다. 푸앵카레와 다른 물리학자들이 더 발전시킨 논의를 통해, 고정된 에테르라는 개념이 근거를 얻어가고 있었다. 알다시피 푸앵카레는 (처음에는 에테르를 송두리째 무시했다가 나중에는 분명히 에테르 속에서 움직이는 계에 대해 찬성했고) 빛 신호로 동기화한 시계를 이용하여 동시성을 설명했다. 푸앵카레가 에테르를 이용하는 방식은 변화했지만, 에테르가 사고를 위한 도구로서, 그리고 생산적인 직관에 적용하기 위한 조건으로서 엄청나게 가치 있다는 그의 확신은 전혀 흔들리지 않았다. 푸앵카레는 '겉보기 시간'(움직이는 좌표계에서 측정한 시간)과 '참된 시간'(에테르 안에서 정지하여 측정한 시간)을 결코 동일한 것으로 보지 않았다.[45]

푸앵카레와 로런츠와 아브라함Max Abraham은 자신들의 이론을 동역학의 분석부터 시작하기로 마음먹었다. 동역학이란 전자가 에테르 속을 뚫고 지나갈 때 전자들을 서로 붙여주고 찌그러뜨리고 묶어두는 힘이며, 마이컬슨과 몰리의 간섭계의 팔들을 수축시키는 그 힘이며, 하전된 입자가 산산조각 나서 전자의 음전하가 흩어져버리지 않게 잡아두는 그런 힘이다. 그들은 물질에 대한 그런 구성적이고 계획적인 이론들로부터 운동학을, 즉 일반적인 물질이 외부의 힘이 없을 때 어떻게

---

* 할러는 베른 특허국의 국장으로서 아인슈타인의 편지를 받고 아인슈타인을 3급 기술전문직으로 채용한 사람이다.

움직이는지를 유도하고 싶어 했다.

아인슈타인의 목표는 완전히 달랐다. 시간은 동역학으로부터 출발하는 것이 아니었다. 1905년 중엽 아인슈타인은 시간과 공간에 대한 새로운 논의를 발전시켰는데, 열역학이 에너지가 보존되고 엔트로피가 감소하지 않는다는 것으로부터 출발한 것과 마찬가지로, 움직이는 물체의 물리학도 간단한 물리 원리들로부터 출발해야 한다고 보았다. 로런츠가 인위적인 시간 개념($t_{국소}$)을 가정한 까닭은 자신의 방정식의 풀이를 계산하는 데 유용했기 때문이었다. 푸앵카레는 균일한 운동을 하는 기준좌표계에 대한 '국소 시간'의 물리적 결과를 알고 있었다. 그러나 아인슈타인 이전에는 푸앵카레도 로런츠도 시계들의 좌표화가 거대한 물리학의 원리들을 조화시키는 결정적인 단계가 되리라는 것을 알지 못했다. 두 사람 다 시간을 새로 개념화하는 것이 자신의 에테르와 전자와 움직이는 물체에 대한 개념을 뒤집어버리리라고는 예상하지 못했다. 두 사람 다 로런츠 수축을 바로 시간에 대한 새로운 정의의 결과 정도로 볼 수 있을 거라고 예상하지 못했다. 아인슈타인도 1905년 5월 이전에는 로런츠의 1895년 물리학의 기본 특성만을 인지하고 있었을 뿐이고 푸앵카레의 전기동역학에 대한 연구는 전혀 알지 못했다. 아인슈타인은 과학의 기초에 관한 철학적 저서들(푸앵카레의 저서를 포함하여)을 읽고 있었으며, 열의 분자통계 이론에 관한 논문을 발표하고 있었고, 움직이는 물체의 전기동역학을 탐구하고 있었다. 특허국에 발걸음을 딛기 전에 아인슈타인이 시계와 시간과 동시성에 조금이라도 관심을 가지고 있었다는 실마리는 전혀 남아 있지 않다.

특허의 진실

아인슈타인이 1902년 6월에 베른의 특허국에 도착했을 때의 상황
은 이러했다.[46] 이 장소는 (아인슈타인에게만은 아니지만) 직장일 뿐 아니
라 훈련의 장소, 즉 기계에 관해 엄밀하게 사고하는 학교였던 것이다.
아인슈타인이 특허국에 재직할 무렵 국장을 맡고 있던 프리드리히 할
러는 부하 직원들을 엄격하게 감독하는 사람으로, 젊은 심사관에게 특
허출원서를 평가하는 단계마다 비판적일 것을 지시했다. "출원서를 집
어 들면 그 발명가가 말하는 것은 뭐든지 틀렸다고 생각하게." 특히 쉽
게 믿어버리는 일을 피하라며 "발명가의 사고방식을 따라가는 유혹에
빠지면 그것이 선입견으로 이어질 터이므로, 비판적으로 깨어 있어야
한다"라고 경고했다.[47] 독단적인 권위는 낡아빠진 것이며 우둔하고 게
으른 것이라는 생각에 깊이 젖어 있었던 아인슈타인은, 자신의 회의주
의를 마음껏 발휘하라는 명령이 그저 고마울 따름이었을 것이다. 아
인슈타인은 기어와 전선의 사용에서 자기만족적인 가정을 시험하고자
했으며, 이러한 그의 성향은 덜 실체적인 물리학 영역의 인습을 타파
하고자 하는 태도로 나타났다. 움직이는 물체의 전기동역학에서, 아인
슈타인은 7년여 동안 때때로 그를 괴롭혀온 문제이면서, 또한 당시 잘
나가는 물리학자들이 갈수록 더 큰 관심을 보이기 시작하던 문제를 선
택했다.

아인슈타인이 1902년에 발표한 전기동역학에 관한 연구에는 시간
의 본성에 관한 탐구가 포함되어 있지 않았다. 그러나 아인슈타인은
전기 좌표화된 동시성에 대한 매력이 고조되어가는 상황에 말 그대로
둘러싸여 있었다. 매일같이 아인슈타인이 집을 나서서 왼쪽으로 돌아
특허국으로 향하는 걸음은 아인슈타인이 한 친구에게 말한 것처럼 "비

상하게 다양하고 생각해야 할 것이 많기 때문에 매우 … 즐겁게" 작업장을 향하는 걸음이었다.[48] 매일같이 아인슈타인은 베른을 내려다보고 있는 거대한 시계탑들을 지나가면서 거기에 좌표화된 시간을 보아야 했다. 매일같이 아인슈타인은 당시에 막 중앙전신국에서 자랑스럽게 뻗어 나온 무수히 많은 거리의 전기시계들을 지났다. 크람가세 거리의 집에서 나와 특허국으로 한가로이 걸어가는 동안 아인슈타인은 그 도시의 가장 유명한 시계들 중 하나의 밑을 지나가야 했다(그림 5.3과 그림 5.4 참조).

그림 5.3 좌표화된 시계탑: 크람가세 거리 아인슈타인은 크람가세 거리에 있는 집에서 나와 왼쪽으로 돌아 베른 특허국을 향해가면서 도시의 거대한 (그리고 1905년 무렵에는 좌표화된) 시계들 중 하나를 보았다.

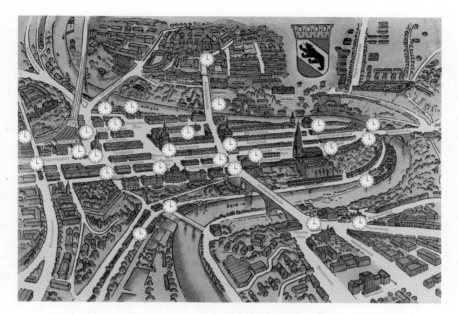

그림 5.4 베른의 전기시계 네트워크(1905년경) 좌표화된 전기시계는 실제적인 취지와 문화적 긍지의 문제였다. 1905년 무렵 베른시 전역에 좌표화된 전기시계는 현대적인 도시 경관으로서 두드러졌다.

프리드리히 할러는 마치 연방공과대학의 베버나 클라이너처럼, 여러 해 동안 특허국에서 아인슈타인의 스승이었다. 할러의 보호 아래 있던 특허국은 기술 특허출원들을 아주 정확하고 노련하게 해부하는 법을 훈련하는 것을 목표로 하는 곳으로서, 새로운 기술을 위한 진정한 학교였다. 할러는 맨 처음부터 아인슈타인을 나무랐다. "자네는 물리학자로서 도면에 대해서는 아는 게 아무것도 없어. 자네가 기술 도면과 설계 명세서에 통달하기 전까지는 자네에게 정규직을 줄 수 없네."[49] 1903년 9월 아인슈타인은 특허 세계의 시각 언어를 충분히 정복했던 것으로 보인다. 아인슈타인은 정규직으로 전환되었다는 통보를 받았기 때문이다. 하지만 할러는 아인슈타인을 승진시킬 태세는 아니었는지, 한 평가에서 아인슈타인이 "기계공학에 완전히 통달할 때까지 기다려야 하며, 학문적 경력으로 판단하자면 그는 물리학자이다"라는 논평을 남겼다. 아인슈타인은 그가 맡게 된 수많은 특허출원들을 비판적으로 평가하는 데 전념하면서부터 일에 능숙해지기 시작했다. 얼마 지나지 않아 아인슈타인은 밀레바에게 "그 어느 때보다도 할러와 잘 지내고 있어. … 특허 대리인이 내 평가에 이의를 제기하면서, 심지어 독일 특허국도 자신의 불평을 지지하기로 결정했다고 말했을 때, 할러는 전적으로 내 편을 들어주었어"라는 소식을 전했다.[50] 특허국 지국에서 3년 반이 지난 뒤 당국은, 아인슈타인이 물리학 배경임에도 불구하고 도표와 명세서를 통해 혁신 기술의 핵심을 들여다보는 새로운 방식을 익혔음을 인정했다. 1906년 4월 할러는 아인슈타인을 "특허국 안에서 가장 존중받는 전문가에 속한다"[51]라고 평가하며 2급 기술전문직으로 승진시켰다. 특허국에서는 전기를 이용한 시간에 관한 특허 신청이 점점 더 많아지고 있었다.

시간에 관련된 기술은 파생되어, 저압발전기에 관한 특허, 시계탈진기와 발전자를 갖춘 전자기 수신기에 관한 특허, 접촉 전류단속기에 관한 특허 등 네트워크의 모든 부문에서 특허를 만들어냈다. 1900년에서 1910년 사이에 활발하게 발전한 전기시계 장치의 종류 중 전형적인 것으로 다비드 페레David Perret 대령의 신형 수신기가 있는데, 이것은 직류 크로노미터 신호를 검출하고 이용하여 진동발전자를 구동했다. 이 수신기는 1904년 3월 12일 스위스 특허번호 30351로 등록되었다. 파바르제의 수신기는 반대로 작용하여, 모시계에서 나온 교류를 받아서 이를 톱니바퀴의 단일 방향 운동으로 바꾸어준다. 나중에는 널리 사용된 이 특허의 출원에 '접수' 도장이 찍힌 것은 1902년 11월 25일이었고 발효된 것은 1905년 5월 2일로 완전히 예외적인 일은 아니지만 기

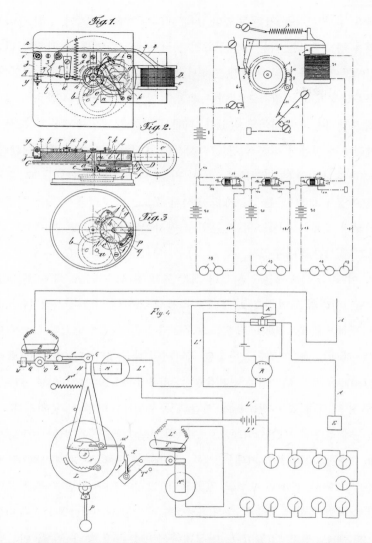

그림 5.5 좌표화된 시간의 특허출원 1905년 무렵에 시간의 전자기 좌표화에 관한 특허들이 밀려닥쳤다. 여기에 몇 가지만 소개한다. 스위스 특허 33700(상단 왼쪽)은 멀리 떨어져 있는 시계를 전기로 초기화하는 메커니즘을 보여준다(1905년 5월 12일). 상단 오른쪽은 스위스 특허 29832(1903년부터)로 시간의 전기 송신을 설명하는 제안서이다. 제어해야 하는 멀리 있는 시계가 연결 도식의 아래쪽에 보인다. 맨 아래에 그려져 있는 스위스 특허 37912(1906년)는 시간의 라디오 송신에 완전히 집중된 특허출원으로 가장 초기에 승인된 것 중 하나이다. 이런 도식들은 라디오가 처음 나온 때와 거의 같은 시기에 나왔으며, 1905년에 널리 논의되었다.

나긴 심사 기간을 거친 뒤였다. 다른 특허 중에는 시계가 멀리 떨어져 있는 경보장치를 작동시키는 특정한 시스템도 있었고, 어떤 특허신청서에는 진자를 멀리 떨어진 곳에서 전자기로 조절한다는 것도 있었다. 전화선을 통해 시간을 보낸다는 제안도 있었고, 심지어 시간을 무선으로 보낸다는 아이디어도 있었다. 다른 특허들은 철도의 출발과 도착을 알려주는 설계나 다른 시간대의 시간을 표시하는 설계로 발전해갔다. 또 다른 것으로는 멀리에서 작동시키는 전기시계를 대기의 전기로부터 어떻게 보호할 수 있는가를 명시한 것도 있고, 전자기 시간 신호를 어떻게 조용히 수신할 수 있는가를 명시한 것도 있었다. 그야말로 좌표화된 시간의 홍수였다.

이 특허들 중에는 동시성의 배분 문제를 체계적으로 다룬 것도 있었다. 페레의 특허번호 27555는 "시간의 송신을 위한 전기적 설치"라는 제목으로 1902년 11월 7일 오후 5시 30분에 접수되었다(1903년 발효). 페레는 1904년에도 비슷한 제안서를 내놓았다. L. 아고스티넬리 L. Agostinelli 씨가 테르니에서 제출한 특허(특허번호 29073, 1904년 발효)는 "멀리 떨어져 있는 장소들에 시간의 동시성을 지시하는 중앙시계 및 사전에 정해진 시간을 자동으로 호출하는 종의 설치"를 제안하고 있었다. 지멘스Siemens처럼 거대 전기회사가 제출한 특허("모시계 계전기", 특허번호 29980, 1904년 발효)도 있었고, 마그네타Magneta처럼 작지만 탄탄한 스위스 회사가 제출한 특허(특허번호 29325, 1903년 11월 11일에 출원하여 1904년 발효)도 있었다. 마그네타는 베른의 연방의사당을 아름답게 꾸미고 있던 원격 조정 시계를 생산한 회사였다. 어느 불가리아 사람은 1904년 초에 모시계와 그 전기 부속품에 대한 특허를 취득했다. 베른에는 신청서들이 산더미처럼 쌓여 있었다.[52] 뉴욕, 스톡홀름, 스웨덴, 런던, 파리의 발명가들이 시간에 관련된 자신들의 꿈을 들고 특허국에 몰려들었지만, 주된 흐름을 이루었던 것은 스위스의 시계 제작회사들이었다.

아인슈타인은 특허심사관으로 일하고 있던 시기에 전기로 제어되는 시계 시스템에 대한 관심이 커져갔다. (1890년의 2건과 1891년의 6건을 제외하면) 1890년부터 1900년에 이르기까지 매년 3~4건의 전기 시간 관련 특허가 신청되었다. 전기 시간 전송은 전신 시스템과 나란히 발달함에 따라, 공공장소와 개인적인 장소 모두에서 좌표화된 시계의 역할이 점점 더 커져가기 시작했다. 특허국의 관문을 통과한 전기시계 관련 특허의 수를 보면 1901년 8건, 1902년 10건, 1903년 6건, 1904년(1889년부터 1910년 사이 최대) 14건이었다. 역사에는 남지 않았지만 수많은 특허들이 틀림없이 아인슈타인과 그의 동료들의 비판적인 눈썰미 덕분에 사라져갔을 것이다.[53]

이 모든 스위스의 시간계측 발명들은 그와 관련된 수없이 많은 다른 발명들과 더불어 베른의 특허국을 통과해야 했으며, 틀림없이 상당수가 아인슈타인의 책상 위를 거쳤다.[54] 아인슈타인이 3급 기술전문직으로서 일하기 시작했을 때, 그의 주된 업무는 전자기 및 전기 기계 특허를 평가하는 것이었다.[55] 나무로 만든 작업대에서 다른 12명 남짓의 동료들과 함께 아인슈타인은 각 출원 서류를 세밀하게 살피며 근본적인 원리를 끌어냈다.[56]

전기 기계장치에 관해 아인슈타인이 전문성을 가지게 된 것은 부분적으로 가업에서 비롯된 것이다. 그의 아버지 헤르만Hermann 아인슈타인과 삼촌 야코프Jakob 아인슈타인은 전기 사용량을 측정하기 위한 시계 같은 고감도 전기장치에 관한 야코프의 특허를 바탕으로 사업을 시작했다. 아인슈타인 회사Einstein & Cie.의 전기미터들 중 하나는 1891년 프랑크푸르트 전기기술 박람회에서 두드러지게 소개되었는데, (당시에 전형적이었던 대로) 전기시계들 시스템이 연속적으로 작동하는 것을 확보하기 위해 모시계를 보완할 만한 예비책을 세우는 메커니즘에서 몇 페이지 안 떨어진 곳이었다. 그만큼 전기 측정 시스템과 전기적인 시계 제작 기술은 가까웠으며, 야코프 아인슈타인-제바스티안 코른프로프스트Jakob Einstein-Sebastian Kornprobst 특허 중 적어도 하나는 시계 제작 메커니즘에 응용할 수 있음을 명시하고 있었다. 반대로 수많은 특허출원에서 전기 측정 시스템에 응용되는 장치들이 전기시계만큼 제출되었다.[57]

아인슈타인의 특허국 시절(1902년 6월부터 1909년 10월까지) 동안 모든 종류의 기계들이 그를 둘러싸고 있었다. 안타깝게도 아인슈타인이 전문가로서 남긴 의견 중 전해지는 것은 몇 개 되지 않으며, 단지 특허 과정이 법정에서의 타협을 필요로 했던 것만 자동으로 관료적으로 폐기되지 않고 남아 있다. 그중 하나는 1907년에 아인슈타인이 세계에서 가장 강력한 전기회사였던 일반전기회사Allgemeine Elektrizitäts Gesellschaft, AEG가 제출한 발전기에 대한 제안서를 비판한 것이었다. "1. 특허의 주장은 맞지 않고 부정확하고 불명확하게 준비되었음. 2. 특허의 주요 주제가 적절하게 준비된 주장에 의거하여 명료해진 뒤에야 비로소 서술의 특정한 결함으로 진행할 수 있음."[58] 서술description, 그림depiction, 주장claim, 이 세 가지가 모든 특허의 구성 요소였다. 엄밀한 실행을 요구하는 아인슈타인의 성향은 할러 밑에서 받은 훈련 과정에서 형성된 것이었다.

남아 있는 두 번째 아인슈타인의 의견서는 독일 회사 안쉬츠-켐페Anschütz-Kaempfe와 미국 회사 스페리Sperry 사이의 특허권 침해 소송과 관련된다. 1910년대 초에는 작동이 가능한 자이로컴퍼스*를 만들려는 경

---

* 입체회전나침반을 뜻한다.

그림 5.6 야코프 아인슈타인 회사 아인슈타인의 삼촌과 아버지는 전기기술 회사를 운영했다. 이 회사는 그중에서도 특히 정밀 전기 측정장치를 생산하고 있었으며, 이는 전기시계와 기술적인 것을 많이 공유하고 있었다.

쟁이 치열했다. 새로 전기시설을 갖춘 금속 배는 자석나침반을 쓰기에는 최악의 장소였다. 그러나 안쉬츠-켐페는 전 세계의 배와 비행기에 장치를 공급하려는 경쟁에서 미국인들이 발명을 훔쳐갔다고 의심했다. 헤르만 안쉬츠-켐페Hermann Anschütz-Kaempfe(그 회사의 설립자임)는 아인슈타인에게 미국인들의 주장, 즉 그들의 "새로운 발명"이 1885년 특허를 바탕으로 한 것이라는 주장에 관한 간결한 보고서를 작성해달라고 요청했다. 아인슈타인은 1885년 특허에서 서술된 자이로스코프는 세 차원 모두에서 자유롭게 움직일 수는 없는 회전나침반을 서술하고 있음을 상기시키고, 바다 위의 배가 상하좌우로 흔들릴 때에는 옛날 기계가 정확하게 작동할 가능성이 없음을 지적함으로써, 미국인들의 주장에 일침을 가했다. 안쉬츠-켐페가 승소했다. 아인슈타인은 자이로컴퍼스의 전문가가 되었으며 1926년에는 안쉬츠-켐페의 주요 특허 중 하나에 결정적으로 기여할 수 있었고, 그에 대해 아인슈타인은 유통회사가 1938년에 정리될 때까지 특허권 사용료를 받았다. 1915년에 자이로컴퍼스는 자기 원자에 관한 아인슈타인의 이론에서 모형으로 상당히 중요한 기여를 했다. 이처럼 기계와 이론 사이에 오고 가는 신호들에 크게 관심을 갖게 된 아인슈타인은 일련의 협동 실험을 하느라 일반상대성이론에 관련된 연구를 잠시 제쳐놓을 정도였는데, 그 실험은 대단히 미묘한 실험으로서 철 원자가 실제로 매우 작은 자이로스코프처럼 기능을 한다는 것을 밝히는 내용이었다.[59] 특허 기술과 이론적 이해는 겉보기보다 훨씬 가까이 있었다.

몇 년 뒤 아인슈타인은 읽고 쓰는 과정 자체를 마치 특허를 심사하듯이 한다며, 심지어 발전기나 자이로컴퍼스와 아무 관련이 없는 것을 다룰 때에도 그랬다고 분명하게 밝혔다. 1917년 7월 아인슈타인의 오랜 친구인 해부학자이자 생리학자 하인리히 창거Heinrich Zangger가 아인슈타인에게 편지를 써서 자신이 의약, 법률, 인과성에 관해 짜 맞추고 있는 글에 대해 비평해달라고 졸랐다. 아인슈타인은 "구체적인 사례들"은 마음에 들지만 "추상적인 부분 중 일부는 맘에 들지 않네. 추상적인 부분이 곧잘 불필요할 정도로 분명하지 않게 (즉, 일반적으로) 보이며, 과정도 충분히 명료하고 핵심을 찌르는 단어들로 쓰이지 않았네. (모든 단어가 명료하고 의식적으로 놓여 있는 것은 아니라는 뜻일세.) 하지만 나는 모든 것을 이해했네. 내가 이런 일들을 계속 생각하고 있고 특허국에서의 습관들도 있다 보니, 이 점에서 내 기준이 과장된 수위로까지 높아져 있는지도 모르겠네"라고 답했다.[60]

아인슈타인이 기계에 매혹을 느꼈던 것이나 특허국에서의 습관들은 그의 평생 동안 일상적으로 흘러나왔다. 아인슈타인은 콘라트 하비히트(올림피아 아카데미의 멤버)와 그의 동생 파울Paul 하비히트(기계 견습공)와 끊임없이 기계에 관해 편지를 교환하면서 계전기, 진공펌프, 전위계, 전압계, 교류기록계, 회로차단기 등에 관한 아이디어를 주고받았다. 특히 파울은 하나의 틀이 끝나면 금세 다른 틀을 제시했고, 어떤 때는 아인슈타인에게 이틀마다 편지를 쓰기도 했다. 한번은 파울이 아인슈타인에게 비행 기계(일종의 헬리콥터 같은 기묘한 장치)를 제안하는 상세한 편지를 보낸 뒤에 곧바로 조언을 요청하기도 했다. "내가 이 특허를 얼른 출원해야 할까요? 아니면 특허 없이 논문을 발표하거나, 특허 없이 바로 교섭에 들어가야 할까요?"[61]

아인슈타인도 특허를 받으려 했다. 그의 많은 아이디어 중 하나는 아주 작은 전위차를 측정할 수 있는 고감도 전위계에 관한 것이었다. 그 '작은 기계Maschinchen'는 이론적인 중요성에서부터 구성의 본질에 이르기까지 모든 면에서 아인슈타인을 매혹시켰다.[62] 아인슈타인은 동료 한 명에게 에보나이트(가황고무) 부분을 청소하는 데 필요하게 될 가솔린에 관해 편지를 쓰고, 또 전선이 에보나이트 판 위에 있는 수은 구슬에 제대로 이어지게 하기 위해 꼭 필요한 장치 배열에 관해서도 썼다. 그러고는 덧붙였다. "나는 이미 내 실험을 통해 수은 접촉을 이용하면 일이 더 쉽게 되리라는 것을 알고 있습니다. 장치를 작동하는 순서로 놓는 것은 보통 시간 문제일 뿐입니다. 조금 빨리 장치를 켜면 수은이 뿜어져 나옵니다."[63]

아인슈타인은 실제의 기계와 상상 속의 기계에 대한 실험과 더불어 장치에 대한 관심에 완전히 골몰해 있었다. 친구들에게 쓴 편지를 보면, 아인슈타인은 박자를 조금도 놓치지 않고 심원하고 이론적인 것으로부터 실제적이고 기술적인 것으로 옮겨가곤 했다. 1907년의 어느 편지를 보면, 아인슈타인은 콘라트 하비히트에게 자신이 상대성원리에 관해 쓰고 있던 논문과 수성의 근일점에 관한 당시의 논문 몇 편을 언급하던 와중에 바로 다음 문장에서 다시 그 '작은 기계'로 되돌아가고 있다. 겨우 1년쯤 뒤에 아인슈타인은 친구이자 동료였던 야코프 라우프Jakob Laub에게 "그 '작은 기계'를 0.1볼트보다 작은 전압으로 시험하기 위해서 전위계와 전압전지를 제작했다네. 만일 내가 직접 끼워 붙인 그 멋진 녀석을 자네가 본다면 미소를 감출 수가 없을 걸세"라고 말한다.[64] 이 '작은 기계'와 그 이후 자이로컴퍼스와 아인슈타인─드하스 효과에 관련된 다른 연구에 아인슈타인이 들인 노력은, 전기의 세계와 역학을 이어줄 고감도 전기 기계장치에 대한 아인슈타인의 특정한 관심의 불과 몇 가지 사례에 지나지 않는다. 전자기 시계 좌표화의 제안서들이 아인슈타인의 심사용 책상에 꽉 들어차 있었고, 그 제안서들에는 작은 전류를 매우 정밀한 회전운동으로 변환시키는 방식들이 담겨 있었다.

시간 좌표화 특허는 특허국으로 계속 물밀듯 몰려왔다. 예를 들어 1905년 4월 25일 오후 6시 15분, 특허국에 도착한 것으로 기록된 특허출원서는 전자기적으로 진자를 제어하는 것이었는데, 신호를 수신하여 멀리 떨어져 있는 진자시계와 시간을 맞출 수 있다는 것이었다.[65] 그런 모든 발명은 모형, 특정의 도표들, 적절하게 준비된 서술과 주장이 담겨 있는 문서 작업이 요구되었다. 그런 것을 평가하는 것은 힘든 일이었고 곧잘 수개월이 소요되었다.

1905년 5월 중순 (알려져 있다시피 아인슈타인은 5월 15일에 베른 통합 시간대를 벗어난 지역으로 이사했다) 아인슈타인과 그의 가장 가까운 친구 미셸 베소는 전자기 문제를 철저하게 파고들고 있었다. 아인슈타인은 "그때 갑자기 나는 이 문제의 열쇠가 어디에 놓여 있는지 깨달았습

커르사츠

무리

아레강

바베른

베른

그림 5.7 베른-무리 지도 미셸 베소의 회고에 따르면, 아인슈타인이 시간은 신호 교환으로 정의해야 한다는 것을 깨달았다고 흥분해서 베소에게 말할 때, 베른 구시가지의 시계탑과 무리 근처 시가지의 다른 (하나밖에 없는) 시계탑을 가리켰다. 베소와 아인슈타인이 서 있던 곳은 틀림없이 이 두 시계탑을 모두 유일하게 볼 수 있는 베른 중심가의 북동쪽에 있는 언덕이었을 것이다.

니다"라고 회상했다. 아인슈타인이 다음 날 베소를 만났을 때 인사도 생략한 채 말했다. "'고맙네. 문제를 완전히 해결했어'라고 말입니다. 시간 개념의 분석이 나의 해결책이었습니다. 시간은 절대적으로 정의될 수 없고, 시간과 신호 전달 속도는 불가분의 관계입니다."[66] 베른 시계탑, 즉 베른의 유명한 동기화된 시계들 중 하나를 가리킨 뒤 근처 무리Muri(아직 베른의 표준 시간Normaluhr과 연결되지 않는 베른의 전통적이고 귀족적인 부속 건물)에 있는 단 하나뿐인 시계탑을 가리키면서, 아인슈타인은 친구에게 시계의 동기화 방법을 주워섬겼다.[67]

며칠이 지나지 않아 아인슈타인은 콘라트 하비히트에게 편지 한 통을 보냈는데, 그 편지는 하비히트의 학위논문을 한 편 보내달라고 하면서 그에 대한 보답으로 새로운 네 편의 논문을 약속하고 있었다. "네 번째 논문은 지금 시점에는 아직 대략적인 초고일 뿐일세. 그 논문은 움직이는 물체들의 전기동역학에 관한 것인데 공간과 시간의 이론을 수정하는 내용을 담고 있네. 이 논문의 순수하게 운동학적인 부분은 시간 동기화를 새롭게 정의하며 시작하는데, 그 부분이 틀림없이 자네에게 흥미로울 걸세."[68] 움직이는 물체들의 물리학, 빛, 에테르, 철학에 관한 10년 동안의 사유가 이 짧은 논문에서 정점에 이르고 있었다.

분명히 전자기 신호의 교환을 이용한 시간 동기화가 특수상대성이론의 전부는 아니었지만, 아인슈타인이 상대성이론을 발전시키기 위한 최고의 내딛음이었다. 푸앵카레의 경우와 달리, 아인슈타인의 논증에서는 시계의 좌표화가 로런츠의 허구적인 '국소 시간'에 대한 물리적 해석으로 들어오지 않았다. 정반대였다. 아인슈타인은 한 점의 위치를 (흔히 그러듯이) 단단한 측정용 자와의 관계에서 정의하는 것으로 논증을 시작했는데, 그러나 이번에는 동시성에 대한 새로운 정의를 보충하려는 것이었다. "만일 우리가 질점의 운동을 기술하고자 한다면, 그 좌표들의 값은 시간의 함수로 주어진다. 그러나 그러한 수학적 기술이 물리적 의미를 가지려면 먼저 '시간'을 어떻게 이해해야 할지 분명히 해야 한다는 점을 우리는 기억해야 한다." 정지해 있는 에테르의 좌표계 중 어느 것도 거기에 기초를 두고 참된 시간을 추출해낼 수 없으며, 모든 관성 기준좌표계의 시계 시스템은 어느 한 좌표계의 시간이 다른 좌표계의 시간만큼이나 똑같이 '참된' 것이라는 의미에서 모두 동등하다.

이 맥락에서 1905년 6월 말에 완성된 아인슈타인의 논문은 지금의 표준적인 해석과는 매우 다른 방식으로 읽어낼 수 있다. 즉, 특허국에서는 아무 생각 없이 생계 수단으로 일하면서 이론에만 골몰해 있는 완전히 추상적인 '철학자−과학자 아인슈타인'의 모습이 아니라, 우리는 또한 자신의 상대성이론의 밑에 깔려 있는 형이상학을 가장 상징

그림 5.8 무리의 시계탑(1900년경) 아인슈타인은 무리에 있는 하나뿐인 시계탑을 가리키면서 베소에게 새로운 시간 좌표화 도식을 설명했는데, 바로 이것이 아인슈타인이 가리킨 건축물이다.

화된 모더니티의 메커니즘을 통해 굴절시키는 '특허심사관−과학자 아인슈타인'의 모습으로 그를 바라볼 수 있다. 예전처럼 열차는 오후 7시 정각에 기차역에 도착하지만, 이제는 시간과 공간을 통한 기나긴 여행을 마치고 난 뒤이므로, 멀리 떨어진 곳의 동시성이라는 용어가 무엇을 의미하는지 고민하는 사람이 비단 아인슈타인만은 아니었음을 알 수 있다. 전자기적으로 좌표화된 시계를 써서 열차의 도착 시간을 정하는 것은 지난 30년 동안 북아메리카와 유럽을 괴롭혀온 정확히 실제적이고 기술적인 쟁점이었다. 특허들이 시스템 속에서 경쟁하면서, 전기 진자를 개선시키고 수신기를 교체하고 새로운 계전기를 도입하고 시스템의 능력을 확장시켰다. 1902년에서 1905년 사이의 중앙 유럽에서의 시간 좌표화는 단순히 비밀스러운 사고실험이 아니었다. 오히려 그것은 상호 연관되고 가속되는 모더니티 세계의 상징일 뿐 아니라 시계 산업, 군사, 철도에 결정적으로 관련되었다. 이곳은 기계를 통해 사고하고 있었다.

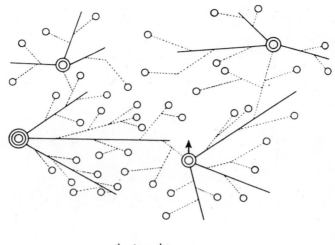

Legende.
◎ Horloge-mère réglante
◉ Horloge-mère réglée
◉ Horloge-mère réglée et réglante
── Fils principaux de groupe
------ Fils secondaires d'embranchement
○ Compteurs electro-chronométriques

그림 5.9 파바르제의 시간 네트워크 파바르제는 힙으로부터 스위스 회사(1889년 이후에는 드페예와 파바르제 회사라고 불림)를 넘겨받은 뒤, 이 회사를 전기 좌표화된 시계의 세계에서 생산에서만이 아니라 발명과 특허에서도 주도적인 위치로 끌어올렸다. 이 그림은 파바르제가 마스터 시계에 2차 시계들이 연결되어 있는 네트워크 원형原型을 그린 것이다.

아인슈타인은 원리에 입각한 물리학의 세계 속에, 자신 주변에 구현되고 있던 강력하고 매우 선명한 새로운 기술을 도입시켰다. 그것은 다름 아니라 철도 노선을 동기화시키고 시간대를 확정하는 규약화된 동시성이었다. 당시에 존재하던 시간 좌표화 시스템의 흔적을 1905년 논문 안에서도 볼 수 있다. 아인슈타인이 논문의 서두에 적은 좌표화의 틀을 다시 생각해보자. 즉, 어느 관찰자가 좌표계의 중심에 시계를 가지고 있다. 바로 공간 위치 (0, 0, 0)에 고정된 마스터 시계가, 멀

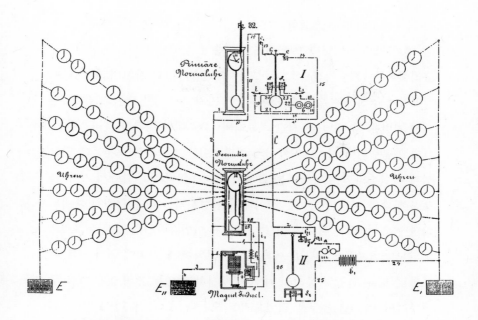

그림 5.10 시간 전신 네트워크 전기 시간 분배를 보여주는 또 다른 패러다임의 표상.

리 있는 점에서 온 전자기 신호가 도착하는 시간과 국소 시간이 똑같을 때를 동시로 정의한다. 그런데 이 표준적인 중앙 시스템은 한낱 추상적인 허수아비에 불과한 것이 아니다. 바로 이 가지치기하면서 뻗어나가는 시계 좌표화의 구조, 즉 전선과 발전기와 시계에서 드러나는 구조, 시간 맞추기에 관련된 특허마다 그리고 저서마다 모습을 보이던 구조는 정확히 유럽의 모시계와 그를 따르는 2차 종속시계 및 3차 종속시계의 시스템에서 보이는 구조이다(그림 5.9~그림5.11 참조). 아인슈타인은 그 정립된 시스템에 물리학자−특허심사관의 비판적인 관점을 보냈다. 그 관점은 시간은 실현될 수 있는 신호 교환을 통해 정의되어야 한다는 아이디어를 유지한다는 것, 빛의 속도가 절대적임을 다시 상기시켰다는 것, 그리고 어떤 특별한 대접을 받는 공간의 원점이나 에테르의 정지 좌표계에 대한 시스템의 의존성을 모두 제거한다는 것이었다.

몇 가지를 유의하면 1905년 5월 중순에 동시성의 기술과 동시성의 물리학이 만나는 지점으로 이어지는 아인슈타인의 사고의 흐름을 더 정확하게 추적해볼 수 있을 것이다. 한 가지 가능성은 다음과 같다. 절차에 기반을 둔 개념들, 시간 좌표화와 그에 대한 정확한 특허출원들, 그리고 올림피아 아카데미에서의 비판적이고 철학적인 토론들에 민감해진 아인슈타인은 움직이는 물체의 전기동역학의 맥락에서 시계 좌표화에 대한 어떤 언급이든 잡아내어 변형시키는 데에 완전히 준비되어 있었을 것이다. 어쩌면 어느 단계에서 아인슈타인은 실제로 로런츠의 (근사적인) '국소 시간'을 에테르 안에서의 신호 교환에 의한 시계 좌표화로 보는 최초의 물리적 해석을 제시하고 있는 프랑스의 현자 푸앵카레의 1900년 논문을 읽었을지도 모른다. 1906년 5월 17일 이전의 어느 때인가 아인슈타인이 푸앵카레의 1900년 논문을 읽었다는 것은 분명한데, 왜냐하면 그날 아인슈타인은 (국소 시간은 아니었지만) 푸앵카레의 논문 내용을 명시적으로 사용하고 있는 자신의 논문을 제출했기 때문이다.[69] 아인슈타인이 1900년 12월과 1905년 5월 사이에 푸앵카레의 논문을 공부했거나 아니면 적어도 훑어본 적이 있을까? 더 구체적으로 말해보자. 아인슈타인이 1900년 푸앵카레의 에테르에 바탕을 둔 논증을 읽고 무시했으면서도, 어떤 인지 수준에서 로런츠의 국소 시간에 대한 시계 동기화 논증이라는 선배 프랑스 과학자의 통찰을 마음에 갖고 있었던 것은 아닐까? 아인슈타인은 프랑스어를 쉽게 읽지 못했다. 그러나 그가 푸앵카레를 직접 읽었어야 할 필요는 없는데, 에밀 콘Emil Cohn이 1904년 11월에 쓴 논문 「움직이는 계의 전기동역학을 위하여」에서 관련된 아이디어를 (독일어로) 접했을 수도 있다.[70]

콘은 음속에 관한 연구로 유명한 실험가 스트라스부르Strasbourg의 제

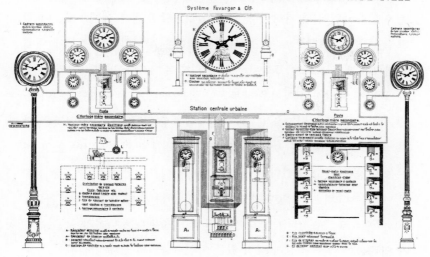

UNiFiCATiON ÉLECTRiQUE DE L'HEURE DANS UNE GRANDE ViLLE

Système Favarger & Cie·

그림 5.11 전기적 통일 파바르제가 건물의 내부를 전선으로 연결하려 했으며 더 야심 차게는 도시의 주요 중심들 전체를 연결하려 했다는 것이 도식에서 분명하게 드러난다.

자로서, 자성을 측정하면서 실험실에서 경력을 쌓기 시작한 성공적인 이론가였다. 콘이 실험대로부터 칠판으로 단호하게 돌아서긴 했지만 자신의 연구에 측정할 수 있는 결과들이 있어야 한다고 줄기차게 주장했다. 세기가 바뀔 무렵 콘은 명망 있는 이론가로 우뚝 서 있었으며, 1900년 12월에 열린 로런츠 기념 학술대회에서 논문을 발표하는 동료 전문가의 반열에 합류했다. 콘이 푸앵카레의 강연을 들었을 가능성은 높다. 최소한 그는 자신의 논문이 들어 있는 학술대회 자료집에서 푸앵카레의 강연 발표문을 봤을 가능성이 있다. 그러나 우리의 목적에 비추어 흥미로운 이야기 하나를 살펴보자. 1904년에 콘은 푸앵카레와 마찬가지로 국소 시간에 대한 자신의 물리적 정의에 시계 좌표화를 명시적으로 도입했으며, 그는 그렇게 하면서도 전직 실험가로서 순전히 가설적인 양들에 대해 의심하고 있었다. 이 점에서 콘은 푸앵카레보다는 아인슈타인에 더 가까웠다. 푸앵카레와 달리 콘은 에테르를 거부했고 '진공'을 선호했으며, 국소 시간이 역학은 아니더라도 광학에 대해 성립하는 빛 신호로 좌표화된 시계에 의해 주어진다고 보고 있었다.

또다시 대답하기 어려운 세부적인 질문이 나온다. 아인슈타인이 콘의 절차적인 국소 시간을 본 것은 언제였을까? 또다시 확실한 것은 별로 없다. 단지 1907년 9월 25일 이전 어느 때 아인슈타인이 콘의 논문을 수중에 갖고 있었다는 사실만 확실하다. (그날 아인슈타인은 정확히 이것을 보고하는 리뷰 논문을 학술지 편집인에게 보낼 때, 콘Cohn의 이름을 "Kohn"이라고 잘못 썼다.) 1907년 12월 4일, 출판사는 다음과 같은 어딘가 아리송한 각주 칭찬이 담겨 있는 아인슈타인의 상대성에 관한 리뷰 논문이 도착했다고 기록하고 있다. "E. 콘의 적절한 연구도 고려의 대상에 포함되었으나, 여기에서 나는 그것을 사용하지 않았다."[71] 또다시 아인슈타인은 동시성의 정의에 직접 연관되는 시계 좌표화의 아이디어는 받아들이면서도 전기동역학에 대한 콘의 실제적인 접근 전체는 폐기해야 했던 모양이었다. (막스 아브라함과 같은 다른 물리학자도 1905년에 나온 전기동역학에 관한 교과서에서 신호 교환 동시성을 탐구하기 시작했지만, 아인슈타인이 그의 논문을 제출하기 전에 그 교과서를 먼저 볼 수 있을 만큼 일찍은 아니었다.[72]) 재구성에는 분명 한계가 있었으며, 설사 아인슈타인이 이 논문들 중 하나를 본 것이 확실하다 하더라도 마찬가지일 것이다. 그러나 더 큰 목표는 틀림없이 아직 남아 있다. 즉, 아인슈타인이 상대성에 대한 원리화의 출발점으로 시계 좌표화를 잡는 입장에 서게 만든 철학적, 기술적, 물리학적 조건을 될수록 모두 이해하는 것이 그것이다. 물론 우리는 아이디어가 응결되어 나오는 응결핵이 정확히 무엇이었을지 특정하려는 과도한 시도는 피하면서도, 응결핵의 가능한 후보들을 스케치할 수는 있을 것이다. 가령 도서관에서 마주친 푸앵카레나 콘의 논문에서 반쯤 기억에 남은 몇 줄, 아니면 직장에서 만난 특정한 특허출원, 아니면 베른 거리의 동기화된 시계, 아니면 올림피아 아카데미쯤에서 상세하게 토론했던 철학 텍스트 등이 그 후보가 될 수 있을 것이다. 우리의 입장은 불안정한 습윤 공기 기둥의 강력한 상승기류를 연구하여 폭풍우가 어떻게 만들어지는지 탁월한 설명을 제시할 수 있으면서도 어느 먼지에서 처음 빗방울이 응결되었는지를 알 수는 없는 기상학자의 입장과 그다지 다르지 않다.

누가 무엇을 언제 보았을까? 각 논평과 단락에서 지워지고 흡수되고 유발된 것은 무엇이었을까? 공로와 선취권을 나누어주면서 오래전에 세상을 떠난 사람에 대하여 수상위원회 역할을 하는 것은 쓸데없는 목표를 위해 불확실한 역사를 낭비하는 것이다. 더 중요하고 더 흥미로운 것은 1905년 5월 이전의 여러 해 동안, 동시성에 대한 이야기가 움직이는 물체의 전기동역학과 맞물리면서 물리학자들 사이에서 점점 더 짙어지고 있었다는 점이다. 동시성의 절차는 철학적인 텍스트 안에서, 베른의 도시 풍경 속에서, 스위스와 그 주변을 지나는 열차 선로를 따라서, 해저의 전신케이블에서, 그리고 베른 특허국의 특허출원 서류 뭉치 속에서 점점 더 두터워져갔다. 전선으로 연결된 동시성이 이렇게 특별하게 물질적으로나 학문적으로 강화되고 있는 사이에, 물리학자와 엔지니어와 철학자와 특허심사관은 동시성을 어떻게 눈에 보이게 만들 것인가를 놓고 논쟁했다. 아인슈타인이 이러한 다양한 동시성의 흐름들을 아무것도 없는 상태에서 마법처럼 불러낸 것은 아니었다. 아인슈타인은 전류들이 만날 수 있도록 회로에 접합기를 설치했다. 동시성은 오랫동안 여러 다양한 층위에서 작동해오고 있었지만, 아인슈타인은 똑같이 반짝이는 동시성의 신호가 그 모든 것을, 즉 지역 열차와 전신을 가로지르는 미시물리학적인 것에서부터 시간과 우주에 관한 가장 중요한 철학적 주장에 이르기까지 모든 것을 어떻게 밝히는지를 보여주었다.

1900년으로 거슬러 올라가면 푸앵카레는 레이던대학 강연 중에 시간을 신호 교환으로 보는 자신의 해석을 처음 제시하면서 그것을 거의 여담처럼 로런츠의 공로로 돌렸다. 아인슈타인은 1905년 5월 언덕에서 베소와 마주 서서 무리와 베른의 시계를 가리키며 얘기하던 그 순간부터, 기회가 있을 때마다 신호 동시성을 중심에 놓았다. 1907년 말에 쓴 상대성이론에 대한 포괄적인 리뷰 논문에서 아인슈타인은 시간이 중심적인 역할을 해야 한다고 반복해서 말했다. 그의 통찰에 의하면 1895년 로런츠의 낡은 이론은 적어도 근사적으로라도 전기동역학적 현상이 에테르를 기준으로 한 지구의 운동을 드러낼 수 없음을 보여주고 있었다. 마이컬슨, 몰리의 실험은 에테르 속을 지나가는 운동이 훨씬 더 높은 정밀도에서도 검출될 수 없었던 것을 밝혀내어 로런츠의 근사적인 동등성마저 충분히 훌륭하지 않음을 분명하게 했다. 아인슈타인은 다음과 같이 덧붙였다. "놀랍게도 더욱 분명하게 세운 시간의 개념이 난점을 극복하는 데 필요한 전부였다." 1904년 로런츠의 (개선된) '국소 시간'이 문제를 다루는 데 충분했다. 아니 오히려 만약에 아인슈타인이 그랬던 것처럼 "'국소 시간'을 일반적인 '시간'으로 재정의하면", 그렇게 한다면 문제가 해결되어버렸을 것이다. 아인슈타인의 관점은 "일반적인 '시간'"이 정확한 신호 교환 과정에 의해 주어지는 시간이라는 것이었다. 시간을 그렇게 이해하면 로런츠의 기본 방정식이 따라 나온다. 이러한 극적인 재정의로부터 로런츠의 1904년 이론은 올바른 궤적에 오를 수 있었을 것이며, 그리고 하나 더, "전기력과 자기력의 전달자로서의 빛 에테르라는 개념만은 여기에서 서술된 이론에 알맞지 않다"라는 그리 작다고 볼 수 없는 예외가 있었다. 더 정확히 말하면, 아인슈타인은 에테르 지지자가 주장할 만한 전기장과 자기장이 '어떤 실체의 상태'라는 개념을 폐기해버린 것이다. 아인슈타인에게 전기장과 자기장은 '독립적으로 존재하는 것'이었으며, 납덩이만큼이나 자체적인 독립 구조를 갖고 있는 것이었다. 전자기장은 보통의 무게가 있는 물질들처럼 관성을 지닐 수 있다. 전자기장은 검출할 수 없는 에테르의 상태에 의존하지 않았기에 아인슈타인은 에테르를 조금도 사용하지 않았다.

움직이는 물체의 전기동역학에 관한 1905년 이후의 이러한 논쟁을 이해하고자 하는 물리학자에게 열려 있는 선택지는 많이 있었다. 물론 로런츠와 푸앵카레의 모습이 크게 떠올랐다. 아인슈타인의 명성은 커져갔다. 그러나 주목을 받기 위해 경쟁하는 개념들은 상대성원리, 에테르의 지위, 절대적인 광속, 변화하는 전자의 질량, 모든 질량을 전기동역학으로 설명할 수 있을 가능성 등 여러 개가 있었다. 이 소용돌이로부터 1909년 무렵에서야 아인슈타인의 시간에 대한 주장이 망설이면서도 논쟁적으로 그러나 결국은 강력하게 부각되었다. (심지어 영국 케임브리지의 에버니저 커닝엄Ebenezer Cunningham처럼 아인슈타인의 상대성이론을 매우 다르게 읽었던 물리학자들도 있었는데, 커닝엄이 새로운 이론에 열광하면서도 좌표화된 시계가 상대성이론의 위대한 드라마에서 주된 사건임을 받아들이지는 않았던 유일한 물리학자는 분명히 아닐 것이다.)[73]

시계 먼저

괴팅겐의 수학자 겸 수리물리학자 헤르만 민코프스키는 일찍부터 직접 아인슈타인의 시계에 관심을 돌렸다. 1905년보다 훨씬 더 이전부터 민코프스키는 다른 아무도 그렇게 하려고 생각하지 않았던 기하학을 정수론이라는 분명하게 눈에 보이지 않는 영역에 응용함으로써 자신의 커리어를 쌓았다. (더 젊은 시절의 아인슈타인이 연방공과대학에서 위대한 수학자인 민코프스키의 강의를 신청했으면서도 민코프스키를 완전히 무시했다는 점을 말해두어야겠다.) 민코프스키는 로런츠와 푸앵카레와 아인슈타인의 연구를 보면서 또다시 기하학에 눈을 돌렸다. 이제 민코프스키는 고전적인 시간에 대한 아인슈타인의 공격이 수수께끼를 푸는 열쇠임을 알아챘으며, 그 열쇠를 민코프스키 자신이 정식화한 "시공간"의 4차원 기하학과 조합하여 물리학의 새로운 이해를 열었다. 그는 새로운 물리학을 "급진적"이라고 불렀으며, 개인적인 원고에서는 "엄청나게 혁명적인"이라고 훨씬 더 강력하게 칭하기도 했다. 많은 사람들이 연구한 민코프스키의 강연 '공간과 시간'에서 민코프스키는 수많은 물리적인 시간을 가상적인 존재로부터 해방시킨 사람이 아인슈타인임을 분명히 했다. "시간은 현상에 의해 명료하게 결정되는 개념으로서 그 고귀한 자리에서 물러나 있었다." 민코프스키는 "시간time" 그 자체만으로는 정합적인 의미가 없으며 오직 기준좌표계에 의존하는 복수의 "시간들times"만 의미를 갖는다는 것을 밝힌 사람이 아인슈타인이라고 솔직하게 단언했다.[74]

민코프스키는 4차원 세계를 탐구하는 과정에서, 일찍이 1906년에 4차원 시공간을 고찰했던 푸앵카레에 주목했다. 푸앵카레는 한 기준좌표계에서 다른 기준좌표계로 시간과 공간이 모두 변화하는 가운데에도 변하지 않고 남아 있는 하나의 양이 있음을 지적했다. 비유를 들면 이렇다. 관측소의 위치와 내 집의 위치가 표시되어 있는 지도를 못 하나로 벽에 붙이는데, 내 집이 있는 위치에 못을 박는다고 가정하자. 지도를 45도 시계 방향으로 회전시키면, 내 집으로부터 관측소까지의 수평 방향의 거리와 수직 방향의 거리가 동시에 달라질 것이다. 그러나 지도를 이런 방식으로 회전시키더라도 집과 관측소 사이의 실제 거리는 분명 전혀 변하지 않는다. 즉, 수평 방향의 간격이 A이고 수직 방향의 간격이 B이고 실제 거리가 C라면, 지도를 회전시킬 때 A가 변할 것이다. (가령 지도를 돌려서 집과 관측소가 수직 방향으로 정렬되게 만든다면, 수평 방향의 간격은 없을 것이다.) 마찬가지로 지도를 회전시키면 B도 변할 것이다. 그러나 지도를 회전시키더라도 집에서 관측소까지의 거리 C는 변하지 않을 것이다. 민코프스키는 공간과 시간의 상대론적인 변환을 엄밀하게는 보통의 공간과 시간으로 이루어져 있는 4차원 공간에서의 거리를 보존하는 회전으로 볼 수 있음을 증명했다. 유클리드 기하학에서 (회전에도 불구하고) 거리가 그대로 똑같은 것과 마찬가지로, 상대성이론에서는 공간과 시간을 따로 변환시켜도 달라지지 않고 그대로 남아 있는 새로운 거리가 있다. [시공간 거리의 제곱]은 언제나 [시간 차이의 제곱] 빼기 [공간 차이의 제곱]과 같다.

1908년 9월 21일에 쾰른에서 있었던 감동적인 강연에서 민코프스키는 푸앵카레의 수학을 거론하면서, 이에 대해 많은 물리학자들의 상상력을 즉각 무마시킬 만한 해석을 내놓았다. "앞으로는 공간 자체 그리고 시간 자체는 한낱 그림자로 사라져버릴 것이며, 그 둘의 일종의 연합만이 독립성을 유지할 것입니다." 민코프스키에게 실재는 우리의 보통의 감각으로 파악할 수 있는 것(공간 자체, 시간 자체) 속에 있지 않고 공간과 시간이 4차원으로 융합된 거리에 놓여 있었다. 민코프스키는 4차원 시공간 속에서의 투영과 물체라는 놀라운 이미지를 불러일으킴으로써 김나지움에서 교육받은 청중들의 마음속에 플라톤이 『국가』에서 말했던 동굴의 장면을 생각나게 만들었다. 『국가』에서 플라톤은

벽에서 춤추는 물체의 그림자만을 볼 수 있도록 속박되어 있는 죄수가 자신의 머리 뒤에 있는 완전한 3차원 물체를 응시하는 법을 배우는 것이 얼마나 고통스러운 일인지, 하물며 그 물체를 비추는 빛 속에서는 얼마나 더 그러한지에 대해서 서술하고 있다. 민코프스키는 '공간'과 '시간'의 낡은 물리학 속에서 과학자들 역시 이와 마찬가지로 외양에 현혹되었음을 주장했다. 시간과 공간을 따로 말함으로써 물리학자들은 플라톤의 죄수들처럼 3차원에 투영된 그림자들만 들여다보았던 것이다. 4차원의 '절대 세계'라는 완전하고 더 높은 실재는 사고의 해방을 통해서만, 특히 수학자들이 제공하는 통찰을 통해서만 자신을 드러낼 것이다.[75]

처음에 아인슈타인은 민코프스키의 정식화를 받아들이지 않고, 그 안에서 불필요하게 수학적인 복잡성만을 보았다. 그러나 아인슈타인이 중력이론 속으로 더 깊이 다가가면서 시공간의 개념은 그 어느 때보다도 더 본질적인 것임이 밝혀졌다. 그 와중에 아인슈타인 주변의 물리학자들은 모두, 아인슈타인보다 더 쉽게 다가갈 수 있는 민코프스키의 격언을 상대성으로 가는 길로 받아들였다.[76] 실재가 4차원에 있으며 물리학 자체는 이 고차원 세계를 서술하도록 완전히 다시 정식화되어야 한다는 민코프스키의 견해를 거부한 사람들도 있었다. 4차원 물리학을 의심한 사람들 중에는 아이러니하게도 푸앵카레가 있었다. 푸앵카레는 이미 1907년 초에 그런 프로젝트의 유용성을 서둘러 포기해 버렸다.

사실상 우리가 물리학을 4차원 기하학의 언어로 번역하는 것이 가능해 보이지만, 그 엄청난 수고에 비해 얻는 것은 별로 없을 것이다. … 4차원으로 번역하는 것은 언제나 텍스트보다 덜 간단하고, 늘 번역한 느낌을 줄 것이기에, 3차원의 언어가 다른 언어 표현에서는 또 엄밀하게 될 수는 있겠지만 세계를 서술하는 데에는 더 적합해 보인다.[77]

곧잘 그래왔던 것처럼, 푸앵카레는 새로운 땅을 가리키면서 그리로 가는 길을 명시한 뒤에 자신은 이미 알려진 땅 위에 서 있기를 택했다. 아인슈타인은 일단 비유클리드 기하학에서 4차원 시공간을 탐구하기 시작하고 나서, 다시는 되돌아가지 않았다.

아인슈타인은 여러 번 다시 시간 기록의 문제로 되돌아갔다. 가령 1910년 아인슈타인은 시간을 시계 없이 파악할 수는 없다고 또다시 주장했다. 그는 물었다. "시계는 무엇인가? 시계가 동일한 단계를 거쳐 주기적으로 반복되는 현상을 특징으로 갖는다고 이해하자. 그럼으로써 충분한 근거를 바탕으로 하는 원리에 따라, 주어진 주기 동안 일어나는 모든 것이 임의의 주기 동안 일어나는 모든 것과 동일하다고 가정해야 한다."[78] 만일 다르게 생각해야 할 이유가 있지 않다면 우리는 우주가 항상 같다고 가정해야 한다. 만일 시계가 시곗바늘이 원 모양으로 도는 기계장치라면, 시간은 시곗바늘의 균일한 운동으로 표시될 것이다. 만일 시계가 결국 원자에 지나지 않는다면, 시간은 그 진동으로 표시될 것이다. '시계'의 중요성에 관한 아인슈타인의 언급은 그 자체로 마흐나 피어슨이나 또는 「시간의 척도」에서 푸앵카레가 말한 시간에 대한 일련의 철학적 탐구를 확장하고 있었다. 그러나 이제 시계는 거시적인 물체일 필요가 전혀 없다. 시계는 하나의 원자일 수도 있었다. 아인슈타인이 이런 문장을 쓰고 있던 바로 그 순간은 과학 출판을 위해 쓰고 있던 것이지만, 어떻게 이러한 고찰이 거의 즉각적으로 철학으로 여겨지게 되었는지를 이해하는 것은 어려운 일이 아니다. 분명히 아인슈타인의 시간 개념은 빈 학파의 모리츠 슐리크와 루돌프 카르납Rudolf Carnap이나 베를린 학파의 한스 라이헨바흐Hans Reichenbach 등을 포함한 새로운 조류의 과학철학자 사이에서 철학적으로 읽혔다.

1911년 1월 16일, 아인슈타인은 취리히에서 열린 국제 학술대회인 자연 학회Naturforschende Gesellschaft에 모습을 나타냈다. 점점 유명세를 타고 있던 젊은 과학자 아인슈타인은 로런츠 이론의 정립으로부터 상대성의 가정으로 시작하는 것과 좌표화된 시계의 절차까지 다시 한 번 자신의 논증의 개요를 설명했다. 아인슈타인은 자신이 든 예를 즐거워하면서 "가장 재미있는 것"이 어떻게 나타나는지 설명했다. 시계, 더 정확히 말하면 살아 있는 시계, 즉 생명체를 상상하고, 이 시계가 거의 빛의 속도에 가까운 속도로 왕복 여행을 한다고 상상하자. 집에 돌아왔을 때 그 존재는 거의 나이를 먹지 않았겠지만, 집에 남아 있던 이는 몇 세대에 걸쳐 나이를 먹었을 수도 있을 것이다. 이전에는 민코스프키에게 회의적이었던 아인슈타인은 이제 경의를 표하면서 민코프스키의 "대단히 흥미로운 수학적 엄밀성" 덕분에 상대성이론의 "응용이 실질적으로 더 쉬워지는" 방법이 드러났다고 했다. 그러나 민코프스키의 공로를 치하하기에는 너무 늦은 찬사였다. 1909년에 민코프스키가 갑자기 세상을 떠났던 것이다. 그러나 이제 아인슈타인은 민코프스키처럼 "4차원 공간에 있는 … 물리적 사건들"을 "기하학적 정리"로서의 물리적 관계로 표현하는 것의 매력을 공표하기 시작했다.[79]

오래전 아인슈타인의 학위논문 심사자였고 지지자이기도 했던 클라이너는 연단에 올라 예전의, 예전에는 다루기 힘들었던 학생을 칭찬했다.

상대성원리는 혁명적이라 불리고 있습니다. 이것은 우리의 물리적인 이미지에서 아인슈타인만이 할 수 있었던 혁신인 몇 가지 가설들에 특히 관련되어 있습니다. 이는 무엇보다도 시간 개념의 정식화와 관련됩니다. 지금까지 우리는 시간을 모든 상황에 같은 방향으로 줄기차게 흘러가는 어떤 것으로, 우리의 사고와 무관하게 존재하는 어떤 것으로 보는 관점에 익숙해 있었습니다. 우리는 세계 속 어딘가에 시간을 범주화하는 시계가 존재한다고 상상하는 데 익숙해져 있었습니다. 적어도 그런 식으로 사물을 상상하는 것이 허용된다고 생각해왔습니다. … 낡은 의미에서 절대적인 어떤 것으로서의 시간의 관념은 유지될 수 없으며, 그 대신 우리가 시간이라고 부르는 것은 운동의 상태에 따라 달라지는 것임이 밝혀졌습니다.[80]

이런 언급과는 대조적으로, 클라이너가 보기에 상대성의 개념 자체는 전혀 "혁명적"이지 않았다. 그것은 아마 "명료화"된 것이지, "근본적으로 새로운" 어떤 것은 아니었다. 훌륭한 교수 클라이너가 아인슈타인의 물리학에서 무엇인가를 애도한다면 그것은 에테르의 상실이었다. 클라이너는 에테르의 개념이 점점 더 이해할 수 없게 되어버린 것은 사실이라고 인정했다. 그러나 에테르가 없다면 "매질이 아닌 매질 속에서 전파되는 것"이 있을까? 더 안 좋게 말하면, 에테르의 포기가 어떤 "정신적 이미지"도 없는 공식들만을 남겨놓지 않을까? 그에 대한 대답으로 아인슈타인은 에테르가 맥스웰의 시대에는 "직관적 표상을 위한 실재적인 가치"를 지니고 있었음을 인정했다. 그러나 물리학자들이 에테르를 역학적 속성을 지니는 역학적 실체로 그리는 것을 포기한다면 에테르 개념의 가치는 사라져버린다. 아인슈타인은 실로 직관적인 에테르를 버리고 나면, 그 관념은 그저 부담스러운 허구에 불과한 것이 되어버린다고 보았다.

1월, 바로 그날*에 모든 연사들이 직접적 또는 간접적으로 민코프스키의 '공간과 시간'을 화두로 삼았고, 이는 아인슈타인의 이론이 더 넓게 받아들여지는 길을 분명하게 열어놓았다. 아인슈타인이 청중 중 한 명(1904년 취리히대학 졸업생)과 나눈 대화는 이론의 지위가 안심할 수준이 되었음을 보여준다.

> **루돌프 레멜**Rudolf Lämmel **박사**: 상대성원리의 개념들로부터 유래되는 세계상이 불가피한 것인가요, 아니면 그 가정들이 임의적이고 임시방편적이지만 필연적인 것은 아닌가요?
>
> **아인슈타인 교수**: 상대성원리는 가능성을 좁히는 원리입니다. 그것은 모형이 아닙니다. 마치 열역학의 둘째 법칙이 모형이 아닌 것과 마찬가지입니다.
>
> **레멜 박사**: 제 질문은 그 원리가 불가피하고 필연적인 것인가 아니면 임시방편적인가 하는 것입니다.
>
> **아인슈타인 교수**: 그 원리는 논리적으로 필연적인 것은 아닙니다. 경험을 통해 그 원리가 확인되어야만 비로소 그것이 필연적이 될 겁니다. 그러나 경험을 통해서는 개연성만이 있을 뿐입니다.

푸앵카레에게도 원리는 경험을 통해 개연성만을 갖게 되는 것이었지만, 그에게 원리는 정확히 임시방편적인 것이었다. 엄청난 불편함을 대가로 지불하면 한 줌의 경험으로도 원리를 유지할 수 있다. 푸앵카레가 『과학과 가설』에 쓴 "원리는 가장된 규약과 정의이다"라는 유명한

---

* 1911년 1월 16일을 뜻한다.

말이 있다. 아인슈타인에게 원리는 정의 이상이었고, 지식의 구조를 떠받치고 있는 기둥이었다. 원리란 우리가 지식에 대해 알고 있는 것이 결코 확실할 수 없는 상황일 때에도 그런 것이다. 원리에 대한 우리의 믿음은 필연적으로 잠정적이고 단지 개연적일 뿐이며 논리나 경험을 통해 결코 강화될 수 없다.

당시 연방공과대학에서 물리학과 수학을 가르치는 시간강사Privatdoz-ent였던 에른스트 마이스너Ernst Meissner는 시간에 관한 아인슈타인의 연구를 물리학의 모든 개념을 포괄적이고 비판적으로 재평가하기 위한 모범으로 제시했다. 어떤 개념이든지 기준좌표계를 바꿀 때 불변으로 남아 있는 것이 무엇인지 밝혀낼 수 있도록 의문을 제기해야 할 것이다.

> **마이스너:** 이 논의는 무엇을 가장 먼저 해야 할지 보여주었습니다. 모든 물리 개념을 다시 검토해야 할 겁니다.
>
> **아인슈타인:** 이제 주된 일은 기초를 시험하기 위해 가장 정확한 실험들을 가능하게 만드는 일입니다. 그 와중에 이 모든 고민이 우리를 멀리 데려가지는 않을 겁니다. 원리적으로 관찰이 가능한 결과로 이어지는 결과들만이 흥미로울 수 있습니다.
>
> **마이스너:** 선생님은 이 문제에 대해 고민하다가 대단한 시간 개념을 발견했습니다. 또, 시간이 독립적인 것이 아님을 알아냈습니다. 다른 개념들도 마찬가지로 검토되어야 합니다. 선생님은 질량이 에너지의 양에 따라 달라진다는 것을 밝혔고, 질량의 개념을 더 정확하게 만들었습니다. 그런데 선생님은 실험실에서 물리 연구를 하는 것 대신에 고민을 하셨더군요.[81]

그렇습니다, 하고 아인슈타인은 대답했다. 그러나 시간에 대한 고민이 우리에게 가져다준 미묘한 상황을 생각해보자.

시간을 재고해보자는 아인슈타인의 제안은 당대에 가장 저명한 사람의 주목을 끌었다. 막스 폰라우에Max von Laue는 1911년에 쓴 상대성원리에 관한 글에서, 아인슈타인의 시간에 대한 급진적인 비평은 "기초를 뒤흔드는 연구"였으며 이 단 한 번의 타격으로 로런츠의 실재하지만 검출할 수 없는 에테르의 수수께끼를 풀었다고 주장했다.[82] 독일 물리학의 거장이었던 막스 플랑크Max Planck는 (그는 물리학에 양자 불연속을 도입한 장본인이다) 한 걸음 더 나아갔다. 플랑크는 1909년 뉴욕에 있는 컬럼비아대학의 강연에 참석한 청중에게 다음과 같이 말했다. "시간 개념에 대한 이 새로운 견해가 물리학자의 추상 능력과 상상력을 가장 진지하게 요구하고 있다는 점은 새삼 강조할 필요가 없습니다. 새로운 시간 개념은 자연에 대한 사변적 탐구에서 이제까지 성취된 그 어떤 것도 능가하는 대담함을 지니고 있으며, 지식에 대한 철학적 이론에서조차 그러합니다. 비유클리드 기하학은 이에 비하면 어린아이의 장난과도 같습니다."[83] 플랑크의 강연은 아인슈타인의 명성을 드높였고, 아인슈타인의 연구에서 핵심은 바로 시간이라는 사실이 널리 퍼졌다. 이윽고 아인슈타인은 다음과 같이 논평했다. "동시성의 상대성은 우리의 시간 개념의 근본적인 변화를 의미합니다. 그것은 새로운 상대성의 이론에서 가장 중요하며 또한 가장 논쟁적인 정리입니다."[84]

일찍이 1904년에 빛으로 좌표화된 시계에 관해 사고를 전개했던 에밀 콘은 1913년에 간략한 대중 서적 『공간과 시간의 물리적 측면』을 통해 이 문제로 다시 돌아가서 완전히 아인슈타인의 방식으로 동시성과 맞섰다. (콘은 푸앵카레는 언급하지 않고 "로런츠-아인슈타인의 상대성원리"라고 언급하고 있다.) 콘은 시계 좌표화의 전선과 나무 모형의 사진까지 포함시키고 수십 개의 시계와 자를 써서 자신의 논증의 각 단계마다 아인슈타인의 운동학이 물리적이고 절차적이며 완전히 좌표화된 공공 시계로 시각화할 수 있음을 강조하고 있다. "스트라스부르의 시계와 켈의 시계는 다음과 같은 방식으로 동기화할 수 있으며 또한 그렇게 해야 한다(사전에 두 시계가 비슷한 속도로 작동하는 것을 확인했다고 하자). 스트라스부르에서 0시에 켈로 빛 신호를 보내고, 켈에서는 빛 신호가 반사되며, 빛 신호가 다시 스트라스부르에 돌아온 것은 2시라고 하자. 그러면 만일 신호가 켈에 도착하는 순간 그 시계가 1시를 가리킨다면 켈에 있는 시계는 정확히 맞춰진 것이 된다(1시를 가리키지 않았다면 그렇게 되도록 수정해야 한다)." 아인슈타인은 콘의 서술을 좋아했으며 기록에도 그렇게 말했다.[85]

아인슈타인은 시간에 관해 '고민하기'를 단 한 순간도 멈추지 않았다. 1913년에는 아인슈타인도 시간의 상대성에 관한 새롭고 놀랍도록 간단한 논증을 발표했다. 그 내용은 다음과 같다. "시계"가 두 개의 평행한 거울로 이루어져 있고, 이 시계의 똑딱똑딱 소리는 한 거울에서 다른 거울로 빛의 섬광이 가로지르는 것으로 정의된다고 하자(그림 5.12a 참조).* 이제 이 빛 시계가 오른쪽으로 움직이고 있다고 가정하자(그림 5.12b 참조). 멈춰 있는 관찰자에게 빛의 섬광의 상하 운동은 톱니바퀴 같은 모양을 그리는 것처럼 보일 텐데, 이는 농구선수가 달려가면서 튕기는 공의 궤적을 관중이 볼 때와 꼭 마찬가지이다. 여기에 핵심이 있다. (멈춰 있는 관찰자가 볼 때) 움직이는 시계의 기울어진 궤적은 멈춰 있는 관찰자 자신의 시계에서 보이는 수직 궤적보다 분명히 더 길다. 빛의 속도가 모든 기준좌표계에서 똑같다고 가정하면, 기

---

* 두 거울 사이의 간격은 일정하게 유지해야 한다. 두 개의 거울로 이루어진 빛 시계, 즉 한 거울에서 다른 거울로 빛이 지나가면 가령 '똑'이 되고, 다시 그 거울에서 빛이 반사되어 원래의 거울로 돌아오면 '딱'이 되며, 이것이 계속 반복되면 '똑딱똑딱'이 된다.

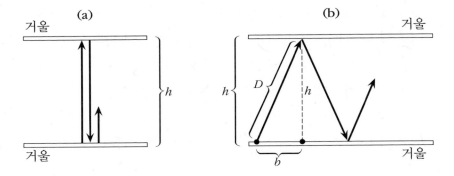

그림 5.12 아인슈타인의 빛 시계(1913년) (a) 시간 지연에 관한 모든 설명 중에서 가장 간단한 이 설명에서, 아인슈타인은 두 개의 거울이 평행하게 놓여 있고 빛의 펄스가 그 사이에서 반사하는 것을 상상했는데, 빛의 횡단 하나가 시간의 '똑딱 소리'를 구성한다. 이와 같은 시계가 '멈춰 있는' 관찰자 옆으로 날아간다면, 관찰자는 펄스가 톱니바퀴 모양을 그리는 것을 보게 될 것이다. (b) 비스듬한 횡단은 정지한 좌표계에 있는 비슷한 시계의 똑바른 상하 경로에서보다 더 긴 경로(대각선 경로)를 따라갈 것이다. 빛은 모든 기준좌표계에서 똑같은 속력으로 움직이기 때문에, 아인슈타인은 거울의 좌표계에서 똑딱 소리가 정지한 좌표계에서의 똑딱 소리보다 더 길게 측정될 것이라는 결론을 내렸다. 그러므로 정지한 관찰자는 움직이는 기준좌표계 안에서 시간이 더 느리게 흐른다는 결론을 내려야 한다.

올어진 빛의 궤적에서도 속도는 빛의 속도인 c가 된다. (농구공의 경우에는 이것이 옳지 않은데, 왜냐하면 관중들은 공의 사선 방향 운동이 선수가 보는 단순한 상하 운동보다 더 빠르다고 볼 것이기 때문이다.) 빛은 수직 방향을 따라가는 것보다는 사선 방향으로 갈 때 더 가게 되므로, 더 오랜 시간이 걸린다(D가 h보다 길다). 따라서 움직이는 관찰자의 똑딱 소리 한 눈금(멈춰 있는 관찰자에게는 사선을 따라가는 것으로 보임)은 멈춰 있는 관찰자의 똑딱 소리 한 눈금(반듯하게 상하로 움직임)보다 더 긴 것으로 기록된다.[86]

멈춰 있는 좌표계에 관한 한, 움직이는 좌표계에서 일어나는 모든 일이 더 느리다. 아인슈타인이 자신의 이론을 어떻게 제시하든지 핵심 교훈은 한 가지이다. 절대시간은 없어졌다. 그 자리에 아인슈타인은 단순하고 실제적인 절차, 즉 빛의 교환을 이용하여 시계를 동기화할 것을 제안했다. 이 상대성과 절대 광속의 기본 가정을 따라 바로 거기에서 이론의 다른 모든 것이 도출된다.

라디오 에펠

중심에서 방출된 전자기 신호가 바로 옆방이든 아니면 수백 킬로미터 떨어진 곳이든 떨어져 있는 지점들에 다다르는 것, 이것을 동시라고 정의한 사람이 비단 아인슈타인과 푸앵카레만은 아니다. 전혀 아니다. 전기 신호의 교환을 바탕으로, 철도 계획자들은 열차 시간표를 짜고, 제독들은 군대를 소집하고, 전신 교환원들은 사업 거래를 타전하고, 측지학자들은 지도를 그린다. 실제로 아인슈타인의 특허국 시절 초기에, 라디오파를 이용하여 시간 좌표화 신호를 보내려는 준비가 추진되고 있었다. 1903년 9월 미국 해군은 뉴저지로부터 저출력 시간 신호를 실험하기 시작했는데, 이 신호는 1904년 8월에 차례로 매사추세츠주의 케이프코드와 버지니아주의 노펄으로 송출될 예정이었다. 라디오파를 이용한 시간이 그저 미국인들에게만 중요했던 것은 아니다. 1904년에는 스위스와 프랑스 모두에서 라디오 좌표화 시스템을 둘러싼 활동이 대단히 활발해져, 노동자들은 새로운 라디오 시간 시스템을 시험하고 발전시키고 배치하기 시작했다. 프랑스의 저널 《라 나튀르La Nature》의 책임자는 무선 시간 분배의 새로운 발전을 자신의 펜으로 기록했다. 그는 파리 천문대에서 수행된 실험을 보고하면서 크로노그래프를 이용하면 이제 0.02~0.03초 안에 장거리 동기화가 가능해질 것이라는 점에 주목했다. 무선 기술은 파리와 파리 근교의 모든 지역에 시간을 분배해줄 것이고, 낡은 증기 시스템뿐 아니라 전신을 전달하는 전기 시간에 사용되는 불편한 지상의 전신선들을 몰아낼 것이었다. 라디오 시간으로 경도가 더 정확하게 결정되면서 과학은 진보했다. 이제 라디오는 시간을 물리적인 전선의 부담에서 벗어나게 할 것이다. 드디어 동시성은 바다의 배로, 그리고 심지어 '일반 가정집'으로까지 송출될 수 있었다.[87] 라디오 시간 동기화를 위한 틀에 관련된 특허들이 아인슈타인의 사무실에 도착하기 시작했다.[88]

무선 시간은 20세기의 처음 몇 년 동안 널리 퍼졌으며 프랑스는 새로운 기술을 열심히 보급했다. 푸앵카레는 라디오에 관한 대중적인 저술과 전문적인 저술을 통해 보급에 중심적인 역할을 했으며, 배후에서는 훨씬 더 강력한 역할을 했다. 이전에도 수없이 자주 그랬던 것처럼, 푸앵카레는 한쪽에 전자기학의 지위에 관한 추상적인 고찰을, 다른 쪽에 즉시 사용할 수 있는 라디오 기술에 관한 실제적인 긴박성을 놓고 둘 사이에서 오락가락하고 있었다. 그렇게 커뮤니케이션의 이론과 실제에 지속적으로 개입한 것이 푸앵카레가 1902년에 우편전신 고등전문학교École Professionelle Supérieure des Postes et Télégraphes의 교수로 임명되는 데 도움이 되었다는 것에는 의심의 여지가 없다. 같은 해, 그는 무선전신에 관한 논문을 경도국 연례보고서에 기고했는데, 그 논문은 라디오파의 존재를 처음 증명한 헤르츠의 유명한 1888년 실험을 개괄하는 것으로 시작되고 있었다. 그러나 푸앵카레는 곧바로 실제적인 문제로 뛰어들면서 다음과 같은 의문을 제기했다. 어떻게 하면 새로운 '헤르츠의 빛'이 더 멀리 도달하고 또한 지구의 휘어짐을 따라 돌아서 회절되어 기존의 전신을 대신할 수 있을까? 어떻게 하면 라디오가 가시광선을 차단하는 안개를 관통할 수 있을까? 새로운 종류의 안테나가 라디오파의 방향을 바로잡고 집중시킬 수 있을까? 푸앵카레는 악천후에서 선박

그림 5.13 무선 시간 1904~1905년에 수많은 그룹들이 무선으로 시간을 송신하는 실험을 하고 있었다. 미국 해군은 초기 실험자 중 하나였지만 다른 이들도 같은 목표를 추구하고 있었다. 프랑스에서 널리 유행하던 잡지에 실린 이 그림에는 송신기와 수신기와 조작기가 모두 나와 있다.

의 충돌을 막기 위해 라디오파를 사용하는 것을 고심하는 것만큼이나 니켈-은 도금의 세부적인 일들에도 참여하려 했다.

앞에서 본 것처럼 1890년대 말 영국이 축전기를 감시하고 차단할 수 있는 케이블을 멋지게 실연한 뒤 프랑스는 라디오의 지정학적인 면에 대해 염려하고 있었다. 푸앵카레는 물론 프랑스의 다른 행정 엘리트 집단 구성원들은 이 문제에 대해 매우 많이 고민하고 있었다. 한 프랑스의 외교관은 영국이 전신케이블 독점을 유지하는 한, 프랑스는 국가적인 기밀 메시지를 전혀 신뢰할 수 없을 것이라고 프랑스 식민지 연합에 경고했다. 그는 영사슬라이드를 이용하여 염려하는 청중에게 프랑스가 처한 절망적인 상황이 극적으로 칠해진 세계지도를 보여주었다. 파란색으로 그어진 부분은 북아프리카와 프랑스를 연결하는 얼마 안 되는 짧은 프랑스의 케이블과 미국까지 연결하는 단 하나의 긴 선이었다. "이제 붉은 선들이 엄청나게 확장해가는 것을 보시기 바랍니다. 붉은 선들은 어디에나 뻗어 있고 전 세계를 진짜 거미줄처럼 감싸고 있습니다. 이 붉은 선들은 영국 전신회사들의 네트워크를 나타내고 있습니다."[89] 프랑스와 영국 사이의 평화를 위협하는 반식민주의 폭동과 마찰로 얼룩진 불안정 속에서 상황은 긴박했다. 이 격한 분위기 속에서 푸앵카레에게 안보가 새로운 무선 기술의 핵심적인 특징이었던 것은 놀랄 일이 아니다. "광학 전신과 헤르츠 전신은 둘 다 보통의 전신과는 달리 전쟁 시기에 적국이 커뮤니케이션을 차단하지 못한다는 이점이 있습니다." 그러나 빛 신호를 가로채기 위해서는 적국이 적절한 위치에 있어야 할 테지만, 방송 신호는 훨씬 더 광범위하게 잡힐 수 있으며, 방해 방송으로도 간섭을 받을 수 있었다. "우리는 에디슨Edison이 유럽이 미국에서 실험을 하려고 한다면 그 실험을 방해할 것이라고 유럽의 경쟁자들을 위협했던 일을 기억하고 있습니다." 푸앵카레는 마치 라디오 송신기의 불꽃처럼 순수한 것과 실제적인 것 사이를 계속 오고 갔다. 1차 회로와 2차 회로가 푸앵카레의 주제였지만, 프랑스의 외교적 커뮤니케이션의 안보 문제도 그의 주제였다.[90]

이제 막 시작된 프랑스 라디오 서비스를 장려하던 사람들은 안테나를 설치할 수 있는 더 높은 장소를 물색하던 중에 이미 에펠탑에 눈독을 들이기 시작했다. 에펠탑의 운명은 1903년까지도 전혀 정해진 것이 없는 상태였다. 기상국에 있던 엘뢰테르 마스카르Eleuthère Mascart는 국방장관에게 청원하여 에펠탑을 (그리고 그럼으로써 라디오 기지국을) 해체하지 않도록 해달라는 편지를 푸앵카레에게 썼다. 그 거대한 탑은 광학 전신뿐 아니라 이미 시작되었지만 초기 단계인 무선 실험을 위해서도 중요한 군사 자산임을 역설했다. 분명히 푸앵카레도 국방장관의 귀를 가지고 있었을 것이다. 국가 방위를 위해 탑을 보존하려 했을까? 그러는 동안 에콜폴리테크니크 출신의 엔지니어이자 육군 대위였던 귀스타브-오귀스트 페리에Gustave-Auguste Ferrié는 귀스타브 에펠Gustave Eiffel과 힘을 합쳤다. 1904년에 그들은 에펠탑을 프랑스 라디오 서비스의 기지국으로 지정하는 데 성공했다. 그 성공이 확실해진 것은 군대가 라디오를 통해 승리를 널리 홍보하면서였는데, 1907년 페리에는 말이 끄는 수레에 라디오 장비를 실어 전쟁터로 보내서 모로코와 싸우는 프랑스군이 프랑스에 있는 사령관과 통신할 수 있게 만들었던 것이다.[91]

경도국에서의, 과학자 공동체에서의, 그리고 당시로 더 광범위한 프랑스 지식 엘리트 안에서의 지위로 볼 때, 에펠탑을 라디오파를 이용한 시간에 활용하려는 푸앵카레의 야심은 영향력이 있었다. 1908년 5월 경도국은 주로 푸앵카레의 간절한 부탁 때문에 에펠탑에서 라디오 시간 신호를 보내기로 했으며, 이를 통해 신호를 수신할 수 있는 곳이라면 어디에서나 경도를 결정하는 데 라디오 신호를 이용할 수 있게 되었다. 군대의 지원은 수월하게 이루어졌다. 1908년 겨울, 프랑스 정부는 새로운 라디오 기술을 통제하기 위한 내각 전체 위원회를 소집하여 푸앵카레를 위원장으로 임명했다. 국방장관도 여기에 동의하고 예산을 인준했다. 무선 동시성은 민간의 우선 사항일 뿐 아니라 군사적인 우선 사항이 되었다.[92]

푸앵카레를 위원장으로 하는 위원회의 7차 회의는 1909년 3월 8일에 열렸다. 파리 천문대 소장이 출석했고 (새로 진급한) 페리에 소령도 출석했으며, 해군을 비롯하여 여러 부처의 엔지니어들도 참석했다. 참석자들에게 상황을 설명하면서 페리에는 시간 신호를 두 부류로 나누었다. 첫 번째의 거친 신호는 0.5초 정도의 정밀도로서 해상 항해자가 사용할 수 있다. 항해용 펄스는 천문대로부터 전선을 이용하여 송출된 신호를 써서 만들어질 수 있다. 두 번째 신호는 매우 정밀한 측지학을 위한 '특별한' 신호이다. 이것은 0.01초 정도의 정밀도를 얻을 수 있도록 더 유의하여 정교하게 만들 필요가 있을 것이다.[93]

내가 만일 식민지 중 한 곳에 있는 라디오 조작자이고, 파리와 경도상으로 어떤 관계에 있는지 정확히 알아내야 한다면, 파리와 조율한 후에 해야 할 일이 있다. 에펠탑 기지국은 1.01초마다 한 번씩 신호를 방출할 것이다. 나는 파리 시간으로 자정 전부터 시작되는 방송 펄스를 듣게 될 것이다. 동시에 나는 내가 있는 지역의 시계가 (지역 시간으로) 매 초마다 한 번씩 짧고 또렷한 소리를 내도록 맞추어놓았을 것이다. 규약에 의하여, 나는 에펠탑에서 오는 신호가 파리 시간으로 자정에 시작할 것임을 알고 있으므로, 신호는 파리 시간으로 12:00:00.00, 12:00:01.01, 12:00:02.02 등에 송출될 것이다. 에펠탑의 신호와 지역 시계의 소리가 일치하기 전까지 에펠탑에서 송출된 신호의 수를 센다면 시계를 동기화할 수 있을 것이다. 가령, 내가 있는 곳에 있는 시계의 1초를 알려주는 소리가 에펠 소리와 처음 일치하는 것이 10번째 에펠 소리에서라면, 에펠탑에서는 현재가 자정 이후 10번의 펄스가 지난 뒤(즉, 12:00:10.10)라는 사실을 알게 될 것이다. 내 시계를 확인해보면 쉽게 소리가 일치할 때의 지역 시간이 알 수 있다. 따라서 내 지역 시간에서 에펠탑의 시간(즉, 12:00:10.10)을 빼면 내가 있는 곳의 라디오 기지국과 파리 모더니티의 저 위대한 상징 사이의 경도차를 얻게 된다. 1909년 3월 무렵 푸앵카레는 위원회는 정밀한 시간 신호를 무선으로 보낼 계획을 갖고 있었다.

그다음 달, 푸앵카레는 괴팅겐으로 가서 순수수학 및 응용수학에 관한 연속 강연을 했다. 이 강연의 처음 다섯 번에서는 푸앵카레가 자신의 전문적인 연구를 독일어로 발표했다. 그런데 마지막 모임에서 푸앵카레는 이번에는 방정식의 도움도 받지 않고 모국어로 말하겠다고 청중에게 설명했다. 주제는 "새로운 역학"이었다. 푸앵카레는 참석한 사람들을 둘러보면서, 불멸의 기념비처럼 보이는 뉴턴역학이 완전히 무너져버린 것은 아니더라도 강력하게 흔들렸다고 말했다. "뉴턴역학은 위대한 파괴자들의 공격에 굴복했습니다. 뉴턴역학을 공격한 사람으로는 여러분 중 한 명인 M. 막스 아브라함 씨가 있습니다. 또 다른 사람으로는 네덜란드의 물리학자 M. 로런츠 씨가 있습니다. 저는 여러분에게 ⋯ 그 고대 유적의 폐허와 그곳에 세우고자 하는 새로운 건물에 대해 말씀드리고자 합니다." 그러고 나서 푸앵카레는 물었다. "상대성원리가 새로운 역학에서 어떤 역할을 할까요?" 그는 계속했다. "우리는 처음에 물리학자 로런츠의 매우 뛰어난 발명품인 겉보기 시간에 관한 얘기로 나아갔습니다." 그는 청중에게 힘주어 말했다. "거의 있을 수 없을 만큼 꼼꼼한 관찰자를 상상해보세요. 이 관찰자가 시계 설정이 대단히 정밀할 것을, 즉 1초 정도가 아니라 10억 분의 1초 정도로 정확해야 한다고 요구한다고 합시다. 어떻게 그것이 가능할까요? 파리에서 베를린으로 A가 전신 신호를 보냅니다. 완전히 현대적이게 하려면 무선이라고 해도 좋습니다. B가 수신 시점을 기록하는데, 그 시점은 두 크로노미터의 시간상 영점이 될 겁니다. 그런데 신호가 파리에서 베를린으로 가기까지는 어느 정도의 시간이 걸리며, 신호는 빛의 속도로 가야 합니다. 따라서 B의 시계는 더 늦을 것이고, B는 이것을 알아챌 만큼 충분히 똑똑하기 때문에 이 지연을 처리할 겁니다." 관찰자 A와 관찰자 B는 경도국의 두 전신기사와 마찬가지로 신호를 주고받는 방법으로 문제를 해결한다. A가 B에게 시간 신호를 보내고, B는 A에게 시간 신호를 보낸다.[94] 이는 경도국이 수십 년 동안 파리와 브라질, 세네갈, 알제리, 미국 사이에서 케이블을 통해 신호를 주고받으면서 사업을 벌여온 것과 정확히 같은 방식이다. 또는 이 문제는 얼마 후 푸앵카레가 에펠탑과 베를린 사이에 '완전히 현대적인' 무선 방식으로 신호를 주고받게 한 것처럼, 무선으로 신호를 주고받는 방식으로 해결될 수 있다.

1909년 6월 26일 토요일 오후 2시 30분, 푸앵카레와 그의 위원회는 이 실험적인 기지국을 조사하기 위해 에펠탑에 모였다. 콜랭Colin 함장은 장치에 대해 묘사하고 설명하면서, 무선전신 발명의 가장 최신의 연구를 요약하고 최근에 미국 해군이 배의 시계를 라디오파로 동기화했다는 것에 주목하여 보고서를 배포했다. 그다음에는 에펠탑으로부터의 도달거리가 점점 빠르게 확산해가고 있다는 내용을 간략하게 보고했다. 즉, 콜랭 함장의 부대가 지난 며칠 사이에 에펠탑에서 8킬로미터 떨어진 비쥐프Villejuif에서, 그다음으로는 48킬로미터 떨어진 메엉Mehun에서 신호를 성공적으로 수신했으며, 6월 중순에 엔지니어들은 에펠탑이 있는 마르스 광장에서 166킬로미터 떨어진 곳에서 보낸 승전 소식 송출을 잡아냈다. 더 멀리 떨어진 곳도 가능해 보였다. 선상 실험은 6월 9일 이후 성공적으로 작동되었다. "위원회는 콜랭 함장의 설명이 끝나자마자 장치를 작동시키기 시작했다." 전류계, 파장계, 수신기의 준비가 완료가 되었고, 푸앵카레의 위원회는 완벽한 (즉, 순수하고 안정적인) 시간의 송출을 자랑스럽게 지켜보았다. 푸앵카레는 하원에 압력을 가하여 상업적인 무선전화 서비스와 에펠탑을 세계에서 가장 거대한 시간 동기화 장치로 만들기 위한 즉각적인 예산을 요청했다. 인준은 1909년 7월 17일에 떨어졌다.[95]

정확히 한 주 뒤인 7월 24일, 푸앵카레는 릴에서 열릴 프랑스 과학진흥협회의 개회사를 마지막으로 손보고 있었다. 8월 초 푸앵카레가 도심의 대극장Grand Théâtre에 들어서서 연설(괴팅겐에서 했던 강연을 수정한 것)을 하고 황금훈장Grande Médaille d'Or을 받았을 때, 도시의 명사들이 그가 새로운 물리학에 대해 말하는 것을 들으려고 모여 있었다. 푸앵카레는 다시 상대성원리의 중요성, 로런츠의 '탁월한' 국소 시간의 중심성, '완전히 현대적인' 무선을 이용하여 전신 시간을 좌표화할 필요성을 강조했다. 그런 뒤에 푸앵카레는 이전처럼 '또 다른 가설'(즉, 상대성원리라는 가설과 '겉보기 시간'의 가설을 넘어서는 가설)을 도입했다. 이 세 번째 가정은 로런츠의 수축으로, 이 생각은 "훨씬 놀랍고 훨씬 받아들이기 어렵고 우리의 현재 습관을 크게 뒤흔들" 생각이었다. 에테르 속에서 움직이는 물체는 운동 방향을 따라 일종의 수축을 일으킨다. 지구가 태양 둘레에서 회전한 결과, 지구의 공 모양은 운동 방향으로 지름의 2억 분의 1만큼 찌그러질 것이다. 그렇지만 움직이는 관찰자의 기준좌표계에서는 '국소 시간'의 느려짐과 '겉보기 길이'의 줄어듦은 서로 정확히 맞아떨어져서, 움직이는 관찰자가 사실 움직이고 있다는 것을 발견할 수 있는 방법은 전혀 없을 것이라고 푸앵카레는 강조했다.[96]

세계에 대한 푸앵카레의 서술은 움직이는 관찰자가 무엇을 보는가 하는 점에서는 아인슈타인의 서술과 닮아 있지만, 그 상황을 어떻게 설명하는가 하는 점에서는 아인슈타인과 다르다. 1909년 8월의 푸앵카레는 (이전보다도 덜 물리적인) 에테르를 유지하고 있었던 반면, 아인슈타인은 그가 생각하기에 노후하고 쓸모없는 존재에 반하여 사사건건 논박했다. 푸앵카레는 로런츠 수축을 별도의 가설로 도입했지만,

아인슈타인은 이를 자신의 시간에 대한 정의에서 유도했다. 푸앵카레는 로런츠의 고색창연한 '국소 시간'과 '겉보기 길이'를 지켰지만, 그의 용어 사용법이 로런츠의 용어 사용법과 똑같지는 않았다. 푸앵카레는 겉보기 길이와 시간을 관찰할 수 있는 것으로 다루었지만, 로런츠는 그것들을 여전히 허구적인 것으로 다루고 있었다. 아인슈타인에게는 단순히 '특정 기준좌표계에 대한 시간'이 있을 따름이며, 어느 한 좌표계의 시간은 다른 좌표계의 시간만큼이나 '참되거나', '실재적인' 것이었다. 허구는 없다. 에테르도 없다. 관찰자가 자신의 일정한 운동을 검출할 수 없는 것에 대해 '설명할' 수 있는 것은 아무것도 없다. '참된 것'과 '겉보기' 사이에 간격은 없다. 볼 수 있는 것에 대해서라면 수년 동안 아인슈타인만큼이나 명료했었던 푸앵카레는 일정하게 움직이는 관찰자라면 누구라도 모든 현상이 "상대성원리에 따라 잘 맞아떨어진다"라고 보았다.[97]

1908년부터 1910년까지 전자기 동시성에 대한 푸앵카레의 개입은 상대성이론 그리고 아직 새로운 라디오 기술 사이에서 만나고 또 만났다. 세느강이 범람하여 프랑스군의 라디오 기지국이 물바다가 되었다가 복구되자, 에펠탑에 있던 군의 시간팀은 1910년 5월 23일에 동시성을 송출하기 시작했는데, 그 뚜렷한 소리는 (소위) 에테르를 뚫고 나와서 캐나다로부터 세네갈에 도달했다.[98] 처음에는 신호가 파리 시간을 따랐지만, 이듬해인 1911년 3월 9일에야 프랑스는 프랑스의 시계(그리고 알제리의 시계)를 그리니치 시간과 연결시키기 위해 9분 21초만큼 조정하는 데 동의했다. 여러 가지 시간 및 경도 캠페인(키토, 십진법 시간, 시간대)에서 푸앵카레에 맞서 싸웠던 샤를 랄르멍은 시간 통일이 실천적인 일이 되는 기회를 알아챘다. 시계, 라디오, 지도는 마침내 수렴되고 있었다.

에펠탑 기지국이 사업을 시작하기 전에도 프랑스 경도국 사람들은 몽수리, 브레스트, 비제르테에서 라디오파를 이용하여 지도를 교정하는 일을 이미 시작하고 있었으며, 군사 전신을 사용할 계획과 프랑스 식민지의 지도를 만들기 위해 라디오 시간 좌표화 계획을 세우고 있었다. 경도국 사람들은 곧 상대편인 미국인들과 협력하여 신호가 대서양을 건너는 비행시간을 교정하기 위해 충분히 정밀한 송신기로 에펠탑과 버지니아주 알링턴 사이에 신호를 교환하기로 했다. 이는 푸앵카레가 동시성의 형이상학에 써넣었던, 그리고 그 뒤에 국소 시간의 물리학에 써넣었던 빛 신호 동기화가 총체적으로 구현되는 것이었다. 대중적인 잡지들은 다음과 같은 논평을 쏟아냈다. "라디오 신호가 공간을 거의 빛의 속도로 통과하지만, 그렇더라도 그런 신호가 왕복 여행을 시작할 때와 … 상대편에서 수신될 때 사이에 … 작지만 신경을 쓸 정도의 시간 손실이 있다." 미국인들은 1912년 실험 프로토콜을 형식화한 뒤에야, 푸앵카레의 위원회가 몇 년 전에 발전시킨 일치 방법으로 프랑스가 이미 그 문제를 해결했음을 알게 되었다. 한 미국인 기자는 "여기에 아름다운 해결책이 있다"라고 썼다.[99] 무선은 모든 방향에서, 아주 먼 거리를 거쳐, 근본적으로 무한한 정밀도로, 세계 동기화를 가능하게 만들었다. 랄르멍과 경도국에서 랄르멍을 지지하는 사람들은 파리를 다른 송신기와 좌표화시킬 수 있으리라 기대했다. 그 송신기는 "국가적인 시간의 모든 모습을 회피하게 될" 천문대들의 귀족적인 컨소시엄에서 보낸 시간 신호와 함께 공급된 것이었다. 장관들, 천문대장들, 경도국의 고위급인사들은 프랑스의 이상이 합리적이고 좌표화되고 국제적인 체제를 달성하게 될 것이며, 그 체제에서 프랑스가 독재적인 것은 아니더라도 실권을 쥐게 될 것이라며 동의했다.[100] 이러한 승리는 또다시 미터, 옴, 본초자오선을 확립하기 위한 여러 차례의 국제회의와 협정들, 그리고 십진법 초로부터 합리적인 보편성을 창조하려다가 실패한 시도들처럼 모든 의미에서의 규약적인 것이 될 터였다.

프랑스 과학자들이 에펠탑을 통해 유럽 전역에 걸쳐 시계를 정렬하고 있을 때 영국은 자신들만의 시간 송신기를 설치하는 것에 반대하며 침묵을 지키고 있었다. 그리니치의 어느 역사가에 따르면, 제국의 전신업자들과 천문학자들은 프랑스와 다른 외국의 라디오 시간 서비스가 평화 시기에는 유용할 것이라고 보았다(영국은 재빨리 그리니치에 수신기를 설치했다). 그러나 영국인들은 전쟁 때에는 아무도 시간을 송출하지 않을 것이라고 짐작했다.[101] 그렇게 계산되고 실용적인 입장은 분명히 영국이 국제 케이블 네트워크를 건설하고 통제하던 방식과 일관된 것이었다. 라디오 연락의 비밀 유지에 관해 애국적 시각에서 염려하는 사람은 푸앵카레 혼자만이 아니었다. 푸앵카레는 1902년에 라디오 기술에 관해 쓴 첫 번째 논문에서 그러한 생각을 강조하면서 전체 정부부처가 모이는 회의 내내 "비밀 통신"의 미묘함이 계속 거론되는 회의 주제가 되리라고 예견했는데, 이러한 경향은 1912년에 열린 시간과 라디오 전신에 관한 국제회의에서도 마찬가지였다. 프랑스 정부부처 대표들은 독일과 영국의 라디오 송신기가 아프리카 식민지에 있는 프랑스의 라디오 송신기보다 앞서며 능가했을지도 모른다고 반복해서 경고했다.[102] 따라서 세계 시간의 봉화대로서 (그리고 프랑스 제국과의 통신의 영점으로서) 에펠탑에 힘을 실어준 것은 동시에 실용적이고 상징적이며, 군사적이고 민간적이며, 민족주의적이고 국제주의적인 노력이었다. 14세기의 마을 사람들은 종탑 위에 시계를 설치하여 그 소리를 들을 수 있는 모든 사람 위에 군림했다. 푸앵카레는 에펠탑의 라디오 시계를 울려서 에테르를 통해 세계 전역에 걸쳐 프랑스 과학의 권위를 메아리치게 했다.

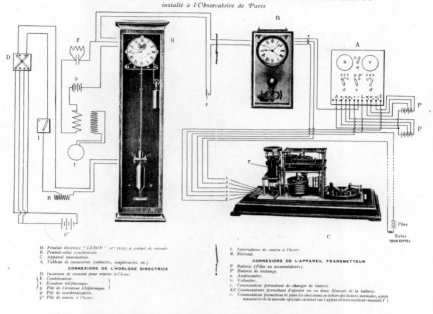

POSTE DISTRIBUTEUR DE SIGNAUX HORAIRES BRILLIÉ-LEROY
installé à l'Observatoire de Paris

H. *Pendule directrice " LEROY " (n° 1117) à contact de seconde*
B. *Pendule-relais synchronisée.*
t. *Appareil transmetteur.*
A. *Tableau de connexions (voltmètre, ampèremètre, etc.).*
CONNEXIONS DE L'HORLOGE DIRECTRICE
D. *Inverseurs de courant pour remise àl'heure.*
F. *Condensateur.*
t. *Écouteur téléphonique.*
p *Pile de l'écouteur téléphonique.* ⎫
p' *Pile de synchronisation.*   ⎬
p" *Pile de remise à l'heure.*   ⎭

I. *Interrupteur de remise à l'heure.*
R. *Rhéostat.*
CONNEXIONS DE L'APPAREIL TRANSMETTEUR
P. *Batterie (Piles ou accumulateurs).*
P' *Batterie de rechange.*
a. *Ampèremètre.*
v: *Voltmètre.*
c *Commutateur permettant de changer de batterie.*
d-d' *Commutateurs permettant d'ajouter un ou deux éléments de la batterie.*
e. *Commutateur permettant de faire les émissions en dehors des heures normales, après manœuvre de la manette spéciale existant sur l'appareil transmetteur «manette I'»*

그림 5.14 에펠 기지국의 도식 푸앵카레가 에펠탑을 시간 송신 시스템의 거대한 안테나로 사용하려고 애썼을지라도 에펠탑을 살린 것은 군대의 라디오 통신이었는데, 그 결과 민간 쪽과 군대 쪽 모두에서 쓸 수 있는 장비가 만들어졌다. 이 그림은 (파리 천문대에 있는) 마스터 시계와 에펠탑의 라디오 송신기가 연결된 것을 그린 것이다.

  그러나 전신선으로든 무선으로든 중앙 시스템은 유럽 거대 권력의 시간물리적인 영광이었다. 그것은 폰몰트케가 염원했던 통일된 독일 제국이 베를린 슐레지셔 반호프 역의 주요표준시계나 뇌샤텔의 바로크적이고 우아한 모시계를 통해 구현하려 했던 것이었다. 그것은 에펠의 공학적 모더니티가 고급기술 라디오 시간으로 표현하려던 것이었다. 그것은 영국의 케이블 네트워크가 그리니치로부터 나온 구리 촉수들을 바다 건너 식민지 주위로 뻗으며 이루려던 것이었다. 그것은 미국 해군이 강경 외교가 절정에 이르렀을 때, 강력한 라디오 송신기로

그림 5.15 에펠 라디오 시간(1908년경) 에펠탑 라디오 기지국은 구조물 아래쪽에 있는 평범한 오두막 안에 자리 잡았다.

높은 바다에서 배의 방향을 정하고 미국의 섬 기지국의 위치를 교정하며 이루려던 것이었다.

기술적이고 상징적이고 추상적인 물리학의 소용돌이는 나선을 그리며 바깥으로 확장되어나갔다. 전신업자들, 측지학자들, 천문학자들은 푸앵카레−아인슈타인 시계 좌표화를 문자 그대로 일상의 유선 (및 무선) 시계 좌표화를 통해 이해했다. 푸앵카레가 1902년부터 교편을 잡았던 우편전신 고등전문학교에서는 전신 네트워크와 무선 네트워크가 그저 비유일 뿐인 적이 없었다. 그것은 회사 사업의 문제였다. 1921년

11월 19일, 물리학자 레온 블로흐Léon Bloch는 상대성이론에 관한 주요 강의에서 시간의 의미를 설명하면서 수강하는 학생들과 교원이 마치 손바닥 보듯이 알고 있는 기술을 이용했다.

> 우리는 지구 표면에서 무엇을 시간이라 부릅니까? 가령 천문학적인 시간을 알려주는 시계가 있어서, 파리 천문대의 모#진자를 하나 택하여 멀리 있는 장소까지 무선으로 시간을 전달한다고 합시다. 그 전달은 무엇으로 이루어져 있을까요? 두 기지국 간의 시간 동기화 과정은 공통된 빛 신호나 헤르츠 신호(즉, 전파)의 통과가 필요하다는 점에 주목합니다.[103]

블로흐의 강의가 있을 무렵, 전자기파의 교환을 통한 시계 좌표화는 실제적인 일상사였다. 10년 동안 체신 및 전신, 경도국, 프랑스 군대는 수많은 장거리 동기화를 통해 신호 시간을 일상적으로 교정해오고 있었다.[104] 아인슈타인과 푸앵카레의 시간 좌표화는 기계들의 세계에서 태어났으며, 그렇게 받아들여졌는데, 이는 프랑스에서만 그런 것이 아니다. 독일에는 실험가에서 이론가로 변한 콘이 있었다. 콘은 빛 신호 동기화를 푸앵카레에 바로 뒤이어 파악했지만, 아인슈타인의 1905년 논문이 나오자 지체하지 않고 시계와 모형의 그림을 그려서 새로운 동시성을 널리 알렸다. 영국의 케임브리지에서 처음 시계 좌표화의 절차를 파악한 것은 (수학적인 이론가들이라기보다는) 실험가들이었다. 미국의 이론물리학자 존 휠러John Wheeler*는 이론을 메커니즘이나 장치들과 동일시했는데, 그는 그의 경력 초반에 라디오와 폭탄을 다룰 때부터 제2차 세계대전 동안 엔지니어들과 엔지니어 성향의 물리학자들을 가르치는 과정에 이르기까지 전반에 걸쳐 그러한 성향을 드러냈다. 존

휠러와 에드윈 테일러Edwin Taylor가 널리 사용되는 교과서 『시공간 물리학』을 1963년에 출판했을 때에도, 책의 맨 앞에 보편 기계를 먼저 다루고 이를 그림으로 나타냈다(그림 5.16 참조).

기계들은 시계와 지도를 점점 더 가깝게 묶어주었다. 제2차 세계대전이 시작할 때, 미국 매사추세츠공과대학MIT의 과학자들은 장거리항해보조Long Range Aid to Navigation, LORAN 시스템 개발로 시간확인을 개선하여 연합국 측 배들이 태평양을 횡단할 때 안내해주었다. 미국 해군과 미국 공군이 종전 뒤에 추진한 프로젝트의 결과물은 '트랜짓Transit'이나 '프로젝트 621BProject 621B'와 같은 이름으로 차례차례 도출되었다. 냉전이 심해지면서 미국 군부는 대륙 간 탄도미사일이 경로를 벗어나지 않도록 하거나 동남아시아의 아무런 표식도 없는 밀림 속에서 군인들을 안내하기 위해 훨씬 더 정밀한 위치 추적 시스템을 필요로 했다.

1960년대에 미국 국방기획부서는 위성들을 지구 표면에 시간에 맞추어 신호를 쏘아줄 수 있는 라디오 기지국으로 전환시켰다. 더 정확하고 안정된 시간조각들이 이렇게 궤적을 따라 도는 송신기들을 작동시켜서, 처음에는 석영 결정으로부터 나중에는 우주에 설치된 원자시계의 세슘 진동으로부터 시간을 얻어낼 수 있게 되었다. 1990년대에 100억 달러짜리 위성 위치확인 시스템Global Positioning Satellite, GPS이 세워져서 작동할 무렵에는 24개의 위성에 기반을 둔 시계들이 푸앵카레가 1909년 괴팅겐 강연이나 릴 강연에서 상상했던 정도의 정밀도, 즉 지구 표

---

* 미국의 이론물리학자로서 1950년대 이후에 미국에서 일반상대성이론을 발흥하게 만든 주역이다. 핵분열, S행렬, 기하역학, 통일장이론 등에서 주된 연구 업적을 남겼으며, '검은 구멍(블랙홀)', '벌레구멍(웜홀)', '양자거품' 등의 용어를 처음 고안하여 제시한 것으로도 유명하다. 리처드 파인먼이나 휴 에버렛 3세, 로버트 월드 등 탁월한 물리학자들의 지도교수로도 널리 알려져 있다. 특히 두 제자 찰스 미스너 및 킵 손과 함께 쓴 1,300쪽 정도 분량의 『중력』은 일반상대성이론에서 중요한 고전으로 남아 있다.

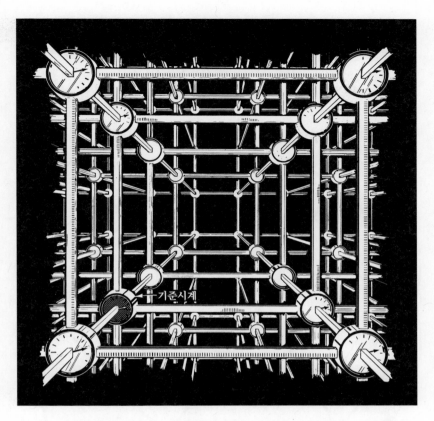

그림 5.16 시간과 공간의 격자 상대성이론에 관한 많은 논의에서, 시간 좌표와 공간 좌표의 지도를 만들기 위한 기계적인 절차는 사라져버렸다. 에드윈 테일러와 존 휠러의 상대성이론 교과서에 실린 이 상상 속 기계 그림은 기계적인 절차를 뚜렷이 보여주고 있다.

면 위에 50피트의 해상도를 매일 하루에 50나노초* 정도의 정밀도로 째깍거리고 있다. 어떤 의미에서 이 시스템은 에펠탑 시간을 닮았다. GPS도 시계들을 동기화하는 데 일종의 일치법을 사용했다. 그러나 지금은 위성이 6조 자리 유사난수(즉, 이러한 목적에 비추어 제멋대로 나오

---

* 나노초는 10억 분의 1초, 즉 10^{-9}초이다. 따라서 50나노초는 2,000만 분의 1초이다.

는 난수) 열列을 송출한다. 그러고 나서 수신기로 송출된 수열을 원래 내부에 저장되어 있던 똑같은 수열과 맞추어본다. 두 수열의 차이로 수신기의 논리회로는 시간 차이를 결정할 수 있으며, 빛의 속도를 이용하면

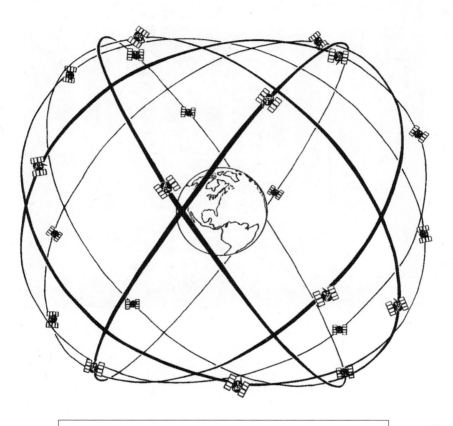

- 24개의 위성
- 55도 기울기
- 지상 트래킹의 반복(23시간 56분)
- 5개의 위성이 항상 보임

그림 5.17 위성 위치확인 시스템 푸앵카레의 시간을 송신하는 에펠탑과 다르지 않게 20세기 말의 GPS 위성들은 정밀한 시간확인timing(따라서 위치확인positioning)을 민간 사용자와 군사적 사용자 모두에게 제공하고 있다. 이 회전하는 기계 속에 탑재된 소프트웨어 및 하드웨어를 조정하려면 아인슈타인의 두 가지 상대성이론이 모두 필요하다. 그 결과가 지구 전체를 포괄하는 100억 달러짜리 이론 기계이다.

수신기와 위성 사이의 거리를 알 수 있다. 수신기가 이미 동기화되었다면 3차원 공간 안에서 수신기의 위치를 고정하는 데 위성 세 개만 있으면 되지만, 움직이는 지상의 수신기는 대개 정확한 시간을 갖고 있지 않기 때문에 네 번째 위성(시간을 설정하기 위한)이 필요하다.

기술공학–철학–물리학의 교류 지대에서, 상대성은 일종의 기술이 되어서 전통적인 측량 도구를 재빨리 교체해버렸다. 21세기 초반의 측량가들은 실제로 사실 뒤에 있는 데이터를 처리하고, 알려진 위치의 GPS 측정 결과를 이용하여 시스템의 일시적인 오류를 정확히 찾아냄으로써, 1초 그리고 수 밀리미터 안의 미지의 위치를 결정할 수 있었다. 시스템이 그렇게 정밀해지면서, 지구 땅덩어리의 '고정된' 부분조차 움직이고 있다는 사실, 즉 행성의 표면에서 대륙이 판 구조 위에 얹혀서 떠다니면서 끊임없이 뒤바뀌고 있다는 사실이 명백하게 밝혀졌다. 지구과학자들은 '절대 대륙' 대신, 어떤 특정한 표면에도 붙어 있지 않으며 과학의 상상력으로 들여다보면 행성 내부의 침묵의 좌표화 속에서 회전하고 있는 새로운 보편 좌표계를 필요로 했다. GPS는 곧 비행기를 착륙시키고 미사일을 유도하고 코끼리를 추적하고 가족이 탄 자동차의 운전자에게 길을 안내해주었다.

이 모든 목적에 비추어볼 때, 상대론적인 시간 좌표화는 기계 속에 깊이 파고들어 있다. 상대성이론에 따르면, 시속 2,000킬로미터로 회전하고 있는 위성에 있는 시계들은 매일 (지구에 비하여) 100만 분의 7초만큼 느려진다. 일반상대성이론(아인슈타인의 중력이론)마저 이 시스템에 맞게 설정되어 있다. 위성이 회전하고 있는 지구로부터 1만 7,600킬로미터 떨어진 우주에서는 중력장이 더 약하기 때문에, 일반상대성이론에서는 위성의 시계들이 (지구 표면에 비하여) 매일 100만 분의 45초만큼 빨라질 것이라고 예측한다.[105] 이 두 교정을 합하면 매일 50

나노초 범위 안에서 정확해야 할 GPS 시스템은 매일 100만 분의 38초(즉, 3만 8,000나노초)만큼이라는 엄청난 교정을 해야 한다. 1977년 6월에 처음으로 세슘원자시계가 작동되기 전, 이렇게 엄청난 상대론적 효과에 대해 매우 의심하고 있던 몇몇 GPS 엔지니어들은 위성의 원자시계는 '있는 그대로'의 시간을 송출하면 된다고 주장했다. 상대성이론에 따른 교정 메커니즘을 내장한 채로 작동은 시키지 않았다. 신호가 아래로 내려오자 처음 24시간 동안 예측된 대로 거의 정확히 3만 8,000나노초만큼 신호가 빨랐다. 그런 오차가 20일이 지속된 뒤에 지상통제실에서는 진동수 합성기를 작동시켜 시간 신호 송출을 교정하도록 명령을 내렸다.[106] 상대성이론에 따른 교정이 없었다면, GPS 시스템이 허용 가능 오차를 넘어서는 데 2분이 채 걸리지 않았을 것이다. 단 하루만에 지구상으로 10킬로미터 정도 엇나간 잘못된 위치정보가, 위성으로 비 오듯 쏟아졌을 것이다. 자동차, 폭탄, 비행기, 선박 등은 경로에서 아주 크게 벗어났을 것이다. 상대성이론, 아니 상대성이론들(즉, 특수상대성이론과 일반상대성이론)이 행성 위의 보이지 않는 격자 위에 놓인 장치와 결합했다. 이론은 기계가 되었다.

역사적인 선례들을 모방하여, 지구화되고 장치화된 시간에 반대하는 상징적이거나 물리적인 저항들이 뒤따라 나왔다. 어느 저항 단체는 GPS를 정밀한 무기, 대반란 활동, 경찰 행위, 핵전쟁 계획 등에 사용하는 것을 구체적으로 명시하며 반대했다. 1992년 5월 10일 새벽 여명 무렵에 캘리포니아주 산타크루스에서 온 두 명의 활동가가 로크웰 인터내셔널Rockwell International 사*의 직원인 것처럼 가장하고 캘리포니아 실

---

* 군용 차량의 자동차 부품, 로켓 추진기, 미사일과 로켓, 음파탐지기 부표, 미사일 유도 통제 시스템, B-1B 폭격기 기체, 우주 계획에 필요한 시스템 구성 요소 등 항공 및 우주 항공용 제품을 생산하는 미국의 주요 제조업체이자 방위산업체이다.

비치에 있는 청정실clean room에 침투했다. 그곳에는 회사가 공군에 납품할 NAVSTAR GPS 인공위성이 있었다. 그들은 완성된 위성 하나에 60여 차례 도끼로 내려쳐서 거의 300만 달러 정도의 손해를 입혔다. 활동가들이 두 번째 위성에 접근할 무렵, 로크웰 경비요원이 이들을 잡아 총으로 위협하여 경찰에 넘겼다. 스스로를 해리엇 터브만*–사라 코너 브리게이드Harriet Tubman–Sarah Connor Brigade라고 ('지하철도'의 여성 영웅과 영화 〈터미네이터 2: 심판의 날〉의 여성 영웅을 연결시키는 의미였다) 부르던 이 두 전사는 유죄를 인정하고 2년 동안 복역했다.[107] 1996년에 미국 연방수사국FBI은 18년 동안 과학계 저명인사들에게 폭발물 테러를 해온 유나바머Unabomber**가 스스로 조지프 콘래드의 소설 『비밀 요원』의 시간 무정부주의자를 모델로 삼았으며, 그 소설을 수십 번 읽은 것을 밝혔다고 보고했다.[108] 지구 시간의 축 주위에서 소설적이고 과학적이며 최첨단인 시간 기계들(과 그 적대자들)이 만나고 또 만났다.

교회의 뾰족탑, 천문대, 위성 위에서 박자를 맞추며 동기화된 시계들은 1890년대에도 1990년대에도 정치적 질서로부터 결코 멀리 떨어진 적이 없었다. 푸앵카레와 아인슈타인의 보편 시간 기계는 기술과 철학과 정치와 물리학을 연결해주었다. 아니, 어쩌면 우리는 다르게 말해야 할지도 모른다. 동기화된 시간 기계들은 결코 난해한 추상에서

---

* 미국 남북전쟁 때 흑인 해방운동과 휴머니즘을 실천한 여성 활동가로 노예에서 해방된 뒤 '지하철도'라는 이름의 조직에서 일했다.

** 1978년부터 1995년까지 대학과 항공사에 폭발물이 든 우편물 때문에 3명이 죽고 23명이 다치는 사건이 있었다. 이를 수사한 미국 연방수사국이 이 사건을 "UNABOMUniversity and Airline BOMb"이라고 부르면서, 언론에서 범인을 '유나바머unabomber'라고 부르게 되었다. 범인은 천재 수학자 시어도어 카진스키Theodore Kaczynski였으며, 거대 규모 조직을 필요로 하는 현대의 기술 때문에 인간의 자유가 침식당하는 것을 경고하기 위해 극단적인 방식을 택했다고 밝혔다.

만 또는 무언의 물질 속에서만 전적으로 작동하지 않았다. 시간의 좌표화는 불가피하게 추상적이면서도 구체적이었다.

• • •

20세기로 접어들 무렵 유럽과 북아메리카는 좌표화된 십자선들로 구획이 나뉘었다. 열차 선로, 전신선, 기상 관측 네트워크, 경도 측량, 이 모든 것들이 관찰 가능하고 점차 보편화되어가던 시계 시스템 아래 놓이게 되었다. 이러한 맥락에서 볼 때 푸앵카레와 아인슈타인이 도입한 시계 좌표화 시스템은 세계의 기계였다. 처음에는 상상으로만 가능했던 동기화된 시계들의 방대한 네트워크가 구현되었고, 21세기로 넘어갈 무렵에는 범선이 끌어주는 해저케이블 네트워크가 되었고 위성을 수신하는 극초단파 방송망이 되었다. 아인슈타인의 특수상대성이론이 언제나 하나의 기계였다는 의견이 있다. 물론 상상 속 기계이기는 하지만, 전자기 신호를 교환하여 시간을 동기화하는 전신망과 펄스의 실제 실타래가 끊임없이 돌아가는 구조에 매달려 있는 기계라는 것이다.

이렇게 가장 이론적인 발전에 대한 기술적인 해석에서 최종적으로 살펴보아야 할 것이 하나 있다. 오랫동안 학자들의 주의를 끌었던 것은 아인슈타인의 「움직이는 물체의 전기동역학에 관하여」라는 논문의 형식이 전혀 일반적인 물리학 논문처럼 보이지 않는다는 점이었다. 그 논문에는 다른 학자들을 인용한 각주도 하나 없고, 극소수의 방정식만이 있고, 새로운 실험 결과에 대한 언급도 없고, 오래전 과학 선구자들의 단순한 물리적 과정을 조롱하는 내용만으로 가득했다.[109] 대조적으로 《물리학 연감Annalen der Physik》 중에 아무 호나 펼쳐보면 거의 모든 논문마다 (실험 문제를 다루고 있든 계산상의 수정을 제시하고 있든) 표준적 출발 지점의 특징을 지니고 있고 아인슈타인의 그 논문과는 매우 다른 모습을 확인할 수 있다. 전형적인 물리학 논문들은 다른 논문을 참고한 내용들로 가득 차 있지만 아인슈타인의 논문은 이 틀에 맞지 않는다. 이는 단순히 아인슈타인의 젊음이 초래한 오만함 때문일 수도 있고, 정확한 각주를 다는 일을 생략해버린 것일지도 모른다. 그의 논문은 일반적인 서론의 형식을 변화시켰고, 전형적인 결론을 재구성하여 개인적인 취향에 따라 특이하게 보일 수도 있는 내용으로 바꾸었다. 분명 아인슈타인에게 가장 부족함이 없었던 것은 자신감이었다.

그러나 아인슈타인의 논문을 특허 세계의 눈으로 읽어보는 순간, 갑자기 그의 논문은 적어도 형식적으로는 훨씬 덜 특이해 보인다. 특허란 각주를 달아서 다른 특허 속에 스스로를 포함시키는 일을 거부하는 바로 그러한 특징을 갖고 있다. 만일 새로운 기계의 절대적인 독창성을 증명하고 싶다면(그리고 특허 여부는 독창성에 달려 있다), 검사관에게 이전 작업들의 각주를 폭풍처럼 늘어놓는 것보다 더 최악의 일은 없다. 예를 들어 (전형적인 사례로) 1905년 무렵 50여 개의 스위스 전기 시계에 발효된 특허를 살펴보면, 다른 특허 혹은 다른 과학적이고 기술적인 논문의 각주를 단 특허는 단 하나도 없었다.[110] 물론 이러한 비교가 아인슈타인이 왜 자신의 논문에서 다른 논문을 인용하지 않았는지를 입증해주는 것은 아니다. 하지만 마음이 급했던 그 젊은 특허심사관이 어째서 자신의 논문을 로런츠와 푸앵카레와 아브라함과 콘의 논문들 사이에 놓아야 할 필요를 느끼지 못했는지에 대해서 이해할 수는 있다. 할러의 혹독한 요구에 따라 수백 건의 특허를 분석하고 발표하고 평가한 지 3년이 지나자, 특허 문건들의 특이한 점들이 아인슈타인에게는 일상적인 삶이고, 하나의 일이며, 그리고 (아인슈타인이 창거에

게 말했듯이) 정확하고 대범한 글쓰기 스타일이 되어버렸다.[111]

마찬가지로 아인슈타인이 공간과 시간 문제의 틀에 대해 상대적으로 접근할 수 있었던 것도 특허국 감독관의 천성에서 비롯되었다고 할 수 있다. (스위스 법만 그런 것은 아니지만) 스위스의 특허법에 따르면, 발명에 대한 설명은 "모델을 통해 잘 표현되어야 하고, 발명의 단위가 지켜져야 하고, 특허의 결과가 모호하지 않게 제시되고 체계가 명확해야 하며, 따라서 전체적으로 공인 기술사와 전문가들이 쉽게 이해할 수 있어야 한다"라고 되어 있다.[112] 1905년 무렵 아인슈타인이 썼던 모든 이론적 논문에서, 그는 실험 결과가 어떻게 나올 것인가에 대한 일련의 주장으로 끝을 맺었다. 상대성 논문의 경우는 날카로운 문구에 숫자를 사용한 단락으로 결론을 맺었는데, 이러한 형식은 물리학 논문에서도 간혹 사용되지만, 스위스 정관에 따라 모든 특허의 말미에 반드시 포함시켜야 하는 '권리 요구' 부분에서 표준적으로 볼 수 있는 것이었다.[113] 놀랍게도 1905년부터 아인슈타인은 기구들을 설명하기 (그리고 때로는 그리기) 시작했고, 이러한 설명은 그의 작은 정전기학적인 '작은 기계'에서뿐만 아니라 그의 이론적 논증에서도 핵심적인 요소로 작용했다.

육군원수 폰몰트케가 이러한 아이러니의 가치를 알아차렸을까? 군사주의를 앞세운 프러시아 공화국의 '군중 심리'를 못 견뎌 독일 시민권을 포기했던 16세의 젊은 아인슈타인이 26세의 나이에 해묵은 감독관의 임무를 어떤 의미에서 완수한 것이다.[114] 시간이 시간 기록과 완전히 일치되었던 적은 한 번도 없었고, 지구 전역에 절차나 거리상의 동시성을 기술정치적으로 확립해주는 통일 시간이 있었던 적도 전혀 없었다. 이전의 평범했던 시스템들과 마찬가지로 아인슈타인의 시계 동기화 시스템은 시간을 절차적인 동기화 문제로 한정시켜 전자기장

신호로 시계들을 연결했다. 사실상 시계 단위에 대한 아인슈타인의 계획은 여기서 더 나아가 도시, 국가, 제국, 대륙, 세계를 넘어 마침내는 현재 전체적으로 유사 데카르트적인 우주라고 일컫는 무한대까지 확장하는 것이었다.

여기에서 아이러니가 생겨난다. 아인슈타인의 시계 좌표화 절차가 전자기적 시간 통일을 향한 수십 년 동안의 강렬한 노력 위에서 가능했던 것이기는 하지만, 그는 폰몰트케의 통찰력이 갖고 있는 결정적으로 중요한 요소들을 제외해버렸다. 아인슈타인이 상상하는 무한한 시계 기계 중에는 국가나 지역의 주요표준시계도 없고 모시계도 없으며 마스터 시계도 없다. 그의 시계 기계는 시공간으로 무한히 확장된 좌표화된 시스템에 따라 움직이는데, 여기에서 무한대란 중심이 없다는 의미, 즉 슐레지셔 반호프 역의 시간이 베를린 천문대를 거쳐 하늘까지 연결된 후 다시 독일 제국 구석구석의 철도에까지 연결될 필요가 없다는 의미이다. 원래 독일의 국가 단위 명령에 의거하여 만들어졌던 시간 단위를 무한히 확장함으로써, 아인슈타인은 그 계획을 완성함과 동시에 뒤집어버렸다. 그는 '통일 시간대'의 문을 열었지만, 그 과정에서 베를린을 시간중심Zeitzentrum에서 제거해버렸을 뿐 아니라 형이상학적인 중심성이라는 영역을 없애버린 기계를 고안한 셈이었다.

절대시간은 죽었다. 이제 시간 좌표화가 오직 전자기 신호의 교환만으로 규정될 수 있으므로, 아인슈타인이 움직이는 물체의 전자기 이론을 서술할 때 에테르 안이나 지구 위와 같이 특별하게 선택한 정지 좌표계를 시간 또는 공간의 기준으로 삼지 않아도 될 것이다. 중심은 사라졌고, 푸앵카레가 유지했던 에테르 정지 좌표계의 흔적뿐인 중심성도 사라졌다. 아인슈타인은 동기화된 시계라는 물질세계로부터 자신의 추상적인 상대성 기계를 구축해낸 것이다.

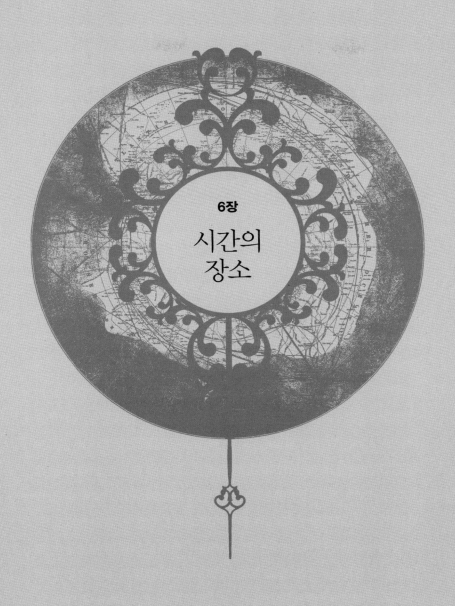

6장

시간의
장소

역학 없이

1907년 12월 무렵의 특허심사관 아인슈타인은 더 이상 평범한 관료가 아니었다. 민코프스키가 상대성이론 논문의 별쇄본을 요청하는 편지에서 이 젊은 과학자의 성공을 축하해주었다. 빌헬름 빈Wilhelm Wien은 빛보다 빠른 신호 전달의 가능성을 놓고 아인슈타인과 논쟁했다. 막스 플랑크와 막스 폰라우에는 이 젊은 물리학자와의 대화에 끼어들었고, 독일에서 가장 훌륭한 실험물리학자인 요하네스 슈타르크Johannes Stark는 그에게 상대성원리에 관한 논문을 청탁했다. 물리학자들 모임에 참여하는 일이 많아지면서 이제 더는 동시대 사람들의 연구 업적을 대충 생략할 수 없게 된 아인슈타인은 논문의 각주에 이들을 반영했다. 1907년의 상대성이론에 관한 종설 논문의 참고문헌 목록에는 이론물리학자인 에밀 콘과 H. A. 로런츠가 포함되었고, 실험물리학자 알프레트 부허러Alfred Bucherer, 발터 카우프만, 앨버트 마이컬슨, 에드워드 윌리엄스 몰리Edward Williams Morley도 들어 있었다.[1] 아인슈타인은 아예 로런츠의 '국소 시간'을 직접 다루었는데, 이는 1905년에는 하지 않았던 일이었다. 그러나 푸앵카레의 이름은 32개의 각주 어디에도 보이지 않았다. 아인슈타인은 여전히 철두철미한 침묵으로 일관하며 이 연로한 과학자를 피하고 있었다.[2]

아인슈타인은 똑같은 물리적 과정을 관찰할 때, 그것이 멈춰 있는 곳에서 일어날 때와 일정하게 움직이는 열차 안에서 일어날 때 사이의 차이를 측정할 수 없다는 가정에서 시작했다. 그는 푸앵카레나 로런츠나 다른 앞선 물리학자들이 이전의 게임에서 증명하려고 고군분투해오던 것을 아예 시작점으로 삼았다. 푸앵카레 같은 과학자들은 에테르가 널리 퍼져 있는 공간을 전자가 지나갈 때 어떻게 납작해지는지, 전자가 그 찌그러짐에도 불구하고 어떻게 안정한 상태로 남아 있을 수 있는지, 전기를 띤 물체와 빛이 에테르를 지나갈 때 에테르가 어떻게 반작용하는지를 질문했다. 그러나 아인슈타인의 논문에서는 이 프랑스의 박식가가 했던 모든 질문들이 사라져버렸다. 에테르와 전자라는 구조에 대해서는 일언반구도 없었다. 그뿐만 아니라 아인슈타인의 논문에 푸앵카레가 로런츠의 이론을 더 간결하게 만든 것이나 변환에서 수정한 것, 푸앵카레의 탁월한 수학적 진보(4차원 시공간을 도입한 것을 포함하여), 푸앵카레가 원리로서의 물리학을 분명히 한 것 그 어떤 것도 언급되지 않았고, 아마 가장 극적인 것은 푸앵카레가 로런츠의 '국소 시간'이 빛 신호의 교환을 통해 실행되는 시계 좌표화의 규약이라고 해석한 것이 인용되지 않은 것이었다. 아무런 흔적도 없었다.

　파리의 푸앵카레도 아인슈타인의 침묵에 대해 똑같이 반응했다. 1905년에 푸앵카레에게 아인슈타인은 틀림없이 알려지지 않은 젊은 이일 따름이었다. 푸앵카레의 1906년 논저 「전자의 동역학에 관하여」에 아인슈타인의 인용이 하나도 없는 것은 설명할 필요도 없을 것이다. 그러나 나중에 푸앵카레와 아인슈타인이 각자 시간과 공간과 상대성원리의 문제들에 관해 논문을 곧잘 발표했음에도 불구하고 푸앵카레의 침묵은 7년간 더 이어졌다. 아인슈타인의 이름이 로런츠, 민코프스키, 폰라우에, 플랑크를 포함하여 모든 사람들의 입에 오르내린 점에 비추어볼 때 이것은 확실히 우연이 아니다. 아인슈타인은 푸앵카레가 핵심을 비껴나가 있는 것으로 보였음에 틀림없다. 푸앵카레는 1905년에 아인슈타인이 이론을 처음 시작할 때부터 에테르를 제거해버린 것이나 참된 시간과 겉보기 시간을 구별하지 않고 시간을 위치에 따라 다르게 한 것의 의미를 파악할 수 없었던 구세대 물리학자 중 하나였을 뿐이다. 아마도 푸앵카레는 아인슈타인을 로런츠 변환을 유도하는 발견법적인 논변을 제시했지만, 물리학의 기본 쟁점인 에테르와 전자라는 구조는 건드려보지도 못한 독창적이지 않은 사람으로 보았음에 틀림없다.

그러나 아인슈타인이 어떠한 심오한 의미에서는 독창적인 것과 마찬가지로 푸앵카레를 그저 보수적인 사람 중 하나로 폄하할 수는 없다. 이와 달리 푸앵카레는 1909년 괴팅겐 강연에서 움직이는 물체의 전기동역학을 새로운 역학으로 자랑스럽게 환영했고, 1904년 세인트루이스에서 그는 물리학 전체에 다가올 극적인 변화들을 알려주었다. 또한 푸앵카레는 1909년 릴에서 열린 강연에서 고전물리학을 떠받치고 있는 대리석 기둥들에 균열이 생기기 시작한 것에 대한 일종의 상념을 드러냈다. "과학의 어떤 부분이 튼실하게 정립된 것으로 보인다면 그것은 틀림없이 뉴턴역학일 것입니다. 우리는 뉴턴역학에 신뢰를 가지고 기대고 있으며 뉴턴역학은 결코 약화될 수 없을 것으로 보입니다. 그러나 과학 이론들은 제국과도 같습니다. 만일 보쉬에가 이 자리에 있다면 틀림없이 과학 이론들의 취약함을 비난하는 멋진 웅변을 했을 겁니다."[3] 루이 14세의 아들 도팽Dauphin의 개인교사였던 자크-베니뉴 보쉬에Jacques-Bénigne Bossuet*는 1681년 『보편역사론』에 왕권의 책무에 관해 썼다. 프랑스 문학의 경전 중에서 오랫동안 중심에 있었던 보쉬에의 『보편역사론』은 푸앵카레가 1912년에 프랑스 학술원Académie Française**의 동료들과 함께 집대성한 저술에서 특별한 자리를 차지하고 있다. 과학과 문학 모두에서 대중을 교육하려는 목적을 둔 이 책에는 자만심 가득한 인간성을 경계하는 보쉬에의 메시지 일부가 발췌되어

* 루이 14세 당시의 주교이자 신학자로서 절대왕권과 왕권신수설을 체계화했다.
** 1635년 설립된 프랑스 학술원은 프랑스어와 관련된 학술 활동에 주력하는 기관이다.

있다. "왕들이나 군주들이 아니라 온 우주를 떨게 만들던 위대한 제국들이 마치 찰나처럼 너의 눈앞에서 지나가는 것을 볼 것이다. 고대 아시리아와 근대 아시리아, 메디아, 페르시아, 그리스, 로마가 하나씩 앞에서 나타났다가 하나하나 뒤를 이어가며 몰락하는 이 무서운 싸움판을 보면, 사람들 속에는 견고한 것이 아무것도 없으며 변덕과 동요야말로 인간적인 것들의 고유한 운명임을 느낄 수 있다."[4] 푸앵카레는 과학 이론들이 보쉬에가 말하는 위대한 제국들과 마찬가지라고 여겼다. 수십 년 동안 푸앵카레는 시간의 제국들과 정면으로 대결하면서, 새로운 철학과 물리학과의 충돌을 완화시킬 규약을 넘나들었다. 평생 동안 위대한 두 건축물, 즉 뉴턴의 제국과 프랑스 제국을 헌신적으로 살펴보던 푸앵카레는 이제 그 두 건축물의 취약점을 모두 기록해온 사람의 눈으로 이들을 보게 되었다.

아인슈타인과 푸앵카레가 드디어 처음이자 마지막으로 만난 것은 1911년 말 브뤼셀에서 열린 솔베이 학술회의에서였다. 이 두 과학자는 무한히 가까우면서도 무한히 멀리 떨어져 있었다. 두 사람 모두 젊을 때부터 움직이는 물체의 전기동역학이라는 문제에 매료되어 있었다. 두 사람 모두 기술과 철학과 물리학의 갈림길에서 자신의 이론을 풍부하게 세워왔다. 두 사람 모두 로런츠의 연구가 지니는 엄청난 힘을 이해했으며, 두 사람 모두 로런츠 변환의 군 구조group structure를 강조했다. 두 사람 모두 상대성원리를 물리학의 구성적 토대로 파악했다. 아마 가장 극적인 것은 두 사람 모두 움직이는 좌표계 안의 시간을 빛 신호의 교환으로 시계를 동기화하는 방식으로 해석해야 한다고 주장한 것이리라. 그러나 두 과학자 사이의 거리는 그들 사이가 긴밀한 만큼이나 극적으로 컸다. 푸앵카레는 세계의 형식을 수정하고, 조정하고, 전환하고, 로런츠 물리학을 그가 흥분과 전율로 바라보는 새로운 역학으로 다시 쓰는 방식으로 자신이 기여할 수 있다고 보았다. 젊은 아인슈타인에게 수정은 거의 매력이 없었다. 낡은 것을 찢어버리는 것은 상쾌한 즐거움이었다. 푸앵카레가 1909년 릴 강연에서 에테르를 가장 중요한 것이라고 주장하는 동안, 아인슈타인은 그와 거의 같은 시간에 에테르의 존재가 "거의 확실하다"라고 평가했던 어느 물리학자(푸앵카레를 언급한 것은 아님)를 구체적으로 인용하면서 강연을 시작했다. 그때 아인슈타인은 저자의 주장을 쓰레기통에 던져버렸다.[5]

여러 가지 측면에서 57세의 푸앵카레와 32세의 아인슈타인 사이의 만남이 진전되지 못한 것은 놀라운 일이 아니다. 모리스 드브로이Maurice de Broglie는 이렇게 말했다. "브뤼셀에서 있었던 일이 기억나는군요. 아인슈타인이 자신의 생각을 설명하고 있었는데 푸앵카레가 '당신의 추론에서 사용하고 있는 역학이 뭔가요?'라고 물었어요. 아인슈타인이 '역학은 없습니다'라고 대답하자 푸앵카레는 놀라는 것 같았어요."[6] "놀라움"은 아마 과소평가된 말일 것이다. 푸앵카레에게 물리학의 개념은 오래된 것이든 새로운 것이든 역학으로 귀착되는 것이었기 때문에 "역학이 없다"라는 대답은 불가능한 대답이었다. 결국 추상적인 역학은 그가 에콜폴리테크니크의 동료들에게 말했던 바로 그 본질을 이루는 것이었고, 그것이 바로 프랑스 제3공화국 세계에 대한 특유의 훈련의 '등록 상표'였기 때문이다.

아인슈타인은 솔베이 학술회의에서 빛 양자와 양자 불연속에 대해 강연했고, 이어서 특별히 눈에 뜨이는 청중과 강연에 관해 토론했다. 로런츠가 거기 있었고, 푸앵카레도 거기 있었다. 아인슈타인은 청중들에게 양자 이론이 현재 형식으로는 '통상적인 단어의 의미'로 전혀 이론이라고 말할 수 없고, 단지 유용한 도구일 뿐이라는 점을 상기시키면서 토론을 시작했다. 틀림없이 아인슈타인은 자신의 논평을 푸앵카레가 '역학'이라는 용어로 그럴싸하게 부를 만한 유형의 세세한 수학적 서술이 아니라고 생각했을 것이다. (아인슈타인은 6년 전에 빛 양자에 관한 자신의 논의를 처음 발표할 때에도 이를 "발견법"이라고 불렀었다.) 오히려 아인슈타인은 나중에 더 정교한 논의를 위한 출발점을 마련하고 싶어 했다. 그동안만이라도 아인슈타인은 미분방정식이 견지하고 있는 연속적이고 인과적인 관계를 기꺼이 희생하려 했다. 그러나 직관적이고 수학적으로 서술할 수 있는 역학적 토대를 냉담하게 배제하는 것은 푸앵카레에게 결코 작은 문제가 아니었다. 자신의 관점에서 학술회의를 요약할 때, 푸앵카레는 완곡하게 말하지 않았다. 그는 새로운 물리학, 새로운 물리학자들이 어디로 향하고 있는지 대단히 혼란스럽다고 논평했다.

> 새로운 연구는 역학의 기본 원리에 관해서만 질문하는 것이 아니라, 지금까지 자연법칙이라고 해왔던 바로 그 개념과 분리될 수 없는 어떤 것에 의문을 제기하는 것처럼 보입니다. 여전히 이 법칙들을 미분방정식으로 표현할 수 있을까요?
> 게다가 우리가 방금 들은 토론에서 나를 당황하게 만든 것은, 같은 이론이 어떤 때는 오래된 역학에 의존하다가 어떤 때는 오래된 역학을 부정하는 새로운 가설에 의존한다는 점입니다. 우리는 입증 과정에 상호 모순되는 두 전제를 집어넣는 한 쉽게 증명할 수 없는 명제는 하나도 없다는 점을 기억해야 합니다.[7]

이 논평에는 '오래된 역학'의 대가가 느끼는 울적한 좌절감, 즉 미분방정식을 이용하여 뉴턴 물리학의 안정성과 가시성을 개척하고 확장하고 시험하고 (자신의 의도와 달리) 뒤집어버렸던 한 사람의 소스라치는 듯한 놀라움이 담겨 있다. 이는 그가 알고 있는 모든 방법으로 '새로운 역학'을 향해 돌진했던 석학의 목소리이다. 마찬가지로 푸앵카레는 로런츠의 이론을 상당히 발전시켰으며, 그가 자주 말했듯이, "모든 방향에서 바꾸어놓았다". 그 과정에서 푸앵카레는 질량, 길이, 그리고 가장 극적으로 시간의 개념을 차근차근 변화시키며 여러 해 동안 고군분투해왔다. 그 누구보다도 푸앵카레는 자신의 수학과 철학 모두, 환경에 따라 유클리드의 언어에서 비유클리드의 언어로 전환할 수 있음을 역설했었다. 솔베이 회의 직후 푸앵카레는 새롭고 불안한 양자 불연속을 더욱 잘 이해할 수 있게 되었다.

우리는 푸앵카레에게서 변화를 싫어하는 보수주의자의 모습을 발견한다. 그러나 푸앵카레는 혁신을 다루는 것에 더 좋은 방식과 더 나쁜 방식이 있음을 강변했다. 푸앵카레는 새로운 물리학이 그 광란의 질주 속에서 어떤, 즉 모든 역학의 일관되고 원리에 입각한 토대를 포기함으로써 갈 길을 잃어버렸다고 설명했다. 인과성과 직관을 제시해주었던 '정직한 함수들'과 미분방정식을 잃어버렸다는 것이다. 이것은 현상에 어느 법칙이 가장 잘 맞는가에 관한 논쟁이 아니었다. 푸앵카레는 아인슈타인과 그의 지지자들을 '자연법칙이라는 바로 그 개념'의 잘못된 쪽에 서게 만든 거대한 틈이 있다고 보았다. 푸앵카레가 이전에서 썼던 표현을 빌리자면, 아인슈타인의 양자물리학은 과학보다는 기형畸形적인 박물관에 더 잘 어울릴 것으로 보였다.

솔베이 회의에서 푸앵카레와 만난 것에 대해 아인슈타인은 곧바로 시큰둥하게 반응했다. 솔베이 회의 몇 주 뒤에 아인슈타인은 자신의 견해를 한 친구에게 털어놓았다. "H. A. 로런츠는 비범한 지성과 재치를 가진 사람이야. 그는 살아 있는 예술 작품이야! 내 생각에 현존하는 이론가들 중 가장 뛰어난 사람이야. 푸앵카레는 쉽게 말해 단지 부정적이야. 그의 모든 통찰력을 동원해도 상황을 거의 이해하고 있지 못한다는 것을 드러냈지."[8] 확실히 그들 사이에 상대성이론에 관한 합의는 이루어지지 않았다. 양자에 관한 견해 차이가 그 틈새를 넓혔다.

그런데 1911년 솔베이 회의에서 파리로 돌아온 푸앵카레는 아인슈타인에게서 깊은 인상을 받았다. 그해 11월 아인슈타인은 막 프라하로 옮긴 상태였고 자신의 모교인 스위스 연방공과대학에 난 자리에 지원한 상태였다. 푸앵카레는 아인슈타인의 불온한 급진성에 대한 불안을 제쳐둔 채 호의적인 쪽에 가담하면서, 물리학자 피에르 바이스Pierre Weiss에게 아인슈타인이 "내가 알고 있는 사람들 중 가장 독창적인 정신을 가진 사람 중 하나"라고 확언했다. 아직 젊다는 것이 크게 중요하지 않았다. 이 원로 과학자는 아인슈타인을 다음과 같이 평가했다. "아인슈타인은 이미 동시대의 선도적인 학자들 사이에 매우 영예로운 지위에 올라 있습니다. 우리가 그 무엇보다 감탄할 만한 그의 자질은 그가 새로운 개념들에 적용하여 그로부터 어떻게 결론을 끌어내는지를 알고 있다는 점입니다. 그는 고전적인 원리들에 매달리지 않고, 물리학의 문제에 맞부딪혔을 때 재빨리 모든 가능성들을 떠올립니다. 이러한 가능성들은 바로 그의 마음속에서 새로운 현상의 예측으로 번역되는데, 그 새로운 현상은 언젠가 실험으로 확인할 수 있을 것입니다. 이 모든 예측들을 실험으로 판단할 수 있을 때에도 실험의 판단과 무관하게 남아 있을 거라고 말하려는 것이 아닙니다. 이와 반대로, 아인슈타인은 모든 방향에서 탐색을 할 때 그가 제시하는 대부분의 길이 막다른 골목을 만날 것임을 예상해야 합니다. 그러나 이와 동시에 그가 제시한 방향들 중 하나가 올바른 것이 되리라는 희망을 가져야 합니다. 그것으로 충분합니다. 그것이 정확히 우리가 나아가야 할 길입니다. 수리물리학자의 역할은 질문을 제대로 던지는 것이며, 그 질문을 해결할 수 있는 것은 오직 실험뿐입니다." 이것은 최고의 찬사가 담긴 편지였다. 푸앵카레는 다음과 같이 결론을 맺었다. "미래는 아인슈타인 씨의 가치를 점점 더 많이 보여줄 것이며, 이 젊은 대가를 손에 넣는 방법을 찾아내는 대학은 그 덕분에 위대한 영예를 얻으리라고 확신합니다."

푸앵카레의 이 정치인 같은 편지 외에는 아인슈타인과 단 한 번 만난 것이 이 원로 물리학자에게 어떤 영향을 미쳤는지 정확히 말하는 것이 불가능하다. 푸앵카레의 건강은 날로 악화되고 있었고, 대단히 생산적이던 이 시기에 푸앵카레는 자신의 유한한 운명에 더 가까워지고 있었다. 수학자 푸앵카레는 솔베이 회의에서 물리학에 대하여 조화롭지는 않지만 새로운 아인슈타인의 관점을 만나고 이를 나중에 숙고하면서, 아인슈타인이 그런 결과를 얻기 위해 들였던 잠정적이고 발견법적이고 결과 지향적인 노력의 가치를 고민했는지도 모른다. 바이스에게 아인슈타인을 추천하고 몇 주 후 1911년 12월 11일, 푸앵카레는 팔레르모의 치르콜로 마테마티코 수학회Circolo Matematico di Palermo*의 창립 편집인에게 편지를 썼다. 수십 년 전 학문적 경력을 시작하면서부터 붙잡고 있던 삼체문제에 여전히 매달려 있었던 푸앵카레는 2년여 동안 거의 진전이 없이 그 문제에 골몰하고 있었음을 토로하고 있다. 이제 적어도 한시적으로라도 이를 멈춰야 했다. "제가 그 일을 다시 해낼 수 있을지에 대해 확신할 수 있다면 좋을 겁니다. 제 나이에는 연구를 해낼 수 있을지 단언할 수 없습니다. 그리고 결과를 얻은 연구자들이 새롭고 탐구된 적이 없는 길로 빠져들기 쉬운 것처럼, 저도 그 연구 결과에 실망했음에도 불구하고 아직 가능성이 충분하기 때문에 그 가능성을 희생하면서까지 연구를 스스로 그만둘 수가 없습니다." 57세

---

* 1884년에 창설된 이탈리아의 수학회이다.

의 푸앵카레는 전혀 연로한 것이 아니었지만 불과 몇 년 전에 전립선 수술을 받아야 했다. 편집인이 불완전한 논문, 즉 문제를 제시하고 부분적인 결과만 보고하는 논문을 출판해주려고 했을까? (그 편집인은 그러려고 했다.) "제가 당황하는 점은 숫자를 많이 대입해야 할 것이라는 점, 정확히 말하면 특수한 풀이들을 축적하면서도 결국 일반적인 규칙에 이를 수 없을 것이라는 점입니다." 푸앵카레가 자주 주장했듯이, 시각-기하학적 직관은 대수학의 골자들이 지나갈 수 없는 곳도 얼마든지 갈 수 있을 것이다.

푸앵카레는 이 특수해들 덕분에 자신의 평생에 걸친 문제가 '유용하게' 되었다고 판단했다. 특수해들은 그 이상이었다. 그 논문은 위상수학이라는 수학의 새로운 분야를 정립하는 데에 근본적인 아이디어를 마련해주었다. 얼마 지나지 않아 미국의 젊은 수학자 조지 D. 버코프George D. Birkhoff가 푸앵카레의 탐구의 핵심에 놓여 있는 결정적인 추측을 증명해냈다.[10]

푸앵카레는 상대성이론에 관해 했던 마지막 강연에서 아인슈타인의 이름을 한 번도 언급하지 않았지만, 어쩌면 아인슈타인에 대한 암묵적인 반향을 들을 수 있을지 모른다. 1912년 5월 4일 푸앵카레는 런던대학의 청중들에게 '공간과 시간'이라는 제목으로 강연했다. 그는 강력한 용어로 다시 반복했다. "공간의 속성이 측정 도구들의 속성에 지나지 않는 것과 마찬가지로, 시간의 속성은 시계들의 속성에 지나지 않습니다."[11] 지난 몇 년 동안 이론에서 에테르의 역할이 줄어드는 것만큼이나, 푸앵카레의 저술에서 에테르는 점점 사라져가고 있었다. 이제 어디에나 퍼져 있던 실체는 침묵 속에서 그냥 사라져버렸다. 아무 반대도 없었지만 아무 언급도 없었다. 푸앵카레는 열변을 마무리 지으며 오래된 역학의 '상대성원리'를 놓아주고, 이를 "로런츠의 상대성원리"로 대치해버렸다. 어느 한 기준좌표계에서 좌표화된 시계들에 따라 동시에 일어나는 사건들이, 다른 기준좌표계에서 좌표화된 시계들로 측정하면 동시에 일어나지 않을 수도 있을 것이다.

이 말이 곧 푸앵카레가 에테르를 완전히 버리고 철두철미한 아인슈타인주의자가 되었다는 뜻일까? 그렇지 않다. 푸앵카레는 강연의 서두에서 시간과 공간에 관한 자신의 이전 결론들을 최근의 발전에 맞게 고쳐야 할 필요가 있는지 자문하고, 다음과 같이 대답했다. "전혀 그렇지 않습니다. 우리가 어떤 규약을 채택한 까닭은 그것이 편리해 보이기 때문이며, 그 규약을 버려야 한다고 우리를 강요하는 것은 아무것도 없습니다." 그러나 규약은 신이 준 것은 아니다.

> 오늘날 어떤 물리학자들은 새로운 규약을 채택하고 싶어 합니다. 그렇게 해야 한다는 제약이 있는 것이 아니라 단지 이 새로운 규약이 더 편리하다고 보기 때문입니다. 그것이 전부입니다. 이 의견을 받아들이지 않는 사람은 오래된 습관을 방해하지 않기 위해 오래된 규약을 유지할 권리가 있습니다. 저는 우리 사이에서도 이것이 앞으로 다가올 오랜 시간 동안 해야 할 일이라고 믿습니다.[12]

푸앵카레가 말한 다가올 시간은 짧았다. 건강 문제가 더 자주 그리고 더 심각하게 찾아왔다. 그렇지만 프랑스 도덕교육연맹의 회장직을 맡아달라는 요청과 1912년 6월 26일 창립강연을 해달라는 요청에 푸앵카레는 늘 그랬듯이 수락해버렸다. 그에게 과학의 명성은 시민으로서의 지도력과 책임감과 불가분의 관계로 연결되어 있었다. 반교권주의 운동과 교권주의 운동 사이의 쟁론 속에서, 그리고 북아프리카에서 독일인들과의 충돌이 확대되는 와중에, 특히 파리 시내가 과격한 선전의 벽보로 도배되고 있는 와중에, 푸앵카레는 프랑스의 도덕을 지지할 수 있는 원리를 모색하고 있었다. 증오심을 이용하려는 사람들에 반대하던 푸앵카레는 규율이 변호일 뿐이라고 보았다. 규율, 즉 도덕은 인류를 "고통의 심연"으로부터 지켜주는 모든 것이었다. "인류는 … 전쟁 중인 군대와도 같다." 즉, 군대는 적과의 교전이 끝나가는 마지막 순간이 아니라 평화로운 시기에 전쟁을 준비해야 한다. 증오는 사람들 사이에 충돌을 불러일으킬 수 있으며, 그 충돌은 사람들의 믿음을 바꿀 위험이 있다. "그들이 채택하는 새로운 생각들이 그들에 앞선 선생들이 도덕의 부정을 통해 그들에게 전해준 생각이라면 어떻게 될 것인가? 이러한 정신적 습관을 하루아침에 잃어버릴 수 있을까? … 새로운 교육을 받기에 너무 나이가 많다면, 오래된 결실도 잃어버리게 될 것이다!"[13] 푸앵카레는 도덕에서, 물리학에서, 수학에서 극적으로 새로운 건축물을 세우려 했지만, 오래된 벽돌을 사용하고 싶어 했다. 그는 빛나는 과거의 유산을 버리지 않고 계승하려 했다.

푸앵카레는 1912년 7월 9일 다시 외과 수술을 받았고 며칠 동안 가족과 친구들이 회복을 기원했다. 그러나 그것이 마지막이었다. 푸앵카레는 색전증 후유증으로 1912년 7월 17일 세상을 떠났다. 전 세계가 애도했다. 아마 가장 기념비적인 것은 가장 익명의 것, 즉 이듬해 에펠탑이 발신하기 시작한 정밀 시간 신호였을 것이다. 그 펄스는 푸앵카레가 측지학과 인식론과 물리학에 도입했던 기술을 바탕으로 헤르츠의 빛*이 퍼져가는 구면 안에 세계를 모두 적시면서, 아프리카와 대서양을 건너 북아메리카까지 동시성을 (그리고 경도를) 바로잡았다.

---

* 라디오파를 뜻한다.

두 모더니즘

입자가 파동처럼 행동할 수 있음을 보인 물리학자 루이 드브로이 Louis de Broglie 공작은 1954년에 앙리 푸앵카레를 회고하면서 그 위대한 수학자가 상대성이론을 가장 일반적인 수준에서 발전시키는 최초의 인물이 될 뻔했지만 "프랑스에 그 발견의 영광을 안겨주지 못했음"을 안타까워했다. 드브로이는 "아인슈타인의 사유에 푸앵카레만큼 더 가까이 다가갈 사람은 없었을 것이다. 그러나 푸앵카레는 결정적인 한 걸음을 내딛지 않았다. 푸앵카레는 상대성원리의 모든 결과들을 포괄하여, 특히 길이와 지속 시간의 측정에 대한 심오한 비판을 통해 공간과 시간 사이에 상대성원리가 지니는 관계의 참된 물리적 특성을 수립하는 영광을 아인슈타인에게 맡겼다. 푸앵카레가 그의 사유의 끝까지 가지 않은 이유는 무엇인가? 그것은 틀림없이 어느 정도 너무 비판적인 그의 정신 때문, 아마 그가 순수수학자로 훈련되었기 때문일 것이다"라고 판단했다. 드브로이가 보기에, 푸앵카레가 과학을 규약에 바탕을 두고 논리적으로 동등한 이론들 중에서 어느 한 이론을 정보에 따라 신속하게 선택하는 것으로밖에 보지 못한 것은 그가 수학자로 훈련받았기 때문이었다. 드브로이에 따르면, 푸앵카레는 물리학자의 직관이 안내해주는 더 좋은 길을 찾아가는 데 실패했다.[14] 드브로이의 관점에서는 푸앵카레는 너무 뛰어난 수학자였고 실제 세계에 너무 무관심했기 때문에 아인슈타인처럼 상대성이론을 정식화할 수 없었다.

내가 보기에는 드브로이의 진단이 너무 편협하다. 나는 푸앵카레가 '자신의 사유의 끝'까지 다가갔으며 수학적 지식에 관한 푸앵카레의 관점이 포함되어 있는 지식의 이미지에 이르렀다고 주장하고자 한다. 그 지식의 이미지에는 19세기의 낙관주의, 즉 제3공화국의 에콜폴리테크니크 출신이 예측할 수 있고 개선할 수 있는 합리적 세계에 대해 가지는 희망 가득한 비전이 담겨 있다. 무엇이든지 간에 푸앵카레는 실제 세계에 너무 많은 관심을 기울였다. 푸앵카레가 1898~1899년에 뉴턴의 시간을 원리적으로 교정해야 하지만 너무 작아서 중요하지 않다고 판단했던 까닭은, 그 순간에 그가 실제 세계의 '일반적인' 경도-시간 오차에 비추어 빛 신호의 '상대론적인' 오차를 평가하고 있었기 때문이었다. 그러나 푸앵카레의 접근을 '보수적'이라거나 '반동적'이라고 부르는 것은 핵심을 놓친 것이다. 푸앵카레의 시선은 정확히 혁명적인 계몽의 이상을 향해 있었으며, 세기말(즉, 푸앵카레의 시대)에는 그 시선이 제도화된 프랑스 제국으로까지 커져 있었다. 푸앵카레는 우리의 모든 위대한 건축들이 결국은 무너질 것이라고 여러 차례 말하곤 했다. 푸앵카레는 이 균열, 이 위기에 대해 지적인 엘리트들이 신비주의나 우울증을 가져서는 안 되고, 그 대신 이성적인 행동을 체계적으로 적용하여 그 무너진 곳을 복구하려는 배전倍前의 노력을 해야 한다고 보았다. 푸앵카레가 본 것처럼, 과학자-엔지니어는 행성의 운동만큼이나 광산 사건을 이해하는 데 쉽사리 분석적인 이성을 적용할 수 있으며, 로런츠의 움직이는 전자 이론의 재구성만큼이나 세계의 지도를 만드는 데 쉽사리 분석적인 이성을 적용할 수 있다.

푸앵카레는 지식이라는 나무의 줄기란 바로 참여하는 역학engaged mechanics으로서, 자연에 대한 수학적 이해라는 직관적인 토대를 바탕으로 수많은 지점에서 실험과 기술로 가지를 뻗어나간다고 보았다. 수천 가지 방식으로 세계를 이해하고자 했던 푸앵카레였기에, 한편으로는 학생들에게 상처 입은 프랑스에서 그들의 위치를 이해하려고 애써보라고 말할 수 있었고, 다른 한편으로는 과학자들과 지도제작자들과 정치가들에게 파리를 다카르와 하이퐁과 몬트리올에 묶어줄 수 있는 제국을 함께 만드는 데 매진하자고 말할 수 있었을 것이다. 푸앵카레는 천체역학과 지구의 모양과 전신망의 작용에 대한 분석을 충분히 뒷받침할 수 있는 힘과 에너지의 역학을 원했다. 1903년 그가 이전 세대에 콜폴리테크니크 출신의 동료들에게 상기시켰듯이, 이론과 행동의 융합이 필요했다. 푸앵카레의 경우에 이론과 행동의 융합이란 프랑스의 라디오 송신을 장려함으로써 전신 분야에서의 영국의 패권에 응답하는 것이나, 천문학 기구들과 확률의 계산을 이용하여 드레퓌스를 향한 비과학적인 기소를 폭로하는 것을 의미했다.

푸앵카레에게 세계란 진리와 사물의 궁극적 실재가 소통 가능하고 안정되고 지속될 수 있는 관계, 즉 행동할 수 있도록 하는 신뢰할 만한 관계를 수립하는 것보다 훨씬 못한 곳이었다. 푸앵카레가 말한 것처럼, "과학은 분류일 뿐이며 … 분류는 참일 수 없고 단지 편리할 뿐이다. 그러나 편리하다는 것도 참이고, 나에게만 그런 것이 아니라 모든 사람들에게 그렇다는 것도 참이다. 그것이 우리 후손들에게도 계속 편리할 것이라는 점도 참이며, 이것이 우연히 그렇게 될 수는 없다는 것도 결국 참이다. 요컨대, 유일한 객관적인 실재는 사물의 관계로 이루어져 있다".[15] 과학적 합리성의 세계에는 형이상학적 심오함은 없다. 과학의 합리성은 형이상학적 대상이 아니며 객관적인 관계가 있을 뿐이다.

푸앵카레에게 이 평평한 관계의 세계에서 추상적인 것과 구체적인 것을 연결한다는 것은 인간 세계에서 힘들게 싸워온 규약이 타협할 수 있음을 의미했다. 철도사업가와 천문학자와 물리학자와 항해자의 필요와 수요를 분류하고 타협시키는 일은 시간의 십진화에서 최선두에 있는 핵심 쟁점이었다. 경도국의 지도자인 푸앵카레는 시간이 기술공학 프로토콜을 따르는 상세하고 물질적인 절차라고 파악했다. 군인과 과학자 동료들이 원정을 조직하고 분석하고 보고하는 과정에서 그는 안데스 고산 지대나 세네갈의 해안 관측소에서의 관측소 분소를 함께 만들었던 사람들을 격찬했다. 푸앵카레는 시간이 우리의 세계, 우리의 편리, 우리의 광학적 및 전기적 전신 신호의 교환에 들어 있다고 보았다. 외양 뒤에 있는 형이상학적 세계는 아무것도 아니었다. 이와 같은 맥락에서 푸앵카레는 「시간의 척도」에 "우리가 … 이 동시성의 규칙을 선택하는 것은 그것이 참이기 때문이 아니라 가장 편리하기 때문이다"라고 썼다.

푸앵카레는 동시성을 어떻게 측정하는가를 선택하는 것이 시간을 풍부하게 만드는 것이지, 빈약하게 만드는 것은 아니라고 보았다. 이는 그가 경도나 십진화의 프로토콜, 과학을 반영한 철학의 추상화, 그리고 새로운 물리학의 원리 사이를 오가면서 시간 개념을 연구할 수 있었다는 뜻이다. "과학자(석학)들이 연구하는 모습을 관찰하여 그들이 동시성을 탐구하는 규칙을 찾아봅시다"라고 푸앵카레는 역설했다.[16] 바로 이것이 철학자와 물리학자와 지도제작자 같은 동료 집단의 작업을 통합하려 애쓰면서 푸앵카레가 했던 일이다. 절차로서의 시간은 이세 분야 모두에서 우뚝 서 있었다.

동시성은 규약, 즉 전자기 신호를 서로 교환하여
신호의 통과 시간을 고려함으로써 시계들을 좌표화하는 것이다.

바로 이 동시성의 규약화가 이 책의 핵심적인 내용이며, 그 역사적 순간에 임계점의 유백색 현상이 부여되었다. 그렇다면 동시성이란 무엇이었을까? 어떤 의미에서 동시성은 규약을 따르는 통제된 절차였으며, 경도를 결정하기 위해 일상적으로 정하는 동시성을 실용적이고 휠씬 더 정확하게 찾는 방법이었으며, 일종의 이론 기계였다. 기술적인 규약으로서 동시성은 《경도국 연감》의 페이지마다 등장했다. 또한 푸앵카레에게 동시성이란 시간과 동시성의 질문들을 철학적으로 탐구하는 것이었으며, 그가 과학 법칙과 원리들에 대한 규약적인 입장의 예시로 주로 제시할 수 있던 언명이었다. 동시성은 다름 아니라 원리에 따른 합의에 토대를 둔 전자기 좌표화였다. 동시성에 대한 푸앵카레의 적절하고 극적으로 보이는 주장은 《형이상학과 도덕 비평》이라는 철학적 기록으로 남아 있는데, 그것은 푸앵카레가 에콜폴리테크니크 출신 위주로 구성된 프랑스 철학자들 집단과 오랫동안 나누어왔던 긴 대화 내용과도 완벽하게 맞아떨어졌다. 끝으로 1900년부터 푸앵카레는 이 간단한 동시성의 명제를, 마치 로런츠가 암묵적으로 그런 의견을 줄곧 가지고 있었던 것처럼 로런츠의 '국소 시간'에 대한 해석의 하나로 물리학자 독자들에게 제시했다. 푸앵카레가 전자의 이론화 작업에 몰두하면서, 동시성의 절차는 로런츠에게 헌정된 물리학 학술대회의 학회 자료집이나 《과학 학술원 연보Proceedings of the Academy of Sciences》에 영예롭게 실릴 수 있게 되었다.

시계 좌표화가 '정말로' 기술적인 개입일까, 아니면 형이상학적인 개입일까, 아니면 물리학적 개입일까? 세 가지 모두 그렇다. 우리는 에투알 광장이 정말로 샹젤리제 거리에 있는지, 아니면 클레베르 거리에 있는지, 아니면 포슈 거리에 있는지 물어볼 수도 있다.* 사실 거대한 메트로폴리스의 교차로에서처럼, 동시성에 대한 엄청난 관심은 거대한 지적 거리들이 활발하게 교차하는 교차로의 중심에 정확히 놓여

---

* 파리의 개선문 주변을 지칭하는 에투알 광장은 지금은 샤를 드골 광장Place Charles de Gaulle으로 불리며, 샹젤리제 거리와 클레베르 거리와 포슈 거리 등의 교차로에 있다.

있었다.

동아프리카에서부터 동아시아까지 끊임없이 반복되었던 전자기 시계 좌표화의 절차는 우선 완전히 기술적이면서 전적으로 이론적이었다. 전자기 시계 좌표화는 깨지기 쉬운 거울이 달려 있는 놋쇠 관으로 전 지구의 '보편 시간'을 통제하면서 가능해졌다. 전자기 시계 좌표화는 투박한 관측소 안의 놋쇠로 만든 전신 키로 작동되는, 두꺼운 구타페르카 절연체로 보호된, 바다 밑 수 킬로미터 정도의 엄청난 길이의 구리케이블로 가능했다. 전자기 시계 좌표화는 주마등같이 지나가버린 제국의 영역이었다. 측량사와 천문학자는 경도와 관련된 작업의 최종 산물인 지도를 만드는 과정에서 동시성을 이용하여 측정량을 계산하고 교정하고 개인적인 방정식들을 자세히 살폈다. 그러나 시계 좌표화는 유럽과 러시아와 북아메리카를 연결하여 대륙에 걸친 사슬을 따라 구슬처럼 서로 이어져 있는 동기화된 시계들의 집합이기도 했다. 이와 같은 기술과 과학의 융합은 (종종 전면 투쟁을 통해 이루어지기도 했지만) 스위스의 시계 제조업자들, 미국의 열차 시간표 담당자들, 영국의 천문학자들, 독일의 참모본부를 모두 모이게 만들었다. 시간 동기화는 한쪽 극단에서 보잘것없는 작은 간이역에서 매일 단조롭게 반복되는 절차를 조정하는 기술을 대표한다. 이 경우 시간 동기화는 그 자체만으로도 뉴잉글랜드나 브란덴부르크 촌구석의 지긋한 사회적 역사에서 중요한 역할을 한다. 시간 동기화는 다른 쪽 극단에서 시장市長과 물리학자와 철학자의 마음을 사로잡은 근대성의 상징적 영역을 대표하며, 이는 시인들이 속도 덕분에 공간이 소멸되었다고 경의를 표하는 동안 시간의 규약성을 공언하는 것이었다. 이 점에서 시계 좌표화는 유럽 철학과 수리물리학의 정점에서 추구된 심원한 역사였다.

푸앵카레에게 현대적인 시간의 기술은 그의 과학 인생 바깥에 동떨어져 있는 것이 아니었으며, 즉 어떤 신화적인 '바깥'으로부터 사유를 형성하고 영향을 주고 변형시키는 그런 '맥락'의 것이 아니었다. 이처럼 복잡한 세계에 살았던 푸앵카레는 물질적인 것과 추상적인 것이 매 순간 서로를 형성하던 에콜폴리테크니크 출신의 인재이자 교수였다. 그는 '등록 상표'를 자랑스럽게 여겼다. 시간에 대한 푸앵카레의 연구 업적은 역사적인 시기에도 그리고 장소에도 잘 맞았으며, 어느 한 측면은 다른 측면에 우연히 영향을 미친 것이 아니었다. 에콜폴리테크니크나 경도국을 푸앵카레의 참된 자아의 바깥에 있는 실체로 외부화시키는 것은 그와 19세기의 동시대인들이 이어져 있다고 보았던 기술적 행위와 문화적 행위 사이의 연결을 깨뜨리는 것이다. 푸앵카레는 세 차례나 경도국장직에 올랐을 뿐 아니라 20년 동안 과학 학술원의 핵심적인 회원으로 활동했으며, 학술지에 정기적으로 논문을 발표하고 시간의 측정에 관한 가장 활동적인 위원회에서 주도적인 역할을 했다. 아인슈타인이 물리학을 배웠던 연방공과대학이 학칙에서부터 이론과 실천을 연결하는 데 매진하는 기관이었다거나, 이때 받은 교육이 그가 베른 특허국에서 현대적인 전기기술 생산 기계의 품질관리를 담당한 책임자로서 거쳤던 7년 동안의 견습 기간을 통해 유종의 미를 거두었다는 점도, 아인슈타인 물리학의 '외부적인' 요소라고 볼 수 없다. 아니, 이러한 요소들은 아인슈타인과 푸앵카레의 바깥에서부터 영향을 미친 것이 아니었다. 외부적이라고 여긴 요소들은 오히려 이성을 통해 파악된 기계의 높은 가치를 전달해준 활동 영역이었으며, (과학을 통한) 기술과 (기술을 통한) 과학이 생산되는 곳이었다.

1900년 무렵 송신으로 교정되는 시계 동기화에 대해 말하는 것은 중요하면서도 일상적인 일이었다. 시간의 송신 교정은 경도탐색자들의 작업 도구였으며 파리와 빈의 도시공학자들의 일상이었다. 그들은 도시 밑의 공기 수송관을 통해 정확한 시간을 보내려던 노력의 실패를 통해 시간 지연에 관해 너무나 잘 알고 있었다. 1898년까지 시간 펄스의 송신 지연은 매일같이 동시성을 만들어내고 있던 엔지니어와 지도 제작자와 물리학자와 천문학자 전체에게 표준적인 문제였다.

1898년 1월, 푸앵카레가 규약으로서의 시간에 대한 논변을 발표했을 때에도, 그는 철학의 언어뿐 아니라 시계의 기술도 말하고 있었다. 같은 주장을 이제 다른 기록에서도 찾아볼 수 있다. "동시성은 규약이다"라거나 "시계를 동기화하려면 송신이 교정된 전기 좌표화가 필요하다"와 같은 말들이 철학적인 관찰일까, 아니면 이 말들이 '정말로' 놋쇠와 구리의 기술에 속할까? 에투알 광장은 실제로 클레베르 거리에 있는 것일까, 아니면 포슈 거리에 있는 것일까?

1900년 12월, 푸앵카레는 동시성 광장Place de la Simultanéité이 지나는 세 번째 거리를 밝혀내면서, 시계 동기화(처음에는 대략적인 동기화, 나중에는 정확한 동기화)를 써서 처음으로 로런츠의 국소 시간에 의미를 부여했다.* 그 지점에 전신과 관련된 경도, 철학적 규약주의, 전기동역학과 관련된 상대성이론, 이 세 영역이 완전히 맞물려 있었다. 만일 이 놀라운 순간을 무미건조하게 만들어서 조각으로 쪼개고 철학과 물리학과 도량형학의 분리된 학문 분야로 흩어버린다면 우리의 손해이다. 푸앵카레는 근대 세계와 근대화되는 세계를 고치고, 유지하고, 방어하면서 하나로 묶으려 애썼다.

젊은 아인슈타인도 철학과 기술과 물리학의 교류지역trading zone**의

---

* 파리의 에투알 광장이 세 거리가 만나는 곳에 있는 것처럼, 저자는 '철학의 거리'와 '기술의 거리' 다음으로 '물리학의 거리'를 세 번째 거리라고 부르고 있다.

** '교류지역'은 저자 피터 갤리슨의 고유 개념으로 독립적인 영역들이 공통된 주제를 중심으로 만나 개념을 교환하고 상호 간에 변화를 일으키는 것을 뜻한다.

한가운데 서 있었다. 그러나 그는 프랑스, 프로이센, 뉴턴주의자 같은, 그 어떤 제국도 결코 수정하거나 인정하려 하지 않았다. 선배 물리학자, 선생님, 부모님, 웃어른, 권위 있는 인물들을 재미있다는 듯 조소하고, 그 자신을 기꺼이 "이단자"로 부르면서, 물리학에 대한 자신의 반골적인 접근을 자랑스러워하던 아인슈타인은 인습 타파를 즐기는 외부인으로서 19세기의 에테르와 결별했다. 아인슈타인은 태양계의 안정된 토대를 점점 더 절박하게 찾아 헤매지도 않았고, 모든 물리학을 역학이나 전기동역학의 토대 위에 놓으려는 확고한 기본주의foundationalism를 추구하지도 않았다. 그 대신 아인슈타인은 작동하는 이론장치를 찾아내는 것으로 만족했다. 아니 만족 이상이었다. 기계는 발견법적이고 잠정적이기는 했지만, 이론을 발전시키기 위한 효과적인 수단이었다. 그가 빛 시계나 에너지의 관성인 $E=mc^2$을 통해 사고할 것을 제안하면서 말한 그의 수많은 기계적인 사고실험들은 이론을 발전시키기 위한 효과적인 수단이었다. 그리고 이 책에서 우리에게 가장 중요한 그의 시간 기계, 즉 빛 신호의 잘 통제된 교환을 통해 연결되고 좌표화되는 무한한 시계들의 배열도 이론을 발전시키기 위한 효과적인 수단이었다.

시간 좌표화는 푸앵카레가 실용적이고 규약적인 새로운 역학을 세울 때보다, 아인슈타인에게 더 결정적인 역할을 했다. 아인슈타인은 로런츠 수축을 유도하기 위해 절차적으로 정의된 시간을 출발점으로 삼았다. 마치 고전적인 아치처럼, 아인슈타인은 시간 동기화가 상대성이라는 원리 기둥과 절대적인 광속이라는 원리 기둥을 안정하게 하나로 지탱해준다고 보았다.

아인슈타인이 정말로 상대성이론을 발견했는가? 푸앵카레가 이미 발견한 것 아닌가? 이 오래된 질문은 무익할 뿐 아니라 지루해졌다.

분명 원래 나치 시대에 만연해 있던 공격적인 폭행이 촉발했을 물리학에서의 아인슈타인의 위치에 대한 질문, "누가 상대성이론을 발견했는가"에 관한 논쟁은 수십 년 동안 지속되었다. 누가 이론의 토대를 놓았는가? 그 본질은 무엇인가? 상대성이론의 핵심은 실제로 에테르의 폐기인가, 아니면 시간과 공간을 변환시키는 수학적 공식인가? 상대성이론의 핵심은 상대성원리를 흔들림 없이 신봉하는 것인가, 상대성원리를 모든 물리적 상호작용에 적용할 수 있다는 것인가, 아니면 상대성이론은 시계들의 동기화로부터 시간과 공간의 변화 공식을 유도하는 것과 동일하다고 보아도 좋은가? 아니, 상대성이론은 실제로 실험에서 관찰될 수 있는 올바른 예측에 지나지 않는 것인가? 무엇보다도 상대성이론, 특히 시간의 상대성은 현대물리학과 더 일반적으로 현대성과 동의어가 되어버렸다. 우리의 관점에서 아인슈타인과 푸앵카레를 체크리스트에 넣고 성적을 매기는 것은 시간과 동시성에 관한 이야기 중 가장 재미없는 부분이다.

훨씬 더 중요한 것은 푸앵카레와 아인슈타인을 세기가 바뀔 무렵의 시간 좌표화에 두 개의 마디점으로 위치시켜서, 그 두 사람이 기술과 물리학과 철학의 흐름을 어떻게 좌우했었는지 특징적인 방식들을 파악하는 것이며, 어떻게 그 두 사람이 동시성을 형이상학적인 창공에서 떼어다가 절차를 통해 정의된 양으로서 땅으로 끌어내렸는지를 이해하는 것이다. 시간 표준화는 일상의 질서였으며, 모든 과학자들에게 시간 표준화는 길이 표준화의 자연스러운 확장이었다. 시간 표준화는 그 자체로 공공 시계, 철도 시간표, 내부적으로 규제되는 교실과 공장 작업장의 등장을 알리는 것이었다. 울프는 1890년대에 파리 천문대에서 전자석 코일을 감아 천문시계를 작동시키고 파리 시내에 수십 개의 시계를 배포하는 일을 관리했다. 코르뉘는 표준시계의 거대한 진자를 조정하고 있었고, 이를 통해 역학과 전자기학을 결합하여 엄밀한 전기 동기화의 분석을 정식화했다. 시간을 관리하는 순회팀들은 세네갈과 키토와 보스턴과 베를린과 그리니치에서 시간 교환을 위해 쉬지 않고 일했다. 앵글로색슨의 천문학자들은 시간을 잡아채어 철도로 보냈고, 프랑스의 별 보는 사람들은 천문대의 훌륭한 정밀함을 전국적으로 본받기를 희망했다. 거울에서 거울로 투영되는 모시계의 반사가, 시간의 합리성이라는 빛이 공화국의 거리거리마다 흘러넘치기를 희망했던 것이다.

이렇게 표준화된 절차적인 시간을 창조하는 것은 크레오소트 방부제를 흠뻑 적신 전신주들과 해저케이블을 사용하는 기념비적 프로젝트였다. 여기에는 금속과 고무의 기술이 필요했을 뿐만 아니라, 지역의 조례, 국가의 법, 국제적 규약을 두고 무수한 종이를 소모하고 견디고 싸우고 정당화하는 과정이 필요했다. 결과적으로 세기가 바뀔 무렵의 규약적인 시간 동기화는 산업 정책, 과학 분야의 로비, 정치적 주장으로부터 결코 고립된 곳에 머물러 있지 않았다. 만일 19세기 말 표준에 대한 압박을 하나의 구동 바퀴처럼 여길 수 있었다면, 가령 모든 것이 궁극적으로 철도사업가들 때문이었다든가, 결정적으로 과학자들 때문이었다든가, 배타적으로 철학자들 때문이었다고 말할 수 있다면 쉬운 문제였을 것이다. 그러나 시간의 재구성은 그렇게 쉬운 일이 아니었다.

이미 19세기 훨씬 전부터 시계와 동시성은 톱니바퀴나 진자나 눈금 이상의 것을 의미했기 때문에, 시간은 복잡한 것이었다. 가령 18세기에 영국의 시계제작자 존 해리슨을 오랫동안 괴롭혔던 정밀한 크로노미터는 시간 기록과 지도 만들기에 관한 일기나 풍자뿐만 아니라 경도 문제에 관한 출판물에도 폭넓게 등장했었다. 애초부터 해리슨의 정밀한 시계는 '행성의' 의미를 가정하고 있었다.[17] 18세기 이전으로 거슬러 올라가도 시간이라는 조각은 시간이 만들어진 문화에서 멀리 벗어나지 않는다. 모래시계와 교회의 시계는 시간을 할당하는 것 이상의 의미를 지녔었다. 시계들은 신과 중세 영주와 유한한 운명의 기억이 지니는 권위와 겹쳐 있으면서도 다른 권위를 전해주었다. 시간이 문화적인 것을 벗어나서 그저 모래와 그림자와 기계적인 눈금에 지나지 않는 원초적인 순간으로 숨어버린 적은 없었다.

좌표화된 시계는 단지 19세기 말에 발견된 어떤 특정한 발명품이 아니었으며, 그 전부터 존재했었다. 대신 유럽과 북아메리카는 전기적으로 분배된 시간의 위치와 밀도에서 극적이고 지구적인 변화를 겪었다. 19세기 말 연결된 시계들은 전 세계를 포괄했다. 그렇게 폭넓게 확장되는 일단의 기술들이 서로를 끌어당기고 있었다. 열차는 전신선을 끌어냈고, 전신은 지도를, 지도는 철도 건설을 만들어냈다. 이 세 가지(열차, 전신, 지도) 모두가 장거리 동시성이 자아낸 질문, 즉 지금 다른 곳은 몇 시인가, 하는 질문을 당장에 실제적이고 시급한 것으로 만들며 의미를 증폭시켰다. 자동차와 전신과 열차와 대포의 용어집에서 아인슈타인과 푸앵카레가 수없이 논의했던 시간과 공간의 새로운 개념을 읽을 때, 우리는 이러한 질문들이 일상적으로 되어가고 있다는 것을 깨닫게 된다.

우리는 동시성을 원호圓弧들의 교점으로 볼 수 있으며, 각각의 원호는 각 분야 안에서의 '움직임'의 장기적인 결과를 나타낸다. 이제까지 살펴봤던 물리학을 생각해보자. 분명히 1890년대 초부터 1905년에 이르기까지 동시성의 의미는 단일하지도 불변이지도 않았다. 지리적인 의미에서 생겨난 국소 시간Ortszeit은, 로런츠에게는 허구적으로 치우친 국소 시간의 의미로, 푸앵카레에게는 빛 신호를 통해 관측할 수 있는 치우친 국소 시간의 의미로 사용되었고, 다시 푸앵카레의 치우치고 늘어 난 '겉보기' 시간으로 옮겨갔다가, 아인슈타인의 상대론적인 시간에서 야 비로소 새로운 형태가 되었다. 시간의 의미가 이렇게 변한 것은 갑 자기 한순간에 일어난 것이 아니었으며 순전히 물리학의 영역 안에서 만 진행된 것도 아니었다. 오히려 이러한 변화를 진화하는 게임에서 발생하는 일련의 움직임으로 보는 것이 이해하기 쉽다. 일상적인 의미 의 게임에서 '움직임'이란 말을 사용할 때와 마찬가지로, 지금의 더 전 문적인 의미에서도 '움직임'은 하나의 문장(또는 규약)이 되기도 하고 하나의 물리적 절차가 되기도 한다. 푸앵카레와 로런츠가 진행하는 게 임의 목표가 함께 진화해가고 있기는 하지만, 특히 푸앵카레와 로런츠 가 자신들의 연구를 단계에 따라 세워나가는 것으로 보는 것만으로도 연속성의 의미가 충분하다는 점은 주목할 만하다. (1894년에 로런츠의 목표가 전기장과 자기장에서 움직이는 물체를 마치 에테르 속에 정지해 있는 것처럼 만들어서 방정식을 푸는 것이었다면, 1904~1905년에 로런츠와 푸앵 카레의 목표는 일정하게 움직이는 기준좌표계에서 똑같이 측정할 수 있는 결 과를 산출하는 물리법칙을 찾아내는 것이었다.)

그렇다면 동시성의 한 원호는 물리학의 원호, 즉 움직이는 물체의 전기동역학을 변환시키는 일련의 움직임이다. 그러나 푸앵카레는 빛 신호를 통한 동기화라는 움직임에서 적어도 두 가지의 다른 원호도 함 께 사용하고 있었는데, 그것은 전신을 통한 경도의 결정과 19세기 말 의 프랑스 철학이었다. 미국 남북전쟁 무렵부터 전신으로 경도를 결 정하는 것은 경도의 동시성을 결정하기 위한 바로 그 현대적 방법이었 다. 미국 해안측량조사청에 자극을 받은 유럽인들은 서둘러 미국의 방 법을 채택했고 땅 위와 바다 아래로 그 방법을 전개해나갔다. 1899년 무렵 푸앵카레가 국장직을 맡고 있던 경도국은 동시성을 주고받고 처리하고 정의하는 국제적인 중심점이 되어 있었다. 19세기 말의 시간은 시간을 각 도시에 배분하는 방법, 전기 동기화를 어떻게 개선할 수 있는가에 대한 이론, 시간의 십진화에 관한 논쟁 등 모든 면에서 경도국에 의해 다시 쓰였다. 전기적인 경도는 프랑스가 세계지도 위에 식민지들을 고정하고 내부 지리를 분명하게 파악하는 데 중요했다. 그러나 이는 또한 파리와 런던 사이의 올바른 경도 차이를 놓고 오랫동안 벌인 논쟁으로 대변되는 유럽 측지학에 대한 모욕을 맞받아치는 데에도 결정적이었다. 푸앵카레의 영도 아래, 경도국은 무선 시간 송신을 위한 장소로 에펠탑을 목록에 올려놓았다. 경도국에서 발표한 보고서들을 살펴보면, 송신 시간을 써서 전신 신호를 교환하는 것이 파리로부터 멀리 떨어진 시간과 장소를 고정하기 위한 일상적인 일이 되었음이 잘 드러난다. 철학도 원호를, 즉 시간 측정에 관한 일련의 주장들을 지니고 있었다. 틀림없이 푸앵카레는 부트루의 원 연구를 통해 철학을 볼 수 있으며, 자신의 에콜폴리테크니크 동료인 오귀스트 칼리농과 쥘 앙드라드Jules Andrade가 그들만의 방식으로 시간을 해부했던 것을 통해 물리학과 철학에 훨씬 더 가까이 다가갈 수 있었을 것이다.

시간 측정에 관한 이 세 가지 기록의 교차점이 동시성에 대한 푸앵카레의 새로운 시각에 필연적으로 이어지는 것은 아니다. 그러나 에콜폴리테크니크나 경도국과 같은 장소에서 있었던 진실을 밝혀내기 위한 세 가지 관심사의 교차는, 왜 푸앵카레가 그때 그곳에서 시간의 측정을 규약과 물리학과 경도에 연결된 본질적 질문으로 삼았는지, 그리고 왜 추상적인 시간을 기계를 통해 파악하고 다시 이해할 수 있었는지 알 수 있게 해준다.

이 세 원호, 물리학, 철학, 기술의 원호는 각각 새로운 의미로 나타났다. '새로운 역학'이라는 말은 질량과 공간과 시간의 낡은 개념과 단절했음을 널리 알렸으며, 전기를 이용한 세계적 범위의 전신케이블은 잘 알려진 승리이자 제국을 '문명화하는' 도구였다. 푸앵카레는 자신의 시간과 동시성에 관한 규약주의를 물리학의 원리와 수학의 짜임새에 관한 자신의 철학적 규약주의와 연결시켰다. 그러나 푸앵카레에게 규약이란 프랑스에 기반을 둔 정확한 시각의 척도와 분배에 관한 국제적 규약들의 과잉을 가리킬 수도 있었다. 시간은 철저하게 현대적인 이 삼중 교차점에 불안하게 놓여 있었다.

푸앵카레는 연구 전체의 주제를 수학적 엔지니어의 모더니즘으로, 다시 말해서 세계의 지도를 철두철미하게 그리기 위해 세계를 기술적으로 파악하고 개선할 수 있는 인간의 능력에 대한 심층적인 믿음으로 다루었다. 푸앵카레의 서거 직후, 그의 조카 피에르 부트루Pierre Boutroux 는 미탁-레플러에게 보내는 편지에 삼촌이 평생 연구해왔던 생생한 목표에 대해 힘들게 말한다.* 흥미롭게도 푸앵카레가 연구를 진척시키기 위해 수학이나 물리학이 아닌 지리학을 추구했다는 것이다. 부트루는 푸앵카레가 평생 동안 얼마나 열심히 탐험과 여행의 이야기들을 쫓아다녔는지 떠올리며, 푸앵카레 평생의 연구는 "세계지도 위의 빈 여백을 채우기 위해" 과학의 안팎으로 노력한 것으로 특징지을 수 있다고 재평가했다.[18]

푸앵카레는 세계지도 위의 빈 여백이 채워질 수 있다고 확고하게 믿었다. 지식 표면에 있는 틈새는 마니에서 발생한 광산 사고 때, 푸앵카레가 476번 램프에 남아 있던 사각형 모양의 곡괭이 흔적까지 재난을 거슬러 추적하며 그린 인과 지도causal map를 통해 완성될 수 있었다.

---

* 피에르 부트루는 푸앵카레의 여동생 알리느와 2장에서 등장한 철학자 에밀 부트루의 아들이다.

푸앵카레는 그 지식의 틈새들을 더 광역적으로 추적하기 위해 '푸앵카레의 지도', 즉 혼돈스러운 행성 궤적의 보이지 않는 패턴을 탐구하기 위해 평면 위에 찍히는 일련의 점들로 표시한 '푸앵카레의 지도'를 이용했다. 푸앵카레는 지리적 세계지도의 빈 곳을 채우기 위해 경도국에서 일하면서 생루이, 다카르, 키토의 전신 지도를 작성했는데, 이 일은 푸앵카레를 비롯하여 전통적으로 물리학자들이 지구의 모양을 설명하기 위해 시도했던 이론적인 노력도 내포했다. 다른 여백은 에테르를 연구하거나, 전자 구조를 탐구하거나, 직관적인 수학적 함수들 내지 논리학의 직관적인 형식화나 에테르를 허용하는 생산적인 직관을 주장함으로써 대치될 수 있었다.

푸앵카레의 모더니즘은 우리가 신 없이, 플라톤의 형상 개념 없이, 칸트의 물자체 없이 (푸앵카레는 칸트가 역설한 경험을 가능하게 하는 구조에 매혹되기는 했었다) 파악할 수 있는 관계들의 희망적인 모더니즘이었다. 푸앵카레는 대상에 주목하지 않고 영원한 관계에 주목했다. 왜냐하면 관계가 묶어주고 있는 대상들이 역사의 뒤안길로 사라져버린다 해도 끝까지 살아남을 것은 사물의 관계이기 때문이다. 참된 것? 물리학의 법칙들 속에 들어가는 규약과 정의와 원리가 복잡하다는 점을 고려하여, 푸앵카레는 공유되고 오래갈 수 있는 단순성이라는 개념과 함께 오는 객관성, 그리고 편리함을 더 선호했다. 푸앵카레는 참됨 그 자체가 아니라 참된 관계를 선호했다. 또한 모호한 깊은 곳이 아니라 보이는 표면을 선호했다. 푸앵카레는 이렇게 새로 정돈된 계몽주의를 추구했다. 설령 그것이 공간과 시간과 물리적 안정성에 대한 새로운 개념을 지식의 심연 속으로 급격하게 몰아가는 것을 의미하더라도 말이다.

아인슈타인의 모더니즘도 세 가지의 교차점, 즉 움직이는 물체의 물리학에서의 움직임, 절대시간과 절대공간에 관한 철학적 공격에서의 움직임, 시계 동기화에 관한 더 넓은 범위의 기술에서의 움직임에서 만날 수 있다. 아인슈타인은 푸앵카레보다 더 고집스럽게 물리학에 초점을 맞추었으며, 추상적인 기계의 기술공학보다는 특정한 물질적인 기계에 더 주목했다. 푸앵카레가 집에서 만든 신기한 장치의 에보나이트 바퀴를 돌리고 있는 모습을 상상하는 것은 불가능하다. 마찬가지로 아인슈타인이 키토에서 과야킬까지 정밀한 전기 시간을 케이블로 송신하기 위해 거대한 팀을 조직하는 모습을 상상하는 것도 어려운 일이다. 아인슈타인은 대상의 물질성에 더 실천적으로 개입할 것을 주장하면서도, 현상과 이론의 관계에 대하여 더 형이상학적인 개념을 유지하고 있었고, 그 덕분에 아인슈타인은 많은 다른 맥락들에서 이론의 요소와 세계의 요소 사이의 분명한 관련성을 따져볼 수 있었다. 푸앵카레는 끝끝내 국소 시간을 '참된' 시간에 대비되는 '겉보기' 시간의 지위에 놓았다. 아인슈타인은 현실에서 이러한 구별에 상응할 만한 것을 발견하지 못했기 때문에, 그러한 이론적인 이분법을 건드리지도 않았다. 아인슈타인에게 한 관성계에서의 시간과 공간은 다른 관성계에서와 마찬가지로 '참된'(또는 '상대적인') 것이었다. 즉, 시계는 시계이고 자는 자였다. 푸앵카레가 에테르를 사고를 위한 수단으로, 미분방정식을 상상할 수 있는 직관적 토대로 지키고 있던 곳에서, 아인슈타인은 에테르를 낡아빠진 기계장치에서 떨어져 나온 불필요한 톱니바퀴처럼 조롱했다. 그리고 아인슈타인은 불필요한 요소로 이루어진 특허출원을 음미할 때처럼 에테르를 팽개쳐버렸다. 아인슈타인이 빛 양자를 발견법적으로 다루면서 에테르에서의 파동방정식을 전혀 언급하지 않자, 푸앵카레는 이 젊은 물리학자와 그의 지지자들이 물리적 세계를 실제로 이해하기 위한 바로 그 조건을 폐기해버렸다고 염려했다. 푸앵카레의 용어로 말하면, 푸앵카레가 옳았다. 아인슈타인이 지적인 장치를 미봉책, 즉 이론의 요소를 현상의 요소와 묶어주는 발견법으로 쓰려고 한 것은 완벽했지만, 그것은 (푸앵카레의 특정한 의미에서) 직관을 어긴다는 뜻이었다.

미분방정식을 써서 세계지도를 그리려 애썼던 푸앵카레는 3차 미소흐름이 2차 흐름을 만들어낼 때까지 가장 넓은 의미에서 편리를 위해 미분방정식을 선택했다. 에테르와 '겉보기 시간'이 관찰된 현상들의 '참된 관계'를 보존하면서 직관적으로 이해하는 데에 도움을 주었을까? 그렇다면 어느 정도 중복되었다는 의미이기는 해도 푸앵카레는 만족스러웠을 것이다. 이와 반대로 아인슈타인은 예측에서만이 아니라 엄밀하게 현상과 맞아떨어지는 이론 속에서 시간과 공간의 방향을 정하고 싶어 했다. 현상이 대칭적이라면(가령 자석이 움직이고 코일이 멈춰 있는 것과 자석이 멈춰 있고 코일이 움직이는 것을 어떤 방식으로도 구별할 수 없다면), 이론도 형식상 그 대칭성을 요약해주어야 한다. 아인슈타인은 나중에 양자 논쟁에서, 이론의 요소를 전혀 부합시킬 수 없는 물리적 세계가 예측할 수 있는 특징을 가진다며 상호 보완적인 관계를 표현했다.

푸앵카레는 공간과 시간이 심리적으로, 객관적으로, 그리고 단순하게 편리하다는 솔직한 인간의 필요를 충족시키기 위해 세워진 객관적 관계의 엄밀한 표면에 고정되어 있다고 보았다. 푸앵카레의 관점은 가차 없는 제3공화국의 세속주의와도 같았다. 그와 달리 아인슈타인은 이론이 현상들 사이의 참된 관계를 성공적으로 그리고 편리하게 잡아내는 것만으로 그 이론을 해결했다고 생각하지 않았다. 아인슈타인은 현상과 그 밑에 놓여 있는 이론 사이의 깊이를 목표로 했다. 푸앵카레처럼 아인슈타인은 법칙이 단순해야 한다고 믿었지만, 그것은 우리의 편리함을 위해서가 아니라 (아인슈타인의 말을 그대로 싣자면) "자연이란 생각할 수 있는 가장 단순한 수학적 관념들이 구현된 것"이기 때문이다. 따라서 이론의 형식은 그 세부적인 형식에서 현상의 실재성을 드러내주어야 한다. 아인슈타인은 나중에 "어떤 의미에서 나는 순수한 사유로 실재를 파악할 수 있다는 고대인들의 꿈이 옳다고 믿었다"라고 역설했다.[19] 아인슈타인은 제대로 된 이론은 엄밀한 현상과 맞아떨어질 것이라고 믿었다. 그런 깊숙한 곳에는 명상적 신학이 자리 잡고 있었다. 아인슈타인의 내면에는 개인적이고 복수심 많고 비판하기 좋아하는 신에 대한 독실한 성향이 아닌, 대체로 자연의 질서 아래에 숨어 있는 종교적 성향이 자리 잡고 있었다. "과학자는 보편적인 인과관계에 사로잡힌다. 과학자에게 미래는 과거만큼이나 완벽하게 필연적으로 결정되어 있는 것이다. … 과학자는 그토록 우월한 지성을 드러내는 자연법칙의 조화로움에 열광적으로 놀라워하는 식으로 종교적인 느낌을 표출한다."[20] 물리학자들은 발견법 장치를 잠정적으로 적용함으로써 진일보할 수 있지만, 그 이후 발전할 때까지는 이론을 정리해낼 수 없을 것이다. 열역학과 양자 이론과 상대성이론의 경우 형식적 원리를 그렇게 잠정적으로 사용하는 것이 가능했다.[21] 그러나 아인슈타인은 과학자들이 할 수 있는 한 근본적이고 간결하고 조화로운 자연의 질서를 조금이라도 잡아낼 수 있는 이론을 만들어내야 한다고 여러 차례 주장했다. 아인슈타인은 현상이 참된 시간과 겉보기 시간을 구별하지 않는다고 믿었기 때문에, 이론도 이를 구별하지 말아야 한다고 주장했다.

푸앵카레도 아인슈타인도 소박한 실재론이나 반실재론에 해당하지 않는다. 푸앵카레가 기하학과 물리학과 기술에서 세계를 서술하는 데 존재하는 선택의 자유를 평생 동안 강조한 것은 사실이다. 그러나 푸앵카레의 규약주의를 뭐든지 괜찮다는 반실재론과 한 덩어리로 보는 것은 거의 입장을 완전히 오해하는 것이 될 것이다. 푸앵카레는 실천적인 일에서든 추상적인 일에서든, 쉽게 얻을 수 없는 간결함의 객관적인 '참된 관계'가 중심적인 역할을 한다고 기회가 있을 때마다 강조했다. 이와 반대로 아인슈타인은 곧이곧대로 실재론자라고 자주 분류된다. 여하튼 아인슈타인은 어느 한 이론이 '진짜 야곱'*이냐고 편하게 묻는 사람이었다. 그렇지만 아인슈타인은 '실재'를 규정하는 방법에는 여러 가지가 있으며, 이론에서 창조력이 풍부한 부분은 시공간 좌표로 분류할 수 있는 사건에 있는 것도 아니고 심지어 직접 감각할 수 있는 것에 있는 것도 아니므로 유의하라고 했다. 오히려 이론에서 창조력이 풍부한 부분은 시공간 좌표와 감각할 수 있는 것 사이의 연결에 놓여 있으며, 이 연결은 단번에 고정되는 것이 아니라는 것이다.[22] 두 과학자는 모두 이론의 영역과 측정의 가능성이 형성될 때 원리와 규약의 힘을 인지하고 있었다. 두 과학자 모두 이미 받아들여진 개념이 오랜 역사와 직관성과 자명성을 지니고 있더라도 충분히 그런 개념들을 거부할 준비가 되어 있었다. 변화되는 전기기술의 세계에 깊이 잠겨서, 이전의 그 어느 때보다도 측정과 표준화와 이론 구축에서 선택의 중요성을 잘 인지하고 있었기 때문에, 아인슈타인과 푸앵카레는 각자가 형이상학적인 주춧돌로부터 동시성을 갈라내 이를 기계를 통해 주어진 규약으로 바꾸었던 것이다.

아인슈타인으로부터 거슬러 읽는다면, 푸앵카레를 아인슈타인의 상대성이론을 얻으려 애쓴 (거기에 도달하지 못했지만) 반동주의자로 보게 될 수 있다. 그러한 시각으로 회고하면 시간과 공간의 물리학을 "새로운 역학"으로 다시 세우려한 푸앵카레의 작업은 묻혀버리게 된다. 이는 마치 폴록Pollock의 관점에서 피카소Picasso가 현대적이지 않다는 이유

---

* '진짜 야곱'이라는 말은 사물의 핵심이자 진짜를 가려내는 기준을 가리키는 관용어이다.

로 반현대적이라며 폐기하는 것, 또는 후기 조이스Joyce의 관점에서 프루스트Proust가 모더니즘이 아니라는 이유로 폐기하는 것과 마찬가지이다. 푸앵카레와 아인슈타인을 순서대로 읽는다면, 우리는 두 사람 모두 서로 다른 방식으로 과거를 깨고 나오고 있음을 볼 수 있다.

여기에는 두 가지 위대한 물리학의 모더니즘이, 즉 세계를 그 전체성 속에서 파악하려던 지독하게 야심 찬 두 가지 시도가 있다. 푸앵카레의 모더니즘은 객관적이고 간결하고 편리하고 참된 관계를 최소의 여백으로 세움으로써 진일보했다. 아인슈타인의 모더니즘은 현상 예측에서만이 아니라 그 밑에 깔려 있는 구조에서 현상을 잡아내겠다고 열망하는 이론을 조각해냄으로써 앞으로 나아갔다. 한쪽은 구성적이어서, 세계의 구조적 관계를 잡아내는 복잡성을 세워나갔다. 다른 쪽은 더 비판적이어서, 지배적인 자연 질서가 반영된 원리들을 간결하게 파악하기 위해 복잡성을 제쳐두려고 했다. 새롭고 현대적인 상대론적인 물리학에 대한 이 두 사람의 관점에는 공통점이 더 많다. 그러면서도 서로 양면성을 띤 칭찬 속에 머물러 있었던 아인슈타인과 푸앵카레는, 프로이트Freud가 니체Nietzsche를 읽을 수 없었던 것처럼, 두 사람 모두 상대방의 대안적 모더니티에 개입할 수 없었다. 두 과학자가 물리학과 철학과 기술의 지식을 흔들어버릴 만큼 급진적으로 '시간'을 바꾸었지만, 너무 가깝기도 했고 너무 멀기도 했던 그들의 상대성이론에 대한 뒤틀린 해석은 결코 교차하지 않았다.

평전의 관점에서 보면, 아인슈타인과 푸앵카레가 기술이나 철학과 관련된 활동에 그렇게 다양하게 참여할 수 있었다는 것은 물론 놀라운 일이다. 그들은 마치 체스 선수의 대가가 동시성이라는 챔피언 결정전에서 외통수 장군을 찾아내듯, 단 하나의 성공적인 동작을 찾아냈다. 아니, 체스는 약한 비유이다. 이 물리학과 철학과 기술의 '게임들'은 엄청나게 각기 다르게 구성되었고, 동시성이 움직인 결과는 각 영역에 막대한 영향을 미쳤다. 빈 학파의 철학자들과 1920년대의 지도적인 물리학자들과 1980년대의 GPS 엔지니어들 모두가 푸앵카레와 아인슈타인의 동시성을 미래의 과학적 개념의 구성을 위한 모델로 여겼다.

그러나 결국, 시간 좌표화의 유백색 역사는 평전으로 축소되어 잘못 제시되고 있다. 사진을 규격 크기로 자름으로써, 유럽과 미국 전역에서 진행된 측정 가능한 시간과 공간에 대한 방대하고 논쟁적이고 표준화된 규약이 보이지 않게 되어버렸다. 이것은 아인슈타인이나 푸앵카레의 상상력이 너무 부족했기 때문이 아니라 '시간의 척도'가 수많은 측정 방식 사이에서 심하게 갈팡질팡했기 때문이다. 시간 좌표화는 천문대, 케이블, 철도 네트워크, 도시들을 지나 흐르는 시간의 규약성과 규제를 통해 현대적인 문제가 되었다. 등압곡선과 등온곡선이 예측기상학을 변화시키고 또 가능하게 만든 점이 더 적절한 비유가 될 수 있을 것이다. 마찬가지로 세계적으로 전기시계를 배열하면서 장거리 동기화는 철저히 현대적인 문제, 즉 기계적인 절차를 통해 해결할 수 있는 문제가 되었다. 그 기계가 무한하면서도 이론적이라고 밝혀지긴 했지만 말이다.

기술적인 것과 철학적인 것과 과학적인 것이 모두 중심적인 함의를 갖는 시간과 장소는 드물며, 전통적으로 '혁명'이라 불리던 일종의 물리학 발전보다도 훨씬 흔하지 않다. 증기기관과 열역학과 우주의 냉혹한 '열적 죽음heat-death'에 관한 유사−신학적인 논의들의 운명적인 교차를 생각해보면, 19세기는 엔트로피와 에너지의 측정 규모가 바뀐 역사라고 볼 수 있다. 이런 식으로 추상과 구체가 혼합된 더 최근의 사례로는 20세기 중반에 사이버네틱스와 컴퓨터 과학과 인지과학의 혼합으로 인한 '정보과학'의 팽창이 있다. 여기에 무기 생산에서 비롯된 전쟁용 피드백 장치의 농밀한 역사들이 수렴하고, 정보이론의 더 비밀스러운 궤적과 인간의 마음에 대한 모델들이 겹쳐진다. 시간과 열역학과 계산computation, 이 세 가지는 각각 한 시대를 상징적으로 그리고 물질적으로 정의한다. 이 세 가지 각각은, 기계를 떠올리지 않고 추상적으로 생각하는 것이 불가능해지거나 세계를 포괄하는 개념을 파악하지 않고서는 물질적으로 생각하는 것이 불가능해질 때, 임계점의 유백색 현상의 한 순간을 표상한다.

올려다보기와 내려다보기

시간은 변했다. 아인슈타인은 1909년 10월 15일 베른 특허국을 떠나 취리히대학으로 향했다. 1911년 4월 1일, 아인슈타인은 프라하의 카를-페르디난트대학에서 전임 교수로 취임했고, 1914년 봄 베를린대학에 합류했다. 거기에서 그는 일반상대성이론을 완성하는 동시에 전쟁에 반대하는 주도적인 대변인이 되었다. 전쟁이 끝난 뒤, 5장에서 등장했던 스위스 시계 산업 통일의 상징인 파바르제가 전기를 이용한 시간 제어에 관한 550쪽에 달하는 전문적인 논저의 제3판을 출판했는데, 그 논저는 이번에도 상세한 전기역학적 내용을 문화적인 용어로 설명하고 있다. 파바르제는 세계대전이 강력한 기술적 진보에 기여했지만 한편 그동안 유지해온 평화가 창조해낸 인류 유산을 엄청나게 파괴했다고 주장했다. 남은 것은 "폐허 더미와 비참함과 고통"뿐이었다.[23] 인류는 이 재난을 극복하기 위해 노력해야 했으며, 그 노력은 언제나 시간과 관련되었다.

파바르제는 다음과 같이 열정적으로 썼다. "시간은 실제 속에서 정의될 수 없다. 그것은 형이상학적으로 말해서 물질과 공간만큼이나 신비스러운 것이다."(둔감한 스위스의 시계제작자마저 분명 시간의 형이상학에 끌렸던 것이다.) 인간의 모든 활동은 의식하건 의식하지 않건, 자고, 먹고, 생각하고, 노는 모든 것이 시간 속에서 일어난다. 질서가 없고 특별한 계획이 없다면, 가브릴로 프린치프Gavrilo Princip가 페르디난트 Ferdinand 대공을 저격하기 훨씬 전에* 파바르제가 경고했듯 무정부 상태에 빠져들 위험이 있다. 세계대전이 발발한 지금 그 위험은 더 거대한 모습으로 나타나고 있으며, 사람들은 "신체적, 정신적, 도덕적 비참함"에 빠져들 수 있다. 파바르제가 제시하는 치유책은 무엇이었을까? 그것은 천문 관측소의 엄밀함을 이용하여 시간을 정확하게 측정하고 결정하는 것이었다. 그러나 진정한 해결책이 되기 위해서는 측정된 시간을 천문학자들의 요새 속에 감추어놓아서는 안 된다. 시간의 엄밀성은 누구든 그것을 원하고 필요로 하는 사람들에게 전기적으로 배분되어야 한다. 사람들이 잘 살고 번성하려면 "한마디로 말해 시간을 대중화해야 하고 민주화해야 한다"라는 것이다. "우리는 모든 사람을 시간의 주인maître du temps으로 만들어야 한다. 사람들은 시hour의 주인일 뿐 아니라 분minute과 초second의 주인이어야 하며, 특별한 경우에는 10분의 1초, 100분의 1초, 1,000분의 1초, 100만 분의 1초의 주인이어야 한다."[24] 파바르제에게 분배되고 좌표화된 정확한 시간은 돈보다도 소중한 것으로, 모든 사람의 내적, 외적 질서를 갖춰주고 시간의 무정부 상태에서 해방시켜주는 것이었다.

19세기 말부터 20세기 초까지 좌표화된 시계는 단순히 톱니바퀴와

---

* 1914년 6월 28일, 세르비아계 보스니아인 가브릴로 프린치프는 보스니아–헤르체고비나의 수도 사라예보에서 오스트리아–헝가리 제국의 후계자였던 프란츠 페르디난트 대공을 암살했다. 이 사건을 계기로 제1차 세계대전이 발발했다.

자석으로 이루어진 존재가 아니었다. 푸앵카레와 아인슈타인에게 시간은 분명 단지 기술적인 것 이상이었다. 시간은 뉴잉글랜드 마을의 원로들, 표준 시간대 운동가들, 프러시아의 장군들, 프랑스의 도량형 전문가들, 영국의 천문학자들, 캐나다의 기획자들 모두에게 전선과 시계탈진기 그 이상의 의미가 있었다. 시간 좌표화의 뿌연 유백색 역사 속에서 시계는 신경전달과 반응시간을 재고, 작업장을 구조화시키고, 천문학을 인도했다. 그러나 스케일이 달라지고 있던 물질적 시간의 거대한 두 영역은 철도와 지도에 초점을 맞추고 있었다. 푸앵카레가 지휘하던 경도국은 지도를 제작하는 세계적으로 뛰어난 시간 센터로 우뚝 섰다. 아인슈타인이 특허 파수꾼으로서 보초를 섰던 스위스 특허국은 철도와 도시의 시간을 동기화하기 위해 만들어진 국가의 기술을 위한 뛰어난 스위스 검열 장소였다.

나는 시계 좌표화를 탐구하면서 푸앵카레와 아인슈타인의 위치를 메커니즘과 형이상학이 교차하는 작용의 범위 안에 놓고, 추상적인 구체성, 또는 말하자면 구체적인 추상성을 만들고자 했다. 더 일반적으로 아마 우리는 사물과 사유의 관계에 관해 생각할 때 똑같이 문제가 있는 것으로 여겨지는 두 가지 입장을 피하는 방식으로 과학을 바라보기 시작할 수 있다. 그중 한쪽 입장인 환원적 물질주의라고 불리는 전통적인 방식은 표면의 잔물결과 같은 개념과 기호와 가치를 더 깊은 곳에 있는 대상들의 흐름에서 일어나는 물결로 강등시키는 관점에서 바라본다. 1920년대부터 1950년대까지 경험주의에서는 이론물리학과 그에 관한 철학을 곧잘 과학의 보루가 아니라 잠정적인 첨가물로 여겼다. (이런 관점으로 보면) 아인슈타인은 시간과 공간의 절대성 그리고 에테르를 점차 몰아낸 귀납적 과정에서 최후의 냉혹한 일격을 가한 것이었다. 에테르 속의 지구의 운동은 지구의 속도와 빛의 속력의 비($v/$

c, 즉 1만 분의 1 정도)보다 더 정확하게 검출될 수도 있었지만 검출되지 않았다. 나중에는 측정 방식이 더 개선되었지만 훨씬 더 높은 정확도(v/c의 제곱, 즉 1억 분의 1 정도)로도 그런 운동의 증거가 나타나지 않았으며, 따라서 에테르가 "불필요하다"라는 아인슈타인의 결론은 유지된다.[25] 이렇게 실험에 기초를 둔 아인슈타인에 대해서는 이야기할 거리가 분명 많이 있다. 아인슈타인이 제국물리기술연구소Physikalisch-Technische Reichsanstalt에서 일할 때 실험의 상세한 수행과 자이로컴퍼스에 매료되어 있었다는 점은 실험실 절차와 기계의 작동에 분명한 감각을 가지고 있던 이론가의 모습을 보여준다. 경험주의의 관점에서 보면, 사물이 사유를 구조화하는 것이다.

그 반대쪽 입장으로는 1960년대와 1970년대에 인기 있던 반실증주의 운동이 있다. 사유가 사물을 구조화한다는 것이다. 반실증주의자들의 목표는 이전 세대의 인식적 순서를 뒤집는 것이었다. 그들은 프로그램과 패러다임과 개념적 틀이 먼저 온다고 보았으며, 이런 것들을 통해 실험과 장치의 모습을 완전히 바꾸어놓았다. 반실증주의의 입장에서 볼 때, 아인슈타인은 물질적인 세계가 송두리째 없어도 되며 대칭성과 원리와 조작적 정의에서 추동력을 얻는 철학적인 혁신가였다. 여기에도 옳은 것이 많이 있다. 역사를 반실증주의의 안경으로 읽게 되면, 아인슈타인이 가령 특수상대성이론이 실험실에서 반박되었다는 주장이나 일반상대성이론을 위협한다고 주장된 천문학적 관측으로 의심되었던 실험 결과에 부화뇌동하지 않았던 순간들이 잘 드러난다.

역사를 읽는 두 가지 방식 모두가 나름의 역할을 하고 있다고 인정하기 때문에 내가 차이를 부각시키려는 것은 아니다. 오히려 임계점의 유백색 현상의 순간에 주목함으로써, 역사가 궁극적으로 개념에 관한 것이라는 생각과 역사가 근본적으로 물질적 대상에 관한 것이라는 생각 사이에서 끊임없이 왔다 갔다 하는 데에서 벗어날 방도를 찾을 수 있다. 시계, 지도, 전신, 증기기관, 컴퓨터, 이런 모든 것이 사물 대 사유에 대하여 이것 아니면 저것이라는 무익한 이분법을 거부하며 의문을 제기한다.[26] 물리학의 문제와 철학의 문제와 기술의 문제는 매 순간 만난다. 비유적인 것을 응시하고 있다 보면 문자적인 것을 찾아낼 수 있으며, 문자적인 것을 통해 비유적인 것을 찾을 수 있다.

아인슈타인이 1902년에 베른 특허국에 입사했을 때, 그는 역학적인 것을 압도하는 전기적인 것의 승리가 이미 모더니티의 꿈에 상징적으로 이어져 있던 기관에 들어갔던 것이다. 여기에서 시계 좌표화는 열차, 군대, 전신을 위한 실제적인 문제이자, 아인슈타인의 가장 전문적인 관심 영역이라고 할 수 있는 정밀한 전기역학적 장치 제작의 문제로서, 실행 가능하면서도 특허로 출원할 수 있는 해결책을 요구하고 있었다. 특허국은, 암울했던 1933년 10월의 어느 날 이제는 젊지 않은 아인슈타인이 런던의 로열 앨버트 홀에서 연설할 때 염원해왔다고 말한 망망대해의 외로운 등대선과 같은 곳이 전혀 아니었다. 베른 특허국에 제출된 특허들을 심사하던 아인슈타인은 현대 기술의 위대한 행진을 바라보는 특별관람석에 앉아 있었던 것이다. 또한 좌표화된 시계가 행진하며 지나갈 때, 이들은 혼자서 지나가버린 것이 아니었다. 전기적인 시간 좌표화의 네트워크는 정치적, 문화적, 기술적 통일을 한꺼번에 마련해주었다. 아인슈타인은 이 새롭고 규약적이고 전 세계를 포괄하는 동시성 기계에 사로잡혔고, 이를 그의 새로운 물리학의 원리적인 출발점 위에 올려놓았다. 어떤 의미에서 아인슈타인은 새롭고, 훨씬 더 일반적이고, 어디에서나 쓸 수 있으며, 우주 안에 상상할 수 있는 모든 일정한 속도의 기준좌표계에 대하여 잘 맞는 시간 기계를 고안해냄으로써 19세기의 거대한 시간 좌표화 프로젝트를 완성한 셈이었다. 그러나 마스터 시계를 제거하고 규약적으로 정의된 시간을 일종의 시작점으로 재정의함으로써, 아인슈타인은 물리학자와 대중 모두에게 그들의 세계를 바꿔버린 것으로 보이게 되었다.

푸앵카레는 말년에 『책이 말하는 것, 사물이 말하는 것』이라는 제목의 책을 공동으로 저술했다. 이 기발한 책은 푸앵카레가 속해 있던 두 위대한 학술원, 문학적인 프랑스 학술원Académie Française과 과학적인 과학 학술원Académie des Sciences의 노력들을 결합하고 있다. 문학면에는 위고, 볼테르voltaire, 보쉬에 등의 문화 영웅들에 관한 글들이 실렸다. 푸앵카레 자신은 별과 중력과 열에 관한 장들은 물론 석탄 채광, 전지, 발전기에 관한 장들도 저술했다. 수학자와 엔지니어 속에서만큼 철학자 사이에서도 잘 융화되었던 푸앵카레의 학문은 동시성에 관한 그의 업적을 포함하여 이 모든 문화에 중심으로 우뚝 서 있었다.

위대한 과학 학술원을 향한 아인슈타인의 위상은 달랐다. 제1차 세계대전 직후 영국의 천체물리학자 아서 에딩턴Arthur Eddington*은 개기일식을 이용하여 태양의 중력 끌림에 의해(또는 아인슈타인의 말로 하면, 태양이 시공간을 구부림에 따라) 별빛이 휘는 것을 측정했다. 아인슈타인은 그의 일반상대성이론의 결과를 입증하는 기사가 신문 1면에 대서특필되어 명성을 얻으면서 하루아침에 세계적인 인물이 되었다. 아인슈타인의 상대성이론에 관련된 연구는 그의 공적인 역할이 커짐에 따라 더 주목을 받게 되었고, 1919년 이후 물리적인 힘들의 추상적인 통일을 향해 옮겨가면서 특허국의 기계 문화로부터 멀어졌다. 1933년 로열 앨버트 홀에서 연설을 하고 며칠이 지나지 않아 미국으로 떠난 아인슈타

---

* 영국의 천문학자로 1919년 프린시페섬 원정에서 일식 관측을 통해 아인슈타인의 일반상대성이론이 옳음을 입증했다.

인은 프린스턴의 고등연구원Institute for Advanced Study에서 은둔적일지는 몰라도 존경받는 존재가 되었다. 절반은 선각자로서, 절반은 마스코트로서 아인슈타인은 신의 의미로부터 핵무기의 미래에 이르기까지 모든 것을 권위 있는 언어로 말했다. 1953년 4월, 세상을 떠나기 2년 전에 아인슈타인은 프린스턴에서 모리스 솔로빈에게 편지를 썼다. 그것은 특허와 물리학과 철학이 나란히 서 있던 아인슈타인의 베른 시절 동안 그렇게도 아카데미답지 않았던 아카데미의 웃음과 통찰에 관한 편지였다.

불후의 올림피아 아카데미 멤버에게,

무뚝뚝하면서도 활발했던 자네는 명료하고 합리적인 모든 것에서 순진한 기쁨을 찾곤 했지: 우리 멤버들은 나이가 더 많고 자존심으로 가득 찬 자네의 큰 누이에게 장난치면서 즐거워하곤 했지. 나는 자네 덕분에 멤버들이 여러 해 동안 지속적으로 주의 깊게 관찰하면서 진실에 깊이 다가갈 수 있었던 것에 충분히 감사하고 있다네.

우리 세 명은 모두 적어도 확고부동했지. 조금 노쇠해졌지만, 우리는 아직도 자네의 순수하고 감격스러운 빛을 따라 우리 생애의 외로운 길을 따라가고 있다네. 왜냐하면 자네는 씨앗으로 돌아가는 식물처럼 우리 멤버들과 더불어 나이를 먹거나 볼품없게 되지도 않으니 말일세. 내 마지막 학술적인 숨결까지 자네에게 충직하고 헌신할 것을 맹세하네! 지금부터 그저 편지를 주고받는 멤버일 뿐인 한 명으로부터. A. E.[27]

푸앵카레와 아인슈타인이 각각 시간과 철학과 상대성을 고심하던 세기가 바뀔 무렵, 푸앵카레는 파리의 예술과 과학 학술원académies에 거주하고 있었고, 아인슈타인은 올림피아 (비)학술원non-Academy에 살고 있었다. 1955년 3월 15일, 미셸 베소는 세상을 떠났다. 아인슈타인이 특수상대성이론에 관한 연구를 끝마치는 열쇠로서 시계의 좌표화라는 생각을 떠올리기 전, 몇 주 그리고 몇 달 동안 함께 그렇게도 풍요로운 대화를 나누었던 사람이 바로 베소였다. 아인슈타인은 3월 21일에 베소의 가족에게 쓴 편지의 끝을 그들의 대화와 상대성이론에서 출현한 원근적인 시간의 본성으로 맺고 있다. " … 취리히 이후에 우리를 다시 묶어준 것은 특허국이었습니다. 집으로 돌아가는 길에 나눈 대화는 더할 나위 없이 매혹적이었습니다. 마치 너무나 인간적인 것은 전혀 존재하지 않는 것 같았습니다. … 이제 이 친구는 저보다 조금 먼저 낯선 세상으로 떠났습니다. 특별할 것도 없습니다. 우리 같은 독실한 물리학자들에게 과거와 현재와 미래를 나누는 것은 단지 환상일 뿐입니다. 고치기 어려운 것이긴 하지만 말입니다."[28]

아인슈타인의 마지막 학술적인 숨결이 떠나가버린 후에도, 조절된 시계 좌표화에 대한 많은 경쟁적인 해석들 사이의 싸움은 오랫동안 계속되었다. 동기화된 시간은 여전히 고도로 상징적인 존재로 남아 있었다. 제국적인 제국, 민주주의, 세계시민권, 무정부주의에 대한 논쟁 속에서도 통일 시간Einheitszeit은 결코 나타나지 않았다. 이 모든 상징들은 공통적으로 각 시계가 개별적임을 의미했기에, 시계 좌표화는 문자적인 것과 비유적인 것 사이를 언제나 불안하게 오갔던 사람과 사람들 사이의 연결의 논리로 등장하게 되었던 것이다. 정확히 추상적으로 구체적이었기 (아니면 구체적으로 추상적이었기) 때문에, 마을과 지역과 나라, 그리고 결국 세계 전체의 시간을 좌표화한다는 프로젝트는 모더니티를 정의하는 구조들 중 하나가 되었다. 시계의 동기화는 사회사와 문화사와 지성사가, 그리고 기술과 철학과 물리학이 떼려고 해도 뗄 수 없이 혼합되어 있다.

지난 30년 동안 상향적 설명과 하향적 설명을 구별하는 것이 상식이 되어버렸다. 시간을 설명하는 데에는 그 둘 다 부적합하다. 연금술과 천문학* 사이를 연결하고자 했던 중세의 표현을 빌리자면 이렇게 말할 수 있다. 즉, 내려다보는 것 속에서 우리는 올려다보며, 올려다보는 것 속에서 우리는 내려다본다. 지식에 대한 이러한 혜안은 우리에게도 잘 들어맞는다. (전자기적으로 조절되는 시계 네트워크를) 내려다보는 것 속에서 우리는 제국과 형이상학과 시민사회의 이미지를 올려다본다. (시간과 공간과 동시성에 관한 아인슈타인과 푸앵카레의 절차적 개념의 철학을) 올려다보는 것 속에서 우리는 베른 특허국과 파리 경도국을 통해 지나는 전선과 톱니바퀴와 펄스를 내려다본다. 우리는 기계 속에서 형이상학을 찾아내며 형이상학 속에서 기계를 찾아낸다. 모더니티는 정확히 시간 속에[제시간에].**

---

* 점성술을 의미한다.

** 마지막 문장의 원문은 'Modernity, just in time'이다. 이는 모더니티가 바로 시간 속에 있다는 의미도 될 수 있고, 제때 딱 맞추어 모더니티가 모습을 드러냈다는 의미도 될 수 있는 중의적인 표현이다.

주

1장

1. Einstein, "Autobiographical Notes" [1949], 31쪽. 보편적인 "시간 흐름"에 대해서는 Einstein, "The Principal Ideas of the Theory of Relativity" [1916년 12월 이후], *Collected Papers*, vol. 7, 1–7쪽, 인용문은 5쪽. 뉴턴의 시간과 공간에 관하여 Rynasiewicz, "Newton's scholium" (1995) 참조.

2. 이제는 몇 세대에 걸친 역사학자들의 탁월한 학문적 성과를 통해 아인슈타인의 저술을 모두 읽을 수 있게 되었다. 이 문헌은 너무나 방대하기 때문에 나는 이 책에서 몇 개의 출처만 인용하고자 한다. 이 출처들은 더 광범위한 문헌들로 나아가는 출발점 역할을 할 수 있을 것이다. 뛰어난 편집 논평과 문서들의 꼼꼼한 재현을 위해서는 Stachel et al., eds., *Collected Papers* (1987–)를 볼 것. 이차 문헌으로는 다음을 볼 것. Holton, *Thematic Origins of Scientific Thought* (1973); Miller, "Einstein's Special Theory of Relativity" (1981); Miller, *Frontiers* (1986); Darrigol, *Electrodynamics* (2000); Pais, *Subtle is the Lord* (1982); Warwick, "Role of the Fitzgerald–Lorentz Contraction Hypothesis" (1991); Warwick, "Cambridge Mathematics and Cavendish Physics" (part I, 1992; part II, 1993); Paty, *Einstein philosophe* (1993); M. Janssen, *A Comparison between Lorentz's Ether Theory and Special Relativity in the Light of the Experiments of Trouton and Noble*, 미출판 박사학위논문, University of Pittsburgh, 1995; Fölsing, *Albert Einstein* (1997). 주요 학자들의 논문 모음으로 "Einstein in Context," *Science in Context* 6 (1993), Galison, Gordin, and Kaiser, *Science and Society* (2001)를 볼 것. 특수상대성이론에 관한 역사적 연구의 광범위한 참고문헌 목록으로 Cassidy, "Understanding" (2001) 참조.

3. 푸앵카레의 학문적 업적도 방대하지만 프랑스 낭시에 기반을 둔 앙리 푸앵카레 문서고(Archives Henri Poincaré) 프로젝트 덕분에 제 모습을 잡아가고 있다. 여기에서는 과학 관련 서신 교환이 출판되고 있다. 가령 Nabonnand, ed., *Poincaré-Mittag-Leffler* (1999) 참조. 출판된 논문들은 대부분 *Oeuvres* (1934–53)에 있다. 푸앵카레의 전문적인 연구에 관한 지금의 연구를 개관하려면 앞의 주 2의 문헌들(특히 Darrigol과 Miller)과 거기에 인용되어 있는 참고문헌들을 볼 것. 또한 푸앵카레의 물리학과 철학 사이의 연관에 관해서는 Paty의 책들을 볼 것. 다음 문헌이 매우 훌륭하다. Greffe, Heinzmann, and Lorenz, eds., *Henri Poincaré, Science and Philosophy* (1996). 롤레(Rollet)의 뛰어난 학위논문은 푸앵카레가 과학을 보급하는 사람으로서 그리고 철학자로서 한 역할을 잘 정리해주고 있으며, 참고문헌 목록이 훌륭하다. Rollet, "Henri Poincaré, Des Mathématiques à la Philosophie. Études du parcours intellectuel, social et politique d'un mathématicien au début du siècle," 미출판 박사학위논문, University of Nancy 2, 1999.

4. Galison, "Minkowski's Space-Time" (1979).

5. Einstein, "Elektrodynamik bewegter Körper" (1905), 893쪽; 내가 사용한 번역은 Miller, *Einstein's Special Theory of Relativity* (1981), 392–93쪽에 있는 것을 약간 수정한 판본이다.

6. 같은 글.

7. 주 2의 원전을 볼 것. 에테르에 관해서는 Cantor and Hodge, eds., *Conceptions of Ether* (1981) 를 볼 것.

8. 하이젠베르크가 절대시간을 비판하며 아인슈타인과 나눈 대화는 *Physics and Beyond* (1971), 63 쪽을 볼 것. 막스 보른과 파스쿠알 요르단 등의 양자이론가들도 새로운 물리학을 아인슈타인의 동시성에 대한 규약을 모델로 삼았다. Cassidy, *Uncertainty* (1992), 198쪽. "재미있는 농담도 자 주 하면 안 된다"라는 아인슈타인의 말을 인용한 것은 필립 프랑크였다. *Einstein* (1953), 216쪽.

9. Schlick, "Meaning and Verification" (1987), 131쪽, 47쪽.

10. Quine, "Lectures on Carnap," 64쪽.

11. Einstein, *Einstein on Peace* (1960), 238-39쪽. 인용문은 238쪽.

12. Einstein, *Autobiographical Notes* [1949], 33쪽.

13. Barthes, *Mythologies* (1972), 75-77쪽.

14. Poincaré, "Mathematical Creation" [1913], 387-88쪽.

15. Poincaré, *Science and Hypothesis* (1952), 78쪽.

16. Seelig, ed., *Helle Zeit-dunkle Zeit* (1956), 71쪽. [영어번역 Calaprice, *The Quotable Einstein* (1996), 182쪽]에서 인용.

17. 멀리 떨어져 있는 시계들을 동기화하는 문제를 논의한 사람들 중에는 찰스 휘트스톤, 윌리엄 쿡, 스코틀랜드의 시계제작자 알렉산더 베인, 미국의 발명가 새뮤얼 F. B. 모스 등이 있다. 휘 트스톤, 쿡, 모스가 시계의 좌표화에 관심을 가진 이유는 전신에 관련된 연구에서 비롯된 것이 다. Welch, *Time Measurement* (1972), 71-72쪽을 볼 것.

18. 1900년 이전의 시계 좌표화에 관한 방대한 연구에 대한 논의로 가령 다음 논문들을 참조할 것. Favarger, "L'Electricité et ses applications à la chronométrie" (1884년 9월-1885년 6월), 특 히 153-58쪽, "Les Horloges électriques" (1917); Ambronn, *Handbuch der Astronomischen In-strumentenkunde* (1899), 특히 제1권, 183-87쪽. 베른 네트워크의 확장에 관해 Gesellschaft für elektrische Uhren in Bern, *Jahresberichte*, 1890-1910, Stadtarchiv Bern 참조.

19. Bernstein, *Naturwissenschaftliche Volksbücher* (1897), 62-64쪽, 100-104쪽. 베른슈타인과 관련 한 유익한 토론에 대해 위르겐 렌(Jürgen Renn)에게 감사한다.

20. Poincaré, "Measure of Time" [1913], 233-34쪽.

21. 같은 글, 235쪽.

22. Poincaré, "La Mesure du temps" (1970), 54쪽. 약간 수정함.

2장

1. Poincaré, "Les Polytechniciens" (1910), 266-67쪽.

2. 같은 글, 268쪽, 272-73쪽.

3. 같은 글, 274-75쪽, 278-79쪽.

4. Cahan, *An Institute for an Empire* (1989), 특히 제1장.

5. 몽주의 가장 중요한 업적인 사영기하학은 교과과정에서 급격히 추락했다. 1800년에 153시간 이던 것이 1842년에는 92시간으로 줄어들었다. 수학적 함수를 엄밀하게 연구하는 해석학은 같 은 시기에 이차적인 역할에서 가장 중요한 역할로 뛰어올랐다. Belhoste, Dahan, Dalmedico,

and Picon, *La formation polytechnicienne* (1994), 20–21쪽; Shinn, *Savoir scientifique et pouvoir social* (1980). 몽주의 사영기하학에 관해 Daston, "Physicalist Tradition" (1986)을 볼 것. 더 일반적인 물리학 교육에 관해 위에 인용한 워릭(Warwick)의 논문들과 Olesko, *Physics as a Calling* (1991) 및 David Kaiser, *Making Theory: Producing Physics and Physicists in Postwar America*, 미출판 박사학위논문, Harvard University, 2000을 볼 것.

6. 코르뉘에 대해 Poincaré, "Cornu" (1910), 특히 106쪽, 120–21쪽을 볼 것. 원래는 1902년 4월에 출판됨 (cf. Laurent Rollet, *Henri Poincaré. Des Mathématiques à la Philosophie. Étude du parcours intellectuel, social et politique d'un mathématicien au début du siècle*, 미출판 박사학위논문, University of Nancy 2, 1999, 409쪽); Cornu, "La Synchronisation électromagnétique" (1894).

7. 테린 신(Terry Shinn)은 당시 교과과정의 특징이 거리를 두긴 했지만 실험에 대한 존중을 나타냈다고 한 반면, 피콩(Picon)은 이에 반대하여 당시는 실험에 더 드러내놓고 적대적이었다고 주장하고 있다. Shinn, "Progress and Paradoxes" (1989); Belhoste, Dahan, Dalmedico, and Picon, *La formation polytechnicienne* (1994), 170–71쪽.

8. 푸앵카레가 어머니에게 보낸 편지 참조. e.g., C76/A74, C97/A131, C112/A150, C114/A152, C116/A162, in *Correspondance de Henri Poincaré* (미출판. Archives—Centre d'Études et de Recherche Henri Poincaré, 2001), 편지의 연도는 1873–74.

9. C79/A92, in *Correspondance de Henri Poincaré* (미출판. Archives—Centre d'Études et de Recherche Henri Poincaré, 2001).

10. Roy and Dugas, "Henri Poincaré" (1954), 8쪽.

11. Nye, "Boutroux Circle" (1979)을 볼 것. 인용은 Laurent Rollet, *Henri Poincaré. Des Mathématiques à la Philosophie. Études du parcours intellectuel, social et politique d'un mathématicien au début du siècle* 미출판 박사학위논문, University of Nancy 2, 1999, 78–79쪽, 특히 79쪽(104쪽 참조)에 있는 Archives—Centre d'Études et de Recherche Henri Poincaré microfilm 3, n.d. (1877년으로 추정)에서 가져온 것임. 과학 논쟁의 한계에 대해 Keith Anderton, *The Limits of Science: A Social, Political and Moral Agenda for Epistemology*, 미출판 박사학위논문, Harvard University, 1993 참조.

12. Calinon, "Étude Critique" (1885), 87쪽.

13. 같은 글, 88–89쪽; 칼리농이 푸앵카레에게 1886년 8월 15일에 보낸 편지. 출처: *Correspondance de Henri Poincaré* (미출판. Archives—Centre d'Études et de Recherche Henri Poincaré, 2001).

14. 칼리농이 푸앵카레에게 1886년 8월 15일에 보낸 편지. 출처: *Correspondance de Henri Poincaré* (미출판. Archives—Centre d'Études et de Recherche Henri Poincaré, 2001).

15. Roy and Dugas, "Henri Poincaré" (1954), 20쪽.

16. 같은 글, 18쪽.

17. 같은 글, 17–18쪽.

18. 같은 글, 23; 푸앵카레가 카엥에서 자리를 얻은 것에 대해 Gray and Walter, *Henri Poincaré* (1997), 1쪽 참조.

19. 푸앵카레의 곡선에 대한 강조는 Gray, "Poincaré" (1992); Gilain, "La théorie qualitative de Poincaré" (1991); Goroff, Poincaré, *New Methods* (1993)의 해제, I9쪽 참조. 푸앵카레와 혼

돈에 관한 두 편의 유용한 논문으로 Gray, "Poincaré in the Archives" (1997) 및 Andersson, "Poincaré's Discovery of Homoclinic Points" (1994)[더 테크니컬함] 등 참조.

20. Goroff, Poincaré, *New Methods* (1993)의 해제, 19쪽. 원래의 출처 Poincaré, "Mémoire sur les courbes" [1881], 376–77쪽. 강조는 인용자의 것임.

21. Poincaré, "Sur les courbes définies par les équations différentielles" [1885], 90쪽; Barrow-Green, "Poincaré" (1997), 34쪽에 영어 번역으로 인용됨.

22. Barrow-Green, "Poincaré" (1997), 51–59쪽.

23. Poincaré, "La Logique et l'intuition" [1889], 132쪽.

24. 미탁-레플러가 푸앵카레에게 1889년 7월 16일에 보낸 편지. *La Correspondance entre Poincaré et Mittag-Leffler* (1999), 편지번호 89.

25. "저는 점근 곡선들이 주기적인 풀이를 나타내는 폐곡선으로부터 모두 벗어나기 때문에 동일한 곡선을 향해 점근적으로 수렴하리라고 생각했었습니다." 푸앵카레가 미탁-레플러에게 1889년 12월 1일에 보낸 편지. *La Correspondance entre Poincaré et Mittag-Leffler* (1999), 편지번호 90.

26. 푸앵카레가 미탁-레플러에게 1889년 12월 1일에 보낸 편지. *La Correspondance entre Poincaré et Mittag-Leffler* (1999), 편지번호 90.

27. 미탁-레플러가 푸앵카레에게 1889년 12월 4일에 보낸 편지. *La Correspondance entre Poincaré et Mittag-Leffler* (1999), 편지번호 92.

28. 바이어슈트라스가 미탁-레플러에게 1890년 3월 8일에 보낸 편지. *La Correspondance entre Poincaré et Mittag-Leffler* (1999), 편지번호 92의 주.

29. 혼돈 현상에 대한 읽기 쉬운 논의로 Ekeland, *Mathematics* (1988) 및 Diacu and Holmes, *Celestial Encounters* (1996) 참조. 그 이후의 그림들은 뒤의 책에서 가져온 것임. 더 전문적인 논의로 Barrow-Green, "Poincaré" (1997) 및 Goroff, Poincaré, *New Methods* (1993) 해제 참조.

30. Poincaré, *New Methods* (1993), 3부 397절, 1059쪽.

31. 혼돈에 대한 포스트모던적인 해석은 가령 Hayles, *Chaos and Order* (1991); Wise and Brock, "The Culture of Quantum Chaos" (1998) 참조; 물리학에 대한 것과 혼돈 물리학과 예술의 연관에 대해 Eric J. Heller, www.ericjhellergallery.com (2002년 6월 19일에 확인함) 참조.

32. Poincaré, "Sur le problème des trois corps" [1890], 490쪽; Poincaré, 프랑스어판 서문 [1892], *New Methods* (1993), xxiv쪽.

33. Poincaré, 프랑스어판 서문 [1892], *New Methods* (1993), xxiv쪽.

34. Poincaré, "Sur les hypothèses fondamentales" [1887], 91쪽.

35. Poincaré, "Non-Euclidean Geometries" [1891], *Science and Hypothesis* (1902), 50쪽, 41–43쪽.

36. Giedymin, *Science and Convention* (1982), 21–23쪽. 인용문은 23쪽.

37. 리만에 관해 가령 cf. A. Gruenbaum, "Carnap's Views" (1963); A. Gruenbaum, *Geometry and Chronometry* (1968). 푸앵카레가 참조한 헬름홀츠에 대해 Gerhard Heinzmann, "Foundations of Geometry," *Science in Context* 14 (2001), 457–70쪽. 푸앵카레가 조르당이나 에르미트와 같은 당시의 문헌들에서 인용한 수학적 규약주의의 읽기 목록에 대해 Gray and Walter, Introduction, in *Henri Poincaré* (1997), 20쪽 참조.

38. Poincaré, "Non-Euclidean Geometries" [1891], *Science and Hypothesis* (1902), 50쪽, 강조는 인용자의 것임.

3장

1. Duc Louis Decazes, in *Documents diplomatiques* (1875), 36쪽 참조. 표준화의 도덕과 기술사를 모두 다룬 탁월한 입문으로 Wise, ed., *Precision* (1995) 참조. 더 심화된 참고문헌으로 Simon Schaffer, M. Norton Wise, Graham Gooday, Ken Alder, Andrew Warwick, Frederic Holmes, Kathryn Olesko 등의 논문 참조. 미터 단위를 확정하기 위한 원래의 원정에 대해 Alder, *Measure* (2002) 참조.

2. J.B.A. Dumas, in *Documents diplomatiques* (1875), 121–30쪽, 특히 126–27쪽.

3. Guillaume, "Travaux du Bureau International des Poids et Mesures" (1890).

4. Comptes rendus des séances de la première conférence générale des poids et mesures, Poincaré, "Rapport" (1897). M을 묻은 뒤 측량학적 탐구의 방향은 다른 절차를 채택하는 쪽으로 이동했다. 특정한 빛의 파장이 길이의 표준이 되고, 미터원기 대신 크립톤 원자의 파장이 사용되었다. (1960년에 열린 제11차 국제도량형총회에서 1미터를 진공 속 크립톤–86 원자의 스펙트럼 중 주황색–적색 파장의 1,650,763.73배로 정의했다. 1983년의 제17차 국제도량형총회에서는 1미터를 빛이 299,792,458분의 1초 동안 가는 거리로 다시 정의했다._옮긴이) 측량학이 분광학, 천체물리학, 광학과 융합되는 과정을 탁월하게 추적한 연구로 다음 참조. Charlotte Bigg, *Behind the Lines. Spectroscopic Enterprises in Early Twentieth Century Europe*, 미출판 박사학위 논문, esp. Part II, University of Cambridge, 2002 및 Staley, "Traveling Light" (2002).

5. "Le Nouvel étalon du mètre" (1876).

6. *Le Temps*, 1889년 9월 28일, 1쪽.

7. 가령 다음 문헌 참조. *Comptes rendus de l'Académie des Sciences*: Violle, "Sur l'alliage du kilogramme" (1889); Larce, "Sur l'extension du système métrique" (1889); Bosscha, "Études relatives à la comparaison du mètre international" (1891); Foerster, "Remarques sur le prototype" (1891), 414쪽.

8. "Extrait du Rapport du Chef du Service Technique," Ponts et Chaussées, 1881년 3월 5일. Archives de la Ville de Paris, VONC 219.

9. Dohrn–van Rossum, *History of the Hour* (1996), 272쪽.

10. "Conseil de l'Observatoire de Paris, Présidence de M. Le Verrier" [1875년]; Le Verrier to M. le Préfet [1875년 1월 추정], 둘 다 Archives de la Ville de Paris, VONC 219.

11. "Projet d'Unification de l'heure dans Paris. Rapport de la Commission des horloges," 1879년 1월 22일. Archives de la Ville de Paris, VONC 219.

12. Tresca, "Sur le réglage électrique de l'heure" (1880); Ingénieur en Chef, Adjoint aux Travaux de Paris, "Quelques Observations en Réponse au Rapport du 25 Novembre, 1880." Archives de la Ville de Paris, VONC 3184, 6쪽.

13. 가령 다음 편지 참조. 콜린(G. Collin)이 윌리엇(M. Williot)에게 1882년 9월 23일에 보낸 편지; 콜린이 크레티엔(M. Chrétien)에게 1883년 4월 10일에 보낸 편지; 둘 다 Archives de la Ville de Paris, VONC 219.

14. Breguet, "L'unification de l'heure" (1880); 파리의 시간 좌표화에 대해서는 다음 참조. David Aubin, "Fading Star," 근간.

15. 파이(M. Faye)가 파리 노동청장에게 1889년 1월 16일에 보낸 공문. Archives de la Ville de

Paris, VONC 219.

16. Nordling, "L'Unification" (1888), 193쪽.

17. 같은 글, 198쪽, 200-201쪽, 202쪽.

18. 같은 글, 211쪽.

19. Sobel, *Longitude* (1995) 및 Bennett, "Mr. Harrison" (2002).

20. G. P. 본드(G. P. Bond)가 A. D. 배치(A. D. Bache, Supt USCS)에게 1854년 2월 28일에 보낸 편지. Harvard University Archives, Harvard College Observatory, Cambridge, MA. Chronometric Expedition, letters, reports, miscellany; Box 1: Reports.

21. W. C. Bond, "Report of the Director" (1850년 12월 4일).

22. W. C. Bond, "Report of the Director" (1851년 12월 4일), clvi-clvii쪽; G. P. 본드가 A. D. 배치에게 1851년 10월 22일에 보낸 편지. 두 문서 모두 Harvard University Archives, Harvard College Observatory, Cambridge, MA. Chronometric Expedition, letters, reports, miscellany; Box 1: Reports에 있음.

23. Stephens, "Partners in Time" (1987), 378쪽.

24. Stephens, "'Reliable Time'" (1989), 17쪽에서 재인용; 19쪽, Shaw, *Railroad Accidents* (1978), 31-33쪽.

25. Bartky, *Selling Time* (2000), 64쪽.

26. "Report of the Director" (1853), clxxi쪽.

27. 개인 천문대에 관한 문헌들은 매우 방대하다. 그중 시간 좌표화에서 개인 천문대의 다양한 역할을 정리한 것 중 가장 유용한 것은 Bartky, *Selling Time* (2000)이다. 미국의 사례에 집중하고 있다.

28. Jones and Boyd, "The First Four Directorships" (1971), 160쪽; Boston & Providence Railroad, Boston & Lowell, Eastern Railroad Company, Boston and Maine Co., etc.와의 협약. Harvard University Archives, Harvard College Observatory, Cambridge, MA. Observatory Time Service, 1877-92. Box 1, folder 7.

29. "Historical Account" (1877), 22-23쪽.

30. Pickering, 같은 곳, *Annual Report of the Director* (1877), 10-11쪽.

31. 하버드 대학 천문 관측소 소장 에드워드 C. 피커링(Edward C. Pickering) 교수의 조수였던 레너드 월도(Leonard Waldo)의 보고서, 1877년 11월 20일. Pickering, *Annual Report* (1877), 28-36쪽. Appendix C.

32. 로드아일랜드 골판지 회사의 경영주인 조지 H. 클라크(George H. Clark)가 케임브리지 천문대 소장에게 1877년 5월 16일에 보낸 편지. Harvard University Archives, Harvard College Observatory, Cambridge, MA. Correspondence re: Time Signals. Folder 2.

33. Waldo, "Appendix C" (1877), 28-29쪽.

34. 같은 글, 33-34쪽.

35. 찰스 테스크가 레너드 월도에게 1878년 7월 12일, 8월 5일, 8월 15일, 11월 11일에 보낸 편지. Harvard University Archives, Harvard College Observatory, Cambridge, MA. Correspondence re: Time Signals. Folder 1.

36. 레너드 월도가 1878년 11월 1일에 연례보고서로 소장에게 보낸 수기 보고서. Harvard Univer-

sity Archives, Harvard College Observatory, Cambridge, MA. Observatory Time Service, 1877–92. Box 1, folder 8.

37. 찰스 테스크가 레너드 월도에게 보낸 편지. 1878년 12월 (일자 미상) 및 1879년 4월 15일. Harvard University Archives, Harvard College Observatory, Cambridge, MA. Correspondence re: Time Signals. Folder 1; "Law of Connecticut, approved March 9, 1881." Statutes of Conn., 1881, Ch. XXI. Harvard University Archives, Harvard College Observatory, Cambridge, MA. Observatory Time Service, 1877–92. Box 1, folder 6; S. M. 셀던(S. M. Seldon, 뉴욕 및 뉴잉글랜드 RR 회사의 지배인)이 W. F. 앨런에게 1883년 3월 23일에 보낸 편지. William F. Allen Papers, New York Public Library Archives, New York City, NY. Incoming Correspondence: Box 3, book 1.

38. T. R. 웰리스(T. R. Welles)가 L. 월도에게 1877년 12월 5일에 보낸 편지. Harvard University Archives, Harvard College Observatory, Cambridge, MA. Correspondence re: Time Signals. Folder 2.

39. *Proceedings of the American Metrological Society* (1878), 37쪽.

40. Bartky, "Adoption of Standard Time" (1989), 34–39쪽.

41. "Report of Committee on Standard Time" (1879년 5월), 27쪽.

42. 같은 곳.

43. W. F. 앨런이 클리블랜드 애비에게 1879년 6월 13일에 보낸 편지. William F. Allen Papers, New York Public Library Archives, New York City, NY. Outgoing Correspondence: Box 3, book VII, 1쪽; 두 개의 시간 규약(Time Convention)이 1886년에 병합되어 미국철도협회 (American Railway Association, 나중에 Association of American Railroads로 개칭)가 되었다. Bartky, "Invention of Railroad Time" (1983), 13쪽 참조.

44. 클리블랜드 애비가 W. F. 앨런에게 1879년 6월 14일에 보낸 편지. William F. Allen Papers, New York Public Library Archives, New York City, NY. Incoming Correspondence: Box 3, book I.

45. 찰스 다우드는 나중에 채택된 시스템과 그리 다르지 않은 시스템을 염두에 두고 있었다. 그러나 1879년 다우드가 앨런에게 '국가 시간'에 대한 아이디어를 설명하는 논문을 준비해줄 수 있는지 물어보자, 앨런은 머뭇거리면서 개입할 여지가 없다고 대답했다. 찰스 F. 다우드가 W. F. 앨런 에게 1879년 10월 30일에 보낸 편지. William F. Allen Papers, New York Public Library Archives, New York City, NY. Incoming Correspondence: Box 3, book I; W. F. 앨런이 다우 드에게 1879년 12월 9일에 보낸 편지. William F. Allen Papers, New York Public Library Archives, New York City, NY. Outgoing Correspondence: Book VII. 편지들은 Dowd, *Charles F. Dowd* (1930), IX에 재수록되었음.

46. 플레밍에 관해 Blaise, *Time Lord* (2000)를 참조할 것; Creet, "Sandford Fleming" (1990); 더 이전의 문헌으로는 Burpee, *Sandford Fleming* (1915)이 있다. 인용 출처는 Fleming, "Terrestrial Time" (1876), 1쪽.

47. Fleming, "Terrestrial Time" (1876), 14–15쪽.

48. 같은 글, 31쪽, 22쪽, 36–37쪽.

49. Fleming, "Longitude" (1879), 53–57쪽; 프랑스의 입장에 대한 공격은 63쪽 참조.

50. 클리블랜드 애비(U.S. Signal Office)가 샌드퍼드 플레밍에게 1880년 3월 10일에 보낸 편지. 바너드가 플레밍에게 1880년 3월 18일, 4월 6일, 1881년 4월 29일에 보낸 편지. All Barnard to Fleming letters Sandford Fleming Papers, National Archives of Canada, Ottawa, Ontario, MG 29 B1 Vol 3. File: Baring-Barnard. For Barnard showing a watch, *Proceedings of the American Metrological Society* (1883) 참조.

51. 바너드가 플레밍에게 1881년 6월 11일에 보낸 편지. Sandford Fleming Papers, National Archives of Canada, Ottawa, Ontario, MG 29 B1 Vol 3. File: Baring-Barnard; Smyth, "Report to the Board of Visitors" (1871), R12-R20쪽, 특히 R19쪽; 스마이드의 업적에 대한 바너드의 더 일반적인 반응은 Barnard, "The Metrology" (1884) 참조. 스마이드의 자연신학적 측량학은 Schaffer, *Metrology* (1997)를 볼 것.

52. 에어리가 바너드에게 1881년 7월 12일에 보낸 편지. Fleming Papers, vol. 3, folder 19.

53. 바너드가 플레밍에게 1881년 8월 19일, 9월 3일, 9월 8일에 보낸 편지. 인용문은 9월 3일자 편지임. Sandford Fleming Papers, National Archives of Canada, Ottawa, Ontario, vol. 3, folder 19. 톰슨이 의장으로 임명된 아수라장은 Barnard, "A Uniform System" (1882) 참조.

54. 존 로저즈가 헤이즌(Hazen)에게 1881년 6월 11일에 보낸 편지. United States Naval Observatory LSM vol. 4.

55. "Report of the Committee" [December 1882].

56. H. S. 헤인즈 대령(H. S. Haines, 찰스턴 & 사바나 철도회사 지배인)이 W. F. 앨런에게 1883년 3월 12일에 보낸 편지. William F. Allen Papers, New York Public Library Archives, New York City, NY. Incoming Correspondence: Box 3, book I, 72쪽.

57. Allen, *Report on Standard Time* (1883), 2-6쪽. W. F. Allen, Scrapbook, at Widener Library Harvard University.

58. Allen, *Report on Standard Time* (1883), 5쪽.

59. 같은 글, 6쪽.

60. 편지와 전신의 개수의 출처는 Allen, "History" (1884), 42쪽; 여러 도시들에서 운영되는 시간과 노선의 개수의 출처는 Bartky, "Invention of Railroad Time" (1983), 20쪽.

61. 센트럴 버몬트 철도회사의 F. C. 누넨마허(F. C. Nunenmacher)가 W. F. 앨런에게 1883년 11월 23일에 보낸 편지. William F. Allen Papers, New York Public Library Archives, New York City, NY. Incoming Correspondence: Box 5, book IV, 158쪽; E. 리처드슨(E. Richardson)이 필라델피아의 출판사 D. D. Jayne and Son을 대변하여 W. F. 앨런에게 1883년 12월 5일에 보낸 편지. William F. Allen Papers, New York Public Library Archives, New York City, NY. Incoming Correspondence: Box 5, book V, 48쪽.

62. 가령 A. A 탈메이지 대령(A. A Talmage, 미주리 태평양 철도회사 수송지배인)의 전신 참조. Allen, "History" (1884), 42쪽; 센트럴 버몬트 철도회사의 S. W. 커밍스(S. W. Cummings)가 W. F. 앨런에게 1883년 11월 26일에 보낸 편지. William F. Allen Papers, New York Public Library Archives, New York City, NY. Incoming Correspondence: Box 5, book V, 18쪽; 조지 크로커(George Crocker, Asst. Supt., Central Pacific R. R. San Francisco)가 W. F. 앨런에게 1883년 10월 8일에 보낸 편지. William F. Allen Papers, New York Public Library Archives, New York City, NY. Incoming Correspondence: Box 4, book II, 97쪽.

63. 피치버그 철도의 총괄감독 존 애덤스(John Adams)가 W. F. 앨런에게 1883년 10월 2일에 보낸 편지. William F. Allen Papers, New York Public Library Archives, New York City, NY. Incoming Correspondence: Box 4, book II, 68쪽; W. F. 앨런이 존 애덤스에게 1883년 10월 4일에 보낸 편지. William F. Allen Papers, New York Public Library Archives, New York City, NY. Incoming Correspondence: Box 3, book VII, 299쪽.

64. *Proceedings of General Time Convention* (1883년 10월 11일).

65. 같은 글.

66. 미국과 캐나다는 다음 참조. *Proceedings of the Southern Railway Time Convention* (1883년 10월 17일).

67. *Proceedings of the General Time Convention* (1883년 10월 11일).

68. W. F. 앨런이 프랭클린 에드슨 시장에게 뉴욕 시간을 75번째 자오선으로 옮기길 요청하고 에드슨이 앨더만에게 이를 1883년 10월 24일에 전달했다. J. S. Allen, ed., *Standard Time* (1951), 17쪽.

69. 1883년 11월 7일, J. S. Allen, ed., *Standard Time* (1951), 18쪽.

70. 바너드가 플레밍에게 1883년 10월 22일에 보낸 편지. Fleming Papers.

71. de Bernardières, "Déterminations télégraphique" (1884). 드베르나르디에르에 관해 다음 참조. *Dossier sur Octave, Marie, Gabriel, Joachim de Bernardières*, 1886년 11월. Archives of the Service historique de la marine, Vincennes, No. 2879.

72. 그림. 더 상세한 것은 www.porthcurno.org.uk/refLibraray/Construction.html. (2002년 2월 14일에 확인함) 참조.

73. Green, *Report on Telegraphic Determination* (1877), 9–10쪽.

74. *Report of the Superintendent of Coast Survey* (1861), 23쪽.

75. 미국 남북전쟁이 발발하기 전에는 이 과정이 임시방편적이었다. 가령 뉴욕 올버니의 더들리 관측소는 뉴욕시까지의 상대적 거리를 구하려는 목적으로 관측소 부지 위에 조립한 작은 목조건물부터 뉴욕시의 2번로 11번가에 있는 천문학자 루이스 M. 러더퍼드(Lewis M. Rutherfurd)의 사택까지 전선을 연결했다. B. A. Gould with observers George W. Dean with Edward Goodfellow, A. E. Winslow & A. T. Mosman, appendix 18, 출처: *Report of the Superintendent of the Coast Survey* (1862), 221–23쪽.

76. *Report of the Superintendent of the Coast Survey* (1864)의 서론 참조; 같은 글 Gould, appendix 18, 154–56쪽; *Report of the Superintendent of the Coast Survey* (1866), 특히 21–23쪽.

77. *Report of the Superintendent of the Coast Survey* (1867), 특히 1–8쪽, 같은 글 Gould, appendix 14, 150–51쪽.

78. *Report of the Superintendent of the Coast Survey* (1867), 60쪽.

79. 가령 Prescott, History (1866), 특히 XIV장 참조; Finn, "Growing Pains at the Crossroads" (1976); and Provincial Historic Site, "Heart's Content Cable Station" (www.lark.ieee.ca/library/hearts-content/historic/provsite.html, 2002년 4월 8일에 확인함).

80. 굴드의 미국에서의 초기 작업과 영국 기술의 채택에 대해서는 다음을 참조. Bartky, *Selling Time* (2000), 61–72쪽. 대서양을 연결하는 작업은 다음을 참조. Gould, in *Report of the Superintendent of the Coast Survey* (1869), 60–67쪽.

81. Gould, in *Report of the Superintendent of the Coast Survey* (1869), 61쪽.

82. Gould, in *Report of the Superintendent of the Coast Survey* (1869), 63쪽, 65쪽.

83. *Report of the Superintendent of the Coast Survey* (1873), 16–18쪽; appendix 18 in *Report of the Superintendent* (1877), 163–64쪽. Triangle in 같은 글, 164쪽.

84. Green, *Report on the Telegraphic Determination* (1877).

85. Green, Davis, and Norris, *Telegraphic Determination of Longitudes* (1880).

86. 같은 글, 8쪽.

87. 같은 글, 9쪽.

88. Davis, Norris, and Laird, *Telegraphic Determination of Longitudes* (1885), 10쪽.

89. 같은 글, 9쪽.

90. de Bernardières, "Déterminations télégraphiques" (1884).

91. La Porte, "Détermination de la longitude" (1887).

92. Rayet and Salats, "Détermination de la longitude" (1890), B2쪽.

93. Annex III in *International Conference at Washington* (1884), 210쪽.

94. *Septième Conférence Géodésique Internationale* (1883), 8쪽.

95. *International Conference at Washington* (1884), 24쪽.

96. 같은 글, 37쪽.

97. 같은 글, 39–41쪽, 인용문은 39쪽.

98. 같은 글, 41쪽.

99. 같은 글, 42–47쪽, 인용문은 47쪽.

100. 같은 글, 42쪽, 44쪽, 49–50쪽.

101. 같은 글, 51쪽.

102. 같은 글, 52–54쪽.

103. 같은 글, 54쪽.

104. 같은 글, 62–64쪽, 인용문은 64쪽.

105. 같은 글, 65–68쪽, 인용문은 65쪽, 67쪽, 68쪽.

106. 같은 글, 68–69쪽.

107. 같은 글, 76–80쪽.

108. 같은 글. 르페브르는 91–92쪽; 미터법 채택은 92–93쪽; 톰슨은 94쪽; 투표는 99쪽 참조.

109. 같은 글, 141쪽.

110. 같은 글, 159쪽, 180쪽.

111. 프랑스 혁명력의 역사에 대해서는 다음을 참조. Baczko, "Le Calendrier républicain" (1992); Ozouf, "Calendrier" (1992).

112. *International Conference at Washington* (1884), 183–188쪽, 인용문은 184쪽.

4장

1. Janssen, "Sur le Congrès" (1885), 716쪽.

2. 1890년 파리 전신 협약에 모인 사람들은 세계 전체가 본초자오선의 시계에 나타나는 시간을 채택해야 한다고 주장했다. cf. *Documents de la Conférence Télégraphique* (1891), 608–9쪽.

3. Howard, *Franco-Prussian War* (1979), 인용문은 2쪽. 43쪽도 참조.

4. Bucholz, *Moltke* (1991), 2장 및 3장, 특히 146–47쪽; 또한 Bucholz, *Moltke and the German Wars* (2001), 72–73쪽, 110–11쪽, 162–63쪽.

5. 균일 시간의 확립에 대한 논의로 다음 참조. Kern, *Culture* (1983), 11–14쪽; Howse, *Greenwich* (1980), 119–20쪽. 사이먼 섀퍼는 "타임머신"(Simon Schafferi "Metrology," 1997)에서 웰스 (Wells)의 타임머신을 활용하여 19세기가 20세기로 바뀔 무렵의 기계공 작업장과 시간에 대한 문학적 및 과학적 참여가 만나는 장면을 분석하고 있다.

6. Moltke, "Dritte Berathung des Reichshaushaltsetats" (1892), 38–39쪽, 40쪽; 영어번역: Sandford Fleming, "General von Moltke on Time Reform" (1891), 25–27쪽.

7. Fleming, "General von Moltke on Time Reform" (1891), 26쪽.

8. Newspaper clippings from the Cambridge University Library, including P.S.L, "Fireworks at the Royal Observatory," *Castle Review* (n.d.); Nigel Hamilton, "Greenwich: Having a Go at Astronomy," *Illustrated London News* (1975); Philip Taylor, "Propaganda by Deed—the Greenwich Bomb of 1894" (n.d.). Conrad, *Secret Agent* (1953), 28–29쪽.

9. Lallemand, *L'unification internationale des heures* (1897), 5–6쪽.

10. 같은 글, 7쪽.

11. 같은 글, 8쪽, 12쪽.

12. 같은 글, 17쪽, 18쪽, 22–23쪽.

13. Poincaré, "Rapport sur la proposition des jours astronomique et civil" [1895].

14. President of the Bureau of Longitude, 1897년 2월 15일, *Décimalisation du temps et de la circonférence*, executing an order of the Minister of Public Instruction, 2 October 1896. From Archives Nationales, Paris.

15. *Commission de décimalisation du temps*, 1897년 3월 3일.

16. 같은 글, 3쪽.

17. 같은 글, 3쪽.

18. 노블메르가 로위 국장에게 1897년 3월 6일에 보낸 편지; *Commission de décimalisation du temps*, 5쪽에 수록.

19. 베르나르디에르가 경도국 사무총장에게 1897년 3월 1일에 보낸 편지. *Commission de décimalisation du temps*, 1897년 3월 3일, 7쪽에 수록.

20. Bureau de la Société francaise de Physique to M. le Ministre du Commerce, 1897년 4월 22일에 Conseil de la Société가 승인; Janet, "Rapport sur les projets de réforme" (1897), 10쪽에 재수록.

21. 여기에 언급된 4의 인수 외에 원주를 400부분으로 나누면, 6의 인수를 하루 24시간으로 변환할 때 원주를 400눈금으로 나누게 된다. (24를 400으로 나누면 6의 배수가 된다.) 마지막 인수 9는 이전의 각을 새로운 각으로 변환할 때 도입된다. 360을 곱하고 400으로 나누어야 하기 때문이다. 이 표는 Poincaré, "Rapport sur les résolutions" (1897), 7쪽에 재수록되어 있다.

22. 사로통 시스템은 Sarrauton, *Heure décimale* (1897)에 수록되어 있으며, 사로통의 투고문은 1896년 4월로 되어 있다.

23. *Commission de décimalisation du temps*, 7 April 1897, 3쪽.

24. Cornu, "La Décimalisation de l'heure" (1897).

25. 같은 글, 390쪽.

26. Poincaré, "La décimalisation de l'heure" [1897], 678쪽, 679쪽.

27. Note pour Monsieur le Ministre, 29 November 1905, Archives Nationales, Paris, F/7/2921.

28. Sarrauton, *Deux Projets de loi*, addressed to Loewy at the Bureau des Longitudes, 25 April 1899, Observatoire de Paris Archives, 1쪽, 7쪽, 8쪽.

29. La Grye, Pujazon, and Driencourt, *Différences de longitudes* (1897), A3쪽.

30. Headrick, *Tentacles* (1988), 110–13쪽.

31. La Grye, Pujazon, and Driencourt, *Différences de longitudes* (1897), A6쪽.

32. 같은 글, A13쪽, 인용문은 A84쪽.

33. La Grye, Pujazon, and Driencourt, *Différences de longitudes* (1897), A135–36쪽.

34. Headrick, *Tentacles* (1988), 115–16쪽.

35. 파리-런던 경도 경쟁에 대한 논의는 Christie, *Telegraphic Determinations* (1906), v–viii쪽 및 1–8쪽과 거기에 인용된 참고문헌을 볼 것. 경도를 다시 결정해야 할 필요성에 대해서는 1898년 파리에서 열린 국제 측지학 학술회의를 참조.

36. 1892–1893년의 강연들은 Poincaré, *Oscillations Electriques* (1894)에 재수록되어 있다. 같은 글, "Etude de la propagation" [1904], 해저의 경우는 454쪽 참조.

37. *Report of the Superintendent of the Coast Survey* (1869), 116쪽.

38. Loewy, Le Clerc, and de Bernardières, "Détermination des différences de longitude" (1882), A26쪽, A203쪽.

39. Rayet and Salats, "Détermination de la longitude" (1890), B100쪽.

40. La Grye, Pujazon, and Driencourt, *Différences de longitudes* (1897), A134쪽.

41. Calinon, *Étude sur les diverses grandeurs* (1897), 20–21쪽.

42. Calinon, *Étude sur les diverses grandeurs* (1897), 23쪽, 26쪽. 에콜폴리테크니크 출신의 쥘 앙드라드(Jules Andrade)는 물리학의 기초를 다룬 자신의 저서 *Leçons de méchanique physique* (Paris, 1898), 2쪽에서 같은 말("허용될 수 있는 시계는 무수히 많이 존재한다")을 했다. 이 저서는 1897년 9월 4일에 탈고했다. 푸앵카레는 「시간의 척도」에서 이 책도 인용하면서 어느 한 시계를 선택하고 다른 시계를 선택하지 않는 것은 그 시계가 올바로 작동하고 다른 시계가 잘못 작동되기 때문이 아니라 단지 편리의 문제일 뿐이라는 주장을 지지했다. 푸앵카레는 동시성에 대해 정량적인 '과학적' 개념을 추구한 반면, 베르그송은 시간에 대한 정성적 경험에 주된 관심을 가졌으며, 베르그송의 「시간과 자유의지」([1889], 2001)는 시간의 의미에 초점을 맞추었다.

43. Note pour Monsieur le directeur, 1900년 3월 20일. Archives Nationales, Paris, F/17/13026. 마르티나 스키아본(Martina Schiavon)은 방대한 문서 연구인 "*Savants officiers*" (2001)에서 군대, 측량, 과학자 장교의 역할을 추적했다. 식민주의와 측량에 대한 잘 짜인 연구로 Burnett, *Masters* (2000) 및 그 참고문헌 목록 참조.

44. *Comptes rendus de l'Association Géodésique Internationale* (1899), 1898년 10월 3–12일, 130–33쪽, 143–44쪽; 푸앵카레의 논평은 *Comptes rendus de l'Académie des Sciences* 131 (1900), 7월 23일 월요일, 218쪽 참조.

45. Headrick, *Tentacles* (1988), 116–17쪽.

46. Poincaré, "Rapport sur le projet de revision" (1900), 219쪽.

47. 같은 글, 221–22쪽.

48. 같은 글, 225–26쪽.

49. *Comptes rendus de l'Association Géodésique Internationale* (1901), 1900년 9월 25일부터 10월 6일까지, 10월 4일 세션. 또한 Bassot, "Revision de 1'arc" (1900), 1275쪽 참조.

50. *Comptes rendus de l'Académie des Sciences* 134 (1902) 965–66쪽, 968쪽, 969쪽, 970쪽.

51. *Comptes rendus de l'Académie des Sciences* 136 (1903), 861쪽.

52. *Comptes rendus de l'Académie des Sciences* 136 (1903), 861–62쪽.

53. *Comptes rendus de l'Académie des Sciences* 136 (1903), 862쪽, 868쪽; 기준점의 파괴에 관해 *Comptes rendus de l'Académie des Sciences* 138 (1904), 1014–15쪽 (1904년 4월 25일 월요일); 원주민 정보원에 관해 *Comptes rendus de l'Académie des Sciences* 140 (1905), 998쪽 및 999쪽 (1905년 4월 10일 월요일); 인용문 출처는 *Comptes rendus de l'Académie des Sciences* 136 (1903), 871쪽.

54. Laurent Rollet, *Henri Poincaré. Des Mathématiques à la Philosophie. Étude du parcours intellectuel, social et politique d'un mathématicien au début du siècle*, 미출판 박사학위논문, University of Nancy 2, 1999, 165쪽.

55. Poincaré, "Sur les Principes de la mécanique"; 원래의 출처는 *Bibliothèque du Congrès international de philosophie* III, Paris (1901), 457–94쪽. Poincaré, *Science and Hypothesis* [1902], 6장, 90쪽에 수정되어 재수록.

56. Poincaré, "The Classic Mechanics," in *Science and Hypothesis* [1902], 6장, 110쪽, 104–05쪽.

57. Poincaré, "Hypotheses in Physics"; 원래는 "Les relations entre la physique expérimentale et la physique mathématique" in *Revue générale des sciences pures et appliquées* 11 (1900), 1163–75쪽; *Science and Hypothesis* [1902], 9장, 144쪽에 재수록.

58. Poincaré, "Intuition and Logic in Mathematics"; 원래는 "Du rôle de l'intuition et de la logique en mathématiques," in *Comptes Rendus du deuxième Congrès international des mathématiciens tenu à Paris du 6-12 août 1900*; Poincaré, *Foundations of Science* (1982), 210–11쪽에 재수록.

59. Poincaré, "La théorie de Lorentz" [1900], 464쪽.

60. Lorentz, *Versuch einer Theorie* [1895].

61. Poincaré, *Electricité et optique* [1901], 530–32쪽.

62. 크리스티가 푸앵카레에게 1899년 8월 3일에 보낸 편지. 크리스티가 로위에게 1898년 12월 1일에 보낸 편지. 크리스티가 1899년 2월 9일에 바소 대령(Directeur du Service Géographique de l'armée)에게 보낸 편지. Observatoire de Paris, ref. X5, C6. 푸앵카레가 크리스티에게 1899년 6월 23일, 1899년 8월 9일에 보낸 편지 및 날짜 미상(1899년 8월 9일 이후로 추정)의 편지. 출처는 Christie Papers, Cambridge University Archives, MSS RGO 7/261.

63. Poincaré, "La théorie de Lorentz" [1900], 483쪽.

64. 가령 A와 B가 거리 AB만큼 떨어져 있을 때, B가 A에게 12시 정각에 신호를 보낸다고 하자. B는 자신의 시계를 12시 정각에 전송 시간을 더한 값으로 맞추어야 한다(보통의 과정). 그러나 왼쪽으로 가는 방향의 속력은 $c+v$이므로 순풍 방향의 전송 시간 t(순풍)는 AB/$(c+v)$이며, 마찬가지로 역풍 방향의 전송 시간은 AB/$(c-v)$이다. '진짜' 전송 시간은 왕복 시간의 절반인 $1/2[t$(순풍)$+t$(역풍)$]$이다. 반면 겉보기 전송 시간은 t(역풍)과 같다. 따라서 겉보기 전송 시

간을 씀으로써 생기는 오차는 진짜 전송 시간과 겉보기 전송 시간의 차로 주어진다. 즉, 오차 $=1/2[t(순풍)+t(역풍)]-t(역풍)$ 앞에서 말한 $t(역풍)$과 $t(순풍)$의 정의를 사용하면 오차$=1/2[AB/(c+v)-AB/(c-v)]=1/2AB(c+v-c+v)/(c^2-v^2)=\sim ABv/c^2$. 다리골은 대부분의 상대성이론의 역사를 연구하는 사람들이 국소시간에 대해 이와 같이 시계 좌표화로 해석하는 것을 무시해왔다고 제대로 지적하고 있다. Darrigol, *Electrodynamics* (2000), 359-60쪽; 또한 Miller, *Einstein, Picasso* (2001), 200-15쪽 참조; 더 확장된 참고문헌은 Stachel, *Einstein's Collected Papers*, vol. 2 (1989), 308n쪽 참조.

65. *Poincaré et les Physiciens*, 미출판 편지 모음. Henri Poincaré Archive: Annexe 3, document 205, 1902년 1월 31일.

66. *Poincaré et les Physiciens*, 미출판 편지 모음. Henri Poincaré Archive: Annexe 3, document 205, 1902년 1월 31일.

67. Poincaré, *The Foundations of Science* (1982), 352쪽.

68. Henri Rollet, *Henri Poincaré. Des Mathématiques à la Philosophie. Études du parcours intellectuel, social et politique d'un mathématicien au début du siècle*, 미출판 박사학위논문, University of Nancy 2, 1999, 249ff쪽, 인용문은 263쪽; Débarbat, "An Unusual Use" (1996)도 참조.

69. Poincaré, "Le Banquet du 11 Mai" (1903), 63쪽.

70. 같은 글, 63-64쪽.

71. Débarbat, "An Unusual Use" (1996), 52쪽.

72. Darboux, Appell, and Poincaré, "Rapport" (1908), 538-49쪽.

73. Poincaré, "The Present State and Future of Mathematical Physics," 원 출처는 "L'État actuel et l'avenir de la physique mathématique" [1904년 9월 24일, Congress of Arts and Science at St. Louis, Missouri], in *Bulletin des Sciences Mathématiques* 28 (1904), 302-24쪽. Poincaré, *Valeur de la Science* (1904), 123-47쪽에 재수록, 인용문은 123쪽.

74. Poincaré, "The Present State" [1904], 128쪽.

75. 같은 곳.

76. 같은 글, 133쪽. 강조는 인용자. 번역문 수정: 프랑스어 *en retard*는 "이후 시간으로 치우쳐"라는 뜻이다. 시계가 더 느리게 움직인다는 의미로 '느려지는' 것이 아니다.

77. 같은 글, 142쪽, 146-47쪽. *Poincaré et les Physiciens*, 미출판 편지 모음 Henri Poincaré Archive: document 124쪽, 191-93쪽, 푸앵카레가 로렌츠에게 보낸 편지. 날짜는 미상이지만 푸앵카레가 생루이에서 돌아온 뒤 얼마 지나지 않은 때이다.

78. Lorentz, "Electromagnetic phenomena" (1904).

79. Poincaré, "Les Limites de la loi de Newton" (1953-54), 220쪽, 222쪽.

80. Poincaré, "La Dynamique de l'électron" [1908], 567쪽.

81. Poincaré, "Sur la Dynamique," reprinted in his *Mécanique Nouvelle* (1906), 22쪽; Miller, *Einstein* (1981)에서 논의되었다.

82. *Poincaré et les Physiciens*, 미출판 편지 모음 Henri Poincaré Archive: 편지번호 127, 로렌츠가 푸앵카레에게 1906년 3월 8일에 보낸 편지.

5장

1. 스위스에서 시간에 관련된 탁월한 업적에 대해 Messerli, *Gleichmässig, pünktlich, schnell* (1995), 특히 5장 참조. 마테우스 힙의 상세한 평전은 다음을 볼 것. de Mestral, *Pionniers suisses* (1960), 9–34쪽; Weber and Favre, "Matthäus Hipp" (1897); Kahlert, "Matthäus Hipp" (1989). 힙과 천문학자 히르쉬의 관계, 그리고 시간과 동시성 정밀성의 새로운 기술이 실험심리학과 천문학을 연결시키는 다양한 방식에 대해 Canales, "Exit the Frog" (2001); Schmidgen, "Time and Noise" (2002); 및 Charlotte Bigg, *Behind the Lines. Spectroscopic Enterprises in Early Twentieth Century Europe*, 미출판 박사학위논문, University of Cambridge, 2002 참조.

2. 마테우스 힙에 관해 Kahlert, "Matthäus Hipp" (1989). 란데스(Landes)의 *Revolution in Time* (1983), 237–337쪽은 스위스 시계 산업에 대해 뛰어난 연구이다. 다만 그는 네트워크보다는 시계 생산에 초점을 맞추고 있다.

3. Favarger, *L'Électricité* (1924), 408–09쪽 참조.

4. "Die Zukunft der oeffentlichen Zeit-Angaben" (1890년 11월 12일); Merle, "Tempo!" (1989), 166–78쪽. Dohrn-van Rossum, *History of the Hour* (1996), 350쪽에서 재인용.

5. Favarger, "Sur la Distribution de l'heure civile" (1902).

6. 같은 글, 199쪽.

7. 같은 글, 200쪽.

8. 같은 글, 201쪽.

9. Kropotkin, *Memoirs* (1989), 287쪽.

10. Favarger, "Sur la Distribution de l'heure civile" (1902), 202쪽.

11. 같은 글, 203쪽.

12. 같은 글. Jakob Messerli, *Gleichmässig Pünktlich Schnell* (1995), 126쪽에 인용된 신문.

13. Einstein, "On the Investigation of the State of the Ether" [1895]; Einstein, "Autobiographical Notes" (1969), 53쪽.

14. Urner, "Vom Polytechnikum zur ETH," 19–23쪽.

15. 가령 베버의 강의에 대한 아인슈타인의 노트 필기, *Collected Papers*, vol. 1, 142쪽. 베버의 연구는 비열의 온도 의존, 흑체복사의 에너지 분포 법칙, 교류회로, 탄소 필라멘트 등과 같이 실험물리학에서 응용물리학까지 광범위한 주제에 걸쳐 있었다. 편집자의 말, *Collected Papers* 1, 62쪽; Barkan, *Nernst* (1999), 114–17쪽.

16. 베버의 강의에 대한 아인슈타인의 노트 필기, *Collected Papers (Translation)*, vol. 1, 51–53쪽.

17. 아인슈타인이 밀레바 마리치에게 1899년 9월 10일에 보낸 편지. 52번 항목 *Collected Papers (Translation)*, vol. 1, 132–33쪽.

18. 아인슈타인이 밀레바 마리치에게 1899년 8월에 보낸 편지. Einstein, *Love Letters* (1992), 편지 번호 8, 10–11쪽; 또한 *Collected Papers (Translation)*, vol. 1, 130–31쪽. 전기동역학에 대한 아인슈타인의 특정한 지식에 관해서는 Holton, *Thematic Origins* (1973); Miller, *Einstein's Relativity* (1981); Darrigol, *Electrodynamics* (2000) 참조.

19. 아인슈타인과 에테르에 관해서 편집자의 글 참조: "Einstein on the Electrodynamics of Moving Bodies," *Collected Papers*, vol. 1, 223–25쪽, 또한 Darrigol, *Electrodynamics* (2000), 373–80쪽 참조. 아인슈타인이 상대성원리를 초기에 사용한 것에 관해서 같은 글, 379쪽.

20. 아인슈타인이 밀레바 마리치에게 1901년 5월에 보낸 편지. 111번 항목. *Collected Papers* (*Translation*), vol. 1, 174쪽.

21. 아인슈타인이 밀레바 마리치에게 1901년 6월에 보낸 편지. 112번 항목. *Collected Papers* (*Translation*), vol. 1, 174-75쪽.

22. 아인슈타인 요스트 빈텔러에게 1901년 7월 8일에 보낸 편지. 115번 항목. *Collected Papers* (*Translation*), vol. 1, 176-77쪽. 아인슈타인의 싸움에 관해서는 렌의 뛰어난 논문 "Controversy with Drude" (1997), 315-54쪽 참조.

23. 내무부에서 아인슈타인에게 1901년 7월 31일에 보낸 편지. 120번 항목. *Collected Papers* (*Translation*), vol. 1, 179쪽.

24. 아인슈타인이 마르셀 그로스만에게 1901년 9월에 보낸 편지. 122번 항목. *Collected Papers* (*Translation*), vol. 1, 180-81쪽.

25. 아인슈타인이 스위스 특허국에 1901년 12월 18일에 보낸 편지. 129번 항목. *Collected Papers* (*Translation*), vol. 1, 188쪽.

26. 아인슈타인이 밀레바 마리치에게 1901년 12월 19일에 보낸 편지. 130번 항목. *Collected Papers* (*Translation*), vol. 1, 188-89쪽.

27. 아인슈타인이 밀레바 마리치에게 1901년 12월 17일에 보낸 편지. 128번 항목. *Collected Papers* (*Translation*), vol. 1, 186-87쪽.

28. 아인슈타인이 밀레바 마리치에게 1901년 12월 19일에 보낸 편지. 130번 항목. *Collected Papers* (*Translation*), vol. 1, 188-89쪽. 번역 내용 수정.

29. 아인슈타인이 밀레바 마리치에게 1901년 12월 28일에 보낸 편지. 131번 항목. *Collected Papers* (*Translation*), vol. 1, 189-90쪽.

30. 아인슈타인이 밀레바 마리치에게 1901년 4월 4일에 보낸 편지. 96번 항목. *Collected Papers* (*Translation*), vol. 1, 162-63쪽.

31. 아인슈타인의 개인교습 광고. 1902년 2월 5일. 135번 항목. *Collected Papers* (*Translation*), vol. 1, 192쪽.

32. 아인슈타인이 밀레바 마리치에게 1902년 2월에 보낸 편지. 136번 항목. *Collected Papers* (*Translation*), vol. 1, 192-93쪽.

33. Solovine, introduction to Einstein, *Letters to Solovine* (1993), 9쪽.

34. Holton, *Thematic Origins* (1973), 7장 참조.

35. Mach, *Science of Mechanics* [1893], 272-73쪽.

36. Einstein, "Ernst Mach," 1916년 4월 1일, 29번 문서. *Collected Papers*, vol. 6, 280쪽.

37. Pearson, *Grammar of Science* [1892], 204쪽, 226쪽, 227쪽.

38. Einstein, *Letters to Solovine* (1983), 8-9쪽. Mill, *System of Logic* (1965), 322쪽.

39. Einstein, *Letters to Solovine* (1983), 8-9쪽; 아인슈타인과 마흐에 관하여 Holton, *Thematic Origins* (1973), 7장 참조. 솔로빈이 모임에서 다룬 저작으로 회고한 것 중에는 Ampère, *Essai* (1834); Mill, *System of Logic* (1965); Pearson, *Grammar of Science* [1892]. Poincaré, *Wissenschaft und Hypothese* (1904) 등이 있다.

40. Poincaré, *Wissenschaft und Hypothese* (1904), 286-89쪽.

41. 아인슈타인이 슐리크에게 1915년 12월 14일에 보낸 편지. 165번 문서. *Collected Papers*, vol.

8a, 221쪽; *Collected Papers* (*Translation*), 161쪽.

42. 린데만 형제는 푸앵카레의 *convention*을 대개 *Übereinkommen*으로 옮겼다. 그러나 가령 푸앵카레가 『과학과 가설』(xxiii쪽)에서 철학자 E. 르로아(E. Le Roy)에 반대하는 논변을 펼칠 때에는 그 말이 달라졌다. 푸앵카레는 다음과 같이 썼다. "어떤 사람들은 이처럼 자유로운 규약이라는 특성에 사로잡혀 있다. [프랑스어: "*de libre convention*," *Science et Hypothèse* (24쪽)] 이는 과학들의 어떤 근본적인 원리로 간주할 수 있다." 린데만 형제는 주요 구절을 "…*den Charakter freier konventioneller Festsetzungen*…"으로 옮겼다. (Poincaré, *Wissenschaft und Hypothese* (1904), XIII쪽).

43. 아인슈타인이 솔로빈에게 1924년 10월 30일에 쓴 편지. Einstein, *Letters to Solovine*, 63쪽. 그 누구보다도 막스 플랑크가 떠오를 것이다. 그는 처음 상대성이론을 지지한 저명한 물리학자였고, 물리학에 대한 강연에서 '편리성'을 폄하하고 그 대신 보편과 불변을 칭송했다. 예를 들어 Heilbron, *Dilemmas* (1996), 48~52쪽 참조.

44. Einstein, "Autobiographische Skizze," Seelig, ed., *Helle Zeit, Dunkle Zeit* (1956), 12쪽. 아인슈타인이 밀레바 마리치에게 1902년 2월에 보낸 편지, 137번 항목, *Collected Papers* (*Translation*), vol. 1, 193쪽. 1902년 6월 2일에 아인슈타인은 특허국에 연봉 3,500스위스프랑으로 취직되었다는 공식적인 공지를 받았다. 140번 항목, *Collected Papers* (*Translation*), vol. 1, 194~95쪽 및 141번 항목, 1902년 6월 19일, 195쪽 참조; 아인슈타인이 1902년 7월 1일에 취임했다는 것은 142번 및 196번 항목.

45. 동역학과 운동학에 관한 푸앵카레의 견해는 Miller, *Frontiers* (1986), parts I, III; Paty, *Einstein Philosophe* (1993), 264~76쪽; Darrigol, *Electrodynamics* (2000) 참조.

46. 여기는 아인슈타인이 특수상대성이론에 이르게 된 내력의 모든 면모를 본격적으로 상세하게 재구성할 자리는 아니다. 독자는 Stachel et al., "Einstein on the Special Theory of Relativity," editorial note in *Collected Papers*, vol. 2, 253~74쪽, 특히 264~65쪽의 짧지만 훌륭한 종합을 참조할 수 있다. 초기사의 전개에 대해 더 알고 싶으면 가령 Miller, *Einsteins Relativity* (1981); Darrigol, *Electrodynamics* (2000); Pais, *Subtle Is the Lord* (1982) 참조.

47. Flückiger, *Albert Einstein* (1974), 58쪽.

48. 아인슈타인이 한스 볼벤트(Hans Wohlwend)에게 1902년 8월 15일부터 10월 3일까지 보낸 편지. 2번 항목, *Collected Papers* (*Translation*), vol. 5, 4~5쪽.

49. Flückiger, *Albert Einstein* (1974), 58쪽.

50. Flückiger, *Albert Einstein* (1974), 67쪽; 아인슈타인이 밀레바 마리치에게 1903년 9월에 보낸 편지. 13번 항목, *Collected Papers* (*Translation*), vol. 5, 14~15쪽.

51. Pais, *Subtle Is the Lord* (1982), 47~48쪽에 인용된 참고문헌. 이 책은 또한 Flückiger, *Albert Einstein* (1974)을 인용하고 있다.

52. Nicolas Stöicheff, patent 30224, 1904년 1월 6일 출원, 1904년 등록. American Electrical Novelty, "Stromschliessvorrichtung an elektrischen Pendelwerken," patent 31055 1904년 3월 16일 출원, 1905년 등록.

53. 출처는 Berner, *Initiation* (c. 1912), 10장에 있는 특허 목록.

54. 관련 특허 수백 개의 목록이 당시(1902~1905년) 발행된 *Journal Suisse d'horlogerie*에 기록되어 있다. 안타깝게도 스위스 특허국은 아인슈타인이 심사한 서류들을 18년이 지난 뒤에 모두 폐기해 버렸으며, 이는 특허심사기록에 대한 표준적인 절차였고, 아인슈타인의 명성에도 불구하고 예

외가 될 수는 없었다. Fölsing, *Einstein* (1997), 104쪽 참조.

55. 아인슈타인의 특허 업무와 그의 과학 연구 사이의 가장 상세한 연결은 자이로자기 컴퍼스와 아인슈타인-드하스 효과의 확인이다. Galison, *How Experiments End* (1987), 2장 참조; 또한 Hughes, "Einstein" (1993) 및 Pyenson, *Young Einstein* (1985) 참조. 아인슈타인에게 심사가 할당된 전기 관련 특허들에 대해서는 Flückiger, *Albert Einstein* (1974), 62쪽 참조.

56. Flückiger, *Albert Einstein* (1974), 66쪽.

57. J. Einstein & Co. und Sebastian Kornprobst, "Vorrichtung zur Umwandlung der ungleichmässigen Zeigerausschläge von Elektrizitäts-Messern in eine gleichmässige, gradlinige Bewegung," Kaiserliches Patentamt 53546, 1890년 2월 26일; 같은 곳, "Neuerung an elektrischen Mess- und Anzeigervorrichtungen," Kaiserliches Patentamt 53846, 1889년 11월 21일; 같은 곳, "Federndes Reibrad", 60361, 1890년 2월 23일; "Elektrizitätszähler der Firma J. Einstein & Cie., München (System Kornprobst)" (1891), 949쪽. 또한 Frenkel & Yavelov, *Einstein* (러시아어) (1990), 75쪽 이후 및 Pyenson, *Young Einstein* (1985), 39-42쪽 참조. 전기 시계와 전기 측정장치들의 연결에 관해서는 가령 Max Moeller, "Stromschlussvorrichtung an elektrischen Antriebsvorrichtungen für elektrische Uhren, Elektrizitätszähler und dergl." (Swiss patent 24342).

58. 스위스 특허국에서 아인슈타인에게 1907년 12월 11일에 보낸 편지. 67번 항목, *Collected Papers* (*Translation*), vol. 5, 46쪽. 아인슈타인의 발전기에 대한 관심은 Miller, *Frontiers of Physics* (1986), 3장 참조. 아인슈타인은 자신이 옹호하는 측면이 옳다고 판단하면 전문가 증인의 역할만을 맡았다고 주장했다. 가령 1928년 아인슈타인은 Standard Telephones & Cables Ltd.에 반대하고 Siemens & Halske를 옹호했다. Hughes, "Inventors" (1993), 34쪽 참조.

59. Galison, *How Experiments End* (1987), 2장.

60. 아인슈타인이 하인리히 창거에게 1917년 7월 29일에 보낸 편지. 365번 문서, *Collected Papers*, vol. 8a, 495-96쪽.

61. 파울 하비히트가 아인슈타인에게 1908년 2월 19일에 보낸 편지. 86번 항목, *Collected Papers* (*Translation*), vol. 5, 58-61쪽, 인용문은 60쪽.

62. '작은 기계'에 관해 *Collected Papers*, vol. 5, 51-54쪽에 있는 편집자의 글 참조; Fölsing, *Einstein* (1997), 132쪽, 241쪽, 267-78쪽; Frenkel & Yavelov, *Einstein* (1990), 4장.

63. 아인슈타인이 알베르트 고켈(Albert Gockel)에게 1909년 3월에 보낸 편지. 144번 항목, *Collected Papers* (*Translation*), vol. 5, 102쪽.

64. 아인슈타인이 콘라트 하비히트에게 1907년 12월 24일에 보낸 편지. 69번 항목, *Collected Papers* (*Translation*), vol. 5, 47쪽; 아인슈타인이 야코프 라우프에게 1908년 11월 1일 이후에 보낸 편지. 125번 항목, *Collected Papers* (*Translation*), vol. 5, 90쪽. "저는 지금 복사 문제에 관해 H. A. 로렌츠와 대단히 흥미로운 편지를 주고받고 있습니다. 저는 이 분을 그 누구보다도 존경합니다. 그를 흠모한다고 말하고 싶습니다." 아인슈타인이 야코프 라우프에게 1909년 5월 19일에 보낸 편지. 161번 항목, *Collected Papers* (*Translation*), vol. 5, 120-22쪽, 인용문은 121쪽.

65. C. Vigreux & L. Brillié, "Pendule avec dispositif électro-magnétique pour le réglage de sa marche," patent 33815.

66. Einstein, "How I Created the Theory" (1982). 아인슈타인이 1924년 녹음한 기록과 비교할

것. "7년(1898-1905) 동안 아무 성과도 없이 고민해오다가 해결책이 갑자기 떠올랐습니다. 우리의 개념들과 시간과 공간의 법칙들은 우리의 경험들과 분명한 관계에 있을 때에만 비로소 타당성을 주장할 수 있으며, 그 경험들은 이 개념들과 법칙들을 바꾸어주기에 충분하다는 생각에 이르렀던 것입니다. 동시성의 개념을 더 유연한 형태로 바꿈으로써 특수상대성이론에 도달하게 되었습니다." Einstein, *Collected Papers* (*Translation*), vol. 2, 264쪽.

67. Joseph Sauter, "Comment j'ai appris à connaître Einstein," Flückiger, *Albert Einstein in Bern* (1972), 156쪽에 수록; Fölsing, *Albert Einstein* (1997), 155-56쪽.

68. 아인슈타인이 하비히트에게 1905년 5월에 보낸 편지. 27번 문서, *Collected Papers* (*Translation*), vol. 5, 19-20쪽, 인용문은 20쪽.

69. Einstein, "Conservation of Motion" [1906] in *Collected Papers* (*Translation*), vol. 2, 200-206쪽, 인용문은 200쪽.

70. Cohn, "Elektrodynamik" (1904).

71. Einstein, "Relativity Principle" [1907], 47번 문서, *Collected Papers*, vol. 2, 432-88쪽, 인용문은 435쪽; *Collected Papers* (*Translation*), 252-311쪽, 인용문은 254쪽; 또한 아인슈타인이 슈타르크에게 1907년 9월 25일에 보낸 편지. 59번 문서, *Collected Papers*, vol. 5, 74-75쪽. 콘의 물리학에 대해 cf. Darrigol, *Electrodynamics* (2000), 368쪽, 382쪽, 386-92쪽.

72. Abraham, *Theorie der Elektrizität: Elektromagnetische Theorie der Strahlung* (Leipzig, 1905), 366-79쪽; Darrigol, *Electrodynamics* (2000), 382쪽에서 재인용.

73. Warwick, "Cambridge Mathematics" (1992, 1993).

74. Galison, "Minkowski" (1979), 98쪽, 112-13쪽에서 인용.

75. Galison, "Minkowski" (1979), 97쪽.

76. 민코프스키의 개념들이 수용된 과정에 관한 훌륭한 개관으로 Walter, "The non-Euclidean style" (1999) 참조.

77. Galison, "Minkowski" (1979), 95쪽에서 인용.

78. Einstein, "The Principle of Relativity and Its Consequences in Modern Physics" [1910], 2번 문서, *Collected Papers* (*Translation*), vol. 3, 117-43쪽, 인용문은 125쪽.

79. Einstein, "The Theory of Relativity" [1911], 17번 문서, *Collected Papers* (*Translation*), vol. 3, 340-350쪽, 인용문은 348쪽 및 350쪽.

80. "Discussion" Following Lecture Version of "The Theory of Relativity," 18번 문서, *Collected Papers* (*Translation*), vol. 3, 351-58쪽, 인용문은 351-52쪽.

81. "Discussion" Following Lecture Version of "The Theory of Relativity," 18번 문서, *Collected Papers* (*Translation*), vol. 3, 351-58쪽, 인용문은 356-58쪽; *Collected Papers*, vol. 3, 448-49쪽에 있는 원본의 각주도 참조. Poincaré, *La Science* (1905), 165쪽.

82. Laue, *Relativitätsprinzip* (1913), 34쪽.

83. Planck, *Eight Lectures* (1998), 120쪽; Walter, "Minkowski" (1999), 106쪽. 플랑크의 말과 아인슈타인의 경력에 대해 Illy, "Albert Einstein" 76쪽 참조.

84. Einstein, "On the Principle of Relativity" [1914], 1번 문서, *Collected Papers*, vol. 6, 3-5쪽, 인용문은 4쪽; *Collected Papers* (*Translation*), vol. 6, 4쪽.

85. Cohn, "Physikalisches" (1913), 10쪽; Einstein, "On the Principle of Relativity" [1914], 1번

문서, *Collected Papers (Translation)*, vol. 6, 4쪽.

86. 더 정확하게 말하면, 이 단순한 삼각형으로부터 두 좌표계에서 측정되는 시간 사이의 관계를 정량적으로 알아낼 수 있다. 빛이 거리 h만큼 가는 데 걸리는 시간을 Δt라 하자(따라서 $h=c\Delta t$이다). 빛 시계가 속력 v로 오른쪽을 향해 움직인다고 상상하자. 빛의 기울어진 경로는 시간 $\Delta t'$ 동안 거리 D를 간다고 하자(따라서 $D=c\Delta t'$이다). 광선이 위의 거울에 도달하기까지 걸린 시간 $\Delta t'$ 동안 광원이 오른쪽으로 거리 b만큼 움직인다면, 이 거리 b는 시계의 속력에 시간 $\Delta t'$을 곱한 것과 같아야 한다. 즉, $b=v\Delta t'$이어야 한다. 이제 세 변의 길이를 모두 알고 있는 직각삼각형을 얻었다(그림 5.12b 참조). 피타고라스 정리를 적용하면 $D^2=b^2+h^2$이다. D, b, h를 대입하면 $(c\Delta t')^2=(v\Delta t')^2+(c\Delta t)^2$이 된다. 양변에서 $(v\Delta t')^2$을 빼고 정리하면, $\Delta t'/\Delta t=1/\sqrt{1-v^2/c^2}$을 얻는다. 이것이 핵심적인 결과이다. 이 결과는 정지되어 있는 좌표계 (여기에서는 빛이 거리 h만큼 진행함) 안에서 정지해 있는 시계의 똑딱거림이 Δt만큼 걸린다면, 그 시계가 속력 v로 움직일 때 정지해 있는 관찰자에게는 더 긴 시간 $\Delta t'$이 걸리는 것으로 측정된다는 뜻이다. $v/c=4/5$인 경우에는 그 비 $1/\sqrt{1-v^2/c^2}$의 값이 5/3이다. 따라서 광속의 5분의 4로 움직이는 시계를 정지한 시계로 측정하면 5/3의 인수만큼 느리게 가는 것으로 측정될 것이다. 물론 아인슈타인에 따르면, '정지한'과 '운동하는'이라는 말은 전적으로 상대적이다.

87. Howeth, *History* (1963). 무선으로 시계를 맞추는 문제에 대해 더 상세한 것은 가령 Roussel, *Premier Livre* (1922), 특히 150–52쪽 참조. Boulanger & Ferrié, *La Télégraphie* (1909)는 에펠탑 라디오 송수신국이 1903년에 시작되었음을 말해준다. 특히 Ferrié, "Sur quelques nouvelles applications de la Télégraphie"(1911), 178쪽은 무선 좌표화가 무선전신에 관한 연구 초창기에 시작했음을 보여준다. Rothé, *Les Applications de la Télégraphie* (1913)는 라디오파를 이용한 시간 좌표화 절차를 상세하게 논의하고 있다.

88. Max Reithoffer & Franz Morawetz, "Einrichtung zur Fernbetätigung von elektrischen Uhren mittels elektrischer Wellen," Swiss patent 37912, 1906년 8월 20일 출원.

89. Depelley, *Les Cables sous-marins* (1896), 20쪽.

90. Poincaré, "Notice sur la télégraphie sans fil" [1902].

91. Amoudry, *Le Général Ferrié* (1993), 83–95쪽.

92. Conférence Internationale de l'heure, in *Annales du Bureau des Longitudes* 9, D17쪽.

93. Commission Technique Interministérielle de Télégraphe sans Fil, 제7회 모임 (1909년 3월 8일), MS 1060, II F1, Archives of the Paris Observatory.

94. Poincaré "La Mécanique nouvelle" (1910), 4쪽, 51쪽, 53–54쪽.

95. (승인) Ministre de l'Instruction publique et des Beaux–Arts, à Monsieur le Directeur de l'Observatoire de Paris, 1909년 7월 17일; (모임의 상세한 기록) Commission Technique Interministérielle de Télégraphe sans Fil, 제10회 모임, 1909년 6월 26일. 두 문서 모두 MS 1060, II FI, Archives of the Paris Observatory.

96. Poincaré, "La Mécanique Nouvelle" [1909], 9쪽. 원고의 날짜는 1909년 7월 24일로 되어 있다. (Archives de l'Académie des Sciences).

97. Poincaré, "La Mécanique Nouvelle," 1909년 8월 3일 화요일.

98. Amoudry, *Général Ferrié* (1993), 109쪽; Comptes rendus de l'Académie des Sciences 1910년 1월 31일자 기사 참조.

99. *Scientific American* 109호 (1913년 12월 13일), 455쪽; 또한 Joan Marie Mathys (미출판 석사학위논문, "The Right Place at the Right Time," Marquette University, 1991년 9월 30일).

100. Lallemand, "Projet d'organisation d'un service international de l'heure" (1912). 에펠탑과 알링턴 교환에 관해서는 가령 Amoudry, *Général Ferrié* (1993), 117쪽; Joan Marie Mathys (미출판 석사학위논문, 1991); *Scientific American* 109, 1913년 12월 13일, 445쪽 참조.

101. Howse, *Greenwich* (1980), 155쪽.

102. Commission Technique Interministérielle de Télégraphe sans Fil, 제11회 모임(1911년 3월 21일) 및 제13회 모임(1911년 11월 21일), MS 1060, II FI, Archives of the Paris Observatory 참조.

103. Léon Bloch, *Le Principe de la relativité* (1922), 15–16쪽. 도미니크 페스트르는 블로흐 형제를 당시 프랑스에서는 흔치 않은 물리학자로 묘사하고 있다. 20세기 초의 새로운 물리학을 긍정적으로 보고 특히 구체적인 것으로부터 추상적인 것으로 일련의 점진적 일반화를 이용하여 저술하고 있기 때문이다. (이는 틀림없이 실험에 더 관심을 갖는 동료들의 지지를 얻기 위한 것이다.) Pestre, *Physique et Physiciens* (1984), 18쪽, 56쪽, 117쪽 참조.

104. Bureau des Longitudes, *Réception des signaux horaires: Renseignements météorologiques, seismologiques, etc., transmis par les postes de télégraphie sans fil de la Tour Eiffel*, Lyon, Bordeaux, etc. (Bureau des Longitudes, Paris, 1924), 83–84쪽 참조.

105. 보정의 종류는 다양하다. 그중에는 위성의 운동 때문에 생기는 효과, 위성의 고도가 높은 곳의 약한 중력장, 지구의 자전운동 등이 포함된다. 도플러 효과의 상대성이론에 따른 성분은 $v^2/2c^2$ 이며, 이는 위성의 속력을 고려하면 매일 100만 분의 7초 정도이다. 광속이 위성의 속력보다 훨씬 크기 때문에 일반상대성이론의 대부분은 고려할 필요가 없지만 일반상대성이론의 일부인 등가원리는 중요하다. (등가원리에 따르면, 힘을 받지 않고 떨어지는 박스 안의 물리학과 그 박스가 중력장이 없는 곳에 있을 때의 물리학을 구별할 수 있는 방법이 없다.) 더 엄밀한 분석을 위해서는 똑같은 중력장 안이라도 위성의 궤적이 언제나 똑같은 것은 아니며, 지구의 관찰자가 지표면 위에서 움직이고 있을 수도 있으며, 지구의 중력장이 지표면 전체에서 똑같지 않으며, 태양의 중력장이 지구 시계와 위성 시계에 각각 다르게 영향을 주며, 겉보기 광속이 지구 중력장 때문에 달라질 수 있다는 점을 차례로 염두에 두어야 한다.

106. Neil Ashby, "General Relativity in the Global Positioning System," www.phys.lsu.edu/mog/mog9/node9.html (2002년 6월 28일에 확인함).

107. 활동가들의 행동에 대한 시간적 추이는 www.plowshares.se/aktioner/plowcron5.htm 참조 (2002년 2월 19일에 확인함); 또한 로스앤젤레스 타임스(Los Angeles Times) 1992년 5월 12일 기사 "Men Arrested in Space Satellite Hacking Called Peace Activists," Metro part B, 12쪽 참조.

108. Taylor, "Propaganda by Deed" (n.d.), 5, in "Greenwich Park Bomb file," Cambridge University archives. Serge F. Kovaleski, "1907 Conrad Novel May Have Inspired Unabomb Suspect," 워싱턴포스트(Washington Post), 1996년 7월 9일, A1쪽.

109. 이 점은 여러 차례 지적되어 왔다. Infeld, *Albert Einstein* (1950), 23쪽; Holton, *Thematic Origins* (1973); Miller, *Einstein's Relativity* (1981), 같은 저자, "The Special Relativity Theory" (1982), 3–26쪽. 아인슈타인은 본문 안에서 '로런츠의 이론'이라 부르고 있으며 각주는 따로 없다.

110. Myers, "From Discovery to Invention" (1995), 77쪽.

111. 법에 의하면, 특허심사관은 독창성을 찾도록 교육받는다. 스위스에서 참신성을 찾는 노력은 특정한 의미를 지닌다. 즉, "특허를 스위스에서 출원하는 시기에 기술적인 능력을 갖춘 사람이 어떤 발견을 개발하는 것이 이미 가능하다는 점이 충분히 많이 알려져 있다면, 그 발견을 새로운 것으로 볼 수 없다." 이웃 나라와의 차이에 주목할 필요가 있다. 프랑스에서는 독창성이 부족하다고 특허가 거부되는 경우는 기존 작업에 주어진 '공공성'에 기반을 두지만, 독일에서는 발명이 그보다 한 세기 전에 공식적인 출판물로 보고되었거나 또는 그 사용이 충분히 널리 알려져 있어서 다른 전문적인 사람들이 이를 채택하는 것이 가능해 보인다면 특허가 거부된다. 20세기로 바뀔 무렵 스위스의 특허 매뉴얼에 따르면, 스위스의 법은 프랑스의 법에 더 가깝다. 즉, 스위스에서의 독창성은 그 발명이 스위스에서 실제로 알려져 있지 않음을 의미하며, 불분명한 외국의 출판물에 어떤 내용이 숨어 있더라도 상관없다.

112. Schanze, *Patentrecht* (1903), 33쪽.

113. 같은 글, 33–34쪽.

114. Einstein, "The World as I See It". Einstein, *Ideas and Opinions* (1954), 10쪽에 수록.

6장

1. Einstein, "On the Relativity Principle and the Conclusions Drawn From It" [1907], 47번 문서, *Collected Papers*, vol. 2, 432–88쪽; *Collected Papers* (*Translation*), vol. 2, 252–55쪽.

2. 아인슈타인은 1906년의 $E=mc^2$ 유도("The Principle of Conservation of Motion of the Center of Gravity" [1906], 35번 문서, *Collected Papers* (*Translation*), vol. 2, 200–206쪽)에서 에너지의 관성에 관한 푸앵카레의 연구를 인용했다. 그러나 1907년 아인슈타인은 에너지 관성에 관해 다시 쓸 때에는 또 푸앵카레를 누락시켰다. ("On the Inertia of energy" [1907], 45번 문서, *Collected Papers* (*Translation*), vol. 2, 238–50쪽)

3. Poincaré, "La Mécanique Nouvelle" [1909], 9쪽. 초고 사본의 날짜는 1909년 7월 24일자로 되어 있다. (Archives de l'Académie des Sciences)

4. Faguet, *Après l'École* (1927), 41쪽.

5. Einstein, "On the Development of our Views Concerning the Nature and Constitution of Radiation," 60번 문서, *Collected Papers* (*Translation*), vol. 2, 379쪽.

6. "Discours du Due M. de Broglie" in Poincaré, *Livre du centenaire* (1935), 71–78쪽, 인용문은 76쪽.

7. 푸앵카레의 일반적 결론. Langevin and de Broglie, *Théorie du rayonnement* (1912), 451쪽에 재수록.

8. 이 인용문을 새로 번역하면서 이차 문헌에 슬며시 들어온 잘못된 삽입 구절을 수정했다. '상대성이론에 의거하여 *gegen die Relativitaetstheorie*'라는 구절은 원문에 없다. 아인슈타인이 하인리히 창거에게 1911년 11월 15일에 보낸 편지. 305번 항목, *Collected Papers*, vol. 5, 249–50쪽.

9. 푸앵카레가 논문집 편집자인 바이스에게 1911년 11월 무렵에 보낸 편지. *Poincaré et les Physiciens*, 미출판 편지 모음. Henri Poincaré Archive Zürich.

10. Darboux, "Eloge historique" [1913], lxvii쪽.

11. Poincaré, "Space and Time" (1963), 18쪽 및 23쪽.

12. 같은 글, 24쪽.

13. Poincaré, "Moral Alliance," *Last Essays* (1963), 114–17쪽, 인용문은 114쪽, 117쪽; 푸앵카레의 말년에 대해서는 Darboux, "Éloge" (1916) 참조. 푸앵카레의 정치적 참여에 대한 뛰어난 논의로 다음 참조. Laurent Rollet, *Henri Poincaré. Des Mathématiques à la Philosophie. Étude du parcours intellectuel, social et politique d'un mathématicien au début du siècle*, 미출판 박사학위논문, University of Nancy 2, 1999, 특히 283—84쪽.

14. "Discours du Prince Louis de Broglie" (1955), 66쪽.

15. Poincaré, *Foundations of Science* (1982), 352쪽.

16. 같은 글, 232쪽.

17. Sherman, *Telling Time* (1996).

18. "Lettre de M. Pierre Boutroux à M. Mittag-Leffler" [1913년 6월 18일], Poincaré, *Oeuvres*, vol. 11 (1956), 150쪽에 재수록.

19. 두 인용문 모두 Einstein, *Ideas and Opinions* (1954), 274쪽 참조.

20. 과학의 종교적 영성에 관해 아인슈타인의 관점은 *Mein Weltbild* [1934], Einstein, *Ideas and Opinions* (1954), 40쪽에 재수록.

21. Einstein, *Collected Papers* 제2권 편집자의 글. xxv–xxvi쪽.

22. 아인슈타인이 슐리크에게 1917년 5월 21일에 보낸 편지. *Collected Papers (Translation)*, vol. 8, 333쪽. 또 홀턴이 *Thematic Origins* (1973)에서 논증한 것처럼 아인슈타인의 형이상학에 대한 강조는 시간에 따라 변화했다.

23. Favarger, *L'Électricité* (1924), 10쪽.

24. 같은 글, 11쪽.

25. 아인슈타인의 상대성이론을 '에테르가 없음'을 점점 더 정확하게 측정해가는 과정의 정점에 있는 것으로 보는 견해가 널리 퍼져 있다. 아인슈타인의 정식화를 초기 에테르–전자 이론들의 변형 중 하나에 불과한 것으로 보는 접근 중 아마 가장 학술적인 시도는 Edmund Whittaker, *History of the Theories of Aether* (1987), 40쪽일 것이다. "푸앵카레와 로런츠의 상대성이론"이라는 제목의 장에는 다음과 같은 구절이 있다. "아인슈타인은 1905년에 푸앵카레와 로런츠의 상대성이론을 상당히 발전시키면서 크게 주목받은 논문을 출간했다. 아인슈타인은 일정한 광속을 기본 원리로 내세웠으며, … 이는 당시에 널리 받아들여졌지만 나중의 저자들은 이를 심각하게 비판했다." Holton, *Thematic Origins* (1973), 특히 5장과 Miller, *Einstein's Relativity* (1981) 참조.

26. Schaffer, "Late Victorian metrology" (1992), 23–49쪽; Wise, "Mediating Machines" (1988); Galison, *Image and Logic* (1997).

27. 아인슈타인이 솔로빈에게 프린스턴에서 1953년 4월 3일에 보낸 편지. Einstein, *Letters to Solovine* (1987), 143쪽; 번역 수정됨.

28. 아인슈타인이 미셸 베소의 아들과 누이에게 1955년 3월 21일에 보낸 편지. *Albert Einstein Michele Besso Correspondance* (1972), 537–39쪽.

옮긴이의 글

"아인슈타인과 푸앵카레가 시계와 지도에 사용했던 투명한 은유들이 함께 만나는 곳이 바로 베른 특허국과 파리 경도국이다. 푸앵카레와 아인슈타인은 그 만남의 한가운데 서 있던 시간 맞추기의 증인이고 대변인이며, 경쟁자이자 협력자였다."

1905년 5월 18일, 스위스 베른의 특허국에서 심사관으로 일하고 있던 26세의 청년 알베르트 아인슈타인은 평생의 벗 콘라트 하비히트에게 흥미로운 편지를 보냈다. "왜 자네의 박사학위논문을 내게 보내주지 않는 거야? 내가 자네의 논문을 흥미와 기쁨으로 읽어줄 몇 안 되는 사람 중 하나라는 것을 모르는 건 아니겠지? 박사학위논문을 보내주면 네 편의 논문으로 보답할게. 네 번째 논문은 지금 시점에서는 아직 대략적인 초고일 뿐이야. 그 논문은 움직이는 물체들의 전기동역학에 관한 것인데 공간과 시간의 이론을 수정하는 내용을 담고 있어. 이 논문의 순전히 운동학적인 부분은 시간 동기화를 새롭게 정의하며 시작하는데, 그 부분이 틀림없이 자네에게 흥미로울 거야."

이 네 편의 논문들은 과학의 역사, 아니 어쩌면 인류 역사에까지 길이 남을 엄청난 내용을 담고 있었다. 게다가 아인슈타인 자신이 '지긋지긋한 놀음'이라고 폄하했던 박사학위논문까지 덧붙여 다섯 편의 논문이 모두 1905년 한 해에 나왔다. 과학사학자들이 1905년을 '기적의 해'라고 부르는 게 자연스럽다. 이 다섯 편의 논문은 다음과 같다.

* 빛의 생성과 변화에 관한 발견법적 관점(3월 17일 투고)
* 분자의 크기를 결정하는 새로운 방법(4월 30일 탈고)
* 정지한 액체 속에 떠 있는 입자들의 운동(5월 11일 투고)
* 움직이는 물체의 전기동역학(6월 30일 투고)
* 물체의 관성(질량)이 에너지에 따라 달라질까?(9월 27일 투고)

널리 알려져 있듯이, 첫 번째 논문은 빛 양자를 도입하여 여러 가지 현상들을 설명해낸 탁월한 업적으로 아인슈타인의 노벨 물리학상에서 직접 언급된 것이기도 하다. 두 번째 논문(박사학위논문)과 세 번째 논문은 분자가 얼마나 작은지 그리고 몇 개나 있는지를 실험으로 알아낸 뛰어난 연구였다. 다섯 번째 논문은 다름 아니라 $E=mc^2$가 처음 등장하는 것이고, 네 번째 논문은 이른바 특수상대성이론을 제시한 걸작이다. 특히 이 네 번째 논문은 이제까지 인류가 시간에 대해 가져온 믿음을 근본적으로 뒤흔든 혁명적인 주장을 담고 있었다.

우리는 오랫동안 시간은 과거에서 현재를 거쳐 미래를 향해 똑같은 빠르기로 똑딱똑딱 흘러간다고 믿어왔다. 온 우주에서 시간이 똑같이 흘러가기 때문에 이곳의 시간과 저곳의 시간이 다르지 않다. 시간에 대한 이러한 관념은 동서양을 막론하고 거의 보편적으로 널리 퍼져 있다.

이 보편적인 믿음이 옳지 않음을 주장하는 것이 바로 아인슈타인의 상대성이론이다. 이곳의 시간과 저곳의 시간이 같은지 아니면 다른지 알기 위해서는 직접 그 시간들을 비교해봐야 하는데, 그러기 위해서는 직접 시계를 가지고 시간을 관측해야 한다. 또 그렇게 시계를 바라보는 관측자가 움직이고 있을 때의 시간과 멈춰 있을 때의 시간이 같다는 보장도 없다. 그런데 시간을 측정하는 시계의 기준을 빛을 이용하여 정하고 나면, 이곳의 시간과 저곳의 시간이 다를 뿐 아니라 움직이는 관측자의 동시와 멈춰 있는 관측자의 동시가 전혀 일치하지 않는다는 결론을 얻게 된다. 더 놀랍게도 그렇게 상식과 직관에서 벗어나는 주장이 정교한 실험을 통해 확인되었다.

하지만 그에 못지않게 당혹스러운 사실은 이 놀라운 주장을 한 사람이 어느 특허국 심사관이었다는 점이다. 쉴 새 없이 출원되는 특허가 제대로 된 것인지 판단하고 평가해야 하는 지루하기 짝이 없는 업무에 시달리던 3등 심사관에게 특허국은 창의성을 키워주기는커녕 조금 있는 창의성마저 뭉툭해지게 만드는 곳이었을 것 같다. 그런 안 좋은 환경에도 불구하고 생계유지를 위한 일상의 업무 바깥에서 짬짬이 사유와 성찰을 거듭하여 근본적인 철학적 사유를 전개한 천재 아인슈타인은 아주 놀라운 사람임에 틀림없다고 사람들은 믿어왔다.

1905년에 아인슈타인이 베른 특허국 심사관이었다는 사실이 과학 사학자들에게는 늘 마음의 걸림돌이었다. 도대체 아인슈타인은 어떻게 그렇게 혁명적인 사유를 펼칠 수 있었던 것일까.

하버드대학교 조지프 펠레그리노 과학사 및 물리학 석좌교수인 피터 갤리슨은 이와 같은 항간의 믿음이 옳지 않음을 빼어나게 보여주고 있다. 흔히 사람들이 아인슈타인에 대해 가지는 이미지는 상아탑 속의 철학자-이론물리학자이지만, 갤리슨은 이 책에서 아인슈타인을 현실적 문제 해결력을 갖춘 특허심사관-과학기술자로 그려내는 데 성공했다.

흔히 생각하는 것과 달리 아인슈타인은 스위스 연방공과대학 시절부터 실험실에 파묻혀 살다시피 했고, 베른 특허국에 취직했을 때 대학교수로 취직한 것보다 훨씬 기뻐했다. 교묘하게 설계된 특허신청서를 주도면밀하게 검토하여 문제점을 찾아내고 근거를 대면서 심사하는 일에서 아인슈타인은 대단히 탁월했다. 특허국의 월급은 대학교수보다 월등하게 높았고, 아인슈타인은 특허 심사를 늘 즐겼다. 무엇보다도 아인슈타인이 심사한 특허신청서들 중에는 철도 등과 관련된 시계 동기화에 대한 것이 꽤 있었다. 베른은 예나 지금이나 유럽 철도의 중심지였고 멀리 떨어져 있는 시계들의 시간을 정확하게 동기화하는 것이 대단히 중요한 일이었다. 빛을 이용하여 멀리 떨어져 있거나 움직이는 시계들을 서로 맞추고 동기화한다는 상대성이론의 핵심적인 아이디어는 이 특허들과 연관될 것이다.

아인슈타인은 움직이는 물체의 전자기학이라는 당시 가장 논란이 되던 문제를 해결하기 위해 7년 넘도록 골몰하고 있었다. 그는 매일 특허국으로 출근하던 크람가세 거리에서 베른의 가장 유명한 시계탑 치트클로케를 지나쳤고 또 대형 시계탑들과 중앙전신국에서부터 갈라져 나온 무수한 거리시계들을 보았다. 1905년 5월 15일 아인슈타인은 대학 동기였던 절친한 친구 미셸 베소를 만나자마자 인사도 건너뛴 채 시간은 절대적인 방식으로 정의될 수 없으며, 시간과 신호의 속도 사이에는 분리할 수 없는 관계가 있다고 말했다. 그 놀라운 발상의 전환의 근간에는 아인슈타인이 특허국에서 심사하던 시간 동기화에 대한 다양한 특허 아이디어들이 깔려 있었음에 틀림없다.

아인슈타인은 현실의 문제에서 동떨어져서 시간의 본질을 사색하던 철학자−이론물리학자이기도 했지만, 그에 못지않게 대단히 현실적인 문제를 정교하게 해결할 수 있었던 특허심사관−과학기술자이기도 했던 것이다.

이와 같이 항간의 이미지가 실제와 큰 차이를 보이는 다른 저명한 학자가 바로 앙리 푸앵카레이다. 아인슈타인만큼 널리 알려져 있는 것은 아니지만, 실상 수학과 과학의 역사, 아니 지성의 역사에서 대단히 심오한 족적을 남긴 수학자이다. 푸앵카레는 난해하기로 악명 높은 삼체문제, 즉 세 개의 물체가 서로 상호작용하면서 움직일 때의 궤적을 탐구하는 문제를 해결하는 과정에서 소위 혼돈이론 또는 비선형 동역학의 근간을 마련했고, 추상적 공간의 성질을 탐구하는 위상수학을 처음 만든 사람 중 하나이며, 우주의 모양과 관련된 푸앵카레 추측을 비롯하여, 순수수학과 응용수학 나아가 수리물리학에서 뛰어난 업적을 남겼다.

하지만 푸앵카레도 상아탑 속에 갇힌 사색가라기보다는 현실의 문제에 깊이 발을 담그고 있는 훌륭한 학자였다. 유명한 드레퓌스 편지 사건에서 수학자로서의 전문성을 발휘하여 서명이 가짜임을 증언하기도 했던 이 탁월한 수학자는 1893년부터 프랑스 경도국의 매우 중요한 일원으로서, 지구상의 경도를 결정하는 문제를 해결해가는 데 크게 기여했다. 경도의 결정은 항해와 국제관계에서 당시 가장 뜨거운 쟁점 중 하나였다. 경도의 결정에서 시계를 동기화하는 방법은 수세기 동안 논의된 핵심적인 주제였다. 1899년에 경도국장이 되고 1902년에는 우편전신 고등전문학교 교수가 된 푸앵카레가 전기와 전신을 이용한 시계 동기화에 직접 연관된 것은 매우 자연스러운 일이었다. 푸앵카레는 1898년에 이미 『시간의 척도』라는 논문에서 이와 관련된 논의를 상세하게 전개했으며, 아인슈타인도 그 논문의 독일어판을 올림피아 아카데미의 벗들과 함께 읽으며 심오한 개념들을 곱씹곤 했었다.

아인슈타인의 시계와 푸앵카레의 지도에 대한 피터 갤리슨의 날렵하고 명료한 서술은 그가 제시한 과학사 서술에 대한 새로운 접근과 깊이 연관되어 있다. 갤리슨에 따르면, 이론과 실험 중 어느 쪽이 더 우위에 있는가와 관련된 과학철학적 논의의 '핵심 은유'는 과학사학이 제시하는 서사구조와 밀접하게 관련되어 있다. 과학발전의 모형은 1920년대 이후에 나타난 논리실증주의 모형과 이에 대한 반동으로 나타난 반실증주의 운동의 모형으로 대별되는데, 두 모형에 대응되는 역사서술이 있다는 것이다.

갤리슨은 '관찰적 토대'로부터 쌓아 올라가는 실증주의적 모형이나 이론적인 '패러다임, 개념틀, 단단한 핵심'으로부터 내려가는 반실증주의적 모형 모두가 공통점을 지닌다고 지적한다. 즉, 과학활동을 언어와 지시의 어려움을 해결해나가는 문제로 이해한 점이나 과학적 주장의 진화가 시간이나 공간을 초월하여 고정된 구조로 환원될 수 있다고 본 점에서는 두 모형이 마찬가지라는 것이다. 갤리슨의 비판적 대안은 '포스트모던' 모형이다.

이 새로운 관점은 다음과 같이 요약할 수 있다. 첫째, 기존의 두 모형에서 거의 배타적으로 이론에만 관심을 집중했던 반면에, 새로운 관점에서는 실험과 실험적 결과(사실)에도 똑같이 관심을 둘 것을 제안한다. 그렇게 되면, 주된 질문은 '이론들이 실험적 결과들의 수용이나 거부에 어떤 영향을 미치는가?'가 된다. 이론을 더 넓은 개념사의 맥락에서 살피듯이, 실험 역시 장치의 역사, 산업의 역사, 더 넓은 물질적 문화의 역사의 영역에서 살펴야 한다. 둘째, 실험과 이론 사이에 보편적으로 고정된 계층적 관계가 있다는 확인되지 않은 가정을 피해야 한다. 과학사학자의 과제는 실험과 이론이 서로 제약하고 규정하는 매개과정을 발견하고 분명히 하는 것이다. 셋째, 실험 자체의 수준은 부분적으로 자율적인 물질적 문화의 수준과 동일하지 않기 때문에, 관찰이라는 단일한 범주 대신 실험하기experimentation와 장치 만들기instrumentation의 두 범주로 나누어야 한다. 이 새로운 모형에서는 실험하기와 장치만들기와 이론의 세 층이 서로 얼기설기 얽혀서 벽돌담처럼 어긋나게 구성되어 있다. 세 층이 모두 부분적으로 자율성을 갖고 있는 것으로 보아야 한다.

이러한 모형의 과학사 서술에서는 예를 들어, 고온 초전도체처럼 이론을 넘어서서 실험이 상황을 주도하기도 하는 경우나, 고에너지 이론물리학의 끈 이론처럼 실험과는 무관하게 발전하는 양상도 포괄적으로 다룰 수 있게 된다. 이제 실험실 자체가 연구의 주된 대상으로 떠오르고, 원자물리학의 총아였던 구름상자가 사진술과 기상측량장치에 뿌리를 두고 있음을 알 수 있게 된다.

갤리슨의 주장을 한마디로 요약하면, 실험하기/장치 만들기/이론의 세 층을 대등하게 바라봄으로써 실험실의 역사를 우상숭배도 아니고 성상파괴주의도 아닌 그 자체로 살필 수 있어야 하며, 그동안의 이론의 역사로부터 과학활동을 이해할 수 있었던 깊이만큼의 실험하기의 역사가 필요하다는 것이다.

갤리슨은 이러한 핵심 은유를 기반으로 실험하기와 장치 만들기와 이론 사이의 복잡한 상호작용을 연구하고 있다. 1987년 출판된 『실험이 어떻게 종결되는가How Experiments End』는 입자물리학과 관련된 실험연구에 대한 매우 정교하고 상세한 탐구로 정평이 나 있다. 전자의 스핀과 자기모멘트의 비율을 가리키는 자기회전비율, 전자의 사촌이라 볼 수 있는 뮤온의 발견, 전자기력과 약한 핵력의 통일 이론이 옳음을 보여주는 중성 약전류의 발견이라는 세 에피소드를 세밀하게 살피면서, 실험가들이 언제 유레카를 외치면서 실험이 끝났다고 말하는지 분석하고 있다. 1997년 출판된 『이미지와 논리Image and Logic』는 '미시물리학의 물질적 문화'라는 부제에 걸맞게, 고도로 발달한 테크놀로지의 시대에 물리학을 한다는 것 그리고 물리학자가 된다는 것의 의미를 선명하게 보여주었다. 맨해튼 계획을 비롯하여 수백만 달러의 기계장치들이 필요한 도시 규모의 거대한 과학연구의 실상을 파헤치면서, 장치제작자와 이론가와 실험가가 만나서 시식을 교류하는 교역지대의 개념과의의를 정교하게 논의했다. 이를 통해 현대 미시물리학의 문화에서 드러나는 대단히 다양한 조각들을 세세하게 맞추어 그 물질문화의 핵심적 면모를 잘 드러냈다.

2007년 독일 베를린의 막스플랑크 과학사연구소 공동소장인 로레인 대스턴과 공저로 낸 『객관성Objectivity』은 19세기 중엽에 객관성이라는 관념이 새롭게 나타나는 장면을 예리하게 포착한 걸작이다. 해부학과 결정학을 비롯하여 과학을 연구하는 주체들과 과학의 대상들에 대한 근원적인 탐구가 돋보이는 이 저작에서 자연에 대한 진리가 무엇인가 하는 심오한 문제가 상세하게 다루어졌다. 이를 통해 과학에서 무엇인가를 안다는 것과 아는 사람이 만나며, 무엇인가를 관찰한다는 것은 독립된 개인의 행동이 아니라 특정한 과학 공동체의 일원으로서의 행위로 자리를 잡게 되었음을 설득력 있게 보여주고 있다.

또 갤리슨은 과학과 다른 분야 사이의 교차영역에 대한 폭넓은 탐구로 널리 알려져 있다. 관련 주제들의 주요논문들을 상세하게 검토하고 조직한 공동편서로 정평이 나 있다. 거대과학의 출현과 대규모 연구의 역사적 전개를 상세하게 다룬 『거대과학Big Science: The Growth of Large-Scale Research』(1992), 과학의 여러 영역과 분야들이 서로 맞물리거나 겹치거나 경쟁하는 과정을 다룬 『과학의 다양성The Disunity of Science: Boundaries, Contexts, and Power』(1996), 공간과 건축을 둘러싼 과학사, 건축사, 예술사, 건축이론, 사회학자, 건축가, 과학자의 논문들을 정리하여 모아놓은 『과학의 아키텍처The Architecture of Science』(1999), 과학과 예술이 만나는 영역과 주제에 대한 『과학 그리기와 예술 만들기Picturing Science, Producing Art』(1998), 20세기 물리과학이 지구적 삶에 끼친 영향을 네 권으로 정리한 논문 모음 중 특히 새로운 전쟁과 관련된 세 번째 모음집 『물리과학과 전쟁의 언어Physical Sciences and the Language of War: Science and Society』(2001), 과학 분야에서 저자의 문제와 지식재산권의 여러 쟁점을 다룬 『과학 저작권 Scientific Authorship: Credit and Intellectual Property in Science』(2002), 아인슈타인이 과학, 예술, 문화에 미친 여러 영향을 폭넓게 분석하고 논의한 『21세기를 위한 아인슈타인Einstein for the 21st Century: His Legacy in Science, Art, and Modern Culture』(2008), 공중을 날아다니는 기술의 놀라운 다양성을 다룬 『20세기의 공중비행Atmospheric Flight in the Twentieth Century』(2013) 등의 목록만으로도 갤리슨의 학문적 풍부함을 쉽게 엿볼 수 있다.

갤리슨은 수소폭탄 논쟁과 관련된 다큐멘터리 〈최후의 무기: 수소폭탄의 딜레마The Ultimate Weapon: The H-bomb Dilemma〉(2000)를 비롯하여, 정부의 비밀을 다룬 〈비밀Secrecy〉(2008), 1만 년 뒤 미래의 방사성 물질을 감시해야 할 필요성을 다룬 〈봉쇄Containment〉(2015)와 같은 다큐멘터리를 만들었으며, 남아공의 예술가 윌리엄 켄트리지와 함께 멀티스크린 설치미술 〈시간의 거부The Refusal of Time〉(2012)와 실내악 〈시간을 거부하다Refuse the Hour〉를 만들었다. 자아와 현대 기술의 상호작용을 파헤친 『최고의 사유 세우기Building Crashing Thinking』가 출간될 예정이며, 2016년에는 천문학자, 물리학자, 수학자, 관측천체물리학자의 네트워크인 '블랙홀 이니셔티브Black Hole Initiative'를 시작했다.

갤리슨은 중세의 연금술과 점성술 사이의 관계(점성술은 하늘을 올려다본 연금술이며, 연금술은 땅을 내려다본 점성술)를 빗대어 다음과 같이 말한다. "전자기적으로 조절되는 시계 네트워크 속에서 우리는 제국과 형이상학과 시민사회의 이미지를 올려다본다. 시간과 공간과 동시성에 관한 아인슈타인과 푸앵카레의 절차적 개념의 철학 속에서 우리는 베른 특허국과 파리 경도국을 통해 지나는 전선과 기어와 펄스를 내려다본다. 우리는 기계 속에서 형이상학을 찾아내며 형이상학 속에서 기계를 찾아낸다."

갤리슨은 시계와 지도로 은유되는 아인슈타인과 푸앵카레의 전기로 맞춘 시간을 통해 열차와 배와 전신이라는 광범위한 근대 기술의 하부구조와 실용주의와 규약에 의해 정의된 시간이 만나는 모습을 멋지게 그려낸다. 기술적인 시간과 형이상학적인 시간과 철학적인 시간이 아인슈타인과 푸앵카레의 전기적으로 맞추어진 시계에서 만난 것이다. 시간 맞추기는 지식과 힘이 만나는 근대의 교차점에 우뚝 서게 되었다는 갤리슨의 마지막 서술은 얼마나 명쾌한가.

이 책은 피터 갤리슨의 저작 중 한국어로는 처음 번역된 것이다. 탁월한 과학사학자로 널리 알려진 갤리슨의 저작들이 더 많은 독자들과 만나게 되길 희망한다. 이 한국어판이 세상에 나오기까지 많은 분들이 큰 도움을 주셨다. 역자가 처음 이 책을 알게 된 것은 책이 출간된 직후 독일 막스플랑크 과학사연구소의 위르겐 렌 공동소장을 통해서였다. 이 책의 주제가 잘 요약되어 있는 논문을 처음 소개해주신 서울대학교 홍성욱 교수와 이 책의 번역을 권유한 동국대학교 이관수 교수의 격려와 재촉이 없었다면 힘든 번역작업을 지속하지 못했을지도 모른다. 미국 예일대학의 존 더햄 피터즈 교수의 꾸준한 관심에도 감사드린다. 역자에게 아인슈타인의 삶과 사상과 물리학을 가르쳐주신 은사 장회익 선생님께 진심으로 감사드린다. 늦어지는 원고를 끝까지 기다려주고 도와주신 동아시아 한성봉 대표님과 이 책의 교정 편집 과정에서 그 누구보다 탁월한 능력을 보여주신 조서영 편집자님께 깊이 감사드린다.

옮긴이 김재영, 이희은

참고문헌

Abraham, M. 1905. *Theorie der Elektrizität: Elektromagnetische Theorie der Strahlung*, Vol. II. Leipzig: B. G. Teubner.

Alder, Ken. 2002. *The Measure of All Things*. New York: The Free Press.

Allen, John S. 1951. *Standard Time in America. Why and How it Came about and the Part Taken by the Railroads and William Frederick Allen*. New York: National Railway Publication Company.

Allen, William F. 1883. *Report on the Subject of National Standard Time Made to the General and Southern Railway. Time Conventions*. New York: National Railway Publication Company.

Allen, William F. 1884. *History of the Adoption of Standard Time Read before the American Metrological Society on December 27th 1883, With other Papers Relating Thereto*. New York: American Metrological Society.

Ambronn, Friedrich A. L. 1889. *Handbuch der astronomischen Instrumentenkunde. Eine Beschreibung der bei astronomischen Beobachtungen benutzten Instrumente sowie Erläuterung der ihrem Bau, ihrer Anwendung und Aufstellung zu Grunde liegenden Principien*, Vol. I. Berlin: Verlag von Julius Springer.

Amoudry, Michel. 1993. *Le général Ferrié. La naissance des transmissions et de la radiodiffusion*. Préface de Marcel Bleustein-Blanchet. Grenoble: Presses universitaires de Grenoble.

Ampère, André-Marie. 1834. *Essai sur la philosophie des sciences. Ou exposition analytique d'une classification naturelle de toutes les connaissances humaines*. Paris: Bachelier.

Andersson, K. G. 1994. "Poincaré's Discovery of Homoclinic Points." In *Archive for History of Exact Sciences*, Vol. 48, pp. 133-47.

Andrade, Jules. 1898. *Leçons de mécanique physique*. Paris: Société d'éditions scientifiques.

Aubin, David. "The Fading Star of the Paris Observatory in the Nineteenth Century: Astronomers' Urban Culture of Circulation and Observation." In *Science and the City* (Osiris 18), eds. Sven Dierig, Jens Lachmund, and Andrew Mendelsohn (forthcoming).

Baczko, Bronislaw. 1992. "Le Calendrier républicain." In *Les lieux de mémoire* [1984], Vol. 1, ed. Pierre Nora. Paris: Gallimard.

Barkan, Diana Kormos. 1993. "The First Solvay. The Witches' Sabbath: The First International Solvay Congress of Physics." In *Einstein in Context* 6, pp. 59-82.

Barkan, Diana Kormos. 1999. *Walther Nernst and the Transition to Modern Science*. Cambridge: Cambridge University Press.

Barnard, F.A.P. 1882. "A Uniform System of Time Reckoning." In *The Association for the Reform and Codification of the Law of Nations. The Committee on Standard Time. Views of the American Members of the Committee, As to the Resolutions Proposed at Cologne Recommending a Uniform System of Time Regulation for the World*. New York: Moggowan & Slipper, pp. 3-4.

Barnard, F.A.P., 1884. "The Metrology of the Great Pyramid." In *Proceedings of the American Me-*

trological Society 4, pp. 117-219.

Barrow-Green, June. 1997. "Poincaré and the Three Body Problem." In *History of Mathematics* 11. Providence, RI: American Mathematical Society.

Barthes, Roland. 1972. *Mythologies*. Selected and Translated from the French by Annette Lavers. London: Paladin Grafton Books, reprinted 1989. 한국어판은 이화여자대학교기호학연구소 옮김, 『현대의 신화』(동문선, 1997).

Bartky, Ian R. 1983. "The Invention of Railroad Time." In *Railroad History Bulletin* 148, pp. 13-22.

Bartky, Ian R. 1989. "The Adoption of Standard Time." In *Technology and Culture* 30 (1), pp. 25-57.

Bartky, Ian R. 2000. *Selling the True Time. Nineteenth-Century Timekeeping in America.* Stanford: Stanford University Press.

Bennett, Jim. 2002. "The Travels and Trials of Mr. Harrison's Timekeeper." In *Instruments, Travel, and Science,* eds. Marie-Noëlle Bourguet, Christian Licoppe, and H. Otto Sibum. New York: Routledge.

Bergson, Henri. 2001. *Time and Free Will.* New York: Dover. 한국어판은 정석해 옮김, 『시간과 자유의지/자라투스트라는 이렇게 말했다』(삼성출판사, 1997).

Bernardières, O. de. 1884. "Déterminations télégraphiques de différences de longitude dans l'Amérique du Sud." In *Comptes Rendus de l'Academie des Sciences* 98, pp. 882-90.

Berner, Albert. ca. 1912. *Initiation de l'horloger à l'électricité et à ses applications.* Préface de L. Reverchon. La Chaux-de-Fonds, Switzerland: "Inventions-Revue."

Bernstein, A. 1897. *Naturwissenschaftliche Volksbücher.* Berlin: Ferd. Dummlers Verlagsbuchhandlung.

Blaise, Clark. 2000. *Time Lord. Sir Sandford Fleming and the Creation of Standard Time.* London: Weidenfeld & Nicolson. 한국어판은 이선주 옮김, 『모던타임』(민음사, 2010).

Bloch, Léon. 1922. *Principe de la relativité et la théorie d'Einstein.* Paris: Gauthier-Villars et Fils.

Bond, W.C. 1856. "Report to the Director" [4 December 1850]. In *Annals of the Astronomical Observatory of Harvard College* 1, pp. cxl-cl.

Boulanger, Julien A., and G. A. Ferrié. 1909. *La Télégraphie sans fil et les ondes électriques.* Paris: Berger-Levrault et Fils.

Breguet, Antoine. 1880-1881. "L'unification de l'heure dans les grandes villes." In *Le Génie civil. Revue générale des industries Françaises et étrangères* 1, pp. 9-11.

Broglie, Louis-Victor de. 1955. "Discours du Prince de Broglie." In *Le livre du centenaire.* Paris: Gauthier-Villars et Fils, pp. 62-71.

Broglie, Maurice de. 1955. "Discours du Duc Maurice de Broglie. Henri Poincaré et la Philosohie." In *Le Livre du centenaire.* Paris: Gauthier-Villars et Fils, pp. 71-78.

Bucholz, Arden. 1991. *Moltke, Schlieffen, and Prussian War Planning.* New York, Oxford: Berg.

Bucholz, Arden. 2001. *Moltke and the German Wars, 1864-1871.* New York: Palgrave.

Burnett, D. Graham. 2000. *Masters of All They Surveyed.* Chicago: The University of Chicago

Press.

Burpee, Lawrence J., and Sandford Fleming. 1915. *Empire Builder*. Oxford: Oxford University Press.

Cahan, David. 1989. *An Institute for an Empire. The Physikalisch-Technische Reichsanstalt 1871-1918*. Cambridge: Cambridge University Press.

Calaprice, Alice (ed.). 1996. *The Quotable Einstein*. (With a Foreword by Freeman Dyson.) Princeton, NJ: Princeton University Press. 한국어판은 김명남 옮김, 「아인슈타인이 말합니다」(에이도스, 2015).

Calinon, A. 1885. "Étude critique sur la mécanique." In *Bulletin de la Société de Sciences de Nancy* 7, pp. 76-180.

Calinon, A. 1897. *Étude sur les diverses grandeurs en mathématiques*. Paris: Gauthier–Villars et Fils.

Canales, Jimena. 2001. "Exit the Frog: Physiology and Experimental Psychology in Nineteenth–Century Astronomy." In *British Journal for the History of Science* 34, pp. 173-97.

Canales, Jimena. 2002. "Photogenic Venus. The 'Cinematographic Turn' and its Alternatives in Nineteenth–Century France." In *Isis* 93, pp. 585-613.

Cantor, G.N., and M.J.S. Hodge (eds.). 1981. *Conceptions of Ether*. Cambridge: Cambridge University Press.

Cassidy, David. 2001. *Uncertainty. The Life and Science of Werner Heisenberg*. New York: Freeman.

Cassidy, David. 2001. "Understanding the History of Special Relativity." In *Science and Society: The History of Modern Physical Science in the Twentieth Century, Vol. 1: Making Special Relativity*, eds. P. Galison, M. Gordon, and D. Kaiser. New York: Routledge, pp. 229-47.

Chapuis, Alfred. 1920. *Histoire de la Pendulerie Neuchâteloise* (*Horlogerie de Gros et de Moyen Volume*). Avec la collaboration de Léon Montandon, Marius Fallet, et Alfred Buhler. (Préface de Paul Robert.) Paris, Neuchâtel: Attinger Frères.

Christie, K.C.B. 1906. *Telegraphic Determinations of Longitude* (*Royal Observatory Greenwich*). *Made in the Years 1888 to 1902*. Edinburgh: Neill & Co.

Cohen, I. Bernard, and Anne Whitman. 1999. *Isaac Newton. The Principia*. California: University of California Press.

Cohn, Emil. 1904. "Zur Elektrodynamik bewegter Systeme." In *Sitzung der physikalisch-mathematischen Classe der Akademie der Wissenschaften*, Vol. 10. pp. 1294-1303, 1404-16.

Cohn, Emil. 1913. *Physikalisches über Raum und Zeit*. Leipzig, Berlin: B.G. Teubner.

Comptes rendus des séances de la Douzième conférence générale de l'association géodésique internationale. Réunie à Stuttgart du 3 au 12 Octobre 1898. Neuchâtel: Paul Attinger, 1899.

Comptes rendus de l'Association Géodésique Internationale, 25 Septembre–6 Octobre 1900 [4 October 1900]. Neuchâtel: Paul Attinger, 1901.

Conférence générale des poids et mesures. Rapport sur la construction, les comparaisons et les autres opérations ayant servi à déterminer les équations des nouveaux prototypes métriques. Présenté par le Comité International des Poids et Mesures. Paris: Gauthier–Villars et Fils, 1889.

"Conférence Internationale de l'heure." In *Annales du Bureau des Longitudes* 9, p. D17.

Conrad, Joseph. 1953. *The Secret Agent. A Simple Tale*. Stuttgart: Tauchnitz. 한국어판은 왕은철 옮김, 『비밀 요원』(문학과지성사, 2006).

Cornu, M. A. 1894. "La synchronisation électromagnétique (Conférence faite devant la Société internationale des Électriciens le 24 janvier 1894, Paris)." In *Bulletin de la Société internationale des Électriciens* 11, pp. 157-220.

Cornu, M. A. 1897. "La Décimalisation de l'heure et de la circonférence," In *L'Eclairage Electrique* 11, pp. 385-90.

Creet, Mario. 1990. "Sandford Fleming and Universal Time." In *Scientia Canadensis* 14, pp. 66-90.

Darboux, Gaston. 1916. "Éloge historique d'Henri Poincaré." In Poincaré, *Oeuvres*, Vol. 2, pp. VII-LXXI.

Darrigol, Oliver. 2000. *Electrodynamics from Ampère to Einstein*. Oxford: Oxford University Press.

Daston, L. J. 1986. "The Physicalist Tradition in Early Nineteenth Century French Geometry." In *Studies in History and Philosophy of Science* 17, pp. 269-95.

Davis, C. H., J. A. Norris, C. Laird. 1885. *Telegraphic Determination of Longitudes in Mexico and Central America and on the West Coast of South America*. Washington: U. S. Government Printing Office.

Débarbat, Suzanne. 1996. "An Unusual Use of an Astronomical Instrument: The Dreyfus Affair and the Paris 'Macro–Micromètre'." In *Journal for the History of Astronomy* 27, pp. 45-52.

Depelley, M. J. 1896. *Les cables sous-marins et la défense de nos colonies*. Paris: Léon Chailley.

Diacu, Florin, and Philip Homes. 1996. *Celestial Encounters. The Origins of Chaos and Stability*. Princeton, NJ: Princeton University Press.

Documents de la Conférence Télégraphique Internationale de Paris (May–June 1890). Bureau International des administrations Télégraphiques. Berne: Imprimerie Rieder & Simmer, 1891.

Documents diplomatiques de la conférence du mètre. Paris: Imprimérie nationale, 1875.

Dohrn–van Rossum, Gerhard. 1996. *History of the Hour. Clocks and Modern Temporal Orders*. Trans. by Thomas Dunlap. Chicago: University of Chicago Press.

Dowd, Charles F. 1930. *A Narrative of His Services in Originating and Promoting the System of Standard Time Which Has Been Used in the United States of America and in Canada since 1883*. Ed. Charles N. Dowd. New York: Knickerbocker Press.

Einstein, Albert. [1895]. "On the Investigation of the State of the Ether in a Magnetic Field." In idem, *Collected Papers*, Vol. 1 (1987), pp. 6-9.

Einstein, Albert. 1905. "Elektrodynamik bewegter Körper." In *Annalen der Physik* 17, pp. 891-921.

Einstein, Albert. [1949]. "Autobiographical Notes." In *Albert Einstein*, Vol. 1 ed. P. A. Schilipp. La Salle, IL: Open Court, 1969, 1992.

Einstein, Albert. 1954. *Ideas and Opinions*. Ed. Carl Seelig. (New translations and revisions by Sonja Bargmann.) New York: Bonanza Books.

Einstein, Albert. 1960. *Einstein on Peace*. Eds. Otto Nathan and Heinz Norden. (Preface by Bertrand Russel.) New York: Avenel Books.

Einstein, Albert. 1982. "How I Created the Theory of Relativity." In *Physics Today* 35, pp. 45–47. Retranslated by Ryoichi Itagaki for the Einstein, *Collected Papers* (forthcoming).

Einstein, Albert. 1987–. *The Collected Papers of Albert Einstein*. Ed. John Stachel et al. Translation by Anna Beck. Princeton: Princeton University Press.

Einstein, Albert. 1993. *Letters to Solovine*. (With an Introduction by Maurice Solovine, 1987.) New York: Carol Publishing Group.

Einstein, Albert, and Michele Besso. 1972. *Correspondence 1903–1955*. Traduction, notes et introduction de P. Speziali. Paris: Hermann.

Ekeland, Ivar. 1988. *Mathematics and the Unexpected*. (With a Foreword by Felix E. Browder.) Chicago: The University of Chicago Press.

Faguet, E., P. Painlevé, E. Perrier, and H. Poincaré. 1927. *Après l'École. Ce que disent les livres. Ce que disent les choses*. Paris: Hachette.

Favarger, M. A. 1884. "L'électricité et ses applications à la chronométrie." In *Journal Suisse d'Horlogerie. Revue Horlogère Universelle* (6), pp. 153–58.

Favarger, M. A. 1902. "Sur la distribution de l'heure civile." In *Comptes rendus des travaux, procès-verbaux, rapports et mémoires*. Paris: Gauthier–Villars et Fils, pp. 198–203.

Favarger, M. A. 1920. "Les horloges électriques." In *Histoire de la Pendulerie Neuchâteloise*, ed. Alfred Chapuis. Paris: Attinger, pp. 399–420.

Favarger, M. A. 1924. *L'Électricité et ses applications à la chronométrie*. Neuchâtel: Édition du journal suisse d'horlogerie et de bijouterie.

Ferrié, A. G. 1911. "Sur quelques nouvelles applications de la télégraphie sans fil." In *Journal de Physique* 5, pp. 178–89.

Fleming, Sandford. 1876. *Terrestrial Time. A Memoir*. London: Edwin S. Boot. (Reprinted by the Canadian Institute for Historical Microreproductions, 1980).

Fleming, Sandford. 1879. "Longitude and Time–Reckoning." In *Papers on Time-Reckoning. From the Proceedings of the Canadian Institute, Toronto*, Vol. 1 (4), pp. 52–63.

Fleming, Sandford. 1891. "General von Moltke on Time Reform." In *Documents Relating to the Fixing of a Standard of Time and the Legalization Thereof*. Printed by Order of Canadian Parliament, Session 1891 (8). Ottawa: Brown Chamberlin, pp. 25–27.

Flückiger, Max. 1974. *Albert Einstein in Bern. Das Ringen um ein neues Weltbild. Eine dokumentarische Darstellung über den Aufstieg eines Genies*. Bern: Paul Haupt.

Fölsing, Albrecht. 1997. *Albert Einstein. A Biography*. Trans. Ewald Osers, 1993. New York: Penguin Books.

French, A. P. 1968. *Special Relativity*. Cambridge, MA: MIT Press.

Frenkel, W. J., and B. E. Yavelov. 1990. *Einstein: Invention and Experiment* (Russian). Moscow: Nauka.

Furet, François, and Mona Ozouf. 1992. *Dictionnaire critique de la Révolution Française. Institutions et créations*. Paris: Flammarion.

Galison, Peter. 1979. "Minkowski's Space—Time: From Visual Thinking to the Absolute World." In *Historical Studies in the Physical Sciences* 10, pp. 85-121.

Galison, Peter. 1987. *How Experiments End.* Chicago: The University of Chicago Press.

Galison, Peter. 1997. *Image and Logic. A Material Culture of Microphysics.* Chicago: The University of Chicago Press.

Galison, Peter, Michael Gordin, and David Kaiser, eds. 2001. *Science and Society: The History of Modern Physical Science in the Twentieth Century, Volume 1: Making Special Relativity.* New York: Routledge.

Giedymin, Jerzy. 1982. *Science and Convention. Essays on Henri Poincaré's Philosophy of Science and the Conventionalist Tradition.* Oxford: Pergamon Press.

Gilain, Christian. 1991. "La théorie qualitative de Poincaré et le problème de l'intégration des équations différentielles." In *La France Mathématique*, ed. H. Gispert (Cahiers d'histoire et de philosophie de sciences 34). Paris: Centre de documentation sciences humaines, pp. 215-42.

Gray, Jeremy. 1997. "Poincaré, Topological Dynamics, and the Stability of the Solar System." In *The Investigation of Difficult Things*, eds. P. M. Harman and Alan E. Shapiro. Cambridge: Cambridge University Press, pp. 503-24.

Gray, Jeremy. 1997. "Poincaré in the Archives—Two Examples." In *Philosophia Scientiae* 2, pp. 27-39.

Gray, Jeremy (ed.). 1999. *The Symbolic Universe.* Oxford: Oxford University Press.

Green, Francis M. 1877. *Report on the Telegraphic Determination of Differences of Longitude in the West Indies and Central America.* Washington: U.S. Government Printing Office.

Green, F. M., C. H. Davis, and J. A. Norris. 1880. *Telegraphic Determination of Longitudes of the East Coast of South America.* Washington: U.S. Government Printing Office.

Grünbaum, Adolf. 1968. "Carnap's Views on the Foundations of Geometry." In Arthur P. chilpp, *The Philosophy of Rudolf Carnap*, pp. 599-684.

Grünbaum, Adolf. 1968. *Geometry and Chronometry.* In *Philosophical Perspective.* Minneapolis: University of Minnesota Press.

Guillaume, C. E. 1890. "Travaux du Bureau International des Poids et Mesures." In *La Nature*, Ser. 1, pp. 19-22.

Harman, P. M. and Alan E. Shapiro. 1992. *The Investigation of Difficult Things. Essays on Newton and the History of the Exact Sciences in Honour of D. T. Whiteside.* Cambridge: Cambridge University Press.

Hayles, Katherine N. (ed.). 1991. *Chaos and Order. Complex Dynamics in Literature and Science.* Chicago: The University of Chicago Press.

Headrick, Daniel R., 1988. *The Tentacles of Progress. Technology Transfer in the Age of Imperialism, 1850–1940.* New York, Oxford: Oxford University Press.

Heilbron, J. L. (1996). *The Dilemmas of an Upright Man. Max Planck and the Fortunes of German Science.* Cambridge, MA: Harvard University Press. (With a new Afterword, 2000.)

Heinzmann, Gerhard. 2001. "The Foundations of Geometry and the Concept of Motion: Helmholtz and Poincaré." In *Science in Context* 14, pp. 457-70.

"Historical Account of the Astronomical Observatory of Harvard College, From October 1855 to October 1876." In *Annals of the Astronomical Observatory of Harvard* 8 (1877), pp. 10-65.

Holton, Gerald. 1973. *Thematic Origins of Scientific Thought. Kepler to Einstein.* Cambridge, MA: Harvard University Press, revised 1988.

Howard, Michael. 1961. *The Franco-Prussian War. The German Invasion of France, 1870-1871.* London, New York: Routledge, 1979.

Howeth, L.S. 1963. *History of Communications-Electronics in the United States Navy.* (With an Introduction by Chester W. Nimitz.) Washington: U.S. Government Printing Office.

Howse, Derek. 1980. *Greenwich Time and the Discovery of the Longitude.* Oxford: Oxford University Press.

Hughes, Thomas. 1993. "Einstein, Inventors, and Invention." In *Science in Context* 6, pp. 25-42.

Illy, J. 1979. "Albert Einstein in Prague." In *Isis* 70, pp. 76-84.

Infeld, Leopold. 1950. *Albert Einstein. His Work and Its Influence on our World.* New York: Charles Scribner's Sons, revised edition.

International Conference Held at Washington. For the Purpose of Fixing a Prime Meridian and a Universal Day. Washington: Gibson Bros., 1884.

Janssen, M. J. 1885. "Sur le congrès de Washington et sur les propositions qui y ont été adoptées touchant le premier Méridien, l'heure universelle et l'extension du système décimal à la mesure des angles et à celle du temps." In *Comptes rendus de l'Académie des Sciences* 100, pp. 706-29.

Jones, Z., and L. G. Boyd. 1971. *The Harvard College Observatory: The First Four Directorships 1839-1919.* Cambridge, MA: Belknap Press.

Kahlert, Helmut. 1989. *Matthäus Hipp in Reutlingen. Entwicklungsjahre eines großen Erfinders (1813-1893). Sonderdruck aus: Zeitschrift für Württembergische Landesgeschichte 48. Hg. von der Kommission für geschichtliche Landeskunde in Baden-Württemberg und dem Württembergischen Geschichts- und Altertumsverein.* Stuttgart: Kohlhammer.

Kern, Stephen. 1983. *The Culture of Time and Space 1880-1918.* Cambridge, MA: Harvard University Press. 한국어판은 박성관 옮김, 『시간과 공간의 문화사』(휴머니스트, 2004).

Kropotkin, P. 1899. *Memoirs of a Revolutionist.* Boston, New York: The Riverside Press. 한국어판은 김유곤 옮김, 『한 혁명가의 회상』(우물이있는집, 2009).

La Grye, Bouquet de, and C. Pujazon. 1897. "Différences de Longitudes entre San Fernando, Santa Cruz de Tenerife, Saint-Louis et Dakar." In *Annales du Bureau des Longitudes* 18.

La Porte, F. 1887. "Détermination de la longitude d'Haiphong (Tonkin) par le télégraphe" [29 August 1887]. In *Comptes rendus de l'Académie des Sciences* 105, pp. 404-6.

Lallemand, C. M. 1897. *L'unification internationale des heures et le système des fuseaux horaires.* Paris: Bureaux de la revue scientifique.

Lallemand, C. M. 1912. "Projet d'organisation d'un service international de l'heure." In *Annales du Bureau des Longitudes* 9. pp. D261-D268.

Landes, David S. 1983. *Revolution in Time. Clocks and the Making of the Modern World*. London; Cambridge, MA: Belknap Press (Harvard University Press).

Laue, M. 1913. *Das Relativitätsprinzip*. Braunschweig: Friedrich Vieweg & Sohn. *Le Livre du centenaire de la naissance de Henri Poincaré 1854-1954*. Paris: Gauthier—Villars et Fils, 1955.

Loewy, M., F. Le Clerc, and O. de Bernardières. 1882. "Détermination des différences de longitude entre Paris-Berlin et entre Paris-Bonn." In *Annales du Bureau des Longitudes* 2.

Lorentz, H. A. 1904. "Electromagnetic Phenomena in a System Moving with Any Velocity Smaller Than That of Light." In *Proceedings of the Royal Academy of Amsterdam* 6, pp. 809-32.

Lorentz, H. A. 1937. "Versuch einer Theorie der electrischen und optischen Erscheinungen in bewegten Körpern." [1895]. In H. A. Lorentz, *Collected Papers*, Vol. 5. The Hague: Martinus Nijhoff, pp. 1-139.

Mach, Ernst. [1893]. *The Science of Mechanics: A Critical and Historical Account of Its Development*. Trans. Thomas J. McCormack. New Introduction by Karl Menger. La Salle: The Open Court Publishing Company, 1960.

Merle, U. 1989. "Tempo! Tempo! Die Industrialisierung der Zeit im 19. Jahrhundert." In *Uhrzeiten. Die Geschichte der Uhr und ihres Gebrauches*, ed. Igor A. Jenzen. Marburg: Jonas Verlag.

Messerli, Jakob. 1995. *Gleichmässig, pünktlich, schnell. Zeiteinteilung und Zeitgebrauch in der Schweiz im 19. Jahrhundert*. Zürich: Chronos Verlag.

Mestral, Ayman de. 1960. *Mathius Hipp 1813-1893, Jean-Jacques Kohler 1860-1930, Eugene Faillettaz 1873-1943, Jean Landry 1875-1940*. (Pionniers suisses de l'économie et de la technique 5.) Zürich: Boillat.

Mill, John S. 1965. *A System of Logic. Ratiocinative and Inductive. Being a Connected View of the Principles of Evidence and the Methods of Scientific Investigation*. London: Spottiswoode, Ballantyne & Co.

Miller, Arthur I. 1981. *Albert Einstein's Special Theory of Relativity. Emergence (1905) and Early Interpretation (1905-1911)*. London: Addison—Wesley Publishing Company, Inc.

Miller, Arthur I. 1982. "The Special Relativity Theory: Einstein's Response to the Physics of 1905." In *Albert Einstein. Historical and Cultural Perspectives. The Centennial Symposium in Jerusalem*, eds. Gerald Holton and Yehuda Elkana. Princeton, NJ: Princeton University Press, pp. 3-26.

Miller, Arthur I. 1986. *Frontiers of Physics: 1900-1911. Selected Essays*. (With an Original Prologue and Postscript.) Basel: Birkhäuser.

Miller, Arthur I. 2001. *Einstein, Picasso. Space, Time, and the Beauty That Causes Havoc*. New York: Basic Books.

Moltke, Helmuth Graf von. 1892. "Dritte Berathung des Reichshaushaltsetats: Reichseisenbahnamt, Einheitszeit." In idem, *Gesammelte Schriften und Denkwürdigkeiten des General-Feldmarschalls Grafen Helmuth von Moltke*, Vol. VII: Reden. Berlin: Ernst Siegfried Mittler und Sohn, pp. 38-43.

Moltke, Helmuth Graf von. [1891-1893]. *Gesammelte Schriften und Denkwürdigkeiten des General-Feld-*

marschalls Grafen Helmuth von Moltke, 8 Vols. Berlin: Ernst Siegfried Mittler und Sohn.

Myers, Greg. 1995. "From Discovery to Invention: The Writing and Rewriting of Two Patents." In *Social Studies of Science* 25, pp. 57-105.

Newton, Isaac. 1952. *Newton's Philosophy of Nature. Selections from His Writings*. New York: Hafner.

Nordling, M. W. de. 1888. "L'unification des heures." In *Revue générale des chemins de fer*, pp. 193-211.

"Le Nouvel étalon du mètre." In *Le Magasin Pittoresque* (1876), pp. 318-22.

Nye, Mary Jo. 1979. "The Boutroux Circle and Poincaré's Conventionalism." In *Journal of the History of Ideas* 40, pp. 107-20.

Olesko, Kathryn. 1991. *Physics as a Calling: Discipline and Practice in the Konigsberg Seminar for Physics*. Ithaca, NY: Cornell University Press.

Ozouf, Mona. 1992. "Calendrier." In *Dictionnaire critique*, eds. F. Furet and M. Ozouf. Paris: Flammarion, pp. 91-105.

Pais, Abraham. 1982. *"Subtle is the Lord···" The Science and the Life of Albert Einstein*. Oxford: Oxford University Press.

Paty, Michel. 1993. *Einstein Philosophe*. Paris: Presses Universitaires de France.

Pearson, Karl. 1892. *The Grammar of Science*. (With an Introduction by Andrew Pyle.) Bristol: Thoemmes Antiquarian Books, reprinted 1991.

Pestre, Dominique. 1992. *Physique et physiciens en France 1918-1940*. Paris: Gordon and Breach Science Publishers S.A.

Pickering, Edward. 1877. *Annual Report of the Director of Harvard College Observatory*. Cambridge: John Wilson & Son.

Picon, Antoine. 1994. *La Formation polytechnicienne 1794-1994*. Paris: Dunod.

Planck, Max. 1998. *Eight Lectures on Theoretical Physics*. Trans. A. P. Wills. Mineola, NY: Dover Publications.

Poincaré, Henri. 1881. "Mémoire sur les courbes définies par une équation différentielle (première partie)." In *Journal de Mathématiques pures et appliquées*, Ser. 3, 7, pp. 375-422.

Poincaré, Henri. [1885]. "Sur les courbes définies par les équations différentielles." In *Oeuvres*, Vol. 1 (1928), pp. 9-161.

Poincaré, Henri. [1887]. "Sur les hypothèses fondamentales de la géometrie." In *Oeuvres*, Vol. 11 (1956), pp. 79-91.

Poincaré, Henri. [1890]. "Sur le problème des trois corps." In *Oeuvres*, Vol. 7 (1952), pp. 262-490.

Poincaré, Henri. 1894. *Les oscillations électriques. Leçons professées pendant le premier trimestre 1892-1893*. Paris: Georges Carré.

Poincaré, Henri. [1897]. "La décimalisation de l'heure et de la circonférence." In *Oeuvres*, Vol. 8 (1952), pp. 676-79.

Poincaré, Henri. 1897. "Rapport sur les résolutions de la commission chargée de l'étude des projets de décimalisation du temps et de la circonférence." In *Commission de décimalisation du temps et de la circonférence*, pp. 1–12.

Poincaré, Henri. [1898] "La logique et l'intuition dans la science mathématique et dans l'enseignement." In *Oeuvres*, Vol. 11 (1956), pp. 129–33.

Poincaré, Henri. 1900. "Rapport sur le projet de revision de l'arc meridien de Quito" [25 July 1900]. In *Comptes rendus de l'Académie des Sciences*, CXXXI, pp. 215–36. Further reports on the Quito expedition (presented by Poincaré) follow in the same journal at yearly intervals through 1907.

Poincaré, Henri. [1900]. "La Dynamique de l'électron." In *Oeuvres*, Vol. 9 (1954), pp. 551–86.

Poincaré, Henri. [1900]. "La théorie de Lorentz et le principe de réaction." In *Oeuvres*, Vol. 9 (1954), pp. 464–93.

Poincaré, Henri. [1901]. *Électricité et optique. La lumière et les théories électrodynamiques*. Paris: Jacques Gabay, reprinted 1990.

Poincaré, Henri. 1902. "Notice sur la télégraphie sans fil." In *Oeuvres*, Vol. 10 (1954), pp. 604–22.

Poincaré, Henri. [1902]. *Science and Hypothesis*. With a Preface by J. Larmor. New York: Dover Publications, 1952.

Poincaré, Henri. 1903. "Le Banquet du 11 Mai." In *Bulletin de l'Association*. Paris: L'Université de Paris, pp. 57–64.

Poincaré, Henri. [1904]. "Etude de la propagation du courant en période variable sur une ligne munie de récepteur." In *Oeuvres*, Vol. 10 (1954), pp. 445–86.

Poincaré, Henri. 1904. "The Present State and Future of Mathematical Physics" (orig. "L'État actuel et l'avenir de la physique mathématique"). In *Bulletin des Sciences Mathématiques* 28, pp. 302–24. (Partially reprinted in idem, *Valeur de la Science*. Paris: Flammarion, pp. 123–47.)

Poincaré, Henri. 1904. *Wissenschaft und Hypothese*. Deutsche Ausgabe mit erläuternden Anmerkungen von F. und L. Lindemann. Stuttgart: B.G. Teubner.

Poincaré, Henri. 1905. *La science et l'hypothèse*. Paris: Flammarion. 한국어판은 이정우, 이규원 옮김, 『과학과 가설』(에피스테메, 2014).

Poincaré, Henri. 1909. "La mécanique nouvelle." In *La Mécanique nouvelle*. Paris: Jaques Gabay, 1989, pp. 1–17.

Poincaré, Henri. 1910. "Cornu." In idem, *Savants et Écrivains*, pp. 103–24.

Poincaré, Henri. 1910. "La mécanique nouvelle." In *Sechs Vorträge über ausgewählte Gegenstände aus der reinen Mathematik und mathematischen Physik*. Leipzig, Berlin: B.G. Teubner, pp. 51–58.

Poincaré, Henri. 1910. "Les Polytechniciens." In idem, *Savants et Écrivains*, pp. 265–79.

Poincaré, Henri. 1910. *Savants et Écrivains*. Paris: Flammarion.

Poincaré, Henri. 1912. "General Conclusions." In *La théorie du rayonnement et les quanta. Rapports et discussions de la réunion tenue à Bruxelles, du 30 octobre au 3 novembre 1911*, eds. P. Langevin and M. de Broglie. Paris: Gauthier–Villars, pp. 451–54.

Poincaré, Henri. 1913. "Mathematical Creation." In idem, *The Foundations of Science*, pp.383–94.

Poincaré, Henri. 1913 "The Measure of Time." In idem, *The Foundations of Science*, pp. 223–34.

Poincaré, Henri. [1913]. "The Moral Alliance." In idem, *Mathematics and Science: Last Essays*. Trans. J. W. Bolduc. New York: Dover Publications, 1963.

Poincaré, Henri. *Oeuvres*, Vol. 1 (1928)–Vol. 11 (1956). Paris: Gauthier–Villars.

Poincaré, Henri. 1952. "Rapport sur la proposition d'unification des jours astronomique et civil." In *Oeuvres*, Vol. 8, pp. 642–47.

Poincaré, Henri. 1953–54. "Les Limites de la loi de Newton." In *Bulletin Astronomique* 17, pp. 121–78, 181–269.

Poincaré, Henri. [1913]. "Space and Time." In idem, *Mathematics and Science: Last Essays (Dernières pensées)*. Trans. J. W. Bolduc. New York: Dover Publications, 1963, pp. 15–24.

Poincaré, Henri. 1970. "La mesure du temps." In idem, *La valeur de la science*. Préface de Jules Vuillemin. Paris: Flammarion.

Poincaré, Henri. 1982. *The Foundations of Science* [1913]. Authorized trans. George Bruce Halsted (with a special Preface by Poincaré and an Introduction by Josiah Royce). Washington: University Press of America, Inc.

Poincaré, Henri. 1993. *New Methods of Celestial Mechanics*. (History of Modern Physics and Astronomy 13). Ed. Daniel L. Goroff. Boston: American Institute of Physics.

Poincaré, Henri. 1997. *Trois suppléments sur la découverte des fonctions fuchsiennes. Three Supplementary Essays on the Discovery of Fuchsian Functions. Une édition critique des manuscrits avec une introduction. A Critical Edition of the Original Manuscripts with an Introductory Essay*. Ed. Jeremy J. Gray and Scott A. Walter. Berlin, Paris: Akademie–Verlag Berlin/Albert Blachard.

Poincaré, Henri. 1999. *La Correspondance entre Henri Poincaré et Gösta Mittag-Leffler. Avec en annexes les lettres échangées par Poincaré avec Fredholm, Gyldén et Phragmén*. Présentée et annotée par Philippe Nabonnand. Basel: Birkhäuser Verlag.

Poincaré, Henri, Jean Darboux, and Paul Appell. 1908. *Affaire Dreyfus. La Revision du Procès de Rennes. Enquête de la Chambre Criminelle de la Cour de Cassation*, Vol. 3. Paris: Ligue Française pour la défense des droits de l'homme et du citoyen, pp. 499–600.

Prescott, George B. [1866]. *History, Theory, and Practice of the Electric Telegraph*. Cambridge: Cambridge University Press, reprinted 1972.

Proceedings of the General Time Convention, Chicago, October 11, 1883. New York: National Railway Publication Company, 1883.

Proceedings of the Southern Railway Time Convention, New York, October 17, 1883.

Pyenson, Lewis. 1985. *The Young Einstein. The Advent of Relativity*. Bristol, Boston: Adam Hilger.

Quine, Willard Van Orman. 1990. *Dear Carnap, Dear Van: The Quine-Carnap Correspondence and Related Work*. Ed. Richard Creath. Berkeley: University of California Press.

Rayet, G., and Lieutenant Salats. 1890. "Détermination de la longitude de l'observatoire de Bordeaux." In *Annales du Bureau des Longitudes* 4.

Renn, Jürgen, and Robert Schulmann (eds.). 1992. *Albert Einstein–Mileva Marić. The Love Letters*. Trans. Shawn Smith. Princeton, NJ: Princeton University Press.

Renn, Jürgen. 1997. "Einstein's Controversy with Drude and the Origin of Statistical Mechanics: A New Glimpse from the 'Love Letters'." In *Archive for History of Exact Sciences* 51, pp. 315-54.

"Report to the Board of Visitors, Nov. 4, 1864." In *Astronomical Observations Made at the Royal Observatory in Edinburgh* 13 (1871), pp. R12-R20.

"Report of the Committee on Standard Time" [May 1882-Dec. 1882]. In *Proceedings of the American Metrological Society* 3 (1883), pp. 27-30.

"Report of the Committee on Standard Time, May 1879" [Dec. 1878-Dec. 1879]. In *Proceedings of the American Metrological Society* 2 (1882), pp. 17-44.

"Report of the Director to the Visiting Committee of the Observatory of Harvard University." In *Annals of Astronomical Observatory of Harvard College*, Vol. 1.

Report of the Superintendent of the Coast Survey, Showing the Progress of the Survey During the Year 1860 (resp. 1861, 63, 64, 65, 67, 70, 74). Washington: U.S. Government Printing Office, 1861 (resp. 1862, 64, 66, 67, 69, 73, 77).

Rothé, Edmond. 1913. *Les applications de la Télégraphie sans fil: Traité pratique pour la réception des signaux horaires*. Paris: Berger-Levrault.

Roussel, Joseph. 1922. *Le premier livre de l'amateur de T.S.F.* Paris: Vuibert.

Roy, Maurice, and René Dugas. 1954. "Henri Poincaré, Ingénieur des Mines." In *Annales des Mines* 193, pp. 8-23.

Rynasiewicz, Robert. 1995. "By Their Properties, Causes and Effects: Newton's Scholium on Time, Space, Place and Motion, Part I: The Text." In *Studies in History and Philosophy of Science* 26, pp. 133-53; "Part II: The Context," pp. 295-321.

Sarrauton, Henri de. 1897. *L'heure décimale et la division de la circonférence*. Paris: E. Bernard.

Schaffer, Simon. 1992. "Late Victorian Metrology and Its Instrumentation: A Manufactory of Ohms." In *Invisible Connections. Instruments, Institutions, and Science*, eds. Robert Bud and Susan E. Cozzens. Washington: Spie Optical Engineering Press, pp. 23-56.

Schaffer, Simon. 1997. "Metrology, Metrication and Victorian Values." In *Victorian Science in Context*, ed. Bernard Lightman. Chicago: The University of Chicago Press, pp. 438-74.

Schanze, Oscar. 1903. *Das schweizerische Patentrecht und die zwischen dem Deutschen Reiche und der Schweiz geltenden patentrechtlichen Sonderbestimmungen*. Leipzig: Harry Buschmann.

Schiavon, Martina. n.d. "Savants officiers du Dépôt général de la Guerre (puis Service Géographique de l'Armée). Deux missions scientifiques de mesure d'arc de méridien de Quito (1901-1906)." In *Revue Scientifique et Technique de la Défense*, forthcoming.

Schilpp, Arthur Paul (ed.). 1963. *The Philosophy of Rudolf Carnap*. (The Library of Living Philosophers, Vol. XI.) London: Cambridge University Press.

Schilpp, Arthur Paul. 1970. *Albert Einstein: Philosopher-Scientist*, two Vols. La Salle: Open Court.

Schlick, Moritz. 1987. "Meaning and Verification." In idem, *Problems of Philosophy*. (Vienna Circle Collection 18), ch. 14, pp. 127-33.

Schlick, Moritz. 1987. *The Problems of Philosophy in Their Interconnection. Winter Semester Lectures, 1933-34*. Eds. Henk L. Mulder, A. J. Kox, and Rainer Hegselmann. Boston: D. Reidel Publishing Company.

Schmidgen, Henning. n.d. *Time and Noise: On the Stable Surroundings of Reaction Experiments (1860–1890)*, forthcoming.

Seelig, Carl (ed.). 1956. *Helle Zeit—Dunkle Zeit. Jugend-Freundschaft-Welt der Atome. In Memoriam Albert Einstein.* Zürich: Europa Verlag.

Septième conférence géodésique internationale. Rome: Imprimerie Royale D. Ripamonti, 1883.

Shaw, Robert B. 1978. *A History of Railroad Accidents. Safety, Precautions, and Operating Practices.* Binghamton, NY: Vail—Ballou Press.

Sherman, Stuart. 1996. *Telling Time. Clocks, Diaries, and English Diurnal Form, 1660–1785.* London, Chicago: The University of Chicago Press.

Shinn, Terry. 1980. *Savoir scientifique et pouvoir social. L'École Polytechnique.* Préface de François Furet. Paris: Presses de la Fondation Nationale des Sciences Politiques.

Shinn, Terry. 1989. "Progress and Paradoxes in French Science and Technology 1900–1930." In *Social Science Information* 28, pp. 659-83.

Smith, Crosbie, and M. Norton Wise. 1989. *Energy and Empire: A Biographical Study of Lord Kelvin.* Cambridge: Cambridge University Press.

Sobel, Dava. 1995. *Longitude. The True Story of a Lone Genius Who Solved the Greatest Scientific Problem of His Time.* New York: Walker and Company. 한국어판은 김진준 옮김, 『경도 이야기』(웅진지식하우스, 2012).

Staley, Richard. 2002. "Travelling Light." In *Instruments, Travel and Science*, eds. Marie—Noëlle Bourguet, Christian Licoppe, and H. Otto Sibum. New York: Routledge.

Stephens, Carlene E. 1987. "Partners in Time: William Bond & Son of Boston and the Harvard College Observatory." In *Harvard Library Bulletin* 35, pp. 351-84.

Stephens, Carlene E. 1989. "'The Most Reliable Time': William Bond, the New England Railroads, and Time Awareness in the 19th—Century America." In *Technology and Culture* 30, pp. 1-24.

Taylor, Edwin, and John Wheeler. 1966. *Spacetime Physics.* New York: W.H. Freeman.

Urner, Klaus. 1980. "Vom Polytechnikum zur Eidgenössischen Technischen Hochschule: Die ersten hundert Jahre 1855-1955 im Ueberblick." In *Eidgenössische Technische Hochschule Zürich. Festschrift zum 125jährigen Bestehen (1955–1980).* Zürich: Verlag Neue Zürcher Zeitung, pp. 17-59.

Walter, Scott. 1999. "The non—Euclidean Style of Minkowskian Relativity." In *The Symbolic Universe*, ed. Jeremy Gray. Oxford: Oxford University Press.

Warwick, Andrew. 1991/1992. "On the Role of the FitzGerald—Lorentz Contraction Hypothesis in the Development of Joseph Larmor's Electronic Theory of Matter." In *Archive for History of Exact Sciences* 43, pp. 29-91.

Warwick, Andrew. 1992/1993. "Cambridge Mathematics and Cavendish Physics: Cunningham, Campbell and Einstein's Relativity 1905-1911. Part I: The Uses of Theory." In *Studies in History and Philosophy of Science* 23, pp. 625-56; "Part II: Comparing Traditions in Cambridge

Physics." In idem, 24 (1993), pp. 1-25.

Weber, R., and L. Favre. 1897. "Matthäus Hipp, 1813-1893." In *Bulletin de la société des sciences naturelles de Neuchâtel* 24, pp. 1-30.

Welch, Kenneth F. 1972. *Time Measurement. An Introductory History*. Baskerville: Redwood Press Limited Trowbridge Wiltshire.

Whittaker, Edmund. 1953. *A History of the Theories of Aether and Electricity. Vol. II: The Modern Theories 1900-1926*. New York: Harper & Brothers, reprinted 1987.

Wise, Norton M. 1988. "Mediating Machines." In *Science in Context* 2, pp. 77-113.

Wise, Norton M. (ed.). 1995. *The Values of Precision*. Princeton, NJ: Princeton University Press.

Wise, Norton M., and David C. Brock. 1998. "The Culture of Quantum Chaos." In *Studies in the History and Philosophy of Modern Physics* 29, pp. 369-89.

도판 및 표 저작권

그림 1.3 BÜRGERBIBLIOTHEK BERN, NEG. 12572.

그림 1.4 FAVARGER, *L'ÉLECTRICITÉ*(1924), P.414.

그림 1.5 *L'ÉLECTRICITÉ*(1924), P.470.

그림 2.1 ARCHIVES HENRI POINCARÉ, M021.

그림 2.2 ROY AND DUGAS, "HENRI POINCARÉ"(1954), P.13.

그림 3.1 GUILLAUME, "TRAVAUX DU BUREAU INTERNATIONAL DES POIDS ET ME-
SURES"(1890), P.21.

그림 3.2 *LE BUREAU INTERNATIONAL DES POIDS ET MESURES*: 1875−1975, P.39.

그림 3.3 *COMPAGNIE GÉNÉRALE DES HORLOGES PNEUMATIQUES*, ARCHIVES DE LA VILLE
DE PARIS, VONC 20.

그림 3.4 *COMPAGNIE GÉNÉRALE DES HORLOGES PNEUMATIQUES*, ARCHIVES DE LA VILLE
DE PARIS, VONC 20.

그림 3.5 GREEN, *REPORT ON TELEGRAPHIC DETERMINATION*(1877), OPPOSITE P.23.

그림 3.6 CH. HENRY DAVIS ET AL., *TELEGRAPHIC LONGITUDE IN MEXICO AND CENTRAL
AMERICA*(1885), PLATE 1.

그림 3.7 FLEMING, "TIME RECKONING"(1879), P.27.

그림 3.8 CARLTON J. CORLISS, *THE DAY OF TWO NOONS*(1952), P.7.

그림 3.9 GREEN, *REPORT ON TELEGRAPHIC DETERMINATION*(1877), FRONTISPIECE.

그림 3.10 MAP MODIFIED FROM *THE TIMES ATLAS*, LONDON, OFFICE OF THE TIMES, 1986.

그림 3.11 ASSOCIATION FRANÇAISE DES AMATEURS D'HORLOGERIE ANCIENNE, *REVUE DE
L'ASSOCIATION FRANÇAISE*, VOL. XX(1989), P.211.

표(219쪽) Henri Poincaré, "Rapport sur les résolutions de la commission chargée de l'étude
des projets de décimalisation du temps et de la circonférence(시간과 원주의 십진화 연구위
원회를 위한 등분 관계)" Archives of the Paris Observatory(1897년 4월 7일).

그림 4.1 VIVIEN DE SAINT−MARTIN, *ATLAS UNIVERSEL*(1877).

그림 4.2 *ANNALES DU BUREAU DES LONGITUDES*, VOL. 5(1897).

그림 4.3 POINCARÉ, *OEUVRES COMPLÈTES*, VOL. 5, P.575.

그림 4.4 MICHELSON, "THE RELATIVE MOTION OF THE EARTH AND LUMINIFEROUS
ETHER," *AMERICAN JOURNAL OF SCIENCE*, 3RD SERIES, VOL. XXII, NO.128(August
1881), P.124.

그림 5.1 CENTRE D'ICONOGRAPHIE GENEVOISE, RVG N13X18 14934.

그림 5.2 CENTRE D'ICONOGRAPHIE GENEVOISE, RVG N13X18 1769.

그림 5.3 BÜRGERBIBLIOTHEK BERN, NEG. 10379.

그림 5.4 BERN CITY MAP FROM THE HARVARD MAP COLLECTION; CLOCK LOCATIONS

찾아보기

지은이 피터 갤리슨 Peter Galison

1955년 미국 뉴욕에서 태어났다. 하버드대학교에서 물리학과 과학사 박사학위를 받았으며, 현재 하버드대학교 조지프 펠레그리노 과학사 및 물리학 석좌교수이자 과학사 분야의 세계적인 권위자이다.

갤리슨은 물리학의 세 가지 주요 하위문화라고 할 수 있는 실험하기, 장치 만들기, 이론 사이의 복잡한 상호작용에 관해 주로 연구하고 있다. 『아인슈타인의 시계, 푸앵카레의 지도』는 20세기 초 기술, 철학, 물리학의 교차점에 있던 상대성이론이 전 세계적으로 시간과 지도가 통일되어가는 과정에 미친 영향을 이론적인 측면에서 다루고 있다. 실험에 관한 책으로는 『실험이 어떻게 종결되는가How Experiments End』, 장치에 관한 책으로는 『이미지와 논리Image and Logic』(파이저상 수상작)가 있으며, 후속으로 자아와 현대 기술의 상호작용을 파헤친 『Building, Crashing, Thinking』을 집필 중이다. 또한 19세기 중엽에 객관성이라는 관념이 새롭게 나타나는 장면을 포착한 『객관성Objectivity』, 과학과 다른 분야 사이의 교차영역에 대해 폭넓게 탐구한 『거대과학Big Science』, 『21세기를 위한 아인슈타인Einstein for the 21st Century』 등을 공동집필했다.

과학과 예술의 교차영역에 관심이 많은 갤리슨은 수소폭탄 논쟁을 다룬 〈최후의 무기The Ultimate Weapon〉, 정부의 비밀을 다룬 〈비밀Secrecy〉, 1만 년 뒤 미래 방사성 물질의 감시 필요성을 다룬 〈봉쇄Containment〉 등의 다큐멘터리 영화를 만들었으며, 남아프리카공화국의 예술가 윌리엄 켄트리지William Kentridge와 함께 멀티스크린 설치미술 〈시간의 거부The Refusal of Time〉(2012)와 실내악 〈시간을 거부하다Refuse the Hour〉를 만들었다. 또한 비행기 조종사 자격증을 취득한 독특한 이력도 있는 다방면으로 재능이 많은 '괴짜 과학자'이다. 2016년에는 천문학자, 물리학자, 수학자, 관측천체물리학자의 블랙홀 연구 네트워크인 Black Hole Initiative를 시작했다. 맥아더재단 펠로우, 과학사학회의 파이저상, 막스 플랑크상 등을 받았다.

옮긴이 김재영

서울대학교 물리학과에서 물리학기초론 전공으로 박사학위를 받았다. 독일 막스플랑크 과학사연구소 초빙교수, 서울대 강의교수, 이화여대 HK연구교수, KIAS Visiting Research Fellow 등을 거쳐 현재 KAIST 부설 한국과학영재학교와 서울대학교에서 물리철학 및 물리학사를 가르치고 있다. 공저로 『정보혁명』, 『양자, 정보, 생명』, 『뉴턴과 아인슈타인』 등이 있고, 공역으로 『과학한다는 것』, 『인간의 인간적 활용』, 『에너지, 힘, 물질』 등이 있다.

옮긴이 이희은

조선대학교 신문방송학과 교수이다. 미국 아이오와대학교에서 커뮤니케이션학으로 박사학위를 받았다. 공저로 『커뮤니케이션의 새로운 은유들』, 『책, 텔레비전을 말하다』, 『디지털, 테크놀로지, 문화』 등이 있다. 『테크놀로지의 몸』을 번역했으며 『인간의 인간적 활용』, 『마르크스, TV를 켜다』 등을 공동 번역했다. 문화연구, 미디어와 테크놀로지, 영상커뮤니케이션 등을 주로 연구한다.